"十二五"职业教育国家规划教材
经全国职业教育教材审定委员会审定

建筑工程应用文写作

第三版

主　编◎赵　立　刘　鹏
副主编◎程志巧　刘晓燕
　　　　李　萍　陈伟伟
　　　　王思宇　吴大伟
　　　　贾　婷　张国勤

北京大学出版社
PEKING UNIVERSITY PRESS

内 容 简 介

"建筑工程应用文写作"是我国土建专业的一门专业课程,它是建筑工程密不可分的组成部分。本书共分 15 章,主要包括:应用文写作概述、日常类应用文、公文类应用文、事务类应用文、告示类应用文、招投标类应用文、建筑工程合同类应用文、法律类应用文、报道类应用文、经济类应用文、求职类应用文、礼仪类应用文、建筑工程学业类应用文、建筑工程技术资料类应用文和常见英语应用文。

本书的编写具有普遍适用性,便于教师教学和学生学习,使学生能深入掌握建筑工程应用文的写作方法。本书既可作为高职高专学校土建类专业学生的教材,也可供高等院校土建类专业学生学习、参考使用。

图书在版编目(CIP)数据

建筑工程应用文写作 / 赵立,刘鹏主编. -- 3 版. -- 北京:北京大学出版社,2025.3.
(高职高专土建专业"互联网+"创新规划教材). -- ISBN 978-7-301-36075-0

Ⅰ. TU-43

中国国家版本馆 CIP 数据核字第 2025DS8025 号

书　　　名	建筑工程应用文写作(第三版)
	JIANZHU GONGCHENG YINGYONGWEN XIEZUO(DI-SAN BAN)
著作责任者	赵　立　刘　鹏　主编
策 划 编 辑	刘健军
责 任 编 辑	于成成
标 准 书 号	ISBN 978-7-301-36075-0
出 版 发 行	北京大学出版社
地　　　址	北京市海淀区成府路 205 号　100871
网　　　址	http://www.pup.cn　新浪微博:@北京大学出版社
电 子 邮 箱	编辑部 pup6@pup.cn　总编室 zpup@pup.cn
电　　　话	邮购部 010-62752015　发行部 010-62750672　编辑部 010-62750667
印 刷 者	天津中印联印务有限公司
经 销 者	新华书店
	787 毫米×1092 毫米　16 开本　23.25 印张　554 千字
	2011 年 6 月第 1 版　2014 年 7 月第 2 版
	2025 年 3 月第 3 版　2025 年 3 月第 1 次印刷
定　　　价	69.00 元

未经许可,不得以任何方式复制或抄袭本书之部分或全部内容。
版权所有,侵权必究
举报电话:010-62752024　电子邮箱:fd@pup.cn
图书如有印装质量问题,请与出版部联系,电话:010-62756370

第三版前言

为适应高等教育发展需要，培养建筑工程行业具备工程项目管理知识的专业技术应用型人才，编者结合当前建筑工程应用文发展的前沿问题编写了本书。

本书具有以下特点。

（1）编写体例新颖。本书借鉴优秀教材的写作思路、写作方法及章节安排，使内容编排合理、图文并茂，并做到深入浅出，适合当代大学生使用。

（2）注重人文科技结合渗透。通过对相关知识的历史、实例、理论来源等的介绍，增强教材的可读性，提高学生的人文素养。

（3）注重相关课程的关联融合。本书明确知识点的重点和难点及与其他课程的关联性，做到知识内容的融合和综合运用。

（4）注重知识拓展应用可行。本书强调锻炼学生的思维能力及运用概念解决问题的能力，在编写过程中有机融入操作性较强和有代表性的引例，并对引例进行有效的分析，从而提高教材的可读性和实用性。在提高学生学习兴趣和效果的同时，本书还着重培养学生的职业意识和职业能力。

（5）注重知识体系实用有效。本书以学生就业所需的专业知识和操作技能为着眼点，在适度的基础知识与理论体系覆盖下，着重讲解技术应用型人才培养所需的内容和关键点，知识点讲解顺序与实际设计程序一致，突出实用性和可操作性，使学生学而有用、学而能用。

此外，本书在修订时融入了党的二十大报告内容，突出职业素养的培养，全面贯彻党的二十大精神。

本书由成都工业学院赵立、刘鹏担任主编，成都工业学院程志巧、刘晓燕、李萍、陈伟伟、王思宇、吴大伟，西南民族大学贾婷，四川墨心科语科技有限公司张国勤担任副主编。本书具体编写分工如下：第9章、第13章由赵立编写，第3章、第4章、第8章由刘鹏编写，第2章由程志巧编写，第5章、第11章由刘晓燕编写，第1章、第7章由李萍编写，第10章由陈伟伟编写，第6章由王思宇编写，第14章由吴大伟编写，第15章由贾婷编写，第12章由张国勤编写。本书由赵立、刘鹏统稿。

本书第一版由成都工业学院赵立、湖北城市建设职业技术学院程超胜担任主编，成都工业学院房琳、西南民族大学贾婷担任副主编。

本书第二版由成都工业学院赵立、湖北城市建设职业技术学院程超胜担任主编，成都工业学院房琳、蒋露、邓娜，西南民族大学贾婷担任副主编。

  本书在编写过程中，借鉴了大量的文献资料，在此向相关作者致以谢意！由于时间紧迫，水平有限，本书的编写难免有疏漏和不足之处，敬请广大读者批评指正。

编 者
2024 年 8 月

目录

第1章 应用文写作概述 ... 001
- 1.1 应用文的概念 ... 002
- 1.2 应用文的特点与作用 ... 004
- 1.3 写作基础知识简介 ... 005
- 1.4 应用文写作的具体要求 ... 009
- 1.5 应用文写作的具体内容 ... 009
- 1.6 应用文的语言 ... 014
- 小结 ... 022
- 习题 ... 022

第2章 日常类应用文 ... 025
- 2.1 书信 ... 026
- 2.2 条据 ... 039
- 2.3 记录 ... 042
- 2.4 函、会议纪要 ... 045
- 小结 ... 051
- 习题 ... 051

第3章 公文类应用文 ... 053
- 3.1 公文的性质、特点和作用 ... 055
- 3.2 公文的种类和格式 ... 057
- 3.3 公文的行文 ... 068
- 小结 ... 072
- 习题 ... 072

第4章 事务类应用文 ... 073
- 4.1 事务类应用文概述 ... 075
- 4.2 计划 ... 076
- 4.3 总结 ... 079
- 4.4 调查报告 ... 082
- 4.5 规章制度 ... 088
- 小结 ... 091

| 习题 | 091 |

第5章 告示类应用文 ... 092
- 5.1 房地产广告 ... 093
- 5.2 营销策划书 ... 099
- 5.3 商品说明书 ... 103
- 5.4 启事 ... 108
- 小结 ... 110
- 习题 ... 110

第6章 招投标类应用文 ... 113
- 6.1 招标公告、投标邀请书 ... 117
- 6.2 招标文件 ... 119
- 6.3 投标文件 ... 131
- 6.4 评标报告 ... 134
- 小结 ... 135
- 习题 ... 135

第7章 建筑工程合同类应用文 ... 136
- 7.1 建筑工程合同的性质和作用 ... 139
- 7.2 建筑工程合同的种类 ... 139
- 7.3 建筑工程合同的格式与写法 ... 140
- 7.4 几种主要建筑工程合同的内容与写法 ... 141
- 7.5 建筑工程合同的写作要求 ... 151
- 小结 ... 159
- 习题 ... 159

第8章 法律类应用文 ... 161
- 8.1 经济仲裁申请书 ... 162
- 8.2 经济纠纷起诉状 ... 164
- 8.3 经济纠纷上诉状 ... 166
- 8.4 经济纠纷申诉状 ... 169
- 8.5 经济纠纷答辩状 ... 171
- 小结 ... 174
- 习题 ... 174

第9章 报道类应用文 ... 175
- 9.1 新闻 ... 176
- 9.2 通讯 ... 186
- 9.3 简报 ... 197
- 小结 ... 204
- 习题 ... 204

第 10 章　经济类应用文　　205

10.1　经济类应用文概述　207
10.2　市场调查报告和市场预测报告　208
10.3　可行性研究报告和项目申请报告　214
10.4　经济活动分析报告　217
10.5　资产评估报告　220
10.6　工程意见咨询书和竣工结算审核情况报告　226
小结　229
习题　229

第 11 章　求职类应用文　　232

11.1　求职类应用文概述　233
11.2　求职信　235
11.3　个人简历　238
11.4　竞聘辞　241
小结　246
习题　247

第 12 章　礼仪类应用文　　251

12.1　礼仪类应用文概述　253
12.2　请柬　253
12.3　祝词　254
12.4　贺词　256
12.5　欢迎词、欢送词　257
12.6　答谢词　258
12.7　演讲稿　259
12.8　主持词　263
小结　265
习题　265

第 13 章　建筑工程学业类应用文　　267

13.1　建筑工程实验报告　269
13.2　建筑工程实习报告　274
13.3　建筑工程设计说明书　279
13.4　建筑工程经济活动分析　285
13.5　毕业论文　289
13.6　工科毕业设计报告　293
13.7　建筑工程类学术论文　297
小结　306
习题　306

第 14 章　建筑工程技术资料类应用文 ································· 307
14.1　概述 ································· 308
14.2　建设单位技术资料编制 ································· 310
14.3　勘察、设计单位技术资料编制 ································· 312
14.4　施工单位技术资料编制 ································· 312
14.5　监理单位技术资料编制 ································· 330
14.6　检测单位技术资料编制 ································· 343
14.7　监督单位技术资料编制 ································· 344
小结 ································· 346
习题 ································· 346

第 15 章　常见英语应用文 ································· 348
15.1　英语应用文概述 ································· 349
15.2　英语求职信（Application Letter） ································· 350
15.3　英语个人简历、自荐书 ································· 352
15.4　英语推荐信（Recommendation Letter） ································· 355
15.5　建筑工程英语论文 ································· 357
小结 ································· 360
习题 ································· 360

参考文献 ································· 361

第1章　应用文写作概述

教学目标

熟悉应用文的概念、特点和作用等,掌握应用文的写作基础知识、写作的具体要求和具体内容。

教学要求

能力目标	知识要点	权重	自测分数
熟悉应用文的概念、特点和作用	应用文的概念	10%	
	应用文的特点和作用	10%	
掌握应用文的写作基础知识、写作的具体要求和具体内容	应用文的写作基础知识	20%	
	应用文写作的具体要求	20%	
	应用文的主题、材料、结构、表达方式	20%	
	应用文的语言	20%	

章节导读

对应用文这个概念的理解有狭义和广义之分。人们有时把"某人不会打借条""不会写信",说成是"不会写应用文",这种应用文的概念是狭义的,专指日常应用文。应用文的广义概念重在"应用"二字上。本书使用的是广义概念。

在建筑行业中,常用的应用文除了日常类应用文、公文类应用文、事务类应用文、告示类应用文、报道类应用文、求职类应用文、常见英语应用文等通用应用文体,还包括招投标类应用文、建筑工程合同类应用文、法律类应用文、经济类应用文、礼仪类应用文、建筑工程学业类应用文、建筑工程技术资料类应用文等建筑工程专用应用文体。

▶ 技术交底文件写作

引例

我们先来看一个《××小区商住楼工程技术交底文件》的格式,见表1-1,通过此文件来对建筑工程应用文写作进行初步的了解。

表1-1　××小区商住楼工程技术交底文件

工程名称	××小区商住楼	建设单位	××房地产开发公司
监理单位	××建设监理公司	施工单位	××建筑工程公司
交底部位	一层构造柱、圈梁	交底日期	×年×月×日
交底签字	×××	接收人签字	×××

续表

交底内容如下。
1. 工程用材料。
(1) 水泥：用强度等级为 42.5 级的普通硅酸盐水泥。
(2) 砂：中砂。
(3) 石：20～40mm 卵石。
2. 混凝土试配及施工检查。
(1) 试配：按试配单×××号执行。
(2) 施工检查：包括模板、钢筋等相关检查内容。
3. 混凝土搅拌。
(1) 测定砂石实际含水率，并调整施工配合比。
(2) 严格计量搅拌、严格控制搅拌时间，每台班抽查两次坍落度。
4. 混凝土运输。
(1) 避免混凝土运输过程中分层离析。
(2) 保证混凝土初凝前入模。
5. 混凝土浇筑与振捣由工程技术负责人确认后执行，否则入模前必须进行二次人工拌和。
(1) 构造柱混凝土浇筑前，应在构造柱底预先铺与混凝土内砂浆成分相同的砂浆 30～50mm 厚。
(2) 严格分层浇筑与振捣。
(3) 浇筑时，应有钢筋工、木工配合。
6. 混凝土养护。
(1) 混凝土浇筑完成 12h 以内进行洒水养护，养护时间不少于 7d。
(2) 混凝土强度达到 1.2MPa 前，不得在其上踩踏或作业。
7. 混凝土质量标准按《混凝土结构工程施工质量验收规范》(GB 50204—2015) 执行。
8. 安全措施（略）。
9. 文明施工措施（略）。
参加单位及人员　　　　　　　　　　　　×××、×××、×××（参加的所有人员签字）

注意：本表一式四份，建设单位、监理单位、施工单位和城建档案馆各一份。

引例小结

该技术交底文件对工程用材料，混凝土试配及施工检查，混凝土搅拌、运输、浇筑与振捣、养护及质量标准进行了全面、准确的交底，针对性强，重点突出，同时还交代了施工中应注意的安全措施和文明施工措施，内容全面、格式规范。

1.1 应用文的概念

1.1.1 应用文的含义

应用文是国家机关、企事业单位、社会团体、人民群众在办理事务、沟通信息、进行社会活动时，所使用的具有某些惯用格式的一种文体。

单位为了完成工作或生产任务，需要制定相应的措施，并作出具体的任务分解，限定完成任务的日期，就要写"计划"；工作一个阶段后，需要分析研究，作出指导性的结论，就要写"总结"；为了使职工同心同德，保证正常的工作或生产秩序，就要写"规章制度"；工作或生产中有了特别的情况，或是必要的事情，需要向上级陈述，就要写"报告"；若是有需要上级审批的事情，就要写"请示"。

从事建筑行业工作的人员，根据自身工作的特点，还经常需要写"施工日志""技术核定单""设计变更""市场调查与预测""建筑招标与投标书""建筑经济活动分析报告""建筑工程合同"等。

企业单位中要使用应用文，个人生活中也要经常使用应用文，如书信、条据等。可以说，应用文是日常工作、生活中不可缺少的文体。

1.1.2 应用文的种类

应用文的使用范围极为广泛，几乎渗透社会生活的各个角落，其种类繁多，在不同领域、不同行业、不同部门和不同对象中，均有各自不同的应用文。应用文的分类，不像文学分类那样成熟和统一，应用文中除公文这种形式国家有明确的规范外，其他大多是约定俗成的，缺乏统一的标准。在一般情况下，可作如下区分。

（1）按涉及的专业门类区分，有行政、企业、经济、文教、科技、司法、军事、外交、日常生活等类应用文。

（2）按作者身份和行文性质区分，有以组织名义发文，用以处理公务的公务文书类应用文，有以个人名义行文，用以处理个人事务的私务文书类应用文。

应用文如果按其性质、特点、使用范围和格式区分，可分为以下三类。

（1）日常应用文类。它是机关、社会团体、企事业单位和个人在日常生活中所运用的各种应用文，如书信、条据、启事、演讲稿等，使用频率最高，范围最广。

（2）机关事务文书类。它是机关、社会团体、企事业单位处理事务时使用的文书。主要用于内部事务的有：计划、总结、通讯、报道、简报、调查报告、经济活动分析、会议纪要、规章制度等。主要用于外部事务的有：招标公告、投标书、协议、合同、意向书、先进事迹介绍、广告、产品说明书等。

（3）公文类。它是机关、社会团体、企事业单位处理公务时使用的文书，是传达贯彻党和国家的方针、政策，发布行政法规和规章，施行行政措施，请示和答复问题，指导、布置和商洽工作，报告情况，交流经验的重要工具。

本书作为建筑工程专业应用文教材，无论是从涉及内容还是从涉及种类来看，都只是应用文的一小部分，但从格式上看，涉及面则覆盖了应用文的大部分。本书主要选择了与建筑工程专业有关的一些文种，按学生的实际应用情况和教学的基本要求，大体分为日常、公文、事务、告示、招投标、合同、法律、报道、经济、求职、礼仪、学业、技术资料、英语等内容。

1.2 应用文的特点与作用

1.2.1 应用文的特点

应用文与一般文章比较，具有以下特点。

1. 实用性

应用文，顾名思义，就是为了应用。其实用性指的是文章都是用来处理事务、解决实际问题的。条据、合同可作凭证应用，便条、书信、广告可作传递信息应用；一份通知、一则通告、一项规定，往往要成千上万的干部群众遵照执行，甚至制约几亿人的行动；一份报告、一套材料往往是上级机关处理问题的依据，或为制定方针、政策的重要参考。总之，应用文讲究现实目的和效用，要据实起文，以解决实际问题。

2. 程式性

应用文有惯用的格式和语体风格，有的是在长期使用过程中，根据实际需要不断发展而形成的；有的是约定俗成，随大流形成的；有的是国家统一规范的。每种应用文都有相应的特定格式，这是一种表现形式，具有相对稳定性。若格式不规范，就会缺乏流通性，从而影响它的工具作用。

3. 时效性

应用文一般是用来在特定时间内处理特定问题的，时效性很强，在一定时间内有效，超过或未达到这一时间往往无效。例如，公文要及时处理，不失时效，否则会贻误工作；合同有生效或履行的期限；市场调查和预测，都要写明写作日期及调查的时间范围，从而成为决策的重要依据。马后炮式的应用文，一般都会丧失其实用价值。

1.2.2 应用文的作用

简要地说，应用文是社会生活中处理公私事务不可缺少的工具，具体作用主要表现在以下四个方面。

（1）宣传贯彻党的方针、政策。党和政府通过各类应用文，向有关组织和人民群众广泛宣传方针、政策，各组织和团体也需要通过各类应用文，制订计划、汇报情况、请示工作等，达到贯彻党的方针、政策的目的。其他文体也有宣传贯彻功能，但都不及应用文具有直接性和权威性。

（2）总结经验，指导工作。每个企业、每级组织、每个人在实际工作中都会创建好的方法和经验，这些方法和经验对于提高整体管理水平，提高社会效益和经济效益都有重要的意义。交流所获得的经验，指导今后的工作，可以通过应用文的形式来实现。

（3）增强联系，促进信息交流。社会是一个整体，各种组织、团体之间都会发生各种各样的事务联系，需要通过应用文建立和加强纵横各方面的联系，拓宽经营门路，促进信息交流，掌握市场动向等。

（4）积累和提供凭证资料。应用文如实地记录和反映了单位和个人各个时期的工作、交往的实际情况，有些应用文本身就是某个时期情况的客观记载。通过应用文可以把各个时期的资料积累起来，作为今后工作的参考。另外，许多公私事务需要书面的凭证，应用文就是凭证文书，对历史和现实中问题的解决起着凭据和参考作用。

1.3 写作基础知识简介

由于应用文的文种、体例繁多，故对作者的写作基础知识掌握要求较高。而且，应用文中的较多文种，往往在此为应用文，在彼则为其他文体，如产品说明书，对于厂家来说是应用文，而对于顾客和商家来说，则成了说明文；又如调查报告、经济活动分析、市场预测等，对于企业来说是应用文，但就写作特点、文章性质而言其又是议论文。由此看来，尽管应用文在写作时有特殊要求（主要是公文类和部分机关事务文书类、书信类），但其基本原理与一般文章的写作是一致的。所以，这里有必要简单介绍一下写作的基础知识。

1.3.1 材料

材料是作者为某一写作目的，搜集、摄取以及写入文章的一系列事实或论据。材料也可称为素材，一篇文章的好坏，直接受到作者收集的素材数量和质量的影响。如果说，主题是一篇文章的灵魂，那么，材料则是这篇文章的血肉，"血肉模糊""缺血少肉"都会使文章失去魅力。

整个"材料"的工作由占有和积累材料、鉴别和选择材料、使用材料这三个环节构成。

1. 占有和积累材料

占有和积累材料的途径主要有两条：一是直接经验，即用自己的全部感官去认真地体验生活，通过自己的分析、综合能力去发现问题、提出问题，对事物作出科学的判断，从而占有和积累能说明问题的各种材料；二是间接经验，即通过调查采访、参加有关会议、阅读有关文件去获取各种材料。

2. 鉴别和选择材料

鉴别材料宜"精"，即要对所占有和积累的材料进行"精鉴"，把材料的表象和实质、本质意义和旁属意义、轻和重、大和小、主和次、真和伪、典型和一般都弄清楚和搞透彻，为选择材料奠定基础。选择材料宜"严"，一般要遵循以下四点原则。

（1）要围绕主题选择材料。突出主题的材料都应属于选择的范围。

（2）要选择典型的材料。能够深刻揭示事物本质，具有广泛的代表性和强大的说服力的材料，称为典型材料。

（3）要选择真实、准确的材料。材料的真实性：一是指材料不是生编乱造、弄虚作假的；二是指材料不是个别的偶然现象。材料的准确性，就是要求材料确凿无疑、可靠无误，不是道听途说、穿凿附会的东西。

（4）要选择新颖生动的材料。新颖的材料具有时代气息，材料新是文章立意新、构思新的基础；生动的材料，能引起读者的兴趣。

3. 使用材料

使用材料，重在一个"活"字。材料吃得透，运用灵活，笔下功夫深，材料就活脱。使用材料时要做到以下三点。

（1）决定材料叙述的先后顺序。众多材料，不能杂然并陈，而要根据材料的内在逻辑进行分类、排队，决定其叙述的先后顺序。

（2）确定材料叙述的详略程度。其原则是：重要的详，次要的略；具体的详，概括的略；新的详，旧的略；人所难言者详，人所易知者略。

（3）显示材料的"活力"。同样的材料，在不同作者的笔下，往往有不同的效果，这由驾驭"材料"的功力不同所致。要将材料叙述得处处紧扣主题、生动活脱、入耳动心，从而显示材料的"活力"，就要加强文字方面的修养。

1.3.2 主题

主题也称主旨，是文章的灵魂。不论是谁，只要动笔写作，总会有"目的""意图""宗旨"的，总会表达对事物的认识、对生活的理解，表达赞成什么、反对什么的倾向，这些，就构成了文章所谓的主题。

1. 主题的提炼

主题的产生和确立，是以与之相关的材料为基础和依据的。没有材料（或事实、或生活），任何主题都不可能产生，有了材料也要通过提炼才能产生主题。主题的提炼须遵循如下原则。

（1）掌握全部材料。主题具有客观性，它是全部材料思想意义的概括。从这种意义上说，材料对主题的提炼起着制约、确定的作用，即一定的材料只能提炼出一定的主题。材料的残缺会导致主题的片面和浅陋。脱离材料的限制，乱贴"标签"，随意"拔高"主题的做法也是不可取的。

（2）要有正确的思想指导。主题又具有主观性，它是材料（现实生活）和作者心灵相撞击的产物，也是材料（客观事物）和作者思想相感应的结果。同一材料，不同作者作出的判断和评价不尽相同，甚至截然相反，这就说明主题的形成受到作者立场和世界观的制约。

> **特别提示**
>
> 党的二十大报告提出，马克思主义是我们立党立国、兴党兴国的根本指导思想。因此在进行应用文的写作时必须以其为指导思想，认真贯彻党的路线、方针、政策。

（3）要运用科学的分析方法。主要抓住以下四个环节。

① 材料分类。这一过程是把占有的材料按一定的标准进行分类，这是个去粗存精、去伪存真的过程。

② 寻找共性。在材料分类基础上，深入分析材料，寻找各材料的内部联系即共同点。找到了材料的共同点就能把握材料的本质，主题就能统率材料。

③ 抓住特点。用比较分析的方法，抓住事物的特点，使主题统率下的各个材料都有自己的个性特点，这是文章新颖生动的基础。

④ 准确概括。力求主题思想和全部材料相吻合，用准确的语言概括出能覆盖全部材料的中心思想。

2. 主题的表现

（1）表现主题的手法。不同体裁文章主题的表现手法是不同的。一般来说，记叙文体是靠形象来表现主题的，议论文体是通过论证事理来表现主题的，说明文体是通过解说事理来表现主题的，应用文体是通过务实来表现主题的。

（2）表现主题的要求。第一，要求鲜明。首先，要对主题有明确的认识和坚定的信念，对一些根本性或敏感性的问题有鲜明的态度；其次，要把握事物的个性特点，体现主题鲜明的特色。第二，要求集中。行文目的要求单一，一篇文章一般只应表现一个主题，若是多个主题，则意多文乱。在行文时要紧扣主题，做到不离题、不跑弦。

1.3.3　结构

结构，就是文章的组织安排、内部构造。材料，解决文章的"言之有物"；主题，解决文章的"言之有理"；结构，则是解决文章的"言之有序"。如果把材料比作文章的血肉，主题比作文章的灵魂，那么，结构则是文章的骨架。结构的安排原则如下。

（1）文章的结构要正确地反映客观事物的发展规律、内在联系。任何事物都有一个发生、发展的过程，反映在记叙文体中就有"开端—发展—高潮—结局—尾声"这样一个完整情节结构的形式。任何问题都有成因、现状和变化发展，反映在议论文体中就有"提出问题（现状）—分析问题（成因和变化发展）—解决问题（指明性质、提出方法）"这样一个完整说理结构的形式。

（2）文章的结构应服从、服务于表现主题的需要。一篇文章究竟是顺叙，还是倒叙；是开门见山，还是最后归纳；是对比成文，还是意识流向，都应该根据表现主题的需要决定。

（3）文章的结构应适应不同体裁的特点。逻辑结构多适用于议论文体，篇章结构偏重记叙文体，纲目相序、甲乙丙丁的结构则多用在说明文体和应用文体中。

文章结构的要求是严谨、自然、完整、统一。严谨，指的是结构精严细密，无懈可击；自然，指的是结构顺理成章，行止自如；完整，指的是结构首尾相接，匀称饱满；统一，指的是结构浑然一体，格调一致。

文章结构的具体内容包括：层次、段落、过渡、照应、开头和结尾。

（1）层次是文章思想内容的表现次序，是人们认识和表达问题的思维进程在文章中的反映，体现了作者思路开展的步骤。

（2）段落是构成文章的基本单位，是文章思想内容表达时出转折、强调、间歇等情况所造成的文字停顿，具有"换行"另起的明显标志。

（3）过渡是指上下文之间的衔接、转换。所谓承前启后，脉络贯通，指的就是过渡得好，过渡得自然。

（4）照应是指前后内容上的关照、呼应。开头和结尾相照应，称"首尾呼应"；前伏和后垫相照应，称"前后呼应"；行文和标题相照应，称"照应题目"。

（5）开头和结尾，是文章的有机组成部分。由于它们在文章中所处的部位重要且显著，因此历来为作者所重视。一般要求开头要像放炮，骤然而响，使人耳目为之一震；结尾要像敲钟，清音缭绕，使人掩卷为之长思。

> **特别提示**

建筑工程专业应用文在写作时，特别要求文章结构严谨、自然、完整、统一。因为建筑工程专业应用文写作的主要目的是满足人们在建筑工程建设中的交流，便于工作的开展，因此层次一定要清晰。切忌写成散文式，让对方看后不知所云。

同时文章结构尽量简单，文字越少越好，这样可以降低纸张成本和节约大家的撰写、阅读时间，提高工作效率。

1.3.4　语言

语言是人类进行交际、表达感情和交流思想的工具，一般分为口头语言和书面语言。书面语言是一切文章宜事达理、表情写意的唯一工具和手段。语言是文章的基础，离开了语言文字，任何深刻的思想、丰富的内容、精巧的结构，都无法表达、体现出来。准确、明白、精练、朴素是各类文章语言的基本要求。

1. 准确

准确，就是要用语精当。具有"分寸感""精确感"是各类文章最基本的要求。要准确把握常用汉字的"音""形""义"，规范地使用汉字。要仔细辨析词义，认真区别词的感情色彩，恰当地把握词的应用范围，精心推敲，选取最恰当、最贴切的词语来反映客观事物和表达感情。要切合生活实际，只有对生活实际认识正确，语言的准确才有了前提。

2. 明白

明白，首先是语言通俗易懂，要求表达意思深入浅出，将深刻的思想、复杂的道理、纷繁的事物，用浅显易懂的语言表达出来，不故作高深，不故弄玄虚；其次是语义明确，逻辑严谨周密，内容前后照应，不自相矛盾、模棱两可、含糊不清。

3. 精练

精练，就是"文约而意丰"或言简意赅，语言简洁、利落。要求写作时不拖泥带水、节外生枝，少用曲笔，不转弯抹角。要求学会删除繁文，对那些与基本观点无直接关系的、不是说明观点所必需的、字句重复累赘的要统统删除。要精练，就应取真意、去粉饰，切忌堆砌辞藻。

4. 朴素

朴素，指的是语言修辞恰如其分，不矫揉造作、以辞害意。朴素不等于语言贫乏，而是要求语言表达时，必须保证文章内容的明确和思想含义的正确。所以说，真正朴素的风格并不是不费力气就能达到的，必须是长期运用语言文字工具到十分纯熟的程度才行。

1.4 应用文写作的具体要求

应用文种类繁多，写作过程不仅要涉及记叙文、议论文、说明文等文体的写作知识，还要涉及作者本人的政治理论水平、实践知识、专业素质及语言能力。因此，要写好应用文，首先应该做到以下三点。

（1）提高政治理论水平，以便更好地理解党和国家的方针、政策，正确分析现实生活中的新情况、新问题，准确地传达和体现上级精神。

（2）努力实践，丰富社会阅历，扩大专业知识面，使所写的应用文能切合实际，反映现实。

（3）提高写作水平，要掌握大量的事务性词汇和专业术语，经常练习以熟练掌握应用文写作的一些常识和技巧。

对于应用文的写作，其具体要求主要有以下五点。

1. 主题要专一显露

一般来说，应用文要求一文一事，尤其是公文。即便是较长的文件，也要求只有一个中心思想。这样，可以使重点突出，防止行文关系混乱，提高工作效率，有利于问题的解决。

2. 材料要真实

应用文写作的取材十分严谨，主要是选取现实的、与本部门有关的材料。这样，才有利于问题的解决，才有说服力。

3. 结构要完整，条理要清楚

应用文要注重结构完整，在动笔前，就要认真理清思路，进行构思，以保证条理清楚。

4. 文字要准确、简明扼要

正确的思想，要通过准确的语言来表达。应用文的特殊用途，要求它在文字表达方面，要有节制、有分寸，要准确、简明，要用最少的文字表现最丰富的内容，切忌错别字连篇及滥用华丽的辞藻，也切忌连篇累牍、口若悬河。

5. 行文风格要求庄重

应用文政策性很强，往往是以政策为准绳，根据政策去分析问题、解决问题、制定措施、执行计划等。这一特点决定了应用文的行文必须庄重、典雅、朴实、自然。

1.5 应用文写作的具体内容

1.5.1 应用文主题

1. 应用文主题的概念

主题是作者通过文章的具体材料所表达出来的中心思想或基本观点。主题决定着文章的质量。应用文的主题形成，往往是"意在笔先、主题先行"，即根据应用文的撰写目的而确定主题；根据撰写目的搜集材料、占有材料和选择材料；根据撰写目的确定文体。

2. 应用文主题的要求

写文章应力图使文章的主题正确、集中、深刻与鲜明。

（1）主题正确是撰写应用文的基本要求。即应用文的主题要符合党和国家的方针、政策、法律法规，同时也要符合客观实际，反映出客观事物的本质与规律。

（2）主题集中指一篇应用文要集中表达一个主题，重点要突出。要围绕一个中心思想把问题说深说透，不要试图在一篇文章中表述许多意图，也不要在一篇文章中使用许多与主题无关的材料，使主题分散、零乱。有些综合性的工作报告，虽然要写几件事情，但也要求抓住事物的主要矛盾，抓住共性，做到重点突出，主题集中。

（3）主题深刻即应用文的撰写要求揭示事物的本质及内部规律，提出推进社会发展的有益见解。特别是撰写决定、意见、总结报告和调查报告等内容比较重要的应用文，更要求主题深刻，善于抓住事物的主要矛盾，发掘具有实质性和倾向性的问题，提炼出规律性的认识和行之有效的工作措施。

（4）主题鲜明指应用文的观点必须明确。肯定什么，反对什么，态度要鲜明，并表述得清楚、明白，而绝不模棱两可、含糊其词，以使读者易于理解。为此，要求作者具有清醒的头脑，对事物具有深刻的认识。如果作者本身对事物的理解处于若明若暗、似是而非的状态，就无法写出主题鲜明、思路清晰的应用文。

1.5.2　应用文材料

1. 应用文材料的分类

应用文材料的种类有以下几种。

1）宏观材料与微观材料

宏观材料，一般指全局性的、决策性的、指导性的材料；微观材料，指局部性的、具体性的、有针对性的材料。写作中，两种材料要有机结合，既要强调理论，又要结合实际。

2）主要材料与次要材料

主要材料，是反映一般的、共性的、能揭示本质的主干材料；次要材料，是个别的、特殊的、有助于说明某一问题的材料。写作时，应根据实际情况来决定两种材料的选取。

3）正面材料与反面材料

正面材料，是能确立论点、阐明道理、符合工作实际的材料；反面材料，是为论点提供反证、增进深度、反映工作中出现的一些错误或失误的材料。两种材料相结合，既可增强文章说服力，又可避免工作中的失误。

4）历史材料与现实材料

历史材料，是指反映以往情况的旧材料；现实材料，是指反映现状的新材料。虽然两者难以从时间上进行界定，但多以能否反映某一阶段中心工作来区别，历史材料厚重，有助于表现各项工作的发展脉络，现实材料新颖，有利于体现各项工作的创新。写作中应以现实材料为主，历史材料为辅。

2. 应用文材料的收集

收集材料是应用文写作的前提，材料要真实、全面、新颖，同时还要注意材料的连贯性、针对性和准确性。只有这样，才能为写作提供丰富的素材，使文章有理有据。在收集材料的过程中要注重材料的政策性、广泛性、实用性和预见性等要求。

1) 政策性

应用文写作有很强的政策性要求，在收集材料时，要实时关注党和国家的方针、政策、法令、法规，领会其精神实质，同时，还要注意收集上级下发的各类材料和有关领导的讲话、了解新的经济形势，以便写作时作为依据引证。

2) 广泛性

由于应用文写作涉及的范围广，要研究解决的问题多种多样，因此，广泛收集材料显得十分重要。注意收集各级各类公文、简报、总结、规章制度、会议纪要等，还要重视下级各业务职能部门提交上报的材料；通过参观、学习、出席会议、交换函索等手段，收集其他机关系统行业的材料，收集书报杂志中的材料，凡与工作学习有一定联系的材料，都应尽力收集。在科技飞速发展的今天，通过网络下载各种信息，已成为收集材料最便利的手段。

3) 实用性

应用文写作都是针对某一问题展开的，文中材料应体现它的实用性，因此，还要根据本单位的权限、职能、隶属、业务关系及个人的实际情况，确定材料的收集范围、提高材料的质量。

4) 预见性

收集材料还要善于把握动态趋势，注重对能代表新动向、新形势、新的经济发展趋势的材料的收集，尤其要重视对各行各业预见性、前瞻性材料的收集。

3. 选材的原则

总体上说，应用文写作要选择最恰当的材料来表现文章的主题，其原则有以下三方面。

1) 真实性

真实性是最关键的原则，要求材料准确无误、符合实际，以保证内容的严肃性、科学性。材料的真实性是应用文发挥社会作用的保证。

2) 典型性

典型性是指材料能反映客观规律、说明问题本质。作者必须具有高度的政策头脑和较强的逻辑思维能力，善于从纷繁的材料信息中发掘出最具典型意义的材料，把握问题的关键，以准确地、深刻地表现写作意图。典型材料并非就是重大的材料，它有时融于大量的素材之中，需要作者目光犀利、精挑细选。

3) 新颖性

新颖性是指材料能反映工作学习和生活中出现的新事物、新问题、新观念、新经验等，也包括从旧材料中生出新观点。应用文写作的目的是解决问题，推动工作的开展。因此，凡是有利于这一目的的材料，都可成为应用文的材料。

4. 材料与主题的关系

材料是文章的内容，主题是文章的中心思想，两者必须统一。撰写时应切记主题要统率材料，要围绕主题选材；反之，材料又必须能够证实主题，所用材料与表达的主题应当一致。写文章时如果事先没想清楚就下笔，则容易造成主题与材料不一致。比如某单位写请示，请求上级批准引进一台大型生产设备。在陈述购买理由时，详细地陈述了该设备如何先进、价格如何便宜，这个材料与主题显然是不一致的。因为请示的目的是要领导批准购买该设备，而陈述的理由显然不是购买的理由，而成了商品介绍。购买的理由应当是生产上急需什么设备，它可给企业带来什么效益。因此写应用文时，要注意材料与主题相一致。

1.5.3 应用文结构

1. 应用文结构的概念

应用文的结构是指根据观点表达的需要，将精选出来的材料在系统地、科学地组织安排时所采用的一定形式与格式。一篇好的应用文，不仅要主题鲜明、突出，材料真实、典型，语言准确、生动，还应当有规范的格式。

虽然应用文的文体特别多，各文体的结构形式不尽相同，但目前广泛使用的应用文格式已经定型，它们的基本结构形式不可随意变更。如调查报告的基本形式是：标题→开头→正文→结语，学术论文的基本形式是：绪论→本论→结论，公文有自己独特的格式等。

2. 应用文结构的安排原则

一篇好文章，结构所起的作用功不可没。应用文的结构安排应遵循以下原则。

（1）符合客观规律和人们的认识规律。客观事物自有其发展、变化的规律，人们对客观事物的认识也有一定的规律。所以，应用文的结构安排必须遵循这两条规律，反映客观事物的内在联系。

（2）为主题服务。应用文的结构必须为主题服务，主题是全文的"纲"，它统率全篇，能突出表现主题的结构才是好结构。

（3）适合相应的文体。应用文因其使用的范围、条件、对象不同，结构形式也不相同，在写作时应该注意这些不同文体的结构特点。

1.5.4 应用文表达方式

表达方式是指撰写文章所采用的具体表达方法和形式。表达方式有五种：叙述、描写、抒情、议论和说明。

由于文体性质和撰文目的的不同，不同种类的应用文运用的表达方式也各有侧重。

1. 叙述

叙述是以记述人物或事件的发展过程、变化过程来表达思想的一种表达方式。

1）叙述的种类

撰写应用文常用的叙述种类有顺叙、倒叙、概叙和夹叙夹议。

（1）顺叙按照事件发生、发展到结局的顺序进行叙述。这种方法有利于将事情的来龙去脉交代清楚，给人以完整的印象。

（2）倒叙根据表达内容的需要，把事件的结局或某个精彩的、突出的片段提到开头，然后按事件的发展顺序进行叙述。倒叙方法运用得当，可造成悬念，提高读者的阅读兴趣，能更好地表现文章的主题。倒叙多用于新闻报道，一般不能用于公文。

（3）概叙是概括的、粗线条的叙述，即用简洁、概括的语言将事件的全貌和本质交代清楚，给人整体的认识。

（4）夹叙夹议是以叙述为主，又加以分析评论的叙述方式。它在应用文写作中广泛运用，可将材料与观点结合起来，更好地表现作者的意图。

2）运用叙述的要求

（1）叙述要素必须交代清楚，包括时间、地点、人物、事件（事项）、原因、结果等。这些要素是读者认识事物、掌握内容的基本要点与线索，因此，不能错漏。

（2）重点突出，层次清晰。即围绕文章的主题，有次序地安排层次、段落，分清主次详略，使全文层次清晰，主题明确、突出。总之，以有利于说明主题为宗旨。

（3）叙述方法视文体表述需要而定。撰写应用文，一般采用顺叙的方法，使层次、段落与事件、管理活动的发展顺序等相一致。有的应用文也采取概叙、夹叙夹议的方法。倒叙多用于通讯这种新闻体裁，以增强叙事效果。

2. 描写

描写就是描绘、摹写人物、事物及景物的形态与特征的一种表达方式。描写是文学创作的主要手段，在应用文写作中有时也采用，常同叙述结合在一起。描写多用于通讯、广告等，在公文写作中很少使用。

3. 抒情

抒情即抒发感情。抒情是文学创作中重要的表达方式，但它也适用于应用文写作。应用文写作具有很强的针对性、目的性，为了使读者接受文章的思想内容，就不能只满足于客观的叙事、冷静的说理，往往还要借助感情的抒发。根据不同文体的需要，演讲稿、广告等应用文常采用抒情。

4. 议论

议论是运用概念、判断和推理的逻辑形式，结合有关材料，来反映客观事物，揭示其内在联系、本质与规律，并阐明作者主张的一种表达方式。议论由论点、论据和论证构成。

1）论证方法

议论的论证方法主要有例证法、引证法、类比法、反证法、喻证法、对比法、归谬法、因果法、归纳法等。在论证过程中，人们常常根据实际需要选择某种论证方法，或综合运用多种方法进行论证。

2）运用议论的要求

（1）论点正确、鲜明。不同文体的应用文，运用议论都要求明确地阐明作者的论点，提倡什么、反对什么，肯定什么、否定什么，必须态度鲜明，绝不能含糊其词。

（2）论据充分、翔实。对于理论论据，在引证时要严格说明出处，忠于原意；事实论据，必须客观真实，所引证的事例和数据须具有典型性、真实性，经得起推敲考核，绝对不能用未经验证的材料去证明论点。

（3）论证规范、有力。论证材料必须能够证明论点，论据和论点之间具有必然推出的联系，符合推理的规则。

5. 说明

说明即以简明的文字，将被说明对象的形态、性质、特征、构造、成因、关系、功能等解说清楚，它以让人们认识、了解被说明对象为目的。

1）说明的方法

说明的方法主要有定义说明、诠释说明、举例说明、比较说明、分类说明、数字说明、引用说明及图表说明等。在写作中，要根据需要选用恰当的说明方法。

2）运用说明的要求

（1）说明要客观。要实事求是地进行说明，要求对被说明对象作出符合实际的介绍或解说，以反映事物的本来面目。

（2）说明要准确。准确抓住被说明对象的特征，用语要恰当，归类要正确。

（3）说明要科学。说明内容上要求正确，选择的说明方法要得当。

需要注意的是，应用文如果整体以说明为主要表达方式时，其整体结构要讲究说明顺序，以符合人们的认识规律。说明顺序有时间顺序、空间顺序和逻辑顺序三种。无论哪一种，都应该反映事物本身的特征和条理。说明性公文多以逻辑关系为主要顺序，同时与其他顺序相结合使用。

1.6 应用文的语言

1.6.1 语言要求

应用文的语言运用，总的来说，要求表述准确、恰当，不能使记载与传递的信息变异、失真或导致接收者歧解，从而贻误工作。应用文的语言表述，根据不同文体，须遵循下述要求。

1. 严谨、庄重

应用文中的公文代表机关发言，具有法定的权威性，其用语应当严谨、庄重，以体现出公文的严肃性，因此，不仅不宜使用口语，也不宜运用文学语言。具体要求如下。

1）使用规范化的书面语言

规范化的书面语言词义严谨周密，可使读者准确理解公文，不产生歧义从而能认真执行。首先，不要使用口语，如在文件用语中，使用"商榷""面洽""诞辰""不日""业经""拟"等书面语言，而不使用"商量""生日""不几天""早已经过""打算"等口语，以示庄重。其次，不使用生造的晦涩难懂的词语和不规范的行话、方言或简称，如称"打击经济犯罪办公室"为"经打办"等。这不仅会使读者费解，影响公文传递信息的功能，也影响公文制发机关的庄严与文件的权威性。

2）使用专用词语

长期以来，人们在公文中沿用一些使用频率较高的专用词语。这些词语虽非法定，但已约定俗成。尤其是公文中的专用词语，经过历次公文改革的筛选提炼，已去除糟粕，保留了至今仍具积极作用的部分。掌握这些词语有助于文章表述简练。

2. 恰当、准确

正确地记载与传递信息是撰写应用文的基本要求，要遵循这一要求，应用文的语言表述就必须符合客观实际，符合逻辑，即概念描述应准确而恰当，还要符合语法修辞的规范。

3. 朴实、得体

应用文是处理、办理事务的工具，也是沟通信息的基本方式，因此，强调用语朴实和得体。

朴实，即文风要朴实无华，语言实在，强调直接叙述，不追求华丽辞藻，不用含蓄、虚构的写作技巧。得体，即指应用文语言应适应不同文体的需要，说话讲究分寸、适度。

4. 简明、生动

为了加快阅文办事的节奏，应用文用语必须简明精练，即尽可能用少的文字，浓缩大量的信息，做到言简意赅。如果是面对听众的报告、演说词，就需要语言生动一些，以加强文章的感染力。

1.6.2 缩略语

1. 缩略语的类型

在应用文写作中，运用缩略语，可使语言达到简洁、生动、鲜明的效果。其类型大致有以下几种。

1）标数概括式缩略语

标数概括式缩略语有三种类型：①单一标数概括式，如"四项基本原则"；②双重标数概括式，如"八荣八耻"；③多重标数概括式，如"五讲四美三热爱"。

2）节缩式缩略语

节缩式缩略语是将一个大词组缩略成一个小词组，如"电视大学"缩略为"电大"。

3）分合式缩略语

分合式缩略语如将"离休、退休干部"缩略为"离退休干部"，"企业、事业"缩略为"企事业"。

4）结合式缩略语

结合式缩略语是指由两个以上城市、省份简称结合起来，或由它们的简称与其他文字结合起来的用语，如"京津""湘鄂边界"。

5）择取中心词缩略语

采用择取中心词缩略语时必须注意，使用时先用全称，同时注明"以下简称"，如《中华人民共和国刑法》（以下简称《刑法》）。

2. 运用缩略语的注意事项

（1）坚持约定俗成。任何缩略语的成立，关键在于约定俗成。缩略语并非应用文独有，它来源于日常用语，经过规范，进入书面语。如何正确把握住缩略语的约定俗成，简而言之，既忌冒失，又忌保守。

（2）把握使用范围。如"交大"，南方人一般认为是指"上海交通大学"，而就全国而言，还有"北京交通大学""西安交通大学""西南交通大学"等。

（3）避免产生歧义。有时缩略语与一些词或词组相同，容易使人误解。如一份简报的题目是《本市一百商场日营业12小时》，初看以为是该市有一百个商场延长了营业时间，看下去才知是该市第一百货商场。

（4）区分使用场合。缩略语在一般性场合可使用，而在庄重的场合一般不应使用。如一般性应用文中常用"中国"，而在布告、公告、声明及国际场合中，就必须使用"中华人民共和国"，再如年、月、日，在公文中就不得缩略。

（5）讲究标点符号。词语缩略后，还要注意标点符号的位置，尤其是并列式的缩略语，稍不注意，就有可能同其他词语混淆。如"解决农民的饮、用水问题"，这里的"饮、用水"中的顿号就用得好，舍其顿号就会同另一词"饮用水"发生混淆。

1.6.3　模糊语言

1. 应用文模糊语言

应用文的语言从总体上讲，可分为精确语言和模糊语言两大类。

精确语言是应用文的基础和生命，但在某些特定的语言环境和特定的条件下却又必须使用模糊语言。模糊语言即指外延小而内涵大的语言。

人类语言中有许多模糊语言，这些语言所概括的事物范围只有"中心区域"是清楚的，"边缘部分"则是模糊的。如"通过这次政治学习，全校广大师生受到了深刻教育"，其中"广大"即为模糊语言，具有不定指性，其表量是模糊的，但表意却是准确的。如果将其改为"全校3537名师生受到了深刻教育"，反而令人难以置信。

2. 模糊语言与精确语言的关系

在应用文写作中，模糊语言的使用是不可避免的，但这绝不意味着可以无条件地随意滥用模糊语言。需要注意的是，模糊语言不是含糊语言。模糊语言具有定向的明确性，委婉、含蓄不是模棱两可，灵活自然不是无拘无束、漫无边际，简明规范不是含糊不清、信手拈来。

以往，人们对写作往往强调语言的准确性，而贬斥模糊性。其实，准确性和模糊性是对立统一的，它们在一定条件下可以互相转化。

从一般规律上说，模糊是绝对的，准确是相对的。准确的表述既有赖于精确语言，同时又离不开模糊语言。从实际的表达需要出发，该用精确语言的时候用精确语言，该用模糊语言的地方用模糊语言，这样的表述才是准确的。事实上不仅是应用文，一切语言交际都不是一味追求精确。

在实际工作中，必须处理好语言的模糊性与准确性的关系。模糊语言往往与精确语言有机配合使用，才会虚实结合，相得益彰。

3. 模糊语言的分类

模糊语言在应用文中使用频率是相当高的，凡是以主观判断或揭示模糊、相对模糊和认识处于模糊状态的事物，或者表达上的特殊需要都可用模糊语言。其应用有以下几种情形。

1）表示时间

无须或无法测计确切时间的事物，用具有模糊时间的词语表述，如十时许、早晨、傍晚、中午、午夜、夜间、近来、年初、当前、不久前等，表述时间的大致界划和区段。

2）表示数量

无须或无法准确测计度、量、数的事物，用具有不确定性的词语表述，如数千、百余、一批、许多、甚微、若干、多数、大多数、绝大多数、过早、过快、适中、从宽、从重等，表述对度、量、数的估计。

3）表示范围

无须或无法确定具体界限的事物，用具有相对区界的词语表述，如部分、局部、个别、以外、以东、以后、以上、附近、沿海地区等，表述事物的跨度和范围。

4）表示程度

无须或无法准确度量程度的事物，用具有层级性或比较性的词语表述，如十分、非常、特别、良好、优秀、优异、显著、卓越、损失、大损失、重大损失、巨大损失、无法估量等，表述程度等级或档次。

5）表示性状

无须或无法确定具体性质、描述具体状态的事物，用富有弹性的词语或修辞方法表述，如正确性、严重问题、紧急情况、恶性循环、严峻的形势、急剧的变化、恶劣的手段、特别行动、非常事件等，表述事物的性质和状态。

6）表示趋向

无须或无法具体反映发展变化情况的事物，用具有趋向性的词语表述，如提高、加快、减少、降低等，表述事物发展变化的客观趋势或人们的主观意向。

模糊语言的运用要恰当、得体。模糊语言表现力极强，内涵极其丰富，切忌随意滥用。否则，将有损于应用文的真实性和严肃性。

1.6.4 专门用语

1. 称谓词

称谓词即表示称谓关系的词。

在应用文中，涉及机关或个人时，一般应直呼机关的全称或规范化的简称，以及对方的职务或"××同志""××先生"。在表述指代关系的称谓时，一般用下列专门用语。

第一人称"本""我"，后面加上所代表的单位简称，如部、委、办、厅、局、厂、所等。

第二人称"贵""你",后面加上所代表的单位简称,如部、委、办、厅、局、厂、所等。在应用文中,用"贵"字作第二人称,只表示尊敬与礼貌,其一般用于平行文或涉外公文。

第三人称"该",在应用文中使用广泛,可用于指代人、单位或事物,如该厂、该部、该同志、该产品等。"该"字在文件中的正确使用,可以使文字简明、语气庄重。

2. 领叙词

领叙词是指用以引出应用文撰写的根据、理由或具体内容的词。领叙词在应用文中出现的频率较高,一般借助领叙词来使应用文写得开宗明义。常用的领叙词如下。

根据

按照

为了

接

前接或近接

遵照

敬悉

惊悉

……收悉

……查

为……特……

现……如下

根据……(上级单位或领导)的……重要指示,我有几点启示(启发、思考):……

根据……(同级单位或同事)的……发言或意见,我再补充几点:……

根据……(下级单位或下属)的……发言,我再强调(或要求)几点:……

应用文的领叙词多用于文章开端,引出法律法规以及政策,指明根据或事实依据等,也有的用于文章中间起前后过渡衔接的作用。

3. 追叙词

追叙词是指用以引出被追叙事实的词。应用文中有时需要简要追叙一下有关事件的办理过程,为使追叙的内容出现得自然,常常要使用如下一些追叙词。

业经

前经

均经

即经

复经

迭经

在使用时,要注意上述词语在表述次数和时态方面的差异,以便有选择地使用。

4. 承转词

承转词又称过渡用语,即承接上文转入下文时使用的关联、过渡词语,用于陈述理由、事实之后引出作者的意见、方案等。这种词语不仅有利于文辞简明，而且起到前后照应的作用。常用的承转词如下。

为此

据此

故此

鉴此

综上所述

总而言之

总之

5. 祈请词

祈请词又称期请词、请示词，用于向收文者表示请求与希望。常用的祈请词如下。

希

敬希

请

望

敬请

烦请

恳请

希望

使用祈请词的目的在于营造机关之间相互敬重、和谐协作的气氛，从而建立正常的工作。

6. 商洽词

商洽词又称询问词，用于征询对方意见，具有探询语气。常用的商洽词如下。

是否可行

妥否

当否

是否妥当

是否可以

是否同意

意见如何

这类词语一般用于公文的上行文、平行文中。在使用时要注意确有实际的针对性，即确需征询对方意见时使用。

7. 受事词

受事词即向对方表示感激、感谢时使用的词语。常用的受事词如下。

蒙

承蒙

受事词属于客套语，一般用于平行文或涉外公文。

8. 命令词

命令词即表示命令或告诫语气的词语，用以增强公文的严肃性与权威性，引起收文者的高度注意。

表示命令语气的词语如下。

着

着令

特命

表示告诫语气的词语如下。

责成

令其

着即

毋违

切实执行

不得有误

严格办理

9. 目的词

目的词即直接交代行文目的的词语。人们撰写应用文尤其是公文都有明确而具体的目的，对此，需有针对性地使用简洁的词语加以表述，以便收文者正确理解并加速办理。

用于上行文、平行文的目的词，还需加上祈请词，常用的如下。

请批复

请函复

请批示

请告知

请批转

请转发

用于下行文的目的词，常用的如下。

查照办理

遵照办理

参照执行

用于知照性文件的目的词，常用的如下。

周知

知照

备案

审阅

10. 表态词

表态词又称回复用语，即针对对方的请示、问函，表示明确意见时使用的词语，常用的如下。

应

应当
同意
不同意
准予备案
特此批准
请即试行
按照执行可行
不可行
迅即办理
在使用上述词语时应对公文中的下行文和平行文严加区别。

11. 结尾词

结尾词即置于正文最后，表示正文结束的词语。

用以结束上文的词语，常用的如下。

此布
特此报告
通知
批复
函复
函告
特予公布
此致
谨此
此令
此复
特此

再次明确行文的具体目的与要求的词语，常用的如下。

……为要
……为盼
……是荷
……为荷

表示敬意、谢意、希望的词语，常用的如下。

敬礼
致以谢意
谨致谢忱

使用应用文专门用语，有助于使文章表达得简练、严谨并富有节奏感，从而赋予文章庄重、严肃的色彩。

小 结

本章是学习建筑工程应用文写作应首先具备的基础知识和理论,也是全书的重点内容之一。掌握这些内容对认识、研究和写作应用文具有极为重要的意义。

应用文写作是一门正在发展和不断完善的学科,是社会科学范畴里的一门实用学科。它以应用文体为学习和研究对象,是各种应用文写作实践的理论总结,是指导应用文写作实践的理论依据。

学习应用文写作有助于提高业务水平,增强分析问题能力及语言表达能力。应用文写作实践,无疑有助于提高综合素质。

要写好应用文,需要掌握应用文的写作基础知识,熟悉其语言特点,掌握常用的习惯用语。

应用文广泛应用于社会各个领域,对于建筑工程专业的同学先要掌握应用文的基本内容和写法,然后经过建筑、经济、法律、管理等相关专业课程的学习,再进一步掌握建筑工程专业应用文的写法和写作要求。

习 题

一、填空题

1. 应用文按涉及的专业门类区分,有_____、_____、_____、_____、_____、_____、_____和日常生活类应用文;按不同性质、特点、使用范围和格式区分,有_____类、_____类、_____类。

2. 应用文主要有_____性、_____性、_____性等特点。

3. 整个"材料"的工作由_____、_____、使用材料这三个环节构成。

4. 确定材料叙述详略程度的基本原则是_____详,_____略;_____详,_____略;_____详,_____略;_____详,_____略。

5. 文章结构的具体内容包括_____、_____、_____、_____、_____和_____六个方面。

二、选择题

1. 下列词语表示"征询"的有（　　）。
   A. 是否可行、妥否、当否、是否同意
   B. 蒙、承蒙、妥否、当否、是否同意
   C. 敬希、烦请、恳请、希望
   D. 可行、不可行、希望、妥否

2. 下列词语表示"请求"的有（　　）。
   A. 是否可行、妥否、当否、是否同意
   B. 蒙、承蒙、妥否、当否、是否同意
   C. 敬希、烦请、恳请、希望

D. 可行、不可行、希望、妥否

3. 叙述要素齐全的是（　　）。
A. 时间、地点、人物、事件、对话、情节
B. 时间、地点、人物、事件、描写、对话
C. 时间、地点、人物、事件、原因、结果
D. 时间、地点、人物、事件、描写、情节

4. 论据可简单地分为两类，这两类是（　　）。（多选）
A. 理论论据　　　B. 事实论据　　　C. 直接论据　　　D. 比喻论据

三、运用应用文专门用语填空

1. ××省××局：
局《关于××的请示》[×字（××××）××号]_____，经与××部研究_____如下：……

2. _____部领导指示精神，我局会同××司××办公室抽调×名同志组成了"××事件调查组"……

3. 《××××办法》_____厂务委员会讨论通过，现发给你们，望结合本单位具体情况执行。

4. ……以上意见，如_____，_____批转各部属院校。

5. ……为了……的需要，特_____如下指令。

6. _____局大力协助，我校×××研究所各项筹建工作已基本告一段落。

7. ×××来函_____，关于××一事，我部完全同意_____局意见……特此_____。

8. ……以大力协作_____。

9. 以上所请_____，以迅即_____为盼。

10. _____生_____我校××系××专业××级学员……

11. _____该厂此类错误做法，上级有关部门曾多次行文。

12. _____悉_____总公司成立，谨表_____。

13. 以上命令_____施行，不得_____。

14. 以上通令，应使全体公民_____，切实_____执行。

15. 随函附送《××××情况统计资料》一份，请_____。

16. _____国务院领导同志的指示精神，我们_____有关部门，对农村电网改造工作进行了研究。

17. _____进一步提高我省企业管理干部的管理_____素质，决定对在岗企业管理干部有计划地进行培训。_____征得××省行政管理学院同意，_____委托_____院举办企业管理专业培训。

18. 以上请示，望予_____，并列入××××年招生计划。

19. _____防止计算机出现问题，_____国务院批准，_____将有关问题通知如下。

20. _____省人民政府领导同志的指示，_____将国务院办公厅《关于公文处理

等几个具体问题的通知》_____给你们。

四、简答题

1. 什么是应用文？联系实际，谈谈学习应用文写作有什么作用？
2. 写作时如何选择好材料？
3. 写作时怎样做才能使用好材料？
4. 提炼主题的三个原则是什么？
5. 不同文体主题的表现手法有何不同？
6. 文章结构的三个安排原则是什么？
7. 各类文体对语言的基本要求是什么？
8. 应用文写作的具体要求是什么？
9. 什么是主题？如何确定应用文的主题？
10. 应用文的表达方式有哪些？并举例说明。
11. 应用文的语言有什么特点？
12. 搜集归类日常生活中的缩略语。
13. 怎样正确地使用模糊语言？

课后习题讲解

第2章　日常类应用文

教学目标

掌握书信、条据、记录、函、会议纪要等常见日常类应用文的写法和具体写作要求。

教学要求

能力目标	知识要点	权重	自测分数
掌握常见日常类应用文的写法和具体写作要求	书信的写法和具体写作要求	25%	
	条据的写法和具体写作要求	25%	
	记录的写法和具体写作要求	15%	
	函的写法和具体写作要求	15%	
	会议纪要的写法和具体写作要求	20%	

章节导读

在建筑行业中，日常类应用文除了书信、条据、记录等，还包括函、会议纪要等。

引例

我们先来看下面两个函的格式，以此来对日常类应用文写作进行初步的了解。

××市建设集团公司关于委托
××建筑学院举办管理人员培训班的函

××建筑学院：

为了培养建筑管理高级人才，我集团公司拟委托你院举办一期管理人员培训班，时间1年，人数30人，采取脱产学习的形式。学费按你院有关规定支付。能否接受，请予研究函复。

××市建设集团公司（盖章）
××××年二月十二日

××建筑学院关于为××市建设集团公司
举办管理人员培训班的复函

××市建设集团公司：

你集团公司××××第021号来函已于2月15日收悉。

关于为你集团公司举办管理人员培训班的问题，经研究答复如下。

一、同意为你集团公司举办管理人员培训班，人数30人，时间1年，脱产学习，开学时间：××××年3月15日。

二、有关学籍管理及实习、收费标准等问题，请参照《××建筑学院关于举办管理人员脱产培训班的规定》中有关条款另议。

特此函复

附：

《××建筑学院关于举办管理人员脱产培训班的规定》

××建筑学院（盖章）

××××年二月十八日

引例小结

第一封函是一封商洽函。××市建设集团公司委托××建筑学院举办管理人员培训班，就培训时间、人员、形式、费用等事项进行商洽。语言平和得当，篇幅短小，体现了函写作的灵活性和功能的实用性。

第二封函是一封答复函。××建筑学院就为××市建设集团公司举办管理人员培训班的商洽问题给以明确答复，包括时间、人员、形式、费用等。用语得体，简洁明了。

2.1 书　　信

2.1.1 书信的含义与种类

书信是生活、学习和工作中普遍使用的，以个人或单位名义，向对方致以问候、传达信息、表明态度，或与对方联系事宜、讨论问题、确定业务关系时所使用的一种应用文体。书信的种类繁多，涉及内容广泛，目前尚无明确的归类标准。一般情况下，将单位间行政事务书信的来往归类于公文中的"函"，将意向书、契约书等归类于合同，将招标书（投标书、产品说明书）归类于告示类，剩下的基本归类于日常书信。在建筑行业中，日常书信可根据其用途分为以下五类：第一类用于个人的私事交往，如个人信件；第二类可用于宣传张贴，如表扬信、感谢信、慰问信、决心书、倡议书等；第三类可用于人事往来，如介绍信、推荐信、聘请书、邀请书等；第四类可用于处理上下级的业务联系，如建议书、申请书等；第五类可用于处理单位间的业务联系，如公证书、索赔书等。

2.1.2 书信的一般格式与写法

既为书信，就有书信的形式。书信的格式要求和写法要求基本是一致的，一般由称谓、主体、结束语、具名和日期五个部分组成。

（1）称谓。称谓写在首行顶格的位置上，以示对收书信人（或单位）的尊敬。后面加上冒号，以表示下面有话要说。完整的称谓，由姓名（或单位名称）、称呼（或单位某范围的人）、修饰语三个部分组成，如尊敬的（修饰语）公司（单位名称）领导（称呼）、小王（姓名）好（修饰语）友（称呼）。称谓的得体与否主要表现在称呼上。称呼如何写，由写书信人与收书信人的关系而定。个人之间的书信来往，一般是当面怎样称呼，书信中也怎样称呼；个人与单位或单位之间的书信来往，一般要注意称呼所限定的范围，要保证称呼的范围与书信内容的统一。称谓的礼貌与否主要表现在修饰语上，对某些特定的收书信人，多加上"尊敬的""亲爱的"等词语。

（2）主体。主体另起一行，前空两格。这是书信的主要部分，是对收书信人说的话、谈的事。主体部分由引语、正文、结语三部分组成。

① 引语部分主要是阐述写书信的缘由，以引导正文。

② 正文部分主要是表明写书信的目的。每段开头空两格，要求一层意思一个段落，保持段落与意思的完整性和统一性。

③ 结语部分主要是归纳书信内容，以加深收书信人的印象。

（3）结束语。结束语一般指祝颂敬语，以表示礼貌。祝颂敬语在一般书信中用得较多的是"此致敬礼"。在私人信件来往中，由于相互间关系的复杂，祝颂敬语则较丰富（见表2-1常用祝颂敬语表）。无论何种祝颂敬语，在格式上一般要求分成两行书写，先写的（如此致、祝您等）应紧接正文，也可另起一行，空两格书写；后写的（如敬礼、健康等）应另起一行顶格写。

表 2-1 常用祝颂敬语表

对　单　位		对　长　辈		对同志和平辈		对　晚　辈	
此致	敬礼	祝您	长寿	此致	敬礼	祝你	努力学习
祝	事业兴旺发达	祝您	康安	祝你	工作顺利	祝你	学习进步
祝	百尺竿头更进一步	祝您	幸福	祝你	进步	祝你	健康
祝	前程似锦	祝您	全家安好	祝你	成功	祝你	愉快
祝	财源茂盛	祝您	万事如意	祝你	前程似锦	祝你	近安

（4）具名。另起一行或与祝颂敬语隔1~3行，在信的右下方写上写书信人（或单位）的姓名（或名称），单位具名后要加盖公章。

（5）日期。日期在书信的最后标明，写在具名的下一行靠右一点的位置上，最好将年、月、日全写出来。

2.1.3　写一般书信的注意事项

（1）书信的内容要求和写书信的目的一致。目的明确，内容才能明白清楚。内容明白清楚，就可避免造成对方的误解或疑问、耽误事情，从而达到写书信的目的。

（2）书信的语言表达要求和写书信的目的一致。目的不同，语言表达也不同。是褒，还是贬；是介绍推荐，还是举报控诉；是询问事情，还是传递信息；以上是由写书信的目的所限制的。偏离这一限制，语言表达就会造成错误；语言表达如果不注意分寸，则达不到写书信的目的。

（3）书信内容、语言表达要求和写、收书信人双方关系一致。由于写、收书信人关系不同，书信内容和语言表达要求也不同。给上级的书信和给下级的书信，给个人的书信和给单位的书信，给长辈的书信和给晚辈的书信，给同事的书信和给朋友的书信都应有所不同。

（4）语言表达要求有公关意识。无论写何种书信，措辞均要求委婉，给人以亲切、自然、有礼貌的感觉。

（5）要按照书信的一般格式书写，邮寄书信要注意信封的格式，张贴书信要注意开头和结尾的格式。字迹要清楚，以免发生误会。

2.1.4 几种常用书信的写作

1. 私人书信

私人书信指的是个人间的书信来往。因其有特定的交流对象，所以私人书信具有针对性强的特点。私人书信的内容可以包罗万象，多涉及生活、学习、工作、政治、学术、文艺、家务、时代风俗、人情世故、思想感情等各方面。其可以应用包括叙述、描写、抒情、说明、议论在内的所有文章表达方式。

【例文一】

给同学的一封信

芳：

　　你好！

　　很久没有给你写信了，想我吗？

　　还记得吗，初来南昌，被分在道桥专业里，我曾一度抱怨、沮丧。现在，我已从迷茫无奈中走出来，战胜了旧我。

　　尽管我的专业在别人眼里，甚至在过去的我的眼里，是劳累，是肮脏，是荒郊野外，是风餐露宿，但是，他们不知道那凝聚我们汗水的一条条宽敞平坦的大道，一座座新颖奇特的桥梁，会给家乡父老带来多少欢笑和欣慰！

　　芳，告诉你一个好消息，我参加了"我爱我的专业"演讲比赛，现在一切都在紧张的筹备之中。我想通过演讲，将我所听到看到的故事告诉给每一位同学，也要把自己这段时间的思想历程诉说出来，我相信听的人一定会感动的。

　　你知道吗，这几个星期以来，我时常梦见自己学业有成。戴着安全帽，穿着工作服，抱着图纸，穿梭于桥梁建筑工地之间，在我身后是一条条伸向远方的道路和桥梁……

　　芳，我已经不再是毫无目的在长空搏击的小鸟了。我相信四年以后，在这片前辈曾经洒下鲜血的红土地上，也将洒下我辛勤的汗水，结出我所希冀的硕果——新的道，新的桥。

与你分享我的快乐。祝你

前程似锦！

心情愉快的朋友　霞
20××年××月××日

2. 感谢信

感谢信是对某个单位或个人的关心、支持和帮助表示感谢的一种书信。

感谢信必须具体写明，在什么时间和地点，因为什么事情，得到对方的什么帮助与支援，以说明致谢的原委。要以诚恳、真挚的感情表达自己的谢意。

【例文二】

感 谢 信

××市××建筑设计院：

我校建筑工程技术专业的××、××等22位学生，在贵院进行毕业实习期间，得到了贵院领导和设计院技术人员的热情关怀和悉心指导。因此，他们在短短的三个月实习中，学业上有了长足的进步，取得了很大的收获，达到了预期的目的。我们特向贵院表示衷心的感谢！

　　此致

敬礼

感谢信写作

××学校（公章）
20××年××月××日

3. 表扬信

表扬信是对好人好事进行表扬、褒奖的一种书信。

表扬信与感谢信有相同的一面，即都有对对方提供的帮助表示感谢之意；也有不同的一面，即表扬信本身就是一种感谢的手段，且侧重于宣传教育。写表扬信时，要写清所表扬事件的人物、时间、地点、事件过程等，要求事迹确实无误，措辞恰如其分。

【例文三】

表 扬 信

××省××桥工程指挥部：

今日上午10时左右，我校道桥专业实习生××同学，在贵部工地实习时，不慎被风刮入江中。幸得贵部工程人员××、××纵身跳入寒冷的江水中，积极救助××同学方得以脱险。救上岸后，工程人员××、××又将自己御寒的衣服脱下给××同学穿上。他们这种舍己救人的精神，值得我们学习。请贵部给予公开表扬。

　　此致

敬礼

表扬信写作

××学校（公章）
20××年××月××日

4. 决心书

决心书是个人或集体在响应某一号召和接受某项任务时，向组织或群众表明态度、提出保证、显示决心的一种书信，具有鞭策自己，鼓舞别人的作用。

决心书的内容主要包括两个部分：一是为什么写决心书；二是决心怎么做，其中一般需包括完成任务的具体措施和时间，具体措施一般需要分条列写。

写决心书时，要有实事求是的精神，切不可为鼓舞人心而说大话，放空炮。完成任务与响应号召的具体措施要切合实际，切实可行，提出的目标、口号要说到做到。若决心书是代表集体或单位的，还需经过大家充分讨论，取得一致意见。

【例文四】

决心书写作

决 心 书

××道桥建筑公司党委：

××国道今天顺利破土动工了，它的建设对发展我地区的经济有极为重要的意义。在长达62公里的沿途线上，地质状况复杂，环境条件恶劣，工程人员和民工们的吃住及工作条件均十分艰苦，为此，我全体承建××国道×路段的施工人员经过认真热烈地讨论，决心发扬不怕累、不怕苦的敢打善拼精神，努力奋斗，决不拖××国道××年元旦通车的后腿，力争在××年元旦前十天完成筑路通车任务。

为了实现这一决心，我们的措施是：

(1) 将×路段划成若干段，各工段责权利到人。

(2) 坚持质量第一、速度第二的原则。在搞好质量的基础上，全力加快速度。

(3) 制定奖惩细则，做到奖罚分明。

(4) 做好后勤服务工作，保障第一线工程施工人员的生活和施工。

××国道×路段全体施工人员
20××年××月××日

5. 倡议书

倡议书是个人或集体为更好地完成某项任务或倡导某种好的社会风气，向一定范围的群众或有关单位，提出一些合理化的建议或措施，以求共同推行的一种书信。

倡议书是倡议者带有号召性的公开建议，起着鼓动的作用，可以公开张贴和广播，也可以在报刊上发表。

倡议书的内容应包括倡议目的、倡议条件、倡议措施。倡议目的要有积极意义，倡议条件和措施要切实可行。

【例文五】

倡议书写作

倡 议 书

××国道全体工程施工人员：

万众瞩目的××国道已于×月×日上午十时破土动工了，这是我地区经济生活中的一件大事。为了使××国道早日竣工，尽快发挥经济效益，促进我地区经济建设的腾飞，向施工人员提出以下倡议。

（1）坚持"百年大计，质量第一"的方针，确保工程质量。建立完善的质量管理制度，坚持每一道工序都有记录，有责任人、质监人。不使用任何没有出厂证明、不符合使用要求的原材料。

（2）认真贯彻执行"安全生产"的方针，建立安全生产责任制度，做到安全生产，文明施工。每工段配备一名安全生产员，努力消灭事故隐患，力争不出事故，杜绝人身伤亡之类的重大事故。

（3）坚持科学态度，不断改进施工技术和改善施工管理，以提高施工效率，促使工期缩短，争取提前十天完成施工任务。

××道桥建筑公司党委
20××年×月×日

6. 介绍信

介绍信是党政机关、社会团体、企事业单位的所属人员到有关单位联系工作、接洽事宜、了解情况、参观学习或出席会议时所用的一种书信，具有介绍和证明的双重作用。介绍信有两种形式。

（1）固定式：即根据介绍内容与一定格式印刷成册，有编号、存根，以备查询。

（2）信函式：即根据实际需要随时以信函书写，一般按书信体格式书写，无编号和存根。介绍信一般应有以下六项内容。

① 标题。一般在第一行正中写上"介绍信"三字。
② 收信对象名称。凡收信对象是单位或团体，必须写全称。若属领导，应写明其职务。
③ 被介绍人姓名、随行人数，必要时还应注明其政治面貌、职务、级别等。
④ 需接洽的具体事项和要求。
⑤ 出具介绍信单位全称、日期、公章。
⑥ 介绍信的有效期限。

【例文六】

介绍信写作

介　绍　信

××省第一建筑总公司党委：

兹介绍××同志等二人（均党员，人事处干事）前往你处处理调查××同志在贵公司工作时的表现。请予接洽是荷。

此致

敬礼

××省××建筑机械设备厂（公章）
20××年×月×日

（有效期20天）

附：固定式介绍信

介绍信存根

（　）××介字第001794号　　　　　　　　　××省××公司介绍信

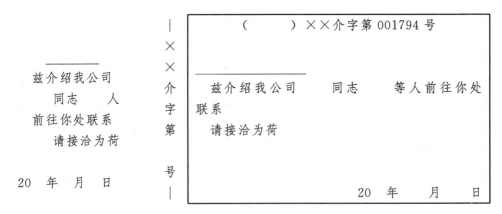

7. 证明信

证明信是机关、团体证明有关人员身份、经历或某件事情真实情况的一种书信，简称证明。

出具证明信必须认真负责，实事求是，对被证明对象有确切清楚的了解；证明用语要简明、肯定，不能模棱两可；字迹端正清楚，不得涂改。若有涂改，则须加盖印章。紧接正文，一般要写"特此证明"的字样。

证明信多由单位组织书写。当需要个人证明某一情况时，由证明人写成材料，签字或盖私章后，再由所在单位党政组织签注意见并加盖公章（起证明证明人身份作用），转交给要求证明的单位。

证明信有两种写法：一种是有明确的收信单位；一种是无收信单位，如长期在外人员的身份证明和长途出差人员为解决乘车、船及住宿问题而出具的证明。前一种证明信格式与介绍信相类似，后一种证明信只要写明被证明人的姓名、性别、民族、年龄及在外目的即可，由被证明人随身携带，目前已多被居民身份证所替代。

【例文七】

证明写作

证　　明

××市城建局：

　　你局建筑设计处××同志的配偶××同志，是我公司项目经理，××年×月×日毕业于××大学建筑工程系。情况属实。特此证明。

××市建筑安装公司（公章）
20××年×月×日

8. 聘请书

聘请书是单位或个人邀请别人担任职务的一种书信，亦称聘书。企业如缺少专业人才、营销人才等，往往需要向外聘请，这就需要聘请书。

聘请书主要写明聘请谁，聘请原因，任何种工作。现在有的聘请书实际上已是"聘请合同"，其中含有双方的义务和权利，应聘者的职责、报酬、期限等内容，并在正文部分分条列出。正文结束后，可以写"此聘"两字，也可不写。

【例文八】

聘 请 书

兹聘请××工程师为我厂技术顾问，协助我厂解决生产技术上的重大问题。

此聘

聘请书写作

××市建筑材料厂（公章）
20××年×月×日

【例文九】

聘 请 书

本公司因发展生产需要，特聘××高级工程师为公司技术顾问。现将商定的有关事项记述如下：

(1) 我公司不干涉××同志的正常工作，不增加除技术以外的业务工作。

(2) 我公司给××同志每月酬金××元，不另付其他补贴。如对本公司作出重大贡献，另行酌情发给奖金。

(3) 聘期自20××年1月至20××年1月，暂定一年。到期后，如需聘请，另发聘请书。

(4) 聘期内，未经双方同意，任何一方不得中断聘约。

(5) 本聘请书一式三份。受聘人、聘请单位、鉴证单位各执一份。

受聘人　　　　　　　　　　　　　　　　　　聘请单位
××（盖章）　　　　　　　　　　　××市建筑装潢材料制造公司（盖章）
鉴证单位
××市建委公证处（盖章）

20××年×月×日

9. 邀请书

邀请书是单位和个人邀请别人出席会议、参加活动等所写的一种书信，亦称请柬或请帖。邀请书主要写明在什么时间、到什么地点、做什么事情。结尾常用"敬请光临指导""敬请莅临""敬候光临"等带有邀请语气的敬语字样。

【例文十】

邀请书（或请柬）

邀请书写作

××同志：

兹定于×月×日（星期×）上午九时在××市××开发区××工地举行开工典礼仪式，敬请莅临。

此致

敬礼

××市××开发区组委会（公章）
20××年×月×日

10. 推荐信

推荐信是向有关个人或单位推荐人才或产品的一种书信，可分三种情况。

（1）推荐人才。推荐人才这一类信要求态度诚恳，言辞委婉，对被推荐人的才能技艺可以适当赞扬，以便对方录用。具体写法主要是，在信端推荐人要作自我介绍，写明通信地址，与被推荐人的关系，被推荐人的从业计划、专业范围、现任职务等。在正文里要着重介绍被推荐人的学历、成绩、业务能力、能否胜任将被推荐的职务等。

【例文十一】

推荐人：××

被推荐人：×××，男性，31岁

职务：本公司基建科副科长

专业范围：建筑设计、建筑安装与装潢

从业计划：建筑设计与管理

推荐人与被推荐人的关系：经理与职员

××建筑企业集团×××先生：

欣闻贵集团急需建筑设计人才，本公司基建科副科长×××前往贵集团应试，并取得了合格成绩。现尊重其本人意愿，兹推荐如下。

×××于××××年毕业于××大学建筑设计系，任基建科副科长期间，工作勤恳，业务娴熟，胜任建筑行业的从图纸设计到工程施工、安装与装潢等多项工作，到贵集团将能发挥更大的作用。为此，本人诚荐他到贵集团任职。顺颂先生一切顺利。

此致

敬礼

××省东风陶瓷公司总经理××
20××年×月×日

（2）自我推荐。本人也可向用人单位进行自我推荐。自荐要求如实向对方介绍自己的情况，不卑不亢，给人以诚恳、朴实、谦虚、大方的印象。

【例文十二】

尊敬的×××先生：

欣闻贵集团要招收建筑设计人员，特投书自报。我叫×××，今年31岁，现在××省东风陶瓷公司工作。本人大学文化程度，毕业于××大学建筑设计系，是××市××大厦的主要设计人员。因在东风陶瓷公司基建科工作，专业不太对口，难以发挥自己的一技之长，故投书贵集团。愿为贵集团的发展和繁荣尽绵薄之力，盼能给一个效力的机会。等待您的回复。

此致

敬礼

××省东风陶瓷公司基建科
×××
20××年×月×日

（3）推荐产品。推荐产品着重介绍的是产品特点，包括产品的历史特点、性能特点、工艺特点，类似于产品说明书，但不同的是这是信函形式，要有公关意识，根据对方的心理需求和适用要求，如实加以介绍。

【例文十三】

×××先生：

　　来信收悉。

　　先生询问玻璃幕墙以何类为佳。据我看，以不锈钢型材玻璃幕墙为好。国内外玻璃幕墙已从单一的铝合金型材框格结构镶嵌玻璃，发展到铝合金型材框格结构镶嵌金属复合板玻璃，再发展到不锈钢型材框格结构镶嵌金属复合板玻璃。不锈钢型材玻璃幕墙格调高雅、明快醒目、安全可靠。它以多元材料的组合结构代替了单一的铝合金材料，机械强度高，抗震能力强，变形小，装饰效果豪华、美观。但由于不锈钢型材玻璃幕墙的成本较铝制品的玻璃幕墙要大，故究竟选用何类玻璃幕墙，抉择当由先生自定。

　　此致

敬礼

××建筑装潢金属制品厂
×××
20××年×月×日

11. 建议书

　　建议书是单位或个人向上级就某个方面的问题、工作提出建议、方案，以供上级领导或主管部门审核研究、作出决策、采取措施的一种书信。建议书中必须写明所提建议的缘由、依据、内容、实行方法等，对于较重大的、牵涉面广的建议还需附上预期结果方面的内容。

　　建议书的表现形式有提案（一定会议范围限制下的建议书）和议案（用于讨论的建议书），有一般性建议书和专项性建议书等。一般性建议书多是针对单位内部管理和协调各部门关系所提的建议，专项性建议书则牵涉面广，关系重大，是处理单位之间有关业务关系而向上级或主管部门所提的建议。

　　建议书要求一事一提，主要用说明的表达方式，介绍情况，说明缘由和措施，预测结果等。要求思路周密，内容完备，层次清晰，措辞准确无歧义，所提措施切实可行。

【例文十四】

关于筹建××耐力板制造有限公司项目建议书

××市人民政府：

　　××省建材制品总公司经过市场调查，欲在我市发展××耐力板的生产。经过与我厂的友好商谈，双方本着平等互利、共同发展的原则，决定利用我厂一闲置车间（约300m^2）建办生产××耐力板的专业公司，旨在引进先进设备技术和资金，填补我市耐力板生产的空白。

　　（1）合资企业名称：××市××耐力板制造有限公司。

　　（2）项目主办单位：××市建筑器材制件厂。

(3) 项目负责人：×××（我方副厂长，初拟）。

(4) 项目总说明：（具体内容省略，下同）。

(5) 我厂基本情况。

(6) ××省建材制品总公司基本情况及与我厂的合作态度。

(7) 生产规模、国内市场分析及各方销售比例。

(8) 合营方式及年限。

(9) 投资总额估算、注册资金及各方出资比例、资金构成等。

(10) 招工人数及办法。

(11) 土建概况。

(12) 原材料供应。

(13) 工艺流程及环境保护。

(14) 承办项目的有利条件。

(15) 经济效益和社会效益。

(16) 项目实施进度。

××市建筑器材制件厂
20××年×月×日

附：双方关于筹建××市××耐力板制造有限公司的意向书一份。

12. 申请书

申请书是单位向上级主管部门或个人向组织提出愿望和要求，希望得到批准时所使用的一种书信。

在个人向组织递交的申请书中，一般内容较单一，所涉及的问题多是生活、工作中遇到的难题。而在单位向上级主管部门递交的申请书中，内容单一的有，但更多的是涉及企业管理的方方面面，一份申请书从酝酿到产生，有一个较为复杂的查证过程，要做搜集材料、分析整理等许多细致工作。

申请书无论内容单一或繁杂，一般均要求写明向谁申请、申请什么、申请理由、谁申请的等几个方面。对所提要求所陈理由，要合情合理，明白晓畅，态度诚恳，意图分明。

【例文十五】

申　请　书

公司领导：

我是一名大专毕业生，来公司工作近两年，一直在公司后勤部门干行政杂务，自己所学建筑工程技术专业的知识已渐荒废。现特申请下到工地锻炼，以丰富实践经验，巩固自己的专业知识。请组织上予以考虑，批准我的请示。

此致

敬礼

申请人：××
20××年×月×日

第2章　日常类应用文

【例文十六】

关于要求购买一台混凝土搅拌机的申请

公司领导：

  我项目经理部今年承建的工程较多，大工程2个，小工程5个，在建工程建筑面积已达 $1.2\times 10^4 m^2$。我部现有每盘出料量 $0.4m^3$ 和 $1m^3$ 的搅拌机各一台，在工程同时建设的情况下，经测算还需增加一台混凝土搅拌机，才能保证工程按期竣工。为此，特要求购买一台每盘出料量 $1m^3$ 的搅拌机，请领导予以批准。

  此致

敬礼

第二项目经理部
20××年×月×日

  企业升级申报书是申请书中的一个种类。在建筑企业中，企业技术资信等级和先进等级是企业在市场中保持竞争力的一个重要标志，一般等级越高，竞争力越强，故各建筑企业很重视企业技术资信等级和先进等级的升级申报工作。企业升级申报书的内容一般由企业情况综合报告和企业升级申报表组成。

1) 企业情况综合报告

这部分要求将企业在经营管理过程中与企业升级有关的情况，全面如实地向上级汇报。

（1）概况。这部分将企业的性质、资产、人员、产品、设备、产值、利润及发展过程，作扼要介绍。

（2）企业升级工作情况汇报。这部分是主体，主要应说清以下这些问题。

① 如何根据国家等级标准落实各项升级措施。如组织定期进行的等级达标的自检活动；具体将等级标准分解落实到分公司、施工队、班、组或车间、班级等。

② 如何实现等级标准。如实行项目经理责任制、经理或厂长任期目标责任制；搞好职工专业培训工作，以提高职工的文化技术素质；做好企业管理基础工作和各项专业管理工作等。

③ 等级达标的具体情况。对等级达标的过程及结果、成绩，作较详尽的介绍。

（3）今后打算。在等级达标升级有望的情况下，也要针对企业在等级达标过程中存在的矛盾和问题作自检，而后提出整改措施。

撰写综合报告，既要全面介绍企业情况，又要重点介绍企业等级达标的工作；既要肯定达标工作中的成绩，又要实事求是地找出差距；既要理直气壮地摆出等级达标的事实，又要委婉有理有节地提出升级的申请要求。

2) 企业升级申报表

该表由上级主管部门统一制发，先进企业升级申报表和技术资信升级申报表尽管考核的内容侧重点不同，但也有一些共同的项目。

（1）封面：有企业名称、申报级别、厂长（或经理）姓名、报送日期等。

（2）企业基本情况：包括企业地址、建厂时间、归口部门、所有制性质、原等级及批准日期、近年来产值利税情况、固定资产、职工人数、曾获国家和省级荣誉称号情况等。

（3）主要考核指标情况：包括主要产品、产品质量、物质消耗、经济效益、工程技术人员素质构成等。

（4）企业管理工作考查情况：包括企业自检情况、考核组对企业的考查情况、对管理工作的综合评价等。

13. 公证书

公证书是主要用来证明人们在社会生产或事务活动中某些重要的权利和人际关系的一种书信。

公证书与证明信一样，具有证明的性质，不同的是公证书是由国家公证机关出具的具有法律效力的证明，而证明信则是个人、团体、单位均可出具，且一般只具有行政效力。在企业里，公证书主要用来证明企业间业务来往当中的契约、合同、协议等合约的真实性和合法性。故在各类合约的最后往往都要加上一条：本文件公证后生效。

公证书的格式固定。标题，直接写"公证书"，位置居中，下面要标出文号。正文，既需要肯定有关问题或文件内容的真实、合法，又要证明当事人立约和签名盖章活动本身的属实（并非作伪或受胁迫）。结尾，要有公证处和公证员的签名盖章，以及公证日期。

公证书需和所能证明的材料附在一起。

【例文十七】

公 证 书

（××××）×证字第 009 号

兹证明××县第一建筑公司法定代表人××与××县教育局法定代表人的代理人××，于××××年×月×日，签订了××大楼建筑承包合同。经审查，内容合法，签章属实。

××县公证处（盖章）

公证员：××（签章）

××××年×月×日

14. 索赔书

索赔书是向造成己方损失、不遵守合约的对方提出赔偿要求的一种书信。在企业业务交往中，经常会出现一方不遵守合约，或未按合约规定，保证产品的数量、质量、规格、交货的日期，以至于造成另一方损失的情况。对于所造成的损失，作为损失一方，应当根据事实，索取赔偿。

索赔书的写法是：标题，一般居中写"关于××的索赔"，将要求索赔的名称写上，下一行顶格写上被索赔人的姓名（合约签订人）或单位（合约签订单位）；正文，主要说明索赔的理由和索赔数额，要求有理有节，言之有据；结尾，按一般书信写法即可。

【例文十八】

关于单方面不履行合同的索赔

××市××机电厂：

近获悉贵厂的新建装配车间主体基建工程已交给××市第二建筑安装公司施工，并将我建筑公司已打好的基础全部拆毁、推倒，令我们深感意外。在去年四月，我建筑公司与贵厂原法定代表人××签订了装配车间主体工程的建筑承包合同，并予以公证。工程于同年五月开工，七月时已将基础工程完工，只是因贵厂基建资金未按合同规定到位，才致使我建筑公司于八月停工。现贵厂在没有和我建筑公司协商的情况下，单方面不履行合同，擅作主张将该工程转包给别的公司，造成了我建筑公司很大的损失，据初步测算，仅基础工程施工的材料人工费就达23.4万多元。为此，我建筑公司提出索赔要求，具体索赔金额待查清全部开支后最后确定。

　　此致
敬礼

××县第一建筑公司（公章）
20××年×月×日

2.2 条　　据

　　条据是指在日常工作和生活中，需要将有些事项留作凭证或向别人说明的一种简单的应用文。条据分为两类：一类是凭证性条据，也称单据；另一类是说明性条据，也称便条。条据看似普通，但应用范围很广，并具有极大的法律价值。当出现纠纷、发生争议时，这种条据就是最有力的证明。条据的特点是简明、速效，无论何种条据，一般都是立刻写好，并很快发挥作用、解决问题的。条据是工作和生活中值得重视的一种文体。

2.2.1　凭证性条据（单据）

　　凭证性条据是单位之间、个人之间、单位与个人之间在发生了财物往来，借到、收到、领到钱或物品时，写给对方的字据，是方便对方作为收入、支出、报销的根据。常用的有借条、收条、领条、欠条等。

　　各种单据的写法都差不多。在第一行的正中写上表明单据性质的标题，若是借物，则写"今借到（或借到）"，若是领物，则写"今领到（或领到）"，字略大于其他字。在第二行空两格起，写对方单位、部门或个人名称，接着写物件名称、数量或金额。结尾另起一行，在当中偏左处写上"此据"二字，以示"以此为据"。最后，在单据的右下方写上经手人姓名及所属部门或单位，如果是代借、代收、代领的，则要在此处标明"代"字，用括号写在经手人姓名的后面。在经手人姓名的下行具明日期。

　　写单据的注意事项主要如下。

　　（1）条据中的数字要大写。0～10的大写数字是：零、壹、贰、叁、肆、伍、陆、柒、捌、玖、拾。数字前面不留空白，数字后面要加"整"字。

　　（2）写条据要字迹工整。若有涂改，应在改动的地方加盖图章，以示负责。

　　（3）写条据一般要求用钢笔、毛笔、圆珠笔，不得用红墨水笔及铅笔。

【例文十九】

借 条

今 借 到

×市建筑设计院××大厦建筑设计施工图纸壹套计贰拾陆张整（副本）。壹周内归还。

此据

××县第二建筑公司

经手人：××

20××年×月×日

【例文二十】

收 条

今 收 到

×砖瓦厂运来两车红砖（240mm×115mm×53mm、75号）共计柒仟元整。

此据

××市××机床厂建筑工地

经手人：××

20××年×月×日

【例文二十一】

领 条

今 领 到

×工地建筑储料仓库Ⅳ级钢筋（螺纹）叁仟零伍拾玖千克整，冷拉Ⅰ级钢筋肆仟壹佰陆拾肆千克整。

此据

×工地第五项目经理部

经手人：××

20××年×月×日

【例文二十二】

欠 条

今 欠 到

××建筑机械设备厂款捌佰柒拾壹元整（购混凝土搅拌机两台所汇款不足）。

此据

××县建筑安装公司

经手人：××

20××年×月×日

2.2.2 说明性条据(便条)

说明性条据是一种最简单的书信,目的在于把某一件事对人说明。在日常工作和生活中,常会遇到有事而不能直接面谈的情况,此时往往要写一张字条以告知对方。便条的写法如下。

(1) 写明收条人的称呼或单位名称。
(2) 写明要说的事情。
(3) 写明写条人的姓名。
(4) 注明写条时间。

常用的便条有:请假条、留言条、托事条等。

便条要求简明扼要。请假条一般要求在第一行中间标明,其他各类便条是否要标明性质不作要求。

【例文二十三】

请假条写作

请 假 条

×××经理:

  今日下午我要前往市建委质监科取有关资料,不能参加下午的消除建筑隐患技术讨论会,特此请假。

  此致
敬礼

××(签字)
20××年×月×日上午×时

【例文二十四】

留 言 条

××科长:

  上午我来找你研究有关进货事宜,不巧你出去办事了,下午三时我再来,请在办公室等我。

  此致
敬礼

××(签字)
20××年×月×日上午×时

【例文二十五】

托 事 条

××同志:

  你到上海出差办事时,请到××贸易股份有限公司(上海市××区×××路×××

号）查询一下，×月×日我厂的汇款其收到与否，若收到请催发货。

　　此致

敬礼

××托
20××年×月×日

2.3 记　　录

　　记录是反映企业及人的活动的重要文字材料，是不允许想象和主观评论，用文字即时反映客观情况的应用文体。根据使用的范围不同，记录可分为会议记录、大事记、生产施工记录（日志）、备忘录等。记录的根本特点是客观性，主要特征是纪实。因此可以说，在所有应用文体中，记录是唯一不受执笔人主观思想影响（但受文化程度及素质影响）的应用文体。

　　记录的作用主要是为检查、分析研究和总结工作提供根据，为领导或个人自己掌握与分析情况提供资料，以及帮助记忆等。

2.3.1 会议记录

　　把会议基本情况、讨论的问题及决议内容如实地记录下来，称会议记录。会议记录一般有讨论会、座谈会和工作会议记录三种。无论何种会议记录，均由以下两部分组成。

1. 会议基本情况

　　会议基本情况应写明会议的名称（写在第一行的中间）、时间、地点、主持人、出席人、列席人、记录人等。有时要将缺席人员及原因记载下来。讨论会和座谈会一般要求将讨论或座谈的提纲记载下来。这一部分可在会议开始前进行。一般会议记录有固定格式，包括上述各项内容，照实填写即可。

2. 会议内容

　　会议内容要求依次记下每个人的发言要点，这是记录的主要部分。有时会议十分重要，则要借助录音机，以笔录为主，详细记录每个人的发言；大多数会议只要记录发言的要点和中心内容即可。

　　会议结束后，要及时整理会议记录，记错、记漏的地方要加以更正和补全。

　　对会议记录的要求是：准确、真实、清楚、完整。发言时有其他人的重要插话，应当加括号标明。会议主持人在会上所作的提示、转换议题和总结性发言等均应记录清楚。会议作出的决议，记录必须准确、完整。对于分歧意见，投票时的赞成、反对和弃权人数也要真实、完整地记录下来。

2.3.2 大事记

　　大事记是对企业各种活动及临时发生的有影响事件的记录。它的特点在于可全面系统地反映企业的整体面貌,主要是企业生产和工作情况。大事记对于了解本企业的发展历史,提高企业的管理水平,为年终总结和向上级汇报提供必要的材料,都是十分有益的。

大事记是一项细致又烦琐的工作,一般由企业的办公室负责,指定专人记录整理。

1. 大事记内容

大事记,顾名思义,记录的应该是大事,没必要事事都记,既要做到大事不漏记,又要避免巨细不分,内容庞杂。一般有以下四方面的内容。

(1) 企业的主要生产和工作情况。如新项目的筹建、新产品的试制、新设备的投入、新工艺的采用、生产成果、承担的基建项目和中外合资项目及订立的各种经济合同等。还有,企业发出的重要文件、企业领导对企业大政方针方面的指示、企业内发生的重大问题(包括各类事故)及采取的措施,以及各种规章制度的制定、外事活动等。

(2) 企业的重要会议。其包括上级在本企业召开的会议,会议的名称、日期、主要议题、决议(纪要)、出席人员等。

(3) 企业的重要人事、组织变动情况。其包括中层干部以上负责人或领导人的任免、变动,企业干部、职工的奖惩情况;企业机构的变动,职权范围的调整,主要干部的任务、分工,人员编制情况;等等。

(4) 上级机关及主管部门对企业的管理活动。其包括上级机关及主管部门发来的重要文件(发文号、日期、标题及主要精神),上级机关及主管部门领导来企业检查、指导生产和工作的情况(日期、事由,领导人姓名、职务、所作指示,以及意见、建议等)。

2. 大事记的写法要求

(1) 大事记应一事一记,分条按日组合。例如,一天之内有几件大事,就记几件;然后以年为单位,按月、日、时排列,就成了企业一年的大事记。

(2) 大事记所记事件或活动发生的具体时间和基本情况,缺一不可。

(3) 大事记要求准确、真实、完整和简明。大事发生的时间、地点、起因、过程、结果、涉及的部门和人员以及必要的数据,都要反复核实,切忌主观臆想,杜撰事实。对于漏记和不详之处,一旦发现即刻向有关人员询问,进行补记。记录的内容,既要具体,又须简明,文字要精练、朴素。

2.3.3 生产施工记录(日志)

在建筑企业中,有时为加强企业管理,使企业生产施工正规化、规范化,需要做生产施工记录;有时为了帮助记忆,便于查阅、积累资料,也要作生产施工记录。前者多为表格式,有固定的项目填写。后者多为日志式,为记录体日志。

1. 表格式

表格式生产施工记录是按照专业生产施工的要求,用数字或文字逐项填写,对企业的生产施工活动所作的最初的直接记录。生产施工记录的表格种类很多,如以产品质量、生产消耗、施工进度、操作工人、设备使用等为记录对象的各种记录表。各种表格的格式和所填项目内容,随着不同企业的不同性质和情况而有所差异。表格的制作和填写需要由有一定专业知识的人负责进行。

2. 日志式

日志式生产施工记录要把自己所管辖范围内的业务活动，清楚扼要地记录下来。所记内容受记录目的的限制。记录目的不同，所记录的内容也不同。有的人为了便于汇报，所记内容则以具体数据为主；有的人为了积累资料，所记内容则以生产过程与产品的关系为主；有的人为了便于明确责任，所记内容则以生产过程中人与事的关系为主。

日志式生产施工记录的一般格式，第一行写上日期、气候，第二行写正文。在写法上应注意行文要简约，重点要突出，语言要通顺，事情要真实，并要坚持天天记录。

【例文二十六】

施工日志、备忘录写作

施工日志一则

20××年6月29日　星期五　大雨

连日大雨，地基隐蔽工程的施工受阻。抽水机两台日夜抽水，仍积水严重，地槽倒塌淤埋，不知在大雨前浇灌的混凝土会不会报废。今早八时左右，一台抽水机出故障。请示指挥部王指挥，得到回复为停工，待雨停定后再作打算。

2.3.4　备忘录

备忘录，顾名思义，就是帮助记忆，避免遗忘的记录。随着企业活动范围的拓展，在企业间业务往来的初始阶段，往往以备忘录的形式，敲定合作项目，这时的备忘录就具有意向书的部分性质了。

一般生产施工的管理人员，对于人员情况、材料来源、用工统筹、产品质检、工程进度等，都要自己处理。企业的领导，在缺少专职文秘人员的情况下，许多经营决策、生产业务、行政厂务、内部管理、劳动人事、思想工作等，也都要亲自动手处理。这样就需要合理安排时间，善于抓大事，抓关键，做到忙而不乱，紧张有序，提高效率。要做到以上这些，就要养成记录的习惯，随时写备忘录。这也是合理安排时间，统筹兼顾各项工作的一种基本功。

备忘录同一般的笔记、日记、生产施工记录等是有区别的，备忘录是记录需要办、必须办、应该办而还未办的事项，而其他一些记录则是记录已办的事项。

备忘录没有固定的格式，关键是把要办的事及其要求、缓急程度记录下来。备忘录要求一事一录（或一条），简明扼要，准确可靠。

【例文二十七】

×××厂经理备忘录

20××年11月14日　星期二　阴

（1）接电话通知，于11月20日上午八时在总厂会议室开会，要求业务副经理、车间主任各一人同去。带三季度财务报表。

（2）告诉司机小李，今日上午十时，到火车站接赵总工程师。

(3) 今日下午二时，到三车间参加"11月9日生产事故"分析会。
(4) 近期开会检查落实今年目标管理还存在的问题和不足。

2.4 函、会议纪要

2.4.1 函

1. 函的概念

函是用于不相隶属机关之间相互商洽工作、询问和答复问题，或向有关主管部门请求批准时使用的一种公文。凡下级机关向上级机关询问问题、请示批准事项，平行机关或不相隶属机关之间相互商洽工作，上级机关答复下级机关来文、催办交代事项等，都可使用函。此外，函还拥有其他公文所不具备的功能，即它可以代行其他诸如"通知""请示""批复"等文种的功能，凡是不宜或不便采用其他文种行文的公文，一般都可以用函行文。函又分为公函和私函，本文讨论的是公函。

2. 函的特点

1) 行文的多向性

公文中只有函具有多种行文方向，它大部分用于平行机关或不相隶属机关之间，可用于上行或下行。

2) 功能的多用性

函的用途广泛，使用频率高，主要用于不相隶属机关之间商洽工作、询问和答复问题、周知事项，也可用于向业务主管部门请求批准有关事项，还可用于上下级之间的公务联系。

商洽函及复函的写作

3) 写作的灵活性

函篇幅短小，轻捷简便，写法灵活，不受公文格式的严格限制。

3. 函的种类

1) 按作用分

函按作用可分为商洽函、询问函、答复函和邀请函四种。

(1) 商洽函用于平行机关或不相隶属机关之间商洽工作、联系有关事宜，如商调干部函、联系租赁函、洽谈业务函等。

(2) 询问函用于向上级或平行机关询问情况或向下级机关催办事宜。

(3) 答复函用于答复下级或平行机关来函询问、商洽的问题。

(4) 邀请函用于任何机关邀请外单位代表和个人参加会议或活动。

2) 按行文方向分

函按行文方向分为去函和复函两种。

(1) 为商洽工作、询问事项，主动给其他机关发函，称去函。

(2) 复函是针对来函作出的回复，为被动行文。复函一般不具备批示作用，但上级给下级的复函，在业务上有指导作用，下级机关应按复函中的要求执行。

4. 函的结构和写法

函由标题、主送单位、正文、落款和日期等部分组成。

1）标题

函的标题包括发文单位、事由和文种（函或复函）三部分，对方来函的标题及发文字号也可以省略发文单位。

2）主送单位

主送单位即接受函的机关。复函的主送单位与来函的发文单位是一致的。

3）正文

（1）开头要交代写函的根据。发函要写清起因，复函一般先写，然后用"经研究，复函如下"等惯用语过渡到下文。

（2）主体部分要提出商洽、询问、答复、周知的事项。发函要将商洽、询问的事项交代清楚，语言要注意分寸，讲究礼貌。复函要针对来函，简短、扼要、明确地给予答复。

（3）结尾以"特此函告""特此函复"结束全文。

4）落款和日期

正文结束后写上发函单位全称和成文日期。

5. 撰写函应注意的事项

（1）叙事简洁，要求明确。函一般是"一函一事"，发函要将商洽、询问的事项写得具体、明白。复函要有的放矢，不能偏离来函的要求。

（2）用语得体，注意分寸。语气力求平和、礼貌，叙述不能模棱两可。

（3）开门见山。无论是去函还是复函，都应当尽快地接触函的主题，忌讳一些不必要的客套、无须讲的道理和没有内容的套话。

（4）适当使用习惯用语。去函的习惯用语有"为要""为盼""为荷""是荷""为感""特此函告""特此函达"等。复函的习惯用语有"悉""收悉""此复""特此函复"等。

2.4.2 会议纪要

1. 会议纪要的概念

会议纪要是对会议讨论研究的工作事项的成果择要整理而形成的公文。它是根据会议的宗旨，按照会议记录、会议的文件材料和会议活动情况经综合加工整理，反映会议基本情况和主要精神的纪实性应用文。无论是重大工作事项，还是具体问题的研究探讨，均可根据需要，采取会议纪要的形式形成公文。会议纪要起着沟通情况、交流经验、统一认识、指导工作的作用。

2. 会议纪要的特点

1）纪要性

会议纪要不同于会议记录。它主要是综合概括会议的基本情况，反映会议的主要精神，通报会议研究的重要成果。

2) 纪实性

有的会议纪要不要求贯彻执行，只为了通报会议情况，便于有关范围内周知。因此，它不仅要反映会议中多数人的意见，而且要如实反映有代表性的少数人的观点和意见。

3) 约束性

会议纪要对所涉及的工作事项既有明显的研究探讨性质，起着参考的作用，又应当作出规定，要求与会单位和有关人员遵守和执行，特别是经上级主管机关批准下发的会议纪要，起着指导和法规作用。

3. 会议纪要的类型

会议纪要根据会议的性质划分，可分为专题会议纪要和综合性会议纪要。

会议纪要根据会议内容来划分，可分为工作会议纪要、代表会议纪要、座谈会议纪要、联席会议纪要、办公会议纪要、汇报会议纪要、技术鉴定会议纪要、科研学术会议纪要、现场会议纪要、商贸会谈会议纪要等。

4. 会议纪要的结构

会议纪要的结构，一般包括标题、开头部分、正文部分和结尾部分四部分。

1) 标题

常见的标题有以下三种形式。第一种是把会议的主要内容在标题中提示出来，如《房地产价格管理工作的会议纪要》。第二种是会议名称加纪要，如《全省房改工作座谈会议纪要》《建筑施工现场会议纪要》。第三种是正副标题式，如《今年的党风要有决定性的好转——中纪委关于加强纪检工作座谈会议纪要》。

2) 开头部分

开头部分一般要用简练的语言写明会议召开的形势与背景，会议的指导思想及目的要求，会议的名称、时间、地点，与会人员和主持者，会议的主要议题或要解决什么问题等。

3) 正文部分

正文部分一般要写清楚会议讨论了哪些问题，有何决议；有哪些遗留问题，今后如何处理等。文字表述宜重点突出，详略得当。

4) 结尾部分

结尾的内容，一般包括对会议的评价、会议的倡议或号召、对会后工作或下次会议的意见或建议，以及对有关单位、有关人员的表彰或感谢等。结尾根据会议的实际情况，可要可不要。

会议纪要一般没有"落款"。如果在标题中没有标明制发单位名称，则在结尾后必须标明制发单位的全称和成文日期。

5. 会议纪要的写法

会议纪要的写法与会议的类型和繁简有关。一般小型会议纪要较为容易写，而大型会议纪要内容较多，比较难写。常见的写法有以下三种。

（1）分列小标题式。开头部分概述会议的基本情况，正文部分分几个部分撰写，每个部分都标上小标题。这样条理清楚，内容清晰。

（2）分块式。开头部分概述会议的基本情况，正文部分分为几大块，每一大块的前面标上中文数码。

(3) 分条列项式。开头部分概述会议的基本情况，正文部分把会议的主要内容分条列项叙述。具有指导性、法规性的会议纪要用这种形式来写，既显得条理清楚，又便于贯彻执行。

6. 撰写会议纪要应注意的事项

(1) 如实纪要。在会议记录的基础上，会议纪要在归纳、整理、提炼与会代表发言内容和会议主要精神、议定事项时，必须实事求是，注重语言环境，要做到真实、准确。

(2) 要点突出。"纪要"，重在"要"字，应突出会议主旨，择要表述。对记录的材料，要去粗取精，删繁就简，选取典型实例和准确的数据反映会议的概况、主要精神和议定事项。

(3) 简明清楚。会议纪要的语言要简明精当，准确严密，层次分明，条理清楚。会议纪要各部分（层次）可用小标题或序号表示。另外，"会议认为""会议提出""会议强调""会议决定""会议同意"之类的常用语，多用于各部分或各段落的开头，起强调作用并以示条理分明。

> **特别提示**
>
> 会议记录是把会议基本情况、讨论的问题及决议内容如实地记录下来，因此内容要全面，尽量把会议的内容如实地、完整地记录下来，记录顺序一般为会议议题的开展顺序。
>
> 而会议纪要的内容比会议记录精练，字数和篇幅比会议记录少，层次更清晰，这样可以节约大家的传阅时间，提高工作效率。

【例文二十八】

关于全省教职工住房建设有关问题的会议纪要

1月17日，省委副书记、副省长××主持会议，听取关于第×次全国教职工住房建设工作经验交流会议精神的汇报，研究全省教职工住房建设的有关问题。省长助理××和省政府办公厅、省计委、省教育厅、省建委、省财政厅、省国土测绘局、省人民银行、省房改办，以及××市政府、市教委等部委的负责人参加了会议。会议认为，国务院办公厅在××年、××年连续两年召开关于教职工住房建设工作的专门会议，××副总理每次都亲临会议做重要讲话，这充分说明党中央、国务院对教职工住房问题高度重视和关心。各级政府和有关部门要进一步提高认识，加强领导，增强解决教职工住房问题的责任感和紧迫感，把解决教职工特别是教师的住房问题作为稳定教师队伍，提高教育质量，发展教育事业，落实教育优先发展战略地位的一件大事来抓，切实抓出成效。

会议研究议定了以下事项。

(1) 成立××省教职工住房建设协调领导小组（另行文下达）。

(2) 由省教育厅牵头，省财政厅、省计委、省建委、省国土测绘局部门参加，起草《关于加快解决教职工住房问题的报告》，报省人民政府审批后下达执行。报告要突出"一个目标、两个原则、三个结合"。一个目标，即在本届政府任期（××—××年）内，要争取使教职工住房面积达到或超过当地居住面积的平均水平。两个原则，即"分级办学、分级负责"的原则和多渠道筹措资金的原则。"分级办学、分级负责",就是按现有办学体制的职责分工,负责建设教职工住房;多渠道筹措资金,就是在各级财政增加教师住房资金的基础上,鼓励社会、学校、个人共同负担住房投资。省本级财政要从××年新增教育事业经费和教育基建费中安排一定比例的资金用于省属学校特别是高校教职工住房建设;城市教育维护费也要安排一定比例的资金用于教职工住房建设。三个结合,就是在教职工住房建设中,做到建新房与改造旧房相结合,集中建设与分散建设相结合,小城镇集资联建与有组织的自建相结合。

(3) 以省人民政府名义于3月底或4月初在××市召开全省教职工住房建设经验会,并对今后教职工住房建设进行全面部署。会议由省教育厅组织,省直属有关部门参加,××市政府准备好现场。

(4) 由省教育厅牵头,修订××年制定的《××省城镇中小学教师住房建设××年规划》,包括城镇中小学教职工住房建设、高校教职工住房建设和农村中小学教职工住房建设规划。

20××年××月××日

> **特别提示**

电　报

电报曾是文字通信中传递信息最快的工具之一。它相比传统书信,具有传送速度快、保密性强的特点。现在随着电话等的普及应用,其已很少被人使用,故在此进行简单介绍。

电报要按固定格式填写。拍发电报时,要填写由电信部门统一印制的电报稿纸。电报稿纸的填写内容分两部分:上部分由电信部门填写;下部分由发报人填写。发报人填写部分可分为三项内容。

1. 收报人地址、姓名或电报挂号

填写这部分要注意如下内容。

(1) 地址填写要详细、周全有序。省、市、县、镇或乡、村或街道名称、信箱或门牌号码、单位名称等,均要详尽填写,不能用习惯简称,也不要位置颠倒调换。

(2) 地址填写要准确规范,要按国务院统一规定的地理名称填写。

(3) 拍发电报时,可用电报挂号代替具体地址,以节省发报费用。

2. 电报内容和署名

填写这部分应做到如下要求。

(1) 简练。因为电报是按字数收费的,所以写电文时,要逐句逐字推敲,删枝节,留主干;去重复,除繁杂,用简称及单音词,其中数字用阿拉伯数字表示。

(2) 明确。写电文时,一定要设身处地替对方着想,尽量做到使对方不产生误解。电文的简练是以明确为基础和前提的,不明确,则失去了拍发电报的作用。电文一般没有标点,更增加了"明确"的难度。如电文"会议延期八日再开",可以是"会议延期,八日再开",也可以是"会议延期八日,再开",显得不够明确。电文中的限制词语使用要恰当，限制范围表达要明确。如电文"速派二三班组长来总公司开会"，究竟是要二三名班长或组长去开会，还是让二班三班组长去开会，让人难以捉摸。

3. 发报人姓名、地址和电话

这部分不拍发，也不计费，但也要详细填写，以便查存。

收报人收到电报后，如发现电文有错误和疑问之处，可打电话或持电报到邮电局，由邮电局免费代为查询。

电报稿纸见图 2.1。

图 2.1　电报稿纸

小 结

日常类应用文是机关、企事业单位、个人等经常使用到的应用文。常见的日常类应用文主要有书信、条据、记录、函、会议纪要等。对于撰写日常类应用文,首先要熟悉日常类应用文的格式,熟记格式的数据在载体上的排列顺序,必须做到格式符合标准。根据所拟定的内容、行文关系,恰当地选择文种,拟好标题。日常类应用文的语言要准确、简明、得体。建筑专业的同学在撰写时,用语一定要采用建筑类专业术语,综合规范,表述清晰,避免歧义和含糊不清。

习 题

一、填空题

1. 书信的种类繁多,涉及内容广泛。一般情况下,将单位间_____书信的来往归类于公文中的"_____",将意向书、契约书等归类于_____,将招标书、投标书、产品说明书等归类于_____,剩下的基本归类于_____。

2. 私人书信可以应用包括_____、_____、_____、_____、_____在内的所有文章表达方式。

3. 推荐信一般有三种:_____、_____和_____。

4. 建议书的表现形式有_____和_____,有_____建议书和_____建议书。

5. 条据是指在日常工作和生活中,需要将有些事项留作_____或向_____的一种简单的应用文。条据分为两类,一类是_____条据,也称_____;另一类是_____条据,也称_____。

6. 凭证性条据是_____之间、_____之间、_____之间在发生了财物往来,_____、_____、_____钱或物品时,写给对方的字据,是方便对方作为_____、_____、_____的根据。

7. 说明性条据的目的在于_____。其写法要求是:写明_____,写明_____,写明_____,注明_____。

8. 根据使用的范围不同,记录可分为_____、_____、_____、_____等。记录的根本特点是_____,主要特征是_____。在所有应用文体中,记录是唯一不受执笔人_____影响的应用文体。

9. 会议记录一般有_____、_____和_____记录三种。其记录内容主要是_____和_____。

10. 大事记有四个方面的内容需要记录。第一,_____;第二,_____;第三,_____;第四,_____。

11. 表格式生产施工记录是按照_____的要求,用_____或_____逐项填写,对企业的_____活动所做的最初的直接记录。

12. 备忘录和其他记录是有区别的,备忘录是记录_____办、_____办、

_____办而还未办的事项，而其他记录多是记录已办的事项。

二、简答题

1. 在建筑行业中，日常书信根据用途可分为哪五类？
2. 写一般书信应注意些什么？
3. 决心书与倡议书的内容是什么？有何写作要求？
4. 写自我推荐信时应注意些什么？
5. 企业升级申报表包含哪些内容？
6. 公证书与证明信有何异同？
7. 条据有何作用和特点？
8. 写单据的注意事项有哪些？
9. 记录的主要作用有哪些？
10. 对会议记录有何要求？
11. 大事记有什么作用？
12. 大事记的写法有哪些要求？
13. 为什么要养成写备忘录的习惯？

三、综合题

1. 根据专业性质，向所在实习单位拟写一份采购设备申请书。
2. 根据所学专业，为某公司拟写一份建议书。
3. 说明性条据含请假条、留言条、托事条等，请根据专业特点，各拟写一份。

第3章　公文类应用文

教学目标

通过对公文类应用文的性质、特点、作用及写作要求的了解，初步具备撰写建筑行业公文类应用文的能力。

教学要求

能力目标	知识要点	权重	自测分数
了解公文的性质、特点和作用	公文的性质	5%	
	公文的特点	5%	
	公文的作用	5%	
了解公文的种类和格式	公文的种类	5%	
	常用公文的格式	10%	
掌握公文的行文方式	上行文	5%	
	下行文	5%	
	平行文	5%	
	普行文	5%	
掌握常用公文的写作	公告	10%	
	通告	10%	
	通报	10%	
	报告	10%	
	请示	10%	

章节导读

公文是应用文中特殊规范的一种。从把握公文这一事物本质、确定公文在应用文中的作用及辨别公文自身种类等角度出发，对公文进行准确的定义是必要的。

公文，全称公务文书，是指行政机关、社会团体和企事业单位在行政管理活动或处理公务活动中产生的，按照严格的、法定的生效程序和规范的格式制定的具有传递信息和记录作用的载体。

什么是公文？自古以来其定义甚多，众说纷纭，见仁见智。取其共识，公文乃公务活动的产物和工具，是公府所作之文，是公事所用之文。换言之，公文是各级各类国家机构、社会团体和企事业单位在处理公务活动中有着特定效能和广泛用途的文书，它能够超越时空的限制，为国家管理提供所需的信息。公文处理是围绕公文形成并产生效力的整体过程，它涉及国家机关和社会组织的各级各类人员。认识公文的特点、内涵是写好公文的先决条件。

广义公文的指称范围包括机关、团体、企事业单位的各种文件、报表、会议文件、调查资料、记录、登记表册等。

狭义公文的指称范围包括通用公文和专用公文。

引例

我们先来看一个《国务院关于授予巴金"人民作家"荣誉称号的决定》（国发〔2003〕27号）的格式，通过此格式来对公文写作进行初步的了解。

国务院关于授予巴金"人民作家"荣誉称号的决定
国发〔2003〕27号

人事部、文化部、中国作家协会：

巴金是我国著名作家，是我国进步文化的先驱之一。他在近一个世纪的文学生涯中，始终坚持现实主义的创作道路，在对理想的憧憬和追求中，信念坚定，热爱祖国、热爱中国共产党、热爱人民大众。他的作品结构严谨，语言简洁，抒情优美，塑造了许多性格独特而丰满的典型人物。长篇小说《灭亡》，"激流三部曲"《家》、《春》、《秋》，爱情三部曲《雾》、《雨》、《电》，《寒夜》、《火》、《憩园》、《第四病室》，短篇小说集《英雄的故事》、《明珠和玉姬》、《李大海》，中篇小说《春天里的秋天》，译著长篇小说《父与子》、《处女地》以及散文集和回忆录等都为广大人民群众所深深喜爱。

巴金是人民的作家，为我国文学事业的发展作出了杰出贡献。为贯彻落实发展先进文化的时代要求，弘扬巴金的崇高精神，国务院决定授予巴金"人民作家"荣誉称号。

国务院号召全国广大文学工作者以巴金为楷模，深入学习贯彻"三个代表"重要思想，热爱祖国，热爱中国共产党，热爱人民，深入生活，把文学创作与社会责任感统一起来，努力创作更多的思想性、艺术性相统一的优秀作品，为繁荣发展我国文学事业作出更大的贡献。

国务院

二〇〇三年十一月十八日

引例小结

《国务院关于授予巴金"人民作家"荣誉称号的决定》的公文，语言严谨、得体，体现了公文写作的庄重性和实用性。

3.1 公文的性质、特点和作用

公文写作

3.1.1 公文的性质

公文的性质如下所述。

1. 公文内容的公务性

公文的"公",指的是社会组织。

个人的感受认识,只能用文学作品或者一般科学文章等来表达,不管是起草者个人,还是领导者个人,都不能用公文来表情达意。领导者个人只在有职务的前提下,并且只能是社会组织的最高领导才能代表社会组织发出公文。公文的内容必须反映和传达社会组织的公务信息。党纪国法都规定了公文内容的范围和性质。

2. 公文格式的规范性

在第1章中已经对"公文写作的特点"做了部分阐述。这里要说的格式是文章都有的,但是,一般文章特别是文学作品的格式只是简单的外在的文本格式,按照习惯形成,而公文的格式大不相同。公文的格式,有惯用的格式和法定的格式两种。惯用的格式,是约定俗成的,没有严格的限制,如普通公文中计划和总结的格式。法定的格式则是由权威机关规定的,必须严格按照格式写作。法定公文中的行政公文和党务公文,更由相关部门通过法规性公文规定了严格的格式。还要进一步说明的是,公文格式同时又是程式,呈现出公文写作和办理的程序性。

公文格式的规范性,是公文本质特性的发展,是公文写作和办理的需要。公务具有公众性和同一性,对社会组织成员产生一致的认可、制约和指挥,否则社会组织就不可能运作。相应地,反映和办理公务的公文,也就形成了格式和程式,显著提高了公文写作和办理的效率。完全可以预见,随着时代的发展和社会组织的进步,公文格式会更加科学、严谨,公文写作和办理将会由高度先进的计算机软件来实现电子化和自动化。

3. 作者和读者的指定性

文学作品的作者是个人,一般科学文章的作者也同样是个人或者是个人之间的自由结合,读者一般是没有限制或者不可计量的。但是,公文的作者只能是法定的社会组织及其法人代表或者称为第一领导人。社会组织必须依照法律在有关政府部门登记注册,才有权力进行公文写作,而这一社会组织及其第一领导人,就成为公文的法定作者。至于动笔起草公文初稿的人,如秘书,应称为起草人,其不是法律意义上的作者。公文的读者是特定的,在公文格式上有专门规定,即"主送机关""抄送机关"和"传达(阅读)范围"。有一点要注意,有的告知性公文如通告,指定了读者应为发出公文的社会组织之外的群众。

4. 法定权力的制约性

法定权力的制约性在公文中的表现是独一无二的。公文只能由法定的作者发出。法定的作者即社会组织的机关及其部门都规定了隶属关系和职权范围,公文就是这种隶属关系和职权范围的反映。写作公文和办理公文都有一定的规定性。也就是说，对于作者和读者，公文具有法规给予社会组织职权所产生的制约性。制约性在不同的公文中有不同的情况。行政公文的命令，对公文的接受者具有强制性。如果接受者不按命令办理，就会受到法律的制裁。发出命令的政府机关有权依照法律规定，动用军队或警察等对其进行处罚。行政公文的决定，具有国家指挥性和约束力。行政公文的通知，具有规定性、指挥性和指导性。经济公文合同，对缔约各方具有确定的制约性，如奖惩、期限等。普通公文的讲话稿，对听众也具有指导性和指挥性。法规性公文如法律、规章，制约性更是不言而喻。公文正因为有制约性，才能产生现实的管理作用。

3.1.2 公文的特点

1. 权威性

首先，公文由法定的作者制成和发布；其次，无论是事实、数字还是各种意见、结论，一旦进入正式公文，就不能任意更改、解释、否定；最后，公文是机关、团体、组织开展工作的依据。

2. 规范性

公文的撰写和处理，从起草到成文、收发、传递、分办、立卷、归档、销毁等，都有一套规范化的制度。另外，公文具有特定的体式，其文种、结构、用纸的尺寸、文件标记都有统一的规定。

3. 工具性

公文是各机关、团体、组织在公务管理过程中最经常且大量使用的一种工具。公务管理的方法很多，而最科学、最正规的方法是利用公文。

3.1.3 公文的作用

公文的性质、特点，决定着公文的作用是多方面的，概括起来主要有七个方面的作用。

1. 法规作用

所谓法规性公文，就是指由最高国家权力机关或最高国家行政机关颁发的公文，如法律、法令、行政法规等，可总称为法规文件。法规文件都是依据《中华人民共和国宪法》制定的，这类文件一经制定和发布生效，必须坚决执行。人人必须遵守，不得违反。

2. 领导、指导作用

各级党政机关的公文，在一定范围内起着领导与指导作用。上级机关同下级机关是领导与被领导的关系，上级机关对下级机关所发布的公文，自然具有领导、指导作用。在我国，中国共产党是执政党，党政领导机关制定和发布的各项方针、政策、指示、决定和决议等，起着领导与指导工作的作用。党的领导性文件不是法规，但是由于党所处的重要领导地位，这些文件实际上具有规范性，大家必须遵照执行。在各级国家机关中，上级机关对下级机关的工作进行领导和指导，采用制发有关指示、决定、决议、意见、计划、通知等文件是经常的，这也是主要的指导方法和手段之一。

3. 互通情报的作用

各类机关在处理日常工作、业务活动中，经常利用公文与上下左右的机关进行联系，或通知事项，或处理问题。例如，中央党政领导机关制定与发布各项方针、政策、法令时，经常用命令、指令、通告、通知等文件，将中央意图和要求传达到全国各个地区、各个机关、各级干部和广大人民群众中去，组织与动员广大干部群众贯彻执行。

4. 宣传教育作用

党政领导机关的许多公文，特别是一些重要的指导性公文，都具有宣传教育作用。

5. 凭证和依据作用

机关活动中形成的各种公文，都是各项历史活动的记录。每件公文，都反映着制发机关的意图，收文机关均要将公文的内容要求作为贯彻执行或处理工作的依据。因此，公文具有凭证和依据作用。

6. 现实执行效用

公文有很强的现实执行效用，但现实执行效用的时间长短是不一样的。有的时效长些，如法规文件，重要的方针、政策性文件。有些文件时效较短，如年度计划，计划过期后，文件的现实执行效用也就完结了。

由于公文是党和国家管理党务和政务的工具，在它失去现实执行效用后，仍具有重要的查考作用。因此，我们还需要将对今后有用的公文作为档案保存起来。其中具有永久保存价值的，还须按规定移交给国家档案馆保存。

7. 解决问题、处理事务的作用

一部分公文，经常用来沟通、联系各种事宜，用以了解情况、商洽工作、处理问题。这类公文针对性很强，一般内容比较单一、集中，意见比较具体、切实。

3.2 公文的种类和格式

3.2.1 公文的种类

（1）依照行文关系和行文方向的不同，可将公文分为上行文、下行文、平行文三种。

（2）按照紧急程度，可将公文分为紧急公文和普通公文两大类。紧急公文又分为"特急"和"急件"两种。

（3）按照有无保密要求和秘密等级，可将公文分为无保密要求的普通文件和有保密要求的保密文件两种。保密文件包括绝密文件、机密文件和秘密文件三种。

（4）按照具体职能的不同，可将公文分为法规性公文、指挥性公文、报请性公文、执照性公文、联系性公文、实录性公文六种。

（5）根据《党政机关公文处理工作条例》（以下简称《条例》）规定，我国现行公文主要有 15 种。

① 决议。适用于会议讨论通过的重大决策事项。

② 决定。适用于对重要事项作出决策和部署、奖惩有关单位和人员、变更或者撤销下级机关不适当的决定事项。

③ 命令（令）。适用于公布行政法规和规章、宣布施行重大强制性措施、批准授予和晋升衔级、嘉奖有关单位和人员。

④ 公报。适用于公布重要决定或者重大事项。

⑤ 公告。适用于向国内外宣布重要事项或者法定事项。

⑥ 通告。适用于在一定范围内公布应当遵守或者周知的事项。

⑦ 意见。适用于对重要问题提出见解和处理办法。

⑧ 通知。适用于发布、传达要求下级机关执行和有关单位周知或者执行的事项，批转、转发公文。

⑨ 通报。适用于表彰先进、批评错误、传达重要精神和告知重要情况。

⑩ 报告。适用于向上级机关汇报工作、反映情况，回复上级机关的询问。

⑪ 请示。适用于向上级机关请求指示、批准。

⑫ 批复。适用于答复下级机关请示事项。

⑬ 议案。适用于各级人民政府按照法律程序向同级人民代表大会或者人民代表大会常务委员会提请审议事项。

⑭ 函。适用于不相隶属机关之间商洽工作、询问和答复问题、请求批准和答复审批事项。

⑮ 纪要。适用于记载会议主要情况和议定事项。

3.2.2 常用公文的格式

以下五种是在日常工作中经常使用的公文形式。

1. 公告

1) 公告的概念

公告是最高国家权力机关、最高国家行政机关、各机关部门等向国内外宣布重要事项或法定事项的知照性公文。

2) 公告的特点

（1）发文权力的限制性。由于公告宣布的是重要事项或法定事项，故发文的权力被限制在高层行政机关及其职能部门的范围之内。具体来说，最高国家权力机关、最高国家行政机关及其所属部门，各省、市、自治区、直辖市行政领导机关，有制发公告的权力。其他地方行政机关，一般不能发布公告。党团组织、社会团体、企事业单位，不能发布公告。

（2）发布范围的广泛性。公告是向国内外发布重要事项或法定事项的公文，其信息传达范围有时是全国，有时是全世界。譬如，中国曾以公告的形式公布中国科学院院士名单，一方面确立他们在我国科学界学术带头人的地位，另一方面尽力为他们争取在国际科学界的地位。这样的公告肯定会在世界科学界产生一定的影响。

第3章 公文类应用文

> **拓展讨论**
>
> 党的二十大报告提出，培育创新文化，弘扬科学家精神，涵养优良学风，营造创新氛围。请查阅中国科学院院士名单和事迹，分组讨论感受科学家们为国奉献、勤俭节约、刻苦钻研的精神。

（3）题材的重大性。公告的题材，必须是能在国内外产生一定影响的重要事项，或者依法必须向社会公布的法定事项。公告的内容庄重严肃，体现着国家权力部门的威严，既要将有关信息和政策公之于众，又要考虑在国内外可能产生的政治影响。一般性的决定、指示、通知的内容，都不能用公告的形式发布，因为它们很难具有全国和国际性的意义。

（4）内容和发布方式的新闻性。公告还有一定的新闻性特点。所谓新闻，就是对新近发生的、群众关心的、应知而未知的事实的报道。公告的内容，都是新近的、群众应知而未知的事项。公告的发布方式也有新闻性特征，它一般不用红头文件的方式传播，而是在报刊或网络上公开刊登。

此外，公告还具有庄重性、周知性等特点。

3) 公告的种类

根据内容、性质、作用和发布机关的不同，公告可以分为国家重要事项公告和法定事项公告。国家重要事项公告是宣布有关国家的政治、军事、经济等方面重要事项的公告。法定事项公告是国家公布有关法律、法令和行政法规，以及由司法机关依照法律有关规定发布重要事项的公告。它可以分为法定专门事项公告和法院公告。

4) 公告的结构

公告包括标题、正文和落款三部分。

（1）标题。公告的标题有三种形式：第一，由发文机关名称、事项、文种组成；第二，由发文机关名称和文种组成；第三，只写出文种"公告"即可。

（2）正文。公告的正文一般包括缘由、事项和结语三项内容。缘由要求用简要的语言写出公告的依据、原因、目的。事项是公告的主体，要求明确写出公告的决定和要求。结语一般用"现予公告""特此公告"等习惯用语，体现公告的庄重性、严肃性。

（3）落款。公告的落款要求写出发布机关名称和年、月、日。如果发布机关名称已在标题中出现，在落款处也可不写，只写年、月、日或年、月、日写在标题的下方、正文的上方。

5) 公告的模板

公告的两个模板见表3-1和表3-2。

表3-1 公告的模板一

标题：	×××单位关于×××的公告
正文：缘由 　　　事项 　　　结语	为＿＿＿＿＿＿＿＿＿＿＿＿＿＿，根据＿＿＿＿＿＿＿＿＿＿＿＿＿＿，＿＿＿＿＿＿＿＿＿＿＿＿＿＿＿＿＿＿＿＿＿＿＿＿＿＿＿＿＿＿。 特此公告
落款：	××××年×月×日

表 3-2　公告的模板二

标题：	×××××公告
文号：	第×号
正文：缘由	根据_____， 为_____，现公告如下：
事项	一、_____ 二、_____ 三、_____
结语	本公告自发布之日起执行。
落款：	××××年×月×日

2. 通告

通告的使用者可以是各级各类机关，它的内容往往又涉及社会的方方面面，因此，无论是其使用主体还是内容都具有相当的广泛性。

1）通告的特点

（1）规范性。通告所告知的事项常作为各有关方面行为的准则或对某些具体活动的约束限制，具有行政约束力甚至法律效力，要求被告知者遵守执行。

（2）业务性。通告常用于告知水电、交通、金融、公安、税务、海关等主管业务部门工作的办理、要求或事务性事宜，内容带有专业性、事务性。

（3）广泛性。通告的告知范围广泛，适用范围也很广泛，不仅可以在机关单位内部公布，还可以向社会公布。其内容可涉及社会生活各方面，因而各级机关、企事业单位、社会团体都可以使用。此外，通告的发布方式多样，可通过报刊、广播、电视发布，也可以张贴和发文，使公告内容广为人知。

2）通告的种类

（1）周知性通告。其传达告知业务性、事务性事宜，一般没有执行要求。

（2）规定性通告。其公布国家有关政策、法规或要求遵守的约束事项，告知对象必须严格遵照执行。

3）通告的结构

（1）标题。标题的写法有如下四种。

①"通告"。如遇特别紧急情况，可在通告前加上"紧急"二字。

②"关于×××的通告"。

③"×××关于×××的通告"。

④"×××的通告"。

（2）缘由。缘由主要阐述发布通告的背景、根据、目的、意义等。常用特定承启句式"为……特通告如下"或者"根据……决定……特此通告"引出通告的事项。

（3）事项。事项是通告全文的核心部分，包括周知事项和执行要求。撰写这部分内容，首先要做到条理分明，层次清晰。如果内容较多，可采用分条列项的方法；如果内容比较单一，也可采用贯通式方法。其次要做到明确具体，需清楚说明受文对象应执行的事项，以便于理解和执行。

(4) 结语。结语用"特此通告"或"本通告自发布之日起实施"来表达。
(5) 落款。落款要求同前。

4) 通告的模板

通告的模板有两种，见表 3-3 和表 3-4。

表 3-3　通告的模板一

标题：		×××单位关于×××的通告
正文：	缘由	为 _____，_____。
	事项	_____。
	结语	特此通告
落款：		××××年×月×日

表 3-4　通告的模板二

标题：		×××单位关于×××的通告
正文：	缘由	根据 _____， 为 _____，特通告如下：
	事项	一、_____ 二、_____ 三、_____
	结语	本通告自发布之日起实施。
落款：		××××年×月×日

> **特别提示**
>
> 公告在实际使用中，经常偏离了《条例》中的规定，各机关单位、团体事无巨细经常使用公告。公告的庄重性特点被忽视，只注意到广泛性和周知性，以致公告逐渐演变为"公而告之"。
>
> 公告与通告有明确的分工。"公告"的发文机关级别更高（多为省、部及以上机关），宣布的事更重大，或告知的范围更广，有时包含国外；发布的方式一般不张贴，而是通过电视、报刊发布。"通告"的发文机关范围大，各种机关单位都可以发布；内容有时具有专门性（如银行、交通方面的），而事项则更一般化；发布方式多种多样，可张贴，也可在电视、报刊发布。报纸发布可省略日期，因报纸有日期。

3. 通报

1) 通报的应用

通报的应用比较广泛，可以用于表扬好人好事、新风尚；也可以用于批评错误，总结教训，告诫人们警惕类似问题的发生；还可以用来互通情况，传达重要精神，沟通交流信息，指导推动工作。

2）通报的特点

（1）典型性。不是任何的人和事都可以作为通报的对象来写的。通报的人和事总是具备一定典型性的，能够反映、揭示事物的本质规律，具有广泛的代表性和鲜明的个性。这样的通报发出后，才能使人受到启迪，得到教益。

（2）引导性。无论是表彰性通报、批评性通报，还是情况通报，其目的都在于通过典型的人和事引导人们辨别是非，总结经验，吸取教训，弘扬正气，树立新风。

（3）严肃性。通报的内容和形式都是严肃的。通报是正式公文，是领导机关为了指导工作，针对真人、真事和真实情况制发的，无论是表扬、批评还是通报情况，都代表着一级组织的意见，具有表彰鼓励或惩戒警示的作用，因而其使用十分慎重、严肃。

（4）时效性。通报针对当前工作中出现的情况和问题而发。它的典型性、引导性都是就特定的社会背景而言的。随着客观情况的变化，一件在当时看来具有典型意义的事实，时过境迁，未必仍具有典型性。因此，通报作用的发挥，与抓住时机适时通报是分不开的。

3）通报的种类

根据内容不同，通报可以分为表彰性通报、批评性通报和情况通报三种。

（1）表彰性通报。其是用来表彰先进单位和个人，介绍先进经验或事迹，树立典型，号召大家学习的通报。

（2）批评性通报。其是用来批评、处分错误，以示警戒，要求被通报者和大家吸取教训的通报。

（3）情况通报。其是在一定范围内传达重要情况和动向，以指导工作为目的的通报。

4）通报的结构

通报一般由首部、正文和尾部三部分组成。其各部分的格式、内容和写法要求如下所述。

（1）首部。通报的首部主要包括标题和主送机关两个项目内容。

① 标题。标题通常有两种构成形式：一种由发文机关名称、事由和文种组成，如《××单位关于××违反××问题的通报》；另外一种由事由和文种构成，如《关于给不顾个人安危勇于救人的王××同志记功表彰的通报》。此外，有少数通报的标题是在文种前冠以机关单位名称，如《中共××市纪律检查委员会通报》，也有的通报标题只有文种名称。

② 主送机关。除普发性通报外，其他通报应该标明主送机关。

（2）正文。通报正文的结构通常由开头、主体和结尾等部分组成，开头说明通报缘由，主体说明通报决定，结尾提出通报的希望和要求。不同类别的通报，其内容和写法有所不同，现分述如下。

① 表彰性通报。表彰性通报一般在开头部分概述事件情况，说明通报缘由。由于开头是作出通报的依据，因此要求把表扬对象的先进事迹交代清楚。如果属于对一贯表现好的单位或个人进行表彰，则事实叙述不但要清楚明白，而且要注意详略得当、重点突击。主体部分通过对先进事迹的客观分析，在阐明所述事件的性质和意义的基础上，写明通报

决定。结尾部分明确提出希望和要求，号召大家向先进学习。

② 批评性通报。批评性通报在机关工作中使用得比较多，对一些倾向性问题具有引导、纠正的作用。批评性通报又分两种情况。一种是对个人的通报批评，其写法和表彰性通报基本一样，要求先写出事实，然后在分析评论的基础上叙写通报决定，最后提出希望和要求，让大家吸取教训，引以为戒。另一种是对国家机关或集体的批评通报。这种通报旨在通过恶性事故的性质、后果介绍，特别是酿成事故的原因分析，总结教训，从而达到指导工作的目的，所以写法和表彰性通报略有不同。其正文主要包括叙写事实、分析原因、提出要求和改进措施等内容。

也有的批评性通报，是针对部分地区或单位存在着的同一类问题而提出批评的。这类通报，虽然涉及的面比较广，但因其错误性质基本相同，所以写法上以概括为主，大体和情况通报相近。

③ 情况通报。情况通报主要起着沟通情况的作用，旨在使下级单位和群众了解工作情况，以便统一认识，统一步调，推动全局工作的开展。正文主要包括两项内容，通报有关情况、分析并作出结论。具体写法，有的是先摆情况，然后进行分析得出结论；有的是先通过简要分析作出结论，再列举情况，来说明结论的正确性和针对性。总之，写法多样，如何表述可因事制宜，无须强求一律。

（3）尾部。尾部包括发文机关署名和成文日期两个项目内容。

5）通报的模板

通报的模板有三种，见表3-5～表3-7。

表3-5　通报模板一

标题：	关于×××的通报
正文：	_____。
	为_____，经_____研究决定，给予_____
	通报_____。希望_____。
	特此通报
发文机关：	_____
成文日期：	××××年×月×日

表3-6　通报模板二

标题：	×××单位关于×××的通报
主送机关：	_____：
正文：	_____。为_____，经_____研究决定（同意），现将_____通报如下：
	一、_____
	二、_____
	三、_____
发文机关：	_____
成文日期：	××××年×月×日

表 3-7 通报模板三

标题：	×××单位关于×××的通报
主送机关：	_____：
正文：缘由	_____。
	主要原因是_____。
事项	_____。为_____，提出以下要求：
	一、_____
	二、_____
	三、_____
发文机关：	_____
成文日期：	××××年×月×日

4. 报告

1) 报告的作用

报告可反映工作中的基本情况、工作中取得的经验教训、存在的问题以及今后工作的设想等，以取得上级领导部门的指导。按照上级部署或工作计划，每完成一项任务，一般都要向上级写报告。

2) 报告的种类

（1）例行报告（日报、周报、旬报、月报、季报、年报等）。例行报告不能变成"例行公事"，而要随着工作的进展，反映新情况、新问题，写出新意。

（2）综合报告。综合报告应全面汇报本机关的工作情况，可以和总结工作、计划安排结合起来，要有分析、有综合、有新意、有重点。

（3）专题报告。专题报告是指向上级反映本机关的某项工作、某个问题、某一方面的情况，要求上级对此有所了解的报告。所写的报告要迅速、及时、一事一报。呈报、呈转要分清写明（如薪酬调查报告）。

3) 报告的特点

（1）内容的汇报性。一切报告都是下级向上级机关或业务主管部门汇报工作，目的是让上级机关掌握基本情况并及时对自己的工作进行指导，所以，汇报性是报告的一大特点。

（2）语言的陈述性。因为报告具有汇报性，是向上级讲述做了什么工作，或工作是怎样做的，有什么情况、经验、体会，存在什么问题，今后有什么打算，对领导有什么意见、建议，所以行文上一般都使用叙述方法，即陈述其事，而不是像请示那样采用祈使、请求等方法。

（3）行文的单向性。报告时下级机关向上级机关行文，是为上级机关进行宏观领导提供依据，故一般不需要受文机关的批复，属于单向行文。

（4）成文的事后性。多数报告都是在事情做完或发生后，向上级机关作出的汇报，是事后或事中行文。

（5）双向的沟通性。报告虽不需批复，却是下级机关以此取得上级机关支持和指导的桥梁；同时上级机关也能通过报告获得信息，了解下情。报告为上级机关决策、指导和协调工作的依据。

4）报告的结构

（1）标题。标题包括事由和公文名称。

（2）上款。上款写主送机关或主管领导人。

（3）正文。正文结构与一般公文相同，由缘由、事项、结语组成。正文从内容方面看，报情况的，应有情况、说明、结论三部分，其中情况不能省略；报意见的，应有依据、说明、设想三部分，其中设想不能省去。

（4）结尾。结尾可展望、预测，亦可省略。

写报告要注意做到：情况确凿，观点鲜明，想法明确，口吻得体，不要夹带请示事项。注意结语，呈转报告的要写上"以上报告如无不妥，请批转各地参照执行"。最后写明发文机关、成文日期。

5）报告的模板

报告的模板见表 3-8。

表 3-8 报告的模板

标题：	×××单位关于×××的报告
主送机关：	_____：
正文：缘由	根据 _____，为 _____，
	现将 _____ 情况报告如下：
事项	一、_____
	二、_____
	三、_____
结语	特此报告
发文机关：	_____
成文日期：	××××年×月×日

5. 请示

1）请示的概念

请示是下级机关向上级机关请求对某项工作、问题作出指示，对某项政策界限给予明确，对某事予以审核批准时使用的一种请求性公文，是应用文写作实践中的一种常用文体。

2）请示的种类

（1）请求指示的请示。此类请示一般是政策性请示，如下级机关需要上级机关对原有政策规定作出明确解释，对变通处理的问题作出审查认定，对如何处理突发事件或新情况、新问题作出明确指示等。

（2）请求批准的请示。此类请示是下级机关针对某些具体事宜向上级机关请求批准的请示，主要目的是解决某些实际困难和具体问题。

（3）请求批转的请示。下级机关就某一涉及面广的事项提出处理意见和办法，需各有关方面协同办理，但按规定又不能指令平级机关或不相隶属部门办理，需上级机关审定后批转执行，这样的请示就属此类。

3）请示的特点

（1）请示事项一般时间性较强。请示事项一般都是急需明确和解决的，否则会影响正常工作，因此时间性强。

（2）应一事一请示。

（3）一般主送一个机关，不多头主送，如需同时送其他机关，应当采用抄送形式，但不得在请示的同时又抄送下级机关。

（4）应按隶属关系逐级请示，一般情况不得越级请示，如确需越级请示，应同时抄报直接主管部门。

4）请示的结构

请示由首部、正文和尾部三部分组成，各部分的格式、内容和写法要求如下所述。

（1）首部。首部主要包括标题和主送机关两个项目内容。

① 标题。请示的标题一般有两种构成形式：一种由发文机关名称、事由和文种构成，如《×× 县人民政府关于××××××的请示》；另一种由事由和文种构成，如《关于×××××××的请示》。

② 主送机关。请示的主送机关是指负责受理和答复该文件的机关。每件请示只能写一个主送机关，不能多头请示。

（2）正文。其结构一般由开头、主体和结语等部分组成。

① 开头。开头主要交代请示的缘由。它是请示事项成立的前提条件，也是上级机关批复的根据。原因讲得客观、具体，理由讲得合理、充分，上级机关才好及时决断，予以针对性的批复。

② 主体。主体主要说明请求事项。它是向上级机关提出的具体请求，也是陈述缘由的目的所在。这部分内容要单一，宜只请求一件事。另外请求事项要写得具体、明确、条项清楚，以便上级机关给予明确批复。

③ 结语。结语应另起段，习惯用语一般有"当否，请批示""妥否，请批复""以上请示，请予审批"或"以上请示如无不妥，请批转各地区、各部门研究执行"等。

（3）尾部。尾部一般包括署名和成文日期两个项目内容。标题写明发文机关的，这里可不再署名，但需加盖单位公章，写明成文日期。

5）请示的模板

请示的模板有两种，见表 3-9 和表 3-10。

表 3-9 请示的模板一

标题：	×××单位关于×××的请示
主送机关：	_____：
正文：缘由	为_____，经研究，拟将_____
事项	_____。
结语	以上请示，请批复。
发文机关：	
成文日期：	_____ ××××年×月×日

表 3-10 请示的模板二

标题：	关于×××的请示
主送机关：	_____：
正文：缘由	根据_____，为_____，请示事项如下：
事项	一、_____ 二、_____ 三、_____
结语	当否，请批准。
发文机关：	_____
成文日期：	××××年×月×日

特别提示

请示与报告的区别如下。

① 请示用于向上级机关请求指导、批准，上级机关接文后一定要给予批复；报告则用于向上级机关汇报工作、反映情况、提出建议，供上级机关了解情况，为上级机关提供信息和经验，上级机关接文后，不一定要给予批复。

② 请示内容具体单一，要求一文一事，必须提出明确的请求事项。报告内容较广泛，可一文一事，也可反映多方面情况，但不能在报告中写入请求事项，也不能请求上级机关批复。请示的缘由、事项和结语缺一不可；报告行文较长，结构安排不拘一格，因文而异。

③ 请示涉及事项是没有正在进行的，需等上级机关批复后才能处理，必须事前行文，不能先斩后奏。报告涉及事项大多已过去或正在进行中，可以事后行文，也可以事中行文。请示时间性要求强，报告时间性要求一般较弱。

④ 批准性请示在上级机关未作出答复前，成文单位无权安排和办理。批转性报告在上级机关未作出答复前，成文单位即可进行安排和部署。

请示与报告的联系如下。

① 主送单位相同。请示、报告的主送单位都是上级机关。因此，两者都是上行文，都是下级机关向上级机关呈送的报请性公文。

② 行文手法相同。请示、报告都是用具体的事实和确凿的数据行文，禁言过其实，弄虚作假，混淆上级机关视听。

③ 表达方式相同。请示、报告都要求把有关事实叙述得清楚明白，这种叙述并非记流水账式地罗列材料，而是对有关事实进行系统的归纳和概括。

④ 用语要求相同。请示、报告都是处理问题、指导工作的依据，使用语言都要求通俗易懂，一目了然。

3.3 公文的行文

公文的行文是指公文的行文规范。按照一定的规定或准则来维护机关之间的行文秩序称为行文规范。

公文行文规范的内容包括公文的行文关系、行文方向与方式及行文规则三个方面。

3.3.1 公文的行文关系

公文的行文关系是指发文机关与主送机关之间的公文往来关系。具体地说,行文关系是根据机关的组织系统、领导关系和职权范围等确定的机关之间的文件授受关系。前面一个授是给予的意思,后面一个受是接受的意思。

1. 确定行文关系的基本原则

1) 国家行政机关的隶属关系和职权范围

国家行政机关的隶属关系和职权范围是由《中华人民共和国宪法》规定的。国务院是最高国家权力机关的执行机关,是最高国家行政机关。地方各级人民政府都要服从国务院的领导,国务院就是中央人民政府。

所谓隶属关系就是指上级机关和下级机关之间的领导与被领导关系。各级国家行政机关在对上行文时,必须按照隶属关系上报给上级领导机关,一般不得越级行文,以维护正常的工作秩序;在对下行文时,则可视文件内容及行文的目的与要求按隶属关系和职权范围逐级下达、多级下达或直达基层机关。有隶属关系的上下级机关之间可以互相行文,没有隶属关系的机关之间及同级机关之间也都可以互相行文。

2) 党的各级机关的隶属关系和职权范围

党的各级机关的隶属关系和职权范围是由《中国共产党章程》(以下简称《党章》)规定的。下级服从上级,全党服从中央是党的各级机关行文关系的基本准则。

党的各级机关行文关系的主要内容可归纳为:党的上级组织领导下级组织,有对下行文的权利,同时又有解答下级组织提出的问题的义务;党的下级组织有向上级组织请示和报告工作的义务,同时又有取得上级组织支持和指导的权利;上下级组织之间要互通情报、互相支持和互相监督,在这方面双方具有对等的行文关系。

2. 机关之间行文关系的划分

从上述党政机关的隶属关系和职权范围来分析,党政机关之间的各种关系大体可以分为以下四种情况。

(1) 同一系统的机关,既有上级机关,又有下级机关,上下级机关之间,构成领导与被领导的关系。

例如,党的系统:党中央与各省、自治区、直辖市党委;各省、自治区、直辖市党委与所属的各市、州、区(县)党委。政府系统:国务院与各省、自治区、直辖市人民政府;各省、自治区、直辖市人民政府与所属的各市、州、区(县)人民政府。

(2) 上级业务主管部门和下级业务部门之间具有业务上的指导与被指导关系，如国家教育部与各省、自治区、直辖市教育厅（局）。

(3) 非同一系统的机关之间，无论级别高低，既无领导与被领导关系，也无上下级业务部门的指导与被指导关系，它们仅仅是一般性关系，或称不相隶属关系，如省军区与县人民政府；省教育厅与县民政局；县人民政府与临近县的乡政府，以及社会团体、企事业单位之间等。

(4) 同一系统的同级机关之间的关系，属于平行关系，如省人民政府各厅（局）之间。

以上这四种情况的机关之间，根据工作需要往来公文，就构成了一定的行文关系。前两种情况的机关之间相互行文必须使用上行文或下行文，后两种情况的机关之间相互行文则应使用平行文。平行文一般用函的形式。

3.3.2 公文的行文方向与方式

根据不同的行文关系，可以将机关的行文分为上行、下行、平行和普行四个方向，并根据机关工作的需要分为几种不同的行文方式。

1. 上行文

上行文是指下级机关或业务部门向所属上级领导机关或业务主管部门行文的一种方式。根据发文机关的实际工作需要，上行文又可以分为以下三种行文方式。

1）逐级上行文

逐级上行文就是指下级机关直接向所属上级领导机关行文的一种方式。这是上行文中最基本、最常用的一种方式。在正常情况下，下级机关都应当采用这种逐级行文的方式向所属上级领导机关请示和报告工作，以保证正常的领导关系和业务工作关系。

2）多级上行文

多级上行文是指下级机关同时向自己的直属上级机关和更高级的领导机关行文的一种方式。比如，市委行文给省委并报党中央；市人民政府行文给省人民政府并报国务院等。但这种行文方式只在少数特殊需要的情况下才采用，往往是问题比较重大，需要同时报请直属上级机关和更高级的领导机关的情况。

3）越级上行文

越级上行文就是指在非常必要的时候，下级机关可以越过自己的直属上级机关，向更高级的领导机关直至中央行文的一种方式。不过，这种越级上行文，切不可随意采用，而应在一些特殊必要的情况下才可以采用。比如，发生战争或特别严重的洪涝灾害，经多次请示直属上级机关长期没有得到解决的问题，上级机关交办的并指定越级上报的问题，对直属上级机关进行检举、控诉的问题，直接上下级领导有争议而无法解决的问题，咨询或联系极个别的必要的具体问题。

上行文的文种有"请示""报告"等，用于向直属上级机关行文。

2. 下行文

下行文是指上级领导机关或业务主管部门对所属下级机关或业务部门行文的一种方

式。根据发文的不同目的和要求，下行文可分为以下三种行文方式。

1) 逐级下行文

逐级下行文，是指逐级下达或者只对直属下级机关下达行文的一种方式。比如，国务院要部署一项工作，虽然是全国性的，但是由于需要各地结合本地区的情况具体布置安排，就可以考虑采用逐级下行文的方式。也就是说，国务院文件先发到各省、自治区、直辖市人民政府，然后由各省、自治区、直辖市人民政府结合实际情况下达贯彻执行。

2) 多级下行文

多级下行文，是指党政领导机关根据工作需要，行文同时下达几级机关的一种方式。比如，党中央的一些文件，往往采取多级下行文的方式，发到县团级以上的各级党组织。采用这种多级下达的行文方式，可以使下属几级党组织迅速而及时地获取最高领导机关的文件，便于及时、全面地领会和贯彻文件的精神，免去了逐级传达和层层转发的环节，达到提高时效的目的和要求。

3) 直达基层组织和群众的下行文

直达基层组织和群众的下行文，是指党政领导机关直接将行文发到最基层的党政组织或者传达给人民群众的一种方式。这种直接与人民群众见面的行文方式能使基层组织和广大人民群众及时地、原原本本地了解文件的精神和全部内容，使党和政府的方针、政策与法律法规文件能迅速地为广大人民群众所掌握，从而起到宣传教育群众和组织动员群众的作用。

下行文的文种比较多，有"命令（令）""决定""意见""通知""会议纪要""批复""通报"等，在具体选用时要考虑准确、恰当。要做到准确、恰当，首先要注意文种与发文意图的一致性问题。比如，同样是表彰先进，发文意图不同，则选择的文种也不同，如果要给予重大的表彰，则要用"命令（令）"；比较重大的表彰，则要用"决定"；一般的表彰，则用"通知"。其次，要注意文种与机关级别的一致性问题，有些文种不能在较低级别的政府机关里使用，如"命令（令）"，虽然按规定县级及以上的人民政府机关可以使用，但在实际应用中县级机关使用"命令（令）"很少，其他非政府机关，如企事业单位，则不可以使用"命令（令）"。

3. 平行文

1) 平行文的概念

平行文是指同级机关，或者不相隶属的，没有领导与指导关系的机关单位、部门之间行文的一种方式。

具体地说，平行文可以在不分系统、级别、地区的党政机关以及社会团体、企事业单位之间使用，这些机关单位之间相互联系工作都可以直接使用公函，采取平行文的方式行文。这样就可以免去按系统传递、增加运转层次的麻烦，以利于节省人力和时间，提高办事效率。

2) 文种的选择

平行文的文种主要是"函"，各种机关之间可以通过函进行沟通、商洽事宜等。另外，"议案"用于人民政府向同级的人民代表大会或人民代表大会常务委员会提请审议事项。

4. 普行文

普行文是向全社会行文的一种方式。

1) 没有明确的行文关系

普行文一般没有明确的行文关系，因为受文单位是全社会，行文与受文之间不具备行文关系，但要注意公文面向的具体读者对象。如果面向国内外，则要考虑行文的广泛性，如果面向一定范围，则要考虑一定范围内读者的接受度。

2) 普行文的文种

普行文的文种有"公告"和"通告"两种。

3.3.3 公文的行文规则

行文规则，是指机关行文必须遵守的具体规定或准则。公文的行文规则在《条例》中有所规定，在行文时除各级党政机关必须遵守以外，各社会团体、企事业单位也应依照执行。

行文规则的主要内容如下。

（1）行文应当确有必要，讲求实效，注重针对性和可操作性。

（2）行文关系根据隶属关系和职权范围确定。一般不得越级行文，特殊情况需要越级行文的，应当同时抄送被越过的机关。

（3）向上级机关行文，应当遵循以下规则。

① 原则上主送一个上级机关，根据需要同时抄送相关上级机关和同级机关，不抄送下级机关。

② 党委、政府的部门向上级主管部门请示、报告重大事项，应当经本级党委、政府同意或者授权；属于部门职权范围内的事项应当直接报送上级主管部门。

③ 下级机关的请示事项，如需以本机关名义向上级机关请示，应当提出倾向性意见后上报，不得原文转报上级机关。

④ 请示应当一文一事。不得在报告等非请示性公文中夹带请示事项。

⑤ 除上级机关负责人直接交办事项外，不得以本机关名义向上级机关负责人报送公文，不得以本机关负责人名义向上级机关报送公文。

⑥ 受双重领导的机关向一个上级机关行文，必要时抄送另一个上级机关。

（4）向下级机关行文，应当遵循以下规则。

① 主送受理机关，根据需要抄送相关机关。重要行文应当同时抄送发文机关的直接上级机关。

② 党委、政府的办公厅（室）根据本级党委、政府授权，可以向下级党委、政府行文，其他部门和单位不得向下级党委、政府发布指令性公文或者在公文中向下级党委、政府提出指令性要求。需经政府审批的具体事项，经政府同意后可以由政府职能部门行文，文中须注明已经政府同意。

③ 党委、政府的部门在各自职权范围内可以向下级党委、政府的相关部门行文。

④ 涉及多个部门职权范围内的事务，部门之间未协商一致的，不得向下行文；擅自

行文的，上级机关应当责令其纠正或者撤销。

⑤上级机关向受双重领导的下级机关行文，必要时抄送该下级机关的另一个上级机关。

（5）同级党政机关、党政机关与其他同级机关必要时可以联合行文。属于党委、政府各自职权范围内的工作，不得联合行文。

党委、政府的部门依据职权可以相互行文。

部门内设机构除办公厅（室）外不得对外正式行文。

小　结

公文类应用文是指行政机关、社会团体和企事业单位在行政管理活动或处理公务活动中产生的，按照严格的、法定的生效程序和规范的格式制定的具有传递信息和记录作用的载体，这一类型的应用文在现实中有相当广泛的应用，所以对公文进行了解学习有十分重要的意义。

本章从公文类应用文的概念出发，对其性质、特点和作用进行了详尽阐述。之后，对公文的分类和行文规范做了重点介绍。对于公文类应用文的分类，读者应着重掌握其各类型的特点和写法；对于公文类应用文的行文，读者则应掌握上行文、下行文、平行文和普行文的使用情况和使用环境。

习　题

一、简答题

1. 通告正文由哪三部分组成？拟写通告时有何要求？
2. 公告与通告如何区别使用？
3. 写作通报时应注意些什么？
4. 报告在行文时的注意事项有哪些？

二、综合题

请拟写一份关于接受建筑工程技术专业学生前来某建筑工程公司实习的请示及其批复。

第4章 事务类应用文

教学目标

掌握事务类应用文的概念，了解其特点及种类。重点掌握事务类应用文各文种的特点、结构和撰写要求。体会例文，模拟写作，培养撰写建筑行业事务类应用文的能力。

教学要求

能力目标	知识要点	权重	自测分数
了解事务类应用文概述	事务类应用文的特点	10%	
	事务类应用文的种类	10%	
掌握常见事务类应用文的结构	计划的结构	20%	
	总结的结构	20%	
	调查报告的结构	20%	
	规章制度的结构	20%	

章节导读

事务类应用文是党政机关、社会团体、企事业单位及个人在处理日常事务时，用来沟通信息、总结得失、研究问题、指导工作、规范行为的常用性文体，是应用文写作的重要组成部分。

引例

我们先来看一个《某建筑市政工程有限责任公司××××年安全生产工作计划》的格式，通过此计划来对事务类应用文写作进行初步的了解。

某建筑市政工程有限责任公司××××年安全生产工作计划

1. 施工现场安全管理工作指导思想

坚持"以人为本"的理念，贯彻落实"安全第一，预防为主"的方针，加强安全生产管理，进一步落实安全生产的各项规程、标准，提高安全与文明施工管理水平。

2. 施工现场管理目标

（1）落实公司各项规章制度，采取有针对性措施，杜绝死亡事故和重伤事故，轻伤事故率不超过1.5‰，确保施工安全。

（2）施工现场达标率为100%，加强文明施工的过程管理，提升文明施工管理水平。

3．施工现场管理工作部位

1）需重点管理的施工部位

（1）以下部位施工必须编制专项施工方案：地下暗挖施工；深度超过1.5m的沟槽土方施工；人工挖扩孔桩施工；脚手架、卸料平台、水平安全网搭设与拆除施工；大模板和跨度超过6m的梁、板模板施工；塔式起重机、施工升降机、整体提升脚手架、电动吊篮的安装、提升、拆除施工，起重、吊装施工。

（2）以下部位编制的施工方案须组织专家论证：基坑深度超过12m或基坑深度大于与地面建筑物、构筑物间距的工程施工；地下暗挖工程穿过既有建筑物、构筑物、道路、铁路、河道的工程施工；跨度超过18m的钢结构吊装及钢结构施工用承重脚手架施工；城市房屋拆除爆破工程施工。

（3）规范、标准规定的其他需编制施工组织设计的工程项目。

2）重点管理工作

（1）进一步完善公司的安全生产保证体系，技术、生产、材料、安全等部门各负其责，对安全生产实施管理。

（2）各项目部要建立安全生产保证体系，严格按照施工组织设计、专项施工方案，由项目经理负责，组织对实施方案的分包单位的资质、安全生产许可证和工人的上岗证进行检查，并在施工前做好安全技术交底，施工中加强检查，施工完毕后做好验收工作。

（3）项目部的专职安全员负责对工程施工过程中的安全生产进行检查，随时纠正违章和隐患。专职安全员的配置应不少于以下数量。

① 房屋建筑工程。建筑面积在2万平方米以下1人；2万～5万平方米2人；5万～10万平方米3人；10万平方米以上设安全管理机构。

② 市政工程。5000万元以下1人；5000万～1.5亿元2人；1.5亿～2.5亿元3人；2.5亿元以上设安全管理机构。

③ 专业承包、劳务分包单位工程施工人员超过50人的必须配备专职安全员。

（4）对新进场的施工人员进行三级安全教育，建立三级安全教育卡。

施工单位对新进场的工人，必须进行公司、项目、班组三级安全教育培训，经考核合格后，方能允许上岗。三级安全教育培训应包括下列主要内容。

① 公司安全教育培训：包括培训国家和地方有关安全生产的法律法规、规章制度、标准，企业安全管理制度和劳动纪律，从业人员安全生产权利和义务等。教育培训的时间不得少于15学时。

② 项目安全教育培训：包括培训工地安全生产管理制度、安全职责和劳动纪律、个人防护用品的使用和维护、现场作业环境特点、不安全因素的识别和处理、事故防范等。教育培训的时间不得少于15学时。

③ 班组安全教育培训：包括培训本工种的安全操作规程和技能、安全作业与职业卫生要求、作业质量与安全标准、岗位之间衔接配合注意事项、危险点识别、事故防范和紧

急避险方法等。教育培训的时间不得少于20学时。

（5）有关部门及项目部加强对施工现场安全工作的检查（着重对脚手架、基坑、模板、"三宝四口"防护、施工用电、物料提升机、外用电梯、施工机具等进行检查），开展定期、不定期专项检查，及时督促项目部对存在的隐患进行整改。

（6）施工现场建立义务消防队和消防制度，加强用火管理，定期对施工现场的防火工作进行检查。

（7）加强对工地食堂的管理，食堂必须办理卫生许可证，炊事人员必须持健康证上岗。严格执行食品采购登记制，确保施工人员不食不熟扁豆、鲜黄花菜、发芽土豆等易中毒食物。防止发生食物中毒。

（8）夏季施工做好防汛、防雷、防暑工作，冬季施工做好防冻、防滑、防火、防煤气中毒工作。

（9）根据本项目部承建工程特点，制定突发事故应急救援预案，并报工程部备案。

（10）"春节""五一""十一"黄金周等重大节日前开展安全大检查，加强安全值班，确保节日安全。

某建筑市政工程有限责任公司
××××年××月××日

引例小结

该工作计划，主要计划了××××年施工现场安全管理工作指导思想、施工现场管理目标、施工现场管理工作部位等，计划内容明确，有较高的可行性和实际操作性，结构清晰，语言朴实，专业用语准确。

4.1　事务类应用文概述

4.1.1　事务类应用文的特征

由于这类管理类文体处理的日常事务为公务，因此事务类应用文属于广义的公文范畴。它与狭义公文的区别在于：一是无统一规定的文本格式；二是不能单独作为文件发文，需要时只能作为公文的附件行文；三是必要时它可公开面向社会，或提供新闻线索（如简报）或通过传媒宣传（如经验性总结、调查报告等）。

4.1.2　事务类应用文的种类

事务类应用文按照不同的标准，可以分为不同的种类。
（1）计划安排类，如计划等。
（2）总结报告类，如总结等。

(3) 简报信息类，如简报等。
(4) 会议文书类，如会议纪要等。
(5) 日常生活类，如调查报告、规章制度等。

4.2 计　　划

4.2.1 计划的概念

计划是某一个单位、部门或个人，对在一定时期内所要做的工作或所要完成的特定目标及任务，预先加以书面化、条理化和具体化的一种常用的事务类应用文。

计划是计划类文书的统称，也是各类计划最常用的名称。其称谓还有规划、安排、打算、设想、要点、纲要等，它们是一些时限不同、类型不同、内容范围大小不同的计划名称。

规划——五年以上的长远计划，如国家"十四五"规划等。

计划——两年至五年的中短期计划。

安排——时间短、范围小、内容少而又具体的计划。

打算——特指短时间要做、具体措施考虑尚未周全的计划。

设想——对未来一个时期的某项工作的非正式、粗线条的构想式计划。

要点——短时间的、体现工作重点的计划。

纲要——较长时间工作的提纲性、概括性计划。

4.2.2 计划的作用

大到国家、地区、部门，小到班组、个人，有了计划，就有了明确的奋斗目标、工作程序，就可增强自觉性，减少盲目性，也有利于少走弯路，少受挫折，使工作、学习有条不紊地顺利进行，达到预期目标。计划一旦形成，就要在客观上变成对工作的要求，对计划实施者的约束和督促，对工作进度和质量的考核标准。搞好工作计划，是建立单位正常工作秩序，提高工作效率必不可少的程序和手段。写好计划，对于每个单位、部门做好工作，都有重要的意义和价值。

工作计划写作

1. 指导作用

计划是根据上级指示精神和本部门实际情况制订的工作部署，是开展工作的一个重要依据，它具有目标和工作程序上的指导性，有利于克服工作中的盲目性、无序性。

2. 推动作用

"凡事预则立，不预则废。"对工作预先作出科学的筹划和安排，可以及时把握工作进程，减少工作失误，保证工作任务的及时完成。

3. 监督作用

计划一旦制订，就应当有一定的约束性，利用这一约束性，可以督促各部门、各单位的配合协同，监管各部门、各单位的工作进程，以保证工作按时按步骤正常进行。

4.2.3 计划的特点

1. 科学性

计划应从实际出发，遵循客观规律。制订时要调查研究，听取意见，进行科学论证。

2. 挑战性

计划规定的目标和任务，应当在科学性的基础上，具有挑战性。其目标和任务，在于充分发挥人的主观能动性，经过努力奋斗才能实现。

3. 预见性

制订计划应充分考虑可能遇到的问题、困难，预为之计，提出必要的防范措施和解决办法，并留有一定的余地。

4. 可执行性

计划的目标、任务、时间等必须明确具体，不能抽象、笼统，以保证计划内容的可执行性。

4.2.4 计划的分类

（1）从性质上分类。计划可分为综合性计划和单项性计划。综合性计划是一级组织或某一单位就其整体目标作出的总的发展计划，如社会发展计划、国民经济计划、机关单位的总体工作计划等。单项性计划是一级组织或某一单位就其整体工作中的某一方面或某一专题作出的具体计划，如质量检查计划等。

（2）从内容上分类。计划可分为工作计划、生产计划、销售计划、学习计划、科研计划等。

（3）从范围上分类。计划可分为国家计划、地区计划、部门计划、单位计划和个人计划等。

（4）从时间跨度上分类。计划可分为长期计划、中期计划、短期计划。长期计划一般是指五年以上的计划。中期计划一般是指一年以上、五年以下的计划。短期计划通常是指年度计划、季度计划、月度计划及周、旬计划。

（5）从表达方式上分类。计划可分为条文式计划、表格式计划、文表结合式计划。

4.2.5 计划的结构

由于各行各业的工作性质不同，承担的任务和完成任务的主客观条件不一样，因此计划有大小、内容有详略之分。从总体上讲，计划都是以任务、指标、办法、措施、步骤、时限为基本内容的。

以条文式计划为例，其结构一般由标题、正文和落款三部分组成。

1）标题

计划的标题一般包括单位名称及计划的时限、内容和文种。有时候，标题也可以省略某些要素，或省略时限，或省略单位名称，或省略单位名称和时限。

完整式标题比如：《上海市财政局 2010 年工作要点》。

省略式标题比如：《2024 年工会工作要点》省略单位名称，《公债和钞票的发行计划》省略单位名称和时限。

2）正文

正文第一部分为导言。

它介绍写此规划、计划的背景，交代其依据，说明目的及重要意义。导言按照意思分层次写，不一定要用一、二、三、四等序数词来排列（这部分的篇幅不要太长，如中长期的计划可以多说一些，年度计划或单项工作计划用几句话交代一下根据就行），使人知道这个规划、计划是有依据的，不是凭空写的即可。

正文第二部分为任务（指标）。

这部分是计划文书的核心，也是奋斗的目标和方向。计划文书中如果不提任务，那就没有制订规划、计划的必要。任务包括两个方面：一是总的任务，比如说明本地区、本单位在计划期内，经济增长的总体水平，经济要达到怎样的规模，经济总量的发展要求；二是具体任务，比如农业、工业、交通、财政、金融、科技、教育、文化、卫生等行业的任务，以及发展的程度。总的任务要概括写，具体任务应分项分条写。这样使人看了一目了然，知道在计划期内，该地区、该单位的总任务是什么，各行各业的具体任务是什么，做到心中有数、目标明确。

上述部分是针对大的全面的规划、计划而言的，至于短期计划和某项工作计划，不必要这样分开写，总的任务和具体任务可合并起来，可分条写，也可不分条写。因为这类计划比较简单，内容又不太复杂。

正文第三部分为因素分析。

这部分是对完成任务的各种有利条件和不利条件进行分析，也可以说是对完成任务的可能性进行评估，说明完成任务的有利条件有哪些，不利条件或困难有哪些，从而充分利用有利条件，正视不利条件与困难，达到趋利避害，完成或超额完成计划任务的目标。写这部分时可梳理成几条写，即有利条件几条、不利条件几条，对于那些不稳定的可变因素也要估计在内，同时也应注意既不能把各种因素写得过分具体，也不能写得空洞抽象，应点到为止。

正文第四部分为措施。

这部分是计划文书的重点，也是任务部分的延伸。没有任务，就谈不上措施；没有措施，任务就是空中楼阁。所以，写计划文书两大部分最重要：一个是任务，一个是措施。这是相互依存、不可缺少的两部分。写措施可梳理成几条写，用一、二、三、四等序数词，也可用小标题，使措施之间隔开，重要的放前面，次要的放后面，尽可能写细写实，便于执行单位操作。至于不太重要的措施，可概括写，一笔带过，也可省略不写。

计划文书的四个部分，在内容上是有机联系的，是一环套一环的。即使结构有改变，或写三个部分，或写五个部分，也是四部分内容中某一部分的展开或浓缩。不管如何调整，这三个问题是要回答的，即写计划文书的依据是什么，它的任务要求是什么，怎样来完成这个任务。只有掌握这些原则，才能驾驭自如，写好计划文书。

3）落款

落款包括制订计划的单位名称和日期两项内容。标题中已有单位名称的，落款处可只写制订计划的日期。

4.2.6 计划的写作注意事项

1. 基础材料要准确

计划文书中的设想是建立在各种材料基础上的，是科学的设想，符合客观事物发展的规律，并不是毫无根据的天方夜谭。因此，写计划文书的各种基础材料，包括数据、信息、资源情况、历史资料等凡是需要参考的资料，一定要准确、真实、不能有假。如果以假材料为依据推测设想，将使规划、计划很难实现，甚至造成重大失误。

2. 任务、措施有余地

计划文书里所提出来的任务和各种措施要求，一定要实事求是，既不能脱离现实、好高骛远，也不能因循守旧、停滞不前。否则，不是冒进，就是保守。所以，在任务、措施上应留有余地，允许有上升的空间。就是说，在充分调动群众积极性的基础上，经过努力，可以实现或超额完成计划。

3. 使用朴实的语言

计划文书不需要生动、形象的语言，也不需要更多的修辞方法，一般使用朴实的语言。因为计划文书的内容，都是要求人们未来做的，只有理解明白，才能做，才能执行。所以，语言要朴实无华，不能似是而非、模棱两可，特别是任务决不能含糊，一定要清清楚楚，表达准确，这是计划文书对语言的要求。

4.3 总　　结

4.3.1 总结的概念

总结是人们对已经完成的某项任务或者正在进行的某种实践活动所做的系统性回顾、分析和研究之后形成的文字材料，是党政机关、企事业单位及个人广泛使用的一种事务类应用文。

4.3.2 总结的作用

总结是人们认识世界和改造世界的重要途径和手段。从本质上说，总结是从感性到理性、实践到理论的提升和飞跃。通过总结，才能对过去实践中的正确与错误、优点与缺点、经验与教训作出恰当的、符合实际的分析，并从中找出规律性的认识和解决矛盾的方法。因此总结对我们正确认识客观事物发展规律，提高政策理论水平，切实做好各项工作具有重要作用。

1. 指导作用

通过总结，可以探索工作中的规律，把感性认识上升到理性认识，把零散的经验系统化，从而指导今后工作的开展。

2. 教育作用

总结可以肯定成绩、表扬先进、指出问题、批评后进，这就能起到激励、鞭策的作用，有利于发扬成绩，再接再厉，争取更大的成绩。

3. 提供情况的作用

总结通常要向上级报告，或作为上级了解情况时的汇报材料，这就可起到向领导机关提供情况的作用。同时，通过总结，从正反两个方面找到宝贵的经验和教训，不仅有利于个人增长才干、丰富见识，也有利于把个人的经验教训变成大家的宝贵财富。

4.3.3 总结的特点

1. 回顾性

回顾过去是总结的基础、前提。凡总结都要对过去的或正在进行的实践活动进行回顾，没有过去阶段的生产、工作、学习等实践活动，总结也就没有了对象。回顾性是总结的基本特征。

2. 评估性

评估得失是总结的又一本质特征。总结是在回顾过去实践的基础上，通过客观地分析、论证，对过去阶段的实践活动作出一种准确的评估，肯定成绩和经验，发现缺点和问题，并从中找出规律性的认识，以更好地指导今后的实践。

3. 指导性

总结的基础是对过去实践活动的回顾与追溯，应对以往工作的成败得失作出准确评估，并归结出某种带规律性的理性认识，而人们这种对以往实践经验的总结认识又反过来指导今后实践活动的展开。这就是总结的指导性，也是总结的最终目的和真正价值。

4.3.4 总结的种类

总结按性质分，可分为综合性总结和专题性总结。

综合性总结是一个单位在一定时限内各方面工作情况的全面总结。它的特点是涉及面广。写作时要求瞩目全局，涵盖全局，突出重点，点面结合。

专题性总结是针对某一方面的工作而写的单项性总结。它的特点是涉及范围较窄，要求写得比较深、比较具体。

4.3.5 总结的结构

总结一般有标题、正文和落款三部分。

1. 标题

根据不同写法，总结标题有三种类型。第一种是按照公文标题的格式来写，一般由单位名称、计划的时限和总结种类组成，如《××市教育局××××年工作总结》。这种写法也可以用省略式，如《学习总结》等。第二种是类同一般文章标题写法，概括表明总结的主要内容，但标题不出现"总结"字样，如《以提高经济效益为目标搞好财会工作》等。第三种是采用正题和副题的双标题写法。正题概括总结内容，揭示中心、主旨，副题写明单位名称、计划的时限和总结种类等，如《保证质量薄利多销——迎宾楼菜馆××××年改进服务工作总结》。

2. 正文

总结正文一般写以下几方面内容。

（1）基本情况概述。这一部分是总结的开头，即简要地介绍总结对象的基本情况，包括交代背景、环境等，也可说明总结的动机、目的及必要性。目的是使人对总结对象的整体情况有一个基本的了解和概括的印象。

（2）做法、成绩与经验。这是总结的重点部分，一般要具体地写明做了哪些工作，完成了什么任务，采取了哪些方法和措施，取得了哪些成绩，有什么经验和体会。在具体写法上，可以根据不同内容作出灵活安排。有的总结把做法、成绩和经验合在一起写，或着重阐明成绩表现在哪几个方面，是怎样取得的，或只写经验、体会，而把做法和成绩融合在经验、体会的阐述中。有的总结则把做法、成绩和经验分开阐述，并视实际工作情况，有所侧重。

（3）存在的问题和今后努力方向。一般总结在肯定成绩、总结经验的同时，还要指出存在的缺点、问题，以及分析存在问题的原因，提出解决问题的意见，并说明今后努力的方向。有些专门总结经验的总结，可以不涉及存在的问题。

总结正文的结构没有固定统一的模式，内容的安排可以有多种方式，既可以用分列式写法，即按照所做事情间的逻辑关系把内容分为若干个部分来写；也可以用总分式写法，即先总体概述总结对象的基本情况，然后分别列项加以阐述；还可以采用贯通式写法，即不列条款、不用小标题，也没有先总后分的关系，通篇围绕一个中心，顺着事物发展的过程来写，全文一气呵成，首尾贯通。

3. 落款

正文写完之后，一般要在右下方签署总结单位名称和日期。属个人总结则签署个人姓名。

4.3.6 总结的写作注意事项

1. 坚持实事求是的原则

总结必须坚持实事求是的原则，是成绩就写成绩，是错误就写错误，这样才能有益于现在，有益于将来。夸大成绩，报喜不报忧，违反作总结的目的，是应该摒弃的。

2. 要善于抓重点

总结涉及本单位工作的方方面面，但不能不分主次、轻重，面面俱到，而必须抓住重点。什么是重点？是指工作中取得的主要经验，或发现的主要问题，或探索出来的客观规律。不要分散笔墨，兼收并蓄。现在有些总结越写越长，会造成总结内容庞杂，中心不突出。

3. 要写得有特色

特色，是区别于其他事物的属性。单位不同，成绩各异。同一个单位今年的总结与往年也应该不同。有些单位的总结几年一贯制，内容差不多，只是换了某些数字，这样的总结缺少实用价值。任何单位或个人在开展工作时都有自己的一套不同于别人的方法，经验、体会也各有不同。写总结时，在充分占有材料的基础上，要认真分析、比较，突出重点，不要停留在一般化上。

4. 要注意观点与材料的统一

总结中的经验、体会是从实际工作中，也就是从大量事实材料中提炼出来的。经验、体会一旦形成，就要选择必要的材料予以说明，其才能"立"起来，具有实用价值。这就是观点与材料的统一，但常见一些经验总结往往不注意这一点。

5. 语言要准确、简明

总结的文字要做到判断明确，就必须用词准确，用例确凿，评断不含糊。简明则是要求在阐述观点时，做到概括与具体相结合，要言不烦，切忌笼统、累赘，做到文字朴实，简洁明了。

6. 重点在得出经验，找规律

总结的最终目的是得出经验，吸取教训，找出做好工作的规律。因此，总结不能停留在表面现象的认识和客观事例的罗列上，必须从实践中归纳出规律性的结论来。此外，还必须注意工作总结写作结构要遵循的三原则：全面、紧凑和精练。

4.4 调查报告

4.4.1 调查报告的概念

调查报告，是调查主体在对特定对象进行深入考察了解的基础上，经过准确的归纳整理，科学地分析研究，进而揭示事物的本质，得出符合实际的结论，由此形成的汇报性应用文书。它是调查研究成果的传递工具，是成果转化为社会效益，发挥社会作用的桥梁，为决策和调整决策提供基本依据。

4.4.2 调查报告的特点

1. 针对性

调查报告的目的是直接服务于现实工作。这就需要针对现实中的具体工作或问题进行系统的调查，并将结果形成书面报告，或总结经验，提供情况，或反映问题，查明真相，以引起有关方面的重视，成为决策时的参考依据。因此针对性是调查报告的关键，针对性越强其价值也就越高。这一点也与申论的特点相契合。

2. 真实性

调查报告的内容必须真实，作者写作时要力求客观。事实是调查报告的基础，在调查报告中不能夸大，也不能缩小，更不能歪曲事实。作者不能弄虚作假，必须客观地反映调查对象的真实情况，实事求是地分析评价，得出符合客观实际的结论。否则，没有真实性，调查报告也就失去了应有的作用。

3. 叙述性

调查报告的重点在于表述调查所得的材料和结果，同时要从中得出结论和意见，这就决定了它要以叙述为主，同时辅以必要的议论。它的主要内容是叙述事实，说明情况，在此基础上进行必要的综合分析，而无须完整的论证过程。

4. 时效性

调查报告是服务于现实工作情况的，这就决定了它的时效性。尽管其不像新闻那样紧迫，但必须针对现实需要，回答最迫切、最有现实意义的问题。即便是考查既往的事件，也应该着眼于今天的需要。

4.4.3 调查报告的种类

调查报告依据内容不同，可以分为以下几大类型。

1. 反映情况的调查报告

这类报告通常比较全面、比较系统地反映一个地区、一个系统或一个部门的基本情况，它可能提供全面的情况，或者反映出某种动态、倾向，以引起有关部门的重视，成为决策的参考依据。

2. 总结典型经验的调查报告

这类报告通过对具有参考价值和借鉴作用的典型经验的分析，为贯彻执行党的路线、方针、政策提供具体的经验和方法。它往往通过对某项工作的具体做法和实际收效的调查，分析概括出具有启发和参考意义的经验和办法，以指导和推动整体工作。

3. 介绍新生事物的调查报告

这类报告比较全面、完整地反映了新生事物的发展过程和成长规律，揭示了它的现实意义和社会作用。它多在"新"字上下功夫，重在扶持和促进新生事物的成长壮大。

4. 揭示问题的调查报告

这类报告是根据工作需要，为了解决矛盾和问题而写的。它通过对社会生活和工作中存在的不良现象和问题的调查，指出其危害性，分析产生问题的根源，提出解决问题的建议和办法，引起重视，促其解决。

5. 查明真相的调查报告

这类报告多针对社会和群众反映强烈的问题和事件进行调查，以披露真相，还其本来面目，消除人们的疑惑。它一般只叙述说明事实，不作过多的议论。这类调查报告的对象还包括未曾显露真相的历史事实，目的仍然是还其本来面目，还历史以真实。

4.4.4 调查报告的结构

一般地说，调查报告由标题、前言、主体和结语部分组成。

1. 标题

标题是调查报告的题目。一个好的标题往往能起到"画龙点睛"的作用。撰写调查报告，应该十分重视标题的推敲。

标题的写作，通常有以下几种方式。

（1）直叙式。该法直接用调查对象或调查内容作标题，如《关于黑恶犯罪搅乱市场秩序的调查》《城镇居民经济状况调查》等。这类标题，直接指明了调查对象，概括了报告主题，比较客观、简明，但显得呆板，缺乏吸引力。这种形式的标题，多用于综合性、专业性较强的调查报告。

（2）判断式。该法用作者的判断或评价作标题，如《创新是企业的生命》。这类标题，揭示了报告主题，表明了作者态度，比较吸引人，但调查对象和报告的主要内容在标题中往往不易看出。这种形式的标题，多用于总结经验、政策研究、支持新生事物等类型的调查报告。

（3）提问式。该法用提问的方式作标题，如《中小企业能否突破成长瓶颈？》。这类标题提出了问题，设置了悬念，比较尖锐、鲜明，有较强吸引力，但一般看不出调查的结论。这种形式的标题，一般用于揭露、探讨问题的调查报告。

（4）抒情式。该法用抒发作者感情的方式作标题，如《等闲识得春风面　万紫千红总是春——云南建设民族文化大省的调查》。这类标题，充分表达了作者感情，具有较强的感染力和吸引力，但仅仅从标题很难判断报告的内容。这种形式的标题，一般用于表彰新生事物或鞭挞消极社会现象的调查报告。

（5）双标题法。该法采用两个标题。它又分两种形式。一种是主标题和副标题，如《加强企业管理，提升企业竞争力——株洲市企业管理调查》等。另一种是引题和主标题，如《堤防建设中的一个突出问题：一边资金紧缺，一边冒领挪用》。这类标题，虽然比较复杂、冗长，但它综合了多种标题的优点，因而是各种调查报告使用比较多的一种形式。

标题的写法灵活多样，无论采取哪种标题形式，都力求概括、简明、新颖、对称。这就是说，标题要概括调查报告主要内容；要简明表达调查报告主题；要有新鲜感、吸引力和感染力；要与调查报告的内容相对称，既不应"头大帽小"，也不应"头小帽大"。

2. 前言

前言又称导言或导语，是调查报告的开头部分。前言的内容主要是说明为什么进行调查、怎样进行调查和调查的结论如何。

前言的写作，有以下几种方法。

（1）主旨陈述法。该法在前言中着重说明调查的主要目的和宗旨。例如，《大庆"二次创业"的调查与思考》的前言是这样写的："曾为我国国民经济发展作出巨大贡献、被誉为'工业战线一面旗帜'的大庆油田，历经40多年开发建设后，已进入高含水后期开采阶段。大庆油田如何实现可持续发展，如何使大庆这座因油而兴的城市避免因油而衰？这是摆在新一代大庆人面前的严峻课题。'二次创业'，就是铁人的后代们为此进行的可贵实践。"这种写法，有利于读者准确地把握调查报告的主要宗旨和基本精神，是一种最常见的写法。

（2）情况交代法。该法在前言中着重说明调查工作的具体情况。例如，《宜宾市智能建造试点城市的发展现状调查报告》，其前言包括以下一些内容：第一，调查目的，了解宜宾市智能建造试点城市的发展现状；第二，调查时间，2024年10～12月；第三，调查地点，宜宾市；第四，调查对象，宜宾市智能建造试点工程、相关企业等。这种写法，有利于读者了解调查工作的具体情况，便于读者对调查结论做出自己的判断。

（3）结论前置法。该法在前言中先简要说明调查的基本结论。例如，《今日农村谁种田》这篇调查报告，开头就有这样一段话："阳春三月，记者来到大别山南麓的黄冈山区走村串户，一路所见都是'种田的老汉采茶的婆，村村难见年轻人'，农业精壮劳力都进城打工去了，广阔农村是一片'老人农村'景象。"这种写法，开门见山，直奔主题，有利于读者对调查报告的观点一目了然。

（4）提问设悬法。该法在前言中只提出问题、设置悬念，而不作正面回答。例如，《塔石化"晒太阳"令人费解》这篇调查报告，开头就提出了一系列问题："为什么一个国家投资高达36亿元的现代化化工厂'晒太阳'会达4年之久？为什么在国家加大西部大开发投入的同时，已经投资巨额资金的现代化设备却不能发挥其应有的作用？塔石化'晒太阳'说明了什么？"这种连续提问、设置悬念的写法，增强了吸引力，常用于总结经验和揭露问题的调查报告。

前言的文字都应力求简明、精练，具有吸引力。

3. 主体

1) 主体的内容

主体是调查报告的主要、核心部分。它一般应包括以下几个方面的内容。
（1）调查研究有关问题的社会背景和主要目的。
（2）调查对象的选择及基本情况。
（3）调查研究的主要方法和过程。
（4）调查研究获得的主要资料和数据。
（5）对调查研究过程及其结果的评价。

如果是学术性调查报告，还应该包括以下内容。
（1）调查研究有关问题的学术背景。
（2）对有关问题已有研究成果的简介和评析。
（3）自己的研究假设和研究方案。
（4）主要概念、主要指标的内涵和外延及其操作定义。
（5）调查数据统计分析的结果。
（6）调查结果的学术性推论和评价。
（7）本调查研究的主要缺点或局限性。

(8) 本调查尚未解决的问题或新发现的问题。

主体部分写得如何，直接决定着调查报告的质量和社会作用。

2）主体的结构

调查报告主体部分的结构，通常有以下三种形式。

(1) 纵式结构。该结构按照事物发展的历史顺序和内在逻辑来叙述事实，阐明观点。

(2) 横式结构。该结构把调查的事实和形成的观点，按性质或类别分成几个部分，并列排放、分别叙述，从不同方面综合说明调查报告的主题。这种结构的优点是问题展得开，每个问题的论述比较集中，而且条理清楚，有较强的说服力。

(3) 纵横交错式结构。该结构是纵式结构和横式结构结合使用的方式。这种结构一般有两种情况。

① 以纵为主、纵中有横。

② 以横为主、横中有纵。

上述两种纵横交错式结构，既有利于按照历史脉络讲清楚问题的来龙去脉，又有利于按问题的性质或类别分别展开论述，因此，许多大型调查报告的主体部分往往采用这种结构。

4. 结语

结语是调查报告的结尾部分。从形式上看，结语有三种不同处置方法：一是没有结语；二是简短的结语；三是较长的结语。从内容上看，结语有以下几种写法。

(1) 概括全文，深化主题。根据调查的情况，概括出主要观点，进一步深化主题，增强调查报告的说服力和感染力。

(2) 总结经验，形成结论。根据调查的情况，总结出基本经验，形成调查的基本结论。

(3) 指出问题，提出建议。根据调查的情况，指出存在的问题和不足，提出弥补或改进的具体建议。

(4) 说明危害，引起重视。根据调查的情况，说明问题的严重性、危害性，以便引起有关方面的重视，有的还提出对策性的具体意见。

(5) 展望未来，指明意义。根据调查的情况，由点到面、由此及彼，开阔视野、展望未来，指出有关问题的重要意义。

调查报告的结语，应根据写作目的、内容的需要采取灵活多样的写法，要简明扼要，意尽即止，切不可画蛇添足，弄巧成拙。

4.4.5 调查报告的写作注意事项

1. 调查全面，深入准确

资料如果不完整、不全面、不系统，或不真实、不准确、不可靠，必然会使研究遭到损害或失败。因此，只有围绕调查的目的或意图全面进行调查研究，深入实质，准确揭示，才可能得出正确的结论。否则，调查报告就成了无源之水、无本之木了。

2. 明确中心，提炼主题

主题，是一篇调查报告的灵魂和统率。体现调查报告价值的关键就是明确中心，提炼主题。在写作调查报告之前，应该做到心中有数，如"为什么调查""调查些什么""通过调查要解决什么""用什么形式来报告调查结果"等，这些问题明确了，要为调查报告准备什么材料也就清楚了。然后，根据一个一个的素材资料，研究其内在联系，找出贯穿其中的典型"共性"，发现具有对比性的材料并挖掘出这个对比的实质性含义，从中反复提炼出一个有价值的主题。这就是调查报告的主题。

3. 精心鉴别，严选材料

调查报告的基础是事实。然而，事实又是由具体材料构成的。尤其是那些大规模的社会调查所获得的材料更是丰富而复杂。因此使用这些材料时就需要进行核实、鉴别、分析和判断。精心鉴别和严选材料的总原则是，去粗取精，去伪存真，由表及里，由此及彼。如果材料不完整、不典型，就需要补充，不要草率地使用；如果材料陈旧、琐碎而无意义，则不要勉强使用。剔除、补充、核实是为了要完整地使用典型材料、综合材料、对比材料和统计材料，它们能更好更充分地正确说明观点，表现主题，使调查报告具有说服力。

4. 理顺思路，拟写提纲

写作提纲是调查报告形成的蓝图和基本逻辑框架。写作如果"照图施工"，一个部分一个部分地操作下去，则不至于出现跑题或失调现象。如果没有提纲，想到什么就写什么，则很容易出现下笔千言、离题万里、层次不清、结构混乱、详略失当等毛病。

提纲有两种写作类型：一种是简略式，即简单地用条文式语言把各层次的内容概括出来；一种是详列式，即用完整的语言具体明确地把各层次的内容概括起来。无论采用何种形式，其都应围绕主题，有纲有目，层次清晰，高度概括，简洁醒目。调查报告如果是多人合作，提纲则可使各位撰写者了解自己所写部分在报告中的地位和要求，从而保证系统一致并互相衔接，避免重复和脱节。

5. 行文客观，周密分析

行文客观，周密分析，这是写好调查报告的关键。那些只罗列了某种现象与事实，缺乏分析与归纳，没有形成观点的调查报告，要么不知所云，要么平淡无奇；如果只有撰写者的观点与看法，未能用充足的材料予以阐述与印证，观点势必虚空，结论难以令人置信，那么调查报告就会缺乏说服力。因此，行文时要注意以下内容。

（1）运用简洁的语言表达，并用实例来解释说明。

（2）叙述调查事实时，力求客观，避免使用带有个人主观或感情色彩浓厚的语句。叙述时一般采用第三人称或非人称代词，如"作者发现……""笔者认为……""这些数据表明……"。

（3）行文时应以一种向读者报告的口气撰写，而不应力图说服读者的某种观点和看法。因为读者更关心事实，更关心结果和发现。

调查报告不同于文学作品、议论文等文体，应以简洁、准确和通俗为原则，但在保证其准确性的前提下，恰当地运用格言、俗语、警句、佳言等，效果则会更好。撰写调查报告时，只有行文客观，周密分析，保证主题与材料高度统一，材料才会充分显示其意义，主题才会有坚实的基础，结论才会有强大的说服力，整个调查报告才会显得血肉丰满，周密完善。

特别提示

调查报告是摆事实、反映数据的真实性；不能笼统介绍，要围绕一个主题进行。切记，不能捏造事实，不能网上下载。

4.5 规章制度

4.5.1 规章制度的概念

规章制度是国家机关、社会团体、企事业单位为了管理的需要而制发的对一定范围内有关工作、活动和人们的行为作出规范要求并具有约束力的公文。

4.5.2 规章制度的种类

规章制度包括行政法规、章程、制度、公约四大类。不同的类别，反映不同的需要，适用于不同的范围，起着不同的作用。

1. 行政法规

1) 条例

条例是具有法律性质的文件，是对有关法律、法令作辅助性、阐释性的说明和规定；是对国家或某一地区政治、经济、科技等领域的某些重大事项的管理和处置作出比较全面、系统的规定；是对某机关、组织的机构设置、组织办法、人员配备、任务职权、工作原则、工作秩序和法律责任作出的规定，或对某类专门人员的任务、职责、义务、权利、奖惩作出系统的规定。它的制发者是最高国家行政机关（国务院各部委和地方人民政府制定的规章不得称为条例），例如《失业保险条例》《中华人民共和国人民币管理条例》。

2) 规定

规定是为实施贯彻有关法律、法令和条例，根据其规定和授权，对有关工作或事项作出局部的具体规定，是法律、政策、方针的具体化形式，是处理问题的法则，主要用于明确提出对国家或某一地区政治、经济和社会发展的某一方面或某些重大事项的管理或限制要求。规定重在强制约束性。它的制发者是国务院各部委、各级人民政府及所属机构，例如《规范促销行为暂行规定》。

3) 办法

办法是对有关法令、条例、规章提出具体可行的实施措施；是对国家或某一地区政治、经济和社会发展的有关工作、有关事项的具体办理、实施提出切实可行的措施。办法重在可操作性。它的制发者是国务院各部委、各级人民政府及所属机构，例如《××市政府规章制定办法》。

4）细则

细则是为实施条例、规定、办法而作出的详细、具体或补充规定，对贯彻方针、政策起具体说明和指导的作用。它的制发者是国务院各部委、各级人民政府及所属机构等，例如《安全监理实施细则》。

2. 章程

章程是政府或社会团体用以说明该组织的宗旨、性质、组织原则、机构设置、职责范围等的纲领性文件，具有准则性与约束性的作用。它的制发者是政党或社会团体，例如《中国共产党章程》。

3. 制度

制度是有关单位或部门制定的要求所属人员共同遵守的准则，是机关单位对某项具体工作、具体事项制定的必须遵守的行为规范。它的制发者是机关团体、企事业单位及其部门。

1）规则

规则是机关单位为维护劳动纪律和公共利益而制定的要求大家遵守的关于工作原则、方法和手续等的条规，如《××××学校图书馆借书规则》。

2）规程

规程是生产单位或科研机构，为了保证质量，使工作、试验、生产按程序进行而制定的一些具体规定，如《车间操作规程》《计算机操作规程》。

3）守则

守则是机关团体、企事业单位要求其成员遵守的行为准则，它倡导有关人员遵守一定的行为、品德规范，如《汽车驾驶员守则》。

4）须知

须知是有关单位、部门为了维护正常秩序，搞好某项具体活动，完成某项工作而制定的具有指导性、规定性的行为准则，如《观众须知》《参加演讲赛须知》。

4. 公约

公约是人民群众或社会团体经协商决议而制定出的须共同遵守的准则，是人们为了维护公共秩序，经集体讨论，把约定要做到的事情或不应做的事情，应该宣传的事情或必须反对的事情明确写成条文，作为共同遵守的事项，如《居民文明公约》。

4.5.3 规章制度的特点

1. 权威性

规章制度在写法上没有法定公文那么严格，执行中也不像法律文书那样具有极强的法律效力。但是就一个部门、一个单位来说，规章制度无疑具有行政强制性，军队的规章制度尤其如此。为了维护规章制度的权威性，在起草时必须做到"三个明确"。

（1）明确领导意图。规章制度是领导者管理思想的载体、管理意图的物化。因此，规章制度的写作不仅要有本部门和本单位领导的安排或授权，还必须吃透领导意图，吃透上级或主管部门的意向、目的和要求，从而准确把握规章制度写作的要点和重点。这样，写出的规章制度才会站位高、权威性强。

（2）明确行文基调。写作前应深入了解该规章制度所针对对象的现状，要解决哪些方面的问题，需要限制的范围及程度，需要把握的侧重点或表述尺度，以形成一个清晰的写作思路。对于事关全局的规章制度，写作前尤其要做好调查研究，定好写作基调。

（3）明确制发背景。制度管理是一个连续的、系统的过程，任何部门与单位都不可能仅有一项或一个方面的规章制度。因此，起草前应弄清楚以前是否有过这方面的规定或要求，如果有的话，应分析是否需要修订，弄清是文字提法上的修改，还是内容方面的补充、增删；是基本维持原规定的精神，还是要推翻重写；原来的规章制度有什么优点，有什么不足；等等。有时，一种规章制度中会涉及好几个方面的内容，而对于同一个问题或情况的管理，又可能涉及好几种不同的规章制度，这就需要从各方面考虑内容的制约和平衡，用好有关参考资料。只有这样，制定的规章制度才会有连续性和可行性。

2. 可行性

规章制度是要人执行的，其内容必须准确、规范，有实实在在的可行性。

首先，内容要有很强的针对性。内容是规章制度的内核和基础，除了必须真实、准确，还必须有明确的指向性。同样一种规章制度，在不同的部门和单位里往往有不同的侧重点和内容要求。如果其内容"千人一面""千部一腔"，毫无自己的特色，那规章制度就可能成为"样子货"。只有从本单位的实际出发，写出具有针对性的制度和规定，才能言之能行，行之有效。

其次，条文内容要有依据。从某种意义上说，规章制度是法律法规和政策条文的延伸或细化，它必然具有强制性特征。因此，任何规章制度都必须有法律依据或政策依据，必须符合党和国家的政策、法令，不允许与之相抵触或违背。如果上级的有关规定内容已经比较具体，适用性也比较强，本部门或本单位就没有必要再就同一内容作出规定和要求了。

最后，具体要求要协调。为确保规章制度的可行性，写作时必须十分注意与同类规章制度的纵向或横向联系与协调。纵向关系的协调关键在下级，下级部门和单位制定的规章制度必须符合上级部门的有关要求；横向关系的协调，重在避免几个部门从各自不同的角度和需要出发，都制定了规章制度，但由于互不通气，结果出现矛盾，发生规定"撞车"、制度"打架"现象。

3. 规范性

规章制度具有一定的约束力，因而其文字表述必须严谨、周密、规范，既要体现严肃性，又要考虑稳定性。在结构安排上，通常采用分条式叙写的方法，这就要求对条文的先后顺序、内容主次进行精心设计，十分注意条与条、段与段之间的内在逻辑关系，做到层次分明，布局合理。只有明确了写作要点，才能够写出结构体式比较规范的文稿。

4.5.4 规章制度的结构

1. 标题

规章制度的标题就是规章制度的名称，一般由单位、内容性质和文种组成，如《××

直属单位保密工作细则》《××师营院管理规定》等。有的规章制度属于试行、暂行或草案,应在标题中指出。

2. 日期

规章制度必须注明制定或颁布的具体时间,以便于贯彻落实。

3. 正文

各种规章制度的正文结构大体类似,都是以条文形式写成的,一般由总则、分则、附则三部分组成。

(1)总则。总则主要应写明制定本规章制度的目的、根据,工作的基本方针、基本任务,以及文件的适用范围和执行的办法等原则性的规定。其具体写法可以灵活,有的可以单列一章,下面再分若干条文来写;有的也可以采用导语、序言的形式,将总则部分的内容用一段文字加以概括,放在具体条文之前。

(2)分则。分则主要应写明规章制度的具体内容,是由若干章、节和条款组成的,为正文的主要篇幅。其具体的写法要根据内容的多少、繁简而定。有的可以分章列条来写;有的也可以不分章、节,只列若干条文,每一个条文写一个具体问题。分则部分分章、节写时,要为每一个章、节拟出一个小标题,以清眉目。每个章、节里的条款次序,应当按其内容的联系和逻辑顺序加以排列。无论是否分章、节,所有的条文都应统一连续编排序号,每个条文中的各款,可以分别单编顺序号,以方便引用。

(3)附则。附则主要规定本规章制度的执行时间;宣布原有的与这个文件相抵触的规定同时作废;写明修改、补充、解释权,以及对违反规定者的处理规则等。

事务类应用文是在处理日常事务中用来沟通信息、总结得失、研究问题、指导工作、规范行为的常用性文体,应用频率很高。常见的事务类应用文主要有计划、总结、调查报告和规章制度等。在写作中要求以方针、政策为指导,以法律规定为依据;要深入调查研究,获取真实的材料;态度和方法上要实事求是,所拟工作建议等要切实可行。事务类应用文的格式是约定俗成的,写作时应当遵守;语言要准确和简练。在建筑工程中,各种事务类应用文一定要符合专业表述习惯,专业术语要准确,数据要真实可靠。

1. 根据建筑施工图纸,制订一份施工质量计划。
2. 总结对企业的经营活动有哪些方面的作用?
3. 请写一份你所在学校周边住房情况的调查报告。
4. 根据规章制度的写作要求,制定学习守则、施工质量管理制度各一份。

第5章 告示类应用文

教学目标

通过了解告示类应用文的概念、特点及写作要求，初步具备撰写建筑行业告示类应用文的能力。

教学要求

能力目标	知识要点	权重	自测分数
了解房地产广告	房地产广告的概念	5%	
	房地产广告的分类	5%	
	房地产广告的写法	20%	
	房地产广告的撰写注意事项	5%	
了解营销策划书	营销策划书的概念	5%	
	营销策划书的写法	15%	
	营销策划书的撰写注意事项	5%	
了解商品说明书	商品说明书的概念	10%	
	商品说明书的写法	10%	
了解启事	启事的概念	5%	
	启事的分类	5%	
	启事的写法	5%	
	启事的撰写注意事项	5%	

章节导读

告示类应用文，伴随着商品生产和商品交换的产生而产生，又伴随着商品生产的发展和科学技术的进步而繁荣发展。

告示类应用文是一种应用性的说明文，是企事业单位或个人向消费者或服务对象介绍商品，报道服务内容或文娱节目的一种宣传方法。

本书所研究的告示类应用文写作，主要指建筑类性质的写作，如房地产广告、营销策划书、商品说明书、启事等。

引例

我们先来看一个《新和名座（新盘）文案》的格式，通过此房地产广告来对告示类应用文写作进行初步的了解。

新和名座（新盘）文案

给你时间、空间和阳光经营爱情。
精致生活等你分享。
不让爱情徒有虚名。
她住城南、我住城北，感情远了。
我们住一间，他们住隔壁，感情腻了。
我们住家里，爸妈住客厅，感情碎了都不能有声音……
爱情酿红酒，时间是温度，环境是湿度，房子是容器。
新和名座，位居二环路外侧，欧尚超市斜对面，紧靠羊西线主干道，交通便捷。毗邻"羊西线餐饮一条街"，抚琴西路商业街和羊西线沿线成熟住宅区。
$38 \sim 72 m^2$ 的精巧尊贵小户型。
户户拥有花园阳台，全自然采光。
3.9m 大开间，厨卫独立。户型经济，功能齐全，空间紧凑实用。
创新 4.5m 层高的跃式小户型。
首层局部架空独立业主专享迷你会所，设置供业主专享的私人休闲区域，商务、休闲、娱乐、交流随心所欲。
可住可收藏，置业机会不容错过。

引例小结

该楼盘广告文案新颖、有感染力，以富有想象力的创意，优美的文字对新和名座的楼盘定位和理念进行了全面、深入的阐述，同时，文案对楼盘主要的优势——建筑设计描述详尽。该文案很好地契合了广告文案的主题，同时也体现了广告文案的价值。

5.1 房地产广告

5.1.1 房地产广告的概念

房地产广告是将房地产的主要信息诉诸为文字的过程，是一个运用文字与目标对象交流沟通的过程，它可以为房地产项目进行很好的宣传，带来更多的社会效益和经济效益。

5.1.2 房地产广告的分类

根据不同标准，房地产广告可以分为多种类型。
（1）房地产广告根据社会效益和经济效益，可分为商业广告和非商业广告。

(2) 房地产广告根据发布的形式，可分为以下几种类型。

① 报纸广告。报纸广告是指房地产开发商为了推销房地产项目、介绍企业情况等，在报纸上进行宣传，以引起消费者兴趣和购买欲望的实用文体。报纸广告的读者面广，发行量大，制作简单，收费较低，宣传效果好。

② 杂志广告。杂志广告是指房地产开发商为了推销房地产项目、介绍企业情况等，通过杂志进行宣传，以引起消费者兴趣和购买欲望的实用文体。杂志广告可用彩色印在杂志的插页上，对广大读者有很大的吸引力。

③ 广播广告。广播广告是指房地产开发商为了推销房地产项目、介绍企业情况等，通过广播进行宣传，以引起消费者兴趣和购买欲望的实用文体。广播广告发挥以声夺人的特长，主要靠语言配音乐介绍商品，要求文案简练、语言通俗易懂。这种广告传播迅速、及时，宣传效果好。

④ 电视广告。电视广告是指房地产开发商为了推销房地产项目、介绍企业情况等，通过电视进行宣传，以引起消费者兴趣和购买欲望的实用文体。电视广告要巧妙构思，耐人寻味，生动有趣，不落俗套，寓商品介绍于娱乐之中，有艺术欣赏价值。电视广告深入千家万户，宣传效果好。

⑤ 霓虹灯或电子屏幕广告。霓虹灯或电子屏幕广告是指使用彩色霓虹灯或电子屏幕来进行房地产项目推销、宣传的广告。它的样式多种多样，有图案式，也有文字式，还有图文并茂式。它的优点是利用光电与色彩相结合，给人美感，富有吸引力，宣传效果好。

⑥ 橱窗广告。橱窗广告是指使用商店玻璃橱窗来进行宣传的广告。产品陈列，可用模型或沙盘，也可用图片加文字说明。它的优点是真实感强，宣传效果好。

⑦ 路牌广告。路牌广告是指使用不同形状的广告牌立于路旁，对过路行人进行宣传的广告。其一般画面大，多以图案文字结合为主，醒目、美观，可长期保存，宣传效果好。

⑧ 传单广告。传单广告是指使用纸片传单的形式进行宣传的广告，一般用纸张介绍产品，可读性强，消费者易于接受，宣传效果好。

⑨ 邮政广告。邮政广告是指以邮局为媒介传递信息的广告。它的形式多样，如各种征订单、销售函、产品介绍、商品说明书、产品样式图片等。

这些广告用在不同的场合，表现形式不同，其文案的写法和产品制作方法也各不相同。比如电视广告，它通过视觉和听觉的结合，在一定时间内传播大量的、为人们所喜闻乐见的信息，是任何宣传媒介都比不上的。

(3) 房地产广告根据不同的目标，分为房地产项目促销广告、房地产企业形象广告和观念广告。

(4) 房地产广告根据广告的结构，分为单则广告和系列广告。

5.1.3 房地产广告的写法

一则典型的房地产报纸广告文案，由广告语、标题、正文、随文、插图五个部分组成，各个部分分别传达不同的信息、承担不同的职能、发挥不同的作用，相辅相成，不可分割。

(1) 广告语又称广告口号，是指为了加强受众对楼盘（企业）的印象而在广告中长期、反复使用的一种简明扼要的口号性语句。它基于长远的销售利益,向顾客传达一种长期不变的观念。广告语可以出现在广告文案的任何部位,但通常独立于正文之外,作为广告文案中相对独立的组成部分。尤其是在楼盘利益点较多,诉求点比较分散时,广告语可以彰显房地产广告的定位、诉求,保证广告的完整性。

(2) 标题在广告文案中旨在传达最为重要的或最能引起受众兴趣的信息,位于广告文案最前面、对全文起统领作用,以吸引受众继续阅读广告文案其他内容的简短语句,在房地产广告中一个标题往往代表了项目的一个卖点。广告效果50%~70%是标题的力量,所以标题一定要醒目,表达清晰、明确。

(3) 正文是指在广告文案中传达大部分广告信息,居于主体地位的语言或文字。它是广告文案的中心和主体。由于房地产广告大多是系列广告,因此广告正文与标题、画面要配合得相得益彰,各系列文案保持协调一致显得尤为重要。广告的文字说明一定要主次分明,言简意赅,楼盘的众多信息没有必要在一则广告中一诉而尽,突出重点,语言流畅即可。

(4) 随文又称附文,是指在广告文案中向受众传达发展商(代理商)名称、楼盘地址、接待中心、电话等附加信息的文字。其特殊之处在于对项目位置等常规信息的介绍,一般出现在广告文案的结尾。

(5) 插图是对文字内容的有力补充和诠释,具有很强的心理暗示作用。房地产广告可以根据正文内容的需要,选择具有突出主题作用的插图设计,或抽象,或醒目。插图的风格与色彩要保持一致,形成统一、和谐的整体设计。目前插图主要有四类。

① 意境图。建筑设计师和开发策划人员想象出的意境图,可能是其他地域、其他项目的实景照片,也可能是一种虚拟景象,与拟建项目没有必然的联系(图5.1~图5.3)。

图5.1 成都市黄龙溪谷广告(1)

图 5.2 成都市黄龙溪谷广告（2）

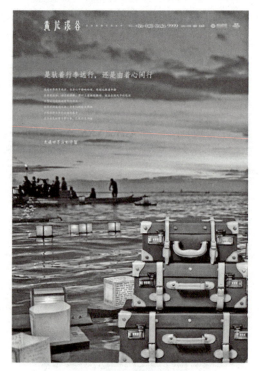

图 5.3 成都市黄龙溪谷广告（3）

② 效果图。建筑设计师可根据每幢建筑的平面图、立面图及室外景观设计图，采用 3D 技术（一般使用 Photoshop 或 3Ds Max 绘图软件）绘制出效果图（图 5.4）。它可以让我们提前感知到该项目建成后的实际效果，即拟建项目的雏形。

图 5.4　成都市黄龙溪谷效果图

③ 实景合成图。项目在开始修建后，可拍摄在建项目的实景照片，结合虚拟的室外景观设计图，经软件合成，可生成一种真实与虚拟相结合的实景合成图（图 5.5）。

图 5.5　成都市黄龙溪谷实景合成图

④ 实景照片。项目在开始修建后，可拍摄在建项目的实景照片，对天空颜色、光线等做出渲染。该照片可真实反映建筑物和室外景观的实际情况（图 5.6 和图 5.7）。

图 5.6　成都市黄龙溪谷实景照片（1）

图5.7 成都市黄龙溪谷实景照片（2）

5.1.4 房地产广告的撰写注意事项

房地产广告必须体现消费者喜爱、渴望或关注的利益点，必须能强化产品的竞争优势，做有观点、有主张、有文化的广告，包容性、落地性、独特性、主题性、品牌性是房地产广告文案的关键要素。

（1）包容性。

① 房地产广告各类型文案的内部要契合，无论是故事型、散文型还是说理型，其文案标题与正文的契合非常重要，标题设置或蕴含哲理或引人深思或向消费者发问，正文需对标题加以深化，避免与标题有太多重合的内容。

② 文案与画面的结合要相得益彰，标题起着连接画面与正文的作用。画面除真实外还要采用易识别的色彩，若是彩色广告，其本身具有色彩优势，比黑白广告更容易受人注目，但要避免过多的色彩堆砌。建议最好以一种色彩为主，该色彩可以是企业色或楼盘的专用指定色，贯穿在该楼盘的整个营销周期内的报纸广告中。

③ 软硬广告要结合得当，产品的生命周期理论在房地产销售中体现得尤为明显。新闻性文字启动市场，商业广告跟进是楼盘广告推广的一般形式。在楼盘推向市场之初，启用的广告形态应该是先导性、告知性的，广告重在楼盘总体形象的树立，要突出诉求点，宣传一种核心概念。软广告也应从大局着眼，造出庞大的气势。项目即将亮相时即奠基起势，广告应在单一诉求点的主导下突出项目的系列卖点，软广告重在宣传与诉求点配合的公关活动。售卖准备期的广告文案重点应放在项目的具体说明上，比如楼盘相应的配套设施、户型的介绍等。案例式的业主现身说法是这一时期应用比较多的软广告形式，经测评表明这类广告效果的确不错。

④ 文案的广告语及核心创意概念，一定要有张力、有包容性，有利于系列广告文案的拓展。

（2）落地性。广告必须在充分的市场调研基础上进行提炼，以体现产品具备的利益，避免产品与文案不符的现象发生,避免广告人"自恋"般的"炫耀"。广告针对不同的目标消费群体可以彰显个性,但也要足够平易近人,易于接受。

(3)独特性。房地产广告文案必须有独特个性,必须是独具新意、能引发消费者记忆的独特卖点。然而,放眼当前楼市,就可以发现,产品同质化现象太严重了,真想找出一个"羡煞众盘"的卖点确实很难。在此情形下,可退而求其次进行广告设计,即只着重诉求一个卖点,在文案(尤其是标题)和画面中围绕这一点展开,集中发力,自然就容易形成一定的影响力。在房地产广告扎堆的媒体中,寻求单一诉求点的广告能赚取消费者更多的"眼球"。这种广告,可以说远比"一锅烩"式广告来得有力。

(4)主题性。房地产广告中最重要的是有一个比较清晰的表述主线,它既要符合房地产广告表现的一般形式,也要引起消费者的兴趣。基本上来说,房地产广告的主线主要表现为以下两点。其一,物质条件到精神享受。精神是建立在物质的基础上的,而作为一个楼盘项目,必须要从精神生活的角度去诠释项目的硬件设施,因为只有硬件设施对消费者来说才是实实在在的东西。因此,在主线把握上,首先应该从项目的物质条件分析开始,并且通过这些物质条件上升到其所带来的精神享受和生活方式。其二,从大到小。一个楼盘带给消费者的并不仅仅是项目本身,从大方面来说,还涉及地理位置、交通条件、周边配套等,消费者看房子也是先从这些入手,然后才考虑到项目本身的内部配套和小区氛围,最后才是建筑结构、中庭园林、户型、物业管理、现房的装修材料等。同时,在一个项目中,无论是其体现出来的人文关怀,还是精神享受或生活方式,都是始终贯穿于其中的主要思想,应从各个方面体现出来。

(5)品牌性。品牌在现代商业社会里,是一种无形资产,是通向市场的"绿卡"。产品文化和品牌形象,是品牌竞争的焦点。房地产广告应该走"品牌+产品"的传播模式。

5.2 营销策划书

5.2.1 营销策划书的概念

营销策划书是广告经营单位受房地产开发商的委托,为实现房地产广告促销目标,对房地产项目广告宣传活动的战略和策略进行整体运筹规划的活动。

营销策划一般有两种:一种是单独性的,即为一个或几个独立的广告进行策划;另一种是系统性的,即为规模较大的、一连串的、为达到同一目标所做的各种不同广告组合进行策划。

5.2.2 营销策划书的写法

从营销策划活动的一般规律来看,营销策划书的基本结构包括以下内容。

1. 前言

前言简要说明制定营销策划书的缘由、企业的概况、企业的处境或面临的问题，希望通过策划解决的问题，或者简要说明策划的总体构想，使客户未深入审阅营销策划书之前就能有个概括的了解。

2. 市场分析

市场分析主要包括三个方面的内容。

（1）背景资料。如与被策划企业的产品有关的市场情况。

（2）目前同类产品情况。目前国内市场中进口、国产的同类产品有几种主要牌号，以及这几种主要牌号的知名度与美誉度如何。

（3）同类产品的竞争状况分析。竞争状况分析可分为国内市场与国际市场分析。

3. 产品分析

（1）产品特点。具体分析产品的工艺、成分、用途、性能、生命周期状况。

（2）产品优劣比较。同其他同类产品进行比较。

4. 销售分析

销售是市场营销的重要组成部分，透彻地了解同类产品的销售状况，将为广告促销工作提供重要的依据。销售分析有下列内容。

（1）地域分析。同类产品销售的地域分布与地点。

（2）竞争对手销售状况。分析主要竞争对手的销售手法与策略。

（3）分析比较。通过分析比较，找到对策划产品宣传最有利的销售网络与重点地区。

5. 企业目标

企业目标分为短期和长期两种。短期目标以一年为度，可具体定出增加销售额的百分比。长期目标为3~5年，广告策划中提到企业目标，可以说明广告策划是怎样支持市场营销计划，并帮助达到销售和盈利目标的。

6. 企业市场战略

为了实现企业目标，企业在市场总战略上必须采取全方位的策略，包括如下内容。

（1）战略诉求点。战略诉求点包括如何提高产品知名度和市场占有率，产品宣传中是以事实诉求为主还是以情感诉求为主等。

（2）产品定位。定位可以选择高档、中档、低档中的一种。

（3）销售对象。分析产品的主要购买对象，越具体越好，包括人口因素各方面，如年龄、性别、收入、文化程度、职业、家庭结构等，说明他们的需求特征和心理特征，以及生活方式和消费方式等。

（4）包装策略。包装策略如包装的基调、标准色、包装材料的质量、包装物的传播，设计重点（文字、标志、色彩）等。

（5）零售网点策略。零售网点的设立与分布是促销的重要手段，广告应配合零售网点策略扩大宣传影响。

7. 阻碍分析

根据前面对市场、产品、销售、企业目标、市场战略等的研究分析，可以顺理成章地找出本企业产品在市场销售中的"难"点。排除这些阻碍,就是下一步广告战略与公关战略的主要目的。

8. 广告战略

(1) 竞争广告宣传分析。分析主要竞争对手的广告诉求点、广告表现形式、广告口号、广告攻势的强弱等。

(2) 广告目标。依据前面企业目标,确定广告在提高企业知名度、美誉度、市场占有率等方面应达到的目标。

(3) 广告对象。依据销售分析和定位研究,可大略计算出广告对象的人数或户数,并根据数量、人口因素、心理因素等说明这一部分人为什么是广告的最好对象。

(4) 广告创意。确定广告总体的表现构思,如广告口号、使用的模特或象征物,广告的诉求点或突出表现某种观念、倾向等。

(5) 广告创作策略。确定向目标市场传播什么内容。按照电视、报刊、网络、POP等不同媒介的情况,分别提出有特色的、能准确传递信息的创作意图。

9. 公关战略

公关活动旨在树立良好的企业形象和声誉,沟通企业与公众的关系,增进消费者对企业的好感。公关战略要与广告战略密切配合,通过举办一系列具有社会影响力的活动达到上述目的。

10. 媒介战略

根据广告的目标与对象,选择效果最佳的媒介来达到宣传效果。

(1) 媒介的选择与组合。确定宣传中以哪种媒介为主,哪种媒介为辅。

(2) 媒介使用的地区。媒介使用的地区分重点与非重点地区。

(3) 媒介的频率。在一年中可分为重点期和保持期,合理安排每种媒介每周或每月使用的次数。

(4) 媒介的位置、版面。确定选择网络平台、电视台哪种传播方式更好,报刊选择什么日期、版面等。

(5) 媒介预算分配。对组合媒介所需的费用进行预算。

11. 广告费用及分配

必须把年度内的所有广告费用进行合理分配,广告费用包括以下内容。

(1) 调研策划费。

(2) 广告制作费。

(3) 媒介使用费。

(4) 促销费、管理费。

(5) 机动费等。

12. 广告统一设计

根据上述各项综合要求,分别设计出报纸、杂志、网络、电视、POP 广告的设计稿或脚本,以为年度内广告制作的统一设计作参考或依据。

13. 广告效果预测

预计广告策划可以达到的目标或效果反馈。

5.2.3 营销策划书的撰写注意事项

1. 具有指导性

广告策划是对广告活动的策划，策划的结果就成为广告活动的蓝图，所以广告策划对广告活动具有指导性，它指导广告活动中各个环节的工作及各个环节的关系处理。

2. 具有整体性

广告策划作为一个整体，是由若干相互联系和相互作用的要素所构成的有机系统，它涉及广告活动的方方面面，因此策划时要尽可能考虑周到。

3. 具有可操作性

编制的营销策划书要用于指导广告活动，因此其可操作性非常重要。不能操作的营销策划书再好也无任何价值，不好操作的营销策划书也必然消耗大量的人力、物力、财力，而且管理复杂、效率低下。

4. 具有前瞻性

从广告程序上看，广告策划是在广告活动开始之前进行的。广告活动中所涉及的广告目标、对象、媒介、费用、设计、制作等都必须事前确定。因此，在进行广告策划时要考虑各方面的因素，特别要注意做好调查研究工作，对企业生产与营销、市场环境与机会、竞争对手状况，都要做到胸中有数，确保广告策划的主观性和客观性相一致。

> **特别提示**
>
> 在做房地产营销策划书时，一定要同时做好广告预算，因为其是销售成本中的一个重要部分，一般来说广告总费用为同期销售额的2‰～3‰，其中主要包括以下内容。
> (1) 沙盘模型、户型模型。
> (2) 效果图。
> (3) 销售员统一服装。
> (4) 售楼书。
> (5) 户型图。
> (6) DM单。
> (7) 夹报广告。
> (8) 升空气球。
> (9) 彩旗、布幅。
> (10) 充气拱门。
> (11) 广告牌。
> (12) 视频广告。
> (13) 促销活动。

5.3 商品说明书

5.3.1 商品说明书的概念

商品说明书是一种以说明为主要表达方式，用简洁、易懂的语言向用户（业主）介绍商品（商品房）的性能、特征、用途、使用和保养方法等知识的文书材料。商品说明书有时也叫使用说明书。其写作目的是教人以知，教人以用。

5.3.2 商品说明书的写法

商品说明书的结构一般由标题、正文、落款三部分组成。

1. 标题

标题，如《××小区商品房使用说明书》。

2. 正文

正文是商品说明书的核心部分，各种商品不同，需要说明的内容也不同，有的说明商品的用法，有的说明商品的功能，有的说明其构造，有的说明其成分等，千差万别，各有侧重。例如食品说明书重在说明其成分，使用方法及保质期限；药物说明书重在说明其构成成分，基本效用及用量；商品房使用说明书重在说明其使用和保养方法等。一般情况包括以下几个方面的内容。

（1）产品的概况（如名称、开发商、施工方、监理方、工程概况等）。

（2）产品的性能、规格、用途。

（3）使用方法。

（4）保养和维修方法。

（5）附件、备件及其他需要说明的内容。

正文的写法多种多样，比较常见的有概述式、短文式、条款式、图文结合式，还有说明文式、对话式、表格式、故事式、解释式等。

（1）概述式。其一般只有一两段文字，简明扼要地对商品作介绍。

（2）短文式。其对商品的性质、性能、特征、用途和使用方法作简要介绍，多用于介绍性的内容说明，常用商品多采用这种方法。

（3）条款式。这是详细介绍商品使用说明的写法。它分成若干个部分，将有关商品的规格、构造、主要性能和指标参数、保养方法、维修方法逐一分条列项介绍给消费者。常用的家用电器说明书多采用这种方式。

（4）图文结合式。图文结合式即图文并茂地介绍商品，既有详尽的文字说明，又有照片和图示解说，辅之以电路图、构造图、分子式（医药）等。这种商品使用说明书往往印成小册子作为商品附件。商品房使用说明书正文一般使用图文结合式进行表述。

3. 落款

落款要写明开发商的名称、地址、邮编、E-mail 地址、电话、传真等信息。

【例文一】

商品住宅使用说明书

尊敬的住户:

　　为了您更好地了解和使用住房及室内设施,我们根据有关规定,制定了"商品住宅使用说明书"。请您细心阅读,正确使用室内设施,减少故障,延长使用寿命。

　　1. 概况

　　项目名称:

　　建设方:

　　设计方:

　　施工方:

　　监理方:

　　质量监督机构:

　　北京市××住宅小区 4 号地 $7^{\#}$ 楼,总建筑面积约为 28589.3m^2。$7^{\#}$ 楼地下两层,地下一层层高为 4.0m,地下二层层高为 3.6m。地上 24 层,层高为 2.8m。$7^{\#}$ 楼东西两个单元,每个单元两部电梯。本工程依据现行国家标准、北京市有关法规设计建造。

　　2. 建筑设计

　　地面以上部分,$7^{\#}$ 楼为 24 层塔楼。地下一层设有自行车库,可供本楼住户停放自行车。

　　屋顶为水箱间及电梯机房和设备用房,非工作人员不应进入该区域。

　　每户住宅由入口、客厅、厨房(餐厅)、卧室、阳台等组成。每户均设有空调室外机预留位置并预留空调换热管的穿墙孔。

　　3. 结构说明

　　本工程主体结构为剪力墙结构。

　　本楼采用外墙外保温体系,大楼主体外墙的外侧均包有一层 40mm 厚的聚苯保温板,任何人不得因任何原因损坏保温层。

　　户内的分隔墙,除 200mm 厚的陶粒混凝土砌块外,统一采用 90mm 厚的陶粒隔墙板。钢筋混凝土墙的强度很高,普通铁钉很难钉入。钢筋混凝土墙严禁剔凿洞口及改动位置。

　　4. 采暖、通风、燃气

　　当发现采暖系统管道有滴水现象或暖气不热时不得私自扭动暖气系统的阀门,应联系维修人员检修,请勿擅自修理。

　　暖气片的布置是根据房间取暖效果而安排的,住户装修房间时,不应改变暖气片的位置。特殊情况必须改动时,应事先取得相关管理部门的书面同意。

　　如发现燃气管道边有漏气时应立即切断阀门,报告有关单位进行检修。

　　燃气灶工作时,若发现火焰颜色突然发黄,若非灶具自身的原因,有可能是室内氧气不足,应开启外窗。

与灶具相连的软管应采用耐油加强橡胶管或塑料管,其耐压能力应大于4倍工作压力。当发现软管用的时间较长,已失去弹性(按下去比较硬)时,应及时更换软管。

5. 电力、电信设施、配电负荷

电源:7#楼电负荷设计为6kW,分照明、插座、厨房电器、卫生间电器、空调等回路。

其中插座、卫生间电器、厨房电器为漏电开关。挂机空调插座距地1.8m;柜机空调插座距地0.3m。空调专用插座不宜用于除空调外的其他家用电器。若配电箱内漏电开关跳闸后,应首先检查是否有不安全用电隐患,排除不安全用电隐患,且确认无误后,先按一下复位按钮,再合开关。

网络:网络为综合布线系统,一居室设一个信息插座,二、三、四居室设两个信息插座。

有线电视:一居室设1~2个电视插座,二居室设2个电视插座,三居及三居以上设3个电视插座。

家庭智能箱:每户设一个家庭智能箱,内设电话模块、网络模块和有线电视分配器。具体使用见说明书。

对讲机:管理中心主机设于6#楼地下一层物业管理中心,每户设黑白可视对讲分机。来访者在单元门口处,通过门口主机与室内住户联系,住户与其通话,确认许可后,住户遥控开启电锁让来访者进入。住户可凭密码或ID感应卡开锁进入,如果家中无人或忘记密码,可在单元门口处呼叫管理中心,管理中心可辅助开启门锁。门口主机、管理中心主机与室内分机三方都可以双向通话。如业主家中有紧急情况,可按分机上的紧急报警按铃,管理中心实时接收住户信息并紧急求助报警,这一过程都在管理中心的监管下,且有信息记录储存。

火警状态时,非消防电源切断,应急照明启动。此时除供消防人员使用的电梯和其他消防设施外,日常用电设施都会停电。应急照明将引导楼内人员撤出。

6. 门窗

本楼电梯间前室等部位采用防火门,住户不得私自加锁或改动其任何零部件。

本楼的入户门为具有防盗、隔音、保温三种功能的住宅专用入户门。

户内的外窗由开发商提供,户内门由业主自理。

外窗统一采用塑钢窗、中空玻璃。施工过程中采用专业手段对窗户的密闭、保温性能予以特别保障,住户不得改动,如有松动、漏水等问题,请随时报告有关部门请专业人员进行维修。

住在较高楼层的住户,擦拭外门窗时,必须小心站位,以免摔出坠楼导致伤亡。万一因特殊情况打不开户门锁具时,应请专业人员开锁,切不可试图攀窗或攀越阳台由相邻单元进入。窗扇的连接结构不足以安全承受人的体重。

7. 给排水

消防设施:楼内消火栓箱位于电梯间前室或走道,内设消火栓、水枪、水龙带、消防启动按钮等,楼内消火栓一般供专业消防人员使用。

消防启动按钮:为消防泵的启动按钮,按下后,位于地下二层的消防泵启动,管网内充满高压水。

移动式灭火器：每个楼层公共走道均设两瓶干粉灭火器，装粉量4kg，发生火灾时住户可自行使用。平时不得随意移位或使用。

给排水措施：所有给排水公共设施，住户均不得拆改。

户内排水立管不得拆改。排水横支管不得改动。

卫生设备应根据住户已经选定的给排水支管施工现状进行选型，选型时请注意排水口距墙的距离，其中大便器必须选用下排水式。

户内地面垫层内埋设冷热水、中水、采暖水管，应注意地面上画出的管道区域，地面不得随意打洞、钻孔（尤其在卫生间及厨房内）。

8. 电梯、阳台

其中一部电梯配有消防专用按钮。消防电梯与普通电梯共同作为平时的主要竖向交通工具，根据客流量选择开启一部或同时使用。如遇火灾时电梯自动停到一层，其中的消防电梯用于运送消防人员，另一部普通电梯停止使用。

阳台是室外与室内的过渡空间。因为风沙及气候等自然条件影响，目前北京地区流行封闭阳台。封闭阳台的地面与室内地面持平，开敞阳台比室内低20mm，以防止飘入的雨水倒灌入室内。通常不鼓励取消阳台门窗而把阳台与居室合在一起的做法，因为阳台门窗具有保温隔热性能，取消后会使房间的采暖负荷加大很多，从而降低采暖效果。

9. 紧急状态

战时、地震、火灾等状态下，楼内设施的使用状态与平时完全不同。尽管绝大多数人一生中可能都用不到这些知识，但仍然请仔细阅读本节内容。

战时：战争状态下7#楼地下二层作为人防使用。战时人员掩蔽，平时为人员活动。

地震：地震的烈度分为1~12度共12个等级，与大众媒体所讲的里氏震级之间存在一定的对应关系。北京地区普通建筑的设防烈度为8度，除非位于地震震中准确对应的地表部分，否则地震烈度极少达到8度或以上。因此，地震发生时，建筑主体不会震塌，主要危险可能来自以下方面。

家具倾翻移位、摆件坠落、门窗变形、家用电器变形起火、天然气管道变形引起泄漏导致中毒或起火等。因此，倘若地震发生时，不应急于离开房间，更不能采取跳楼等极端手段，可以在最近的低矮家具缝隙就地躲避。在震动间隙，可以转移到开间较小的房间躲避。不要走到阳台上去，也不应通过电梯下楼。一个从楼顶落下的花盆足以致人伤亡，因此跑出室外并不是很好的办法。

火灾：火灾的危险非常大，因此平时用电、用燃气时应该慎重按照设备使用说明要求去做，不应在床上吸烟，教育孩子不要玩火，家中不宜存放油漆、汽油、煤气罐等易燃物品。对于小型的火患，尚未形成灾难时，应当迅速报警并积极扑救，以及实施邻里互救。每层消火栓下部的灭火器可以自行取用，但需注意消火栓为消防人员专用设备，没有专业知识的人员不得擅自动用。火灾时的最大危险首先是有毒的烟气，其次是人的恐惧与失措，最后才是火焰本身。人吸入高热且有毒的烟气后极容易窒息、昏厥，因此，当烟雾弥漫时，可以选择爬行或低姿行进尽快逃离烟雾区。

高层楼房的防火设计中，楼梯被作为人员逃生的唯一保障。可以视具体情况选择逃至本楼一层，或经过窗口逃向屋顶等待救援。电梯在火灾时将被自动停到一层供消防人员使用。因此，切勿将电梯作为逃生的工具。

10. 敬请浏览下述忠告，或许会有帮助

请熟悉您所在楼层的所有紧急出口。

在吸烟后请掐灭烟火。

在离开房间前请关闭所有电力设施。

请用湿毛巾掩住口鼻部以防被烟呛昏。

请短促呼吸，并匍匐脱离烟雾区，因为地面处含毒气体较少，新鲜空气较多。根据浓烟走向，上下楼梯。如果下面楼梯处被火封锁，请尝试其他紧急出口，不要使用电梯。

如果您逃到屋顶，请站在迎风一侧等待救援。

请不要打破房间的窗户，不要跳出建筑物，救援很可能几分钟后就会到达您的位置。

立即关闭您身后的门窗防止火情蔓延，请带上房间钥匙，如果紧急出口被封锁，您仍然可以回到房间。

把湿毛巾、床单或抹布放在房门下防止烟的进入，澡盆内放水，将房内任何易燃物品浇湿。

请记住，火灾中很少有人被烧死，大多数情况是被呛昏后因吸入有毒气体和惊慌失措而导致死亡。惊慌失措是不知怎么做导致的，如果您有逃生准备，并熟记它在紧急情况时的使用方法，就会极大地增加生存希望。

11. 装修注意事项

轻隔墙（厚度 90mm 的墙），原则上不宜变动。轻隔墙的位置变动通常不影响建筑的结构安全性。但是轻隔墙上可能预装有电气、电信管线，因此其位置变动带来的影响是综合性的。特殊情况必须变动的，应事先征得有关部门的书面同意。

卫生间地面及墙面 1.8m 以下均有防水层，所有房间局部地面下有供水管线及供暖管线穿行。因此，装修时切勿在地面上打孔、钉凿，以免破坏管线及防水层。

卫生间与普通房间交界处为防水层的收口部位，通常在门框中缝。在做厅、过道地面、墙面装修时，必须小心保护卫生间的防水。

12. 物业委托说明

本公司已委托北京物业管理有限公司对本商品住宅进行管理，有关保修事宜，客户可直接与该物业管理公司联系。

联系电话：××××××××

联系人：××

办公地点：×××

×××房地产开发有限责任公司
××年×月

该例文从住户关心或需要住户了解的各个方面对住宅进行了全面、专业、详细的描述，是住户使用该住宅必不可少的参考资料，对于住户对住宅的使用及保养有重要的指导意义，全文表述清楚，易于理解和查阅，体现了说明书指导性、全面性、通俗性的特点。

5.4 启　　事

5.4.1 启事的概念

启事是机关团体、企事业单位、公民个人有事情需要向公众说明，或者请求有关单位、广大群众帮助时所写的一种说明事项的实用文件。

这种文体，有的具有广告性质，可代替广告用，但广告不能全代替启事用。比如"寻人启事"，不能写成"寻人广告"，"征婚启事"不能写成"征婚广告"等。启事可张贴、登报、广播、在电视上放映。

5.4.2 启事的分类

启事根据内容、性质的不同来划分，可以分为招领启事、迁移启事、房屋租赁启事、开业启事、单位成立启事、庆典启事、招聘启事、招生启事、征文启事、征集启事、更名启事、邮购启事、供货会启事等数十种。

5.4.3 启事的写法

启事一般分三部分，具体如下。

（1）标题。在第一行中间用比正文大的字写上"启事"或"说明事项内容加启事"，如"招生启事""征稿启事""招聘中学教师启事"等。还有一种写法为"启事单位名称加内容和启事"，如"北京显像管厂聘请法律顾问启事"等。

（2）正文。在标题下空两格空两行写正文。正文因启事所说明的事项不同而异。总的要求是要说得有条理，清楚明白，简明扼要。正文后可以写上"此启"或"特此启事"的结语，也可不写。

（3）落款。在正文后偏正右边，写上启事单位名称，如"××公司""××人"。启事单位名称已写入标题，后边就不必再写了，只写联系地址、电话号码、邮政编码、联系人、年月日等信息即可。

5.4.4 启事的撰写注意事项

启事要遵循实事求是的原则，对所告知的各项内容，均应如实写出，既不可夸大也不可避重就轻。

启事的各项内容，可标项分条列出，也可用不同的字体列出以求醒目。

启事的语言要简练得体、庄重严肃。

【例文二】

房屋出售启事

入住黄金洲　明日更辉煌

成都黄金洲房地产综合开发公司荣誉奉献

黄金口岸——地处水碾河北一街,紧依蜀都大道,与成都饭店毗邻,为成渝等十多条汽车线路起发站,环境十分优越。

黄金天地——幼儿园、中小学、大型商场、综合市场、派出所、公园、邮局、银行近在咫尺;水、电、气暗线预埋、闭路电视传送系统等设施齐全,外墙为高级面砖,阳台采用铝合金封闭,双层隔声防盗门,各层配备防火消防设施,厨卫采用防滑地砖,卫生间瓷砖到顶,配有高级卫生洁具三大件、厨具四大件;户型多样,设计先进,布局合理,面积 $83\sim106m^2$;按优良工程的各项技术标准精心组织施工。

迎黄金客户——现即将全面竣工,××××年×月入住。××××年春节前购买七楼者,奉送屋顶花园。

创黄金伟业——入住黄金洲公寓者,势必创出黄金般的伟业!起价仅××元$/m^2$,智者何不抢先?

公寓现场——成都市水碾河北一街。

联系人:×××

电话:×××××××

公司总部:×××××

联系人:×××

电话:×××××××

该房屋出售启事将房屋的坐落地点、入住时间、相关配套设施、联系人和联系方式明确地表达出来,另外写清了房屋的居住环境和价格优势,表达简洁、有感染力。

【例文三】

招聘启事

××公司成立于××年,主营房地产开发与经营、物业管理、建材购销、房地产咨询等业务,现因公司业务发展需要,面向社会诚聘销售管理人员。

愿您的加入给我们带来新的活力,我们也将为您提供广阔的发展空间!

1. 招聘要求:正规本科以上学历,工作认真扎实,具有较强的沟通协调能力和团队协作意识,有责任心;专业、男女均不限,曾担任过学生会或班干部的优先录取。

2. 招聘人数:4~5人。

3. 招聘岗位:销售管理人员。

4. 主要职责:销售案场管理,联系房管局和银行,给客户办理按揭贷款,签订购房合同,办理房产证等业务。

5. 工资待遇:试用期基本工资××××元/月,试用期3~6个月。试用期满考核合格,缴纳五险一金,实行基本工资加奖金的薪酬制度。

6. 报名方式：可打电话报名登记，也可发送邮件投寄简历或直接到××销售部报名，并按报名顺序统一组织面试，可登录××网或××大学网查询招聘信息。

7. 报名日期：即日起至××××年×月×日截止。

公司网址：×××××××　　　　　邮　　箱：×××

联系电话：×××××××　　　　　联系人：×××

面试时间：××××年×月×日上午9点（请带毕业证，近期一寸免冠照片1张，简历1份参加面试）。

面试地点：××销售部（××路和××路交界口）。

该招聘启事就××公司招聘人员的岗位、职责等进行了描述，另外介绍了优先聘用的条件、待遇等事项，写清了面试的时间、地点、联系方式。文字简洁，表述清楚。

小　结

本章对告示类应用文在房地产行业中的几种主要分类进行了详尽的阐述，并摘录了现实中的案例进行分析，掌握这几种常用文体的写法具有极为重要的意义。

房地产广告是将房地产的主要信息诉诸为文字的过程，是一个运用文字与目标对象交流沟通的过程，它可以为房地产项目进行很好的宣传，带来更多的社会效益和经济效益。营销策划书是广告经营单位受房地产开发商的委托，为实现房地产广告促销目标，对房地产项目广告宣传活动的战略和策略进行整体运筹规划的活动。商品说明书是一种以说明为主要表达方式，用简洁、易懂的语言向用户（业主）介绍商品（商品房）的性能、特征、用途、使用和保养方法等知识的文书材料。商品说明书有时也叫使用说明书。其写作目的是教人以知，教人以用。启事是机关团体、企事业单位、公民个人有事情需要向公众说明，或者请求有关单位、广大群众帮助时所写的一种说明事项的实用文件。

习　题

一、简答题

1. 房地产广告包含哪些内容？
2. 营销策划书的重点是什么？

二、综合题

1. 根据以下资料，撰写"万科魅力之城"楼盘的广告文案。楼盘基本情况如下。

占地面积：230000m²。

建筑面积：400000m²。

开工时间：2007-06-01。

物业管理附加信息：多层1.2元/m²，高层1.9元/m²。

开发商：武汉万科天润房地产有限公司。

投资商：武汉万科天润房地产有限公司。

物业管理公司：武汉万科物业管理有限公司。
建筑单位：中建三局。
代理商：武汉金丰易居投资有限公司。
景观设计单位：澳大利亚五贝国际设计有限公司。
建筑设计单位：深圳市华阳国际工程设计有限公司/中南建筑设计院ATK创作室。
户数：总户数4164户，当期户数4164户。
楼盘简介：万科魅力之城地处武昌光谷未来科技新城中心高新四路与光谷一路交汇处，距离万科城市花园3.5km，毗邻武汉富士康科技集团产业基地、中芯国际以及未来的武钢高新技术产业园等，是万科继城市花园之后，于2007年在光谷的又一力作。项目总体规划为约$4\times10^5 m^2$的大型魅力生活住区。在规划理念上，沿承了城市花园"新城市主义"的城市尺度规划，以营造一种现代城市的居住感为目的，再一次生动诠释了万科"以人为尺度"的关怀。

项目一期三、四区，于2007年09月01日开盘销售，开盘当天基本售罄。目前，项目处正在接受后期产品咨询，具体详情请致电营销现场咨询。

周边配套：购物有鲁巷广场购物中心、大洋百货、家乐福、光谷世界城、新一佳超市、中百仓储、群光广场、中商平价雄楚购物广场、新世界百货。

美食：金福盛酒店、毛家公社大食堂、艳阳天美食广场洪山店、东鑫酒店、三国英雄火锅城、汤逊湖鱼丸一条街。

娱乐：光谷书城、马鞍山森林公园、关山电影院、中国地质大学博物馆、红莲湖乡村高尔夫俱乐部。

教育：社区内幼儿园、华师附小分校、华师一附中、光谷中学，武汉大学、华中师范大学、华中科技大学、中南民族大学等众多大学林立。

交通情况：乘坐789路、757路公交车可直达万科魅力之城。另可在武昌中心区乘坐510路、586路、715路、903路等公交线路到万科城市花园，再乘坐789路公交车也可抵达万科魅力之城。

2. 根据以下资料，撰写一份"华润凤凰城"楼盘的营销策划书。楼盘基本情况如下。

占地面积：$404280 m^2$。
建筑面积：$700000 m^2$。
开发商：华润置地（成都）实业有限公司。
物业管理公司：华润置地（成都）物业服务有限公司。
景观设计单位：易道环境规划设计有限公司。
建筑设计单位：上海日清建筑设计有限公司。
整合推广公司：CU主意会（深圳）广告。
产权年限：70年。
户数：总户数1481户，当期户数1481户。
楼盘简介：华润凤凰城位于成都市高新南区大源组团花荫村，天府大道西侧约800m，绕城高速南侧约1000m。项目临近伊藤中国旗舰店及商业购物中心、城市中央双公园、高新区直属幼儿园和小学、成都七中、地铁一号线起始站、天府歌剧院、天堂鸟海洋乐园。

2010年，华润凤凰城推出玺岸、御岭、铭座三大产品线。

华润凤凰城项目拥有西南首条百米长的蓝花楹大道，成都首家1600㎡私人击剑主题会馆，以及由100%意大利进口石材采用顶级干挂工艺营造的超豪华大堂；由室内恒温泳池、蓝宝石景观泳池组成的奢华双泳池体系等。

周边配套：伊藤中国旗舰店、复地商业广场、欧尚宜家、苏宁环球广场等。

教育：成都七中、高新区直属幼儿园和小学、美视国际学校。

医院：市一医院、宋庆龄儿童医院、巴伐利亚医院、华西口腔医院。

银行：中国建设银行、中国工商银行、中国农业银行等。

交通情况：离地铁一号线1000m，通26路、801路、815路公交。

停车位：1300多个。

3. 对下面的启事进行修改和补充，并说明理由。

××××招聘启事

我公司是一家股份制企业，专业从事房地产经纪业务和金融咨询服务。我们的发展愿景是努力打造北京一流的地产服务企业。由于业务发展的需要，现向社会诚聘以下工作精英，我们热情地欢迎不甘平庸的有识之士加入我们团队，××××地产将为您提供良好的发展环境，为您实现辉煌的人生发展目标提供最佳平台。

需求工作岗位人员如下。

1. 信息部主管1名

岗位要求：性别不限，年龄30岁以下，大专以上学历。

薪金待遇：2000元/月＋奖金。

2. 信息文秘3名

岗位要求：性别不限，为人踏实，中专以上学历，熟悉计算机操作，熟练使用办公软件；善于沟通，有销售经验者优先录用。

薪金待遇：1500元/月＋提成＋奖金。

3. 业务主管2名

岗位要求：年龄22～35岁，中专以上学历，为人诚信、踏实、勤奋，协调沟通和语言表达能力强，有1年以上从业经验，有管理团队经验者优先考虑。

薪金待遇：2000元/月＋提成。

4. 置业顾问4名

岗位要求：性别不限，年龄22～35岁，普通话流利，头脑灵活，有上进心，抗压能力强，有较强的沟通能力和语言表达能力，热爱销售工作，渴望突破自我，具有追求高薪的执着精神。

薪金待遇：无责任底薪1000元/月＋提成＋奖金，公司免费提供专业培训。

公司地址：××××。

乘车路线：×××××××。

联系人：×××。

第6章 招投标类应用文

教学目标

掌握招投标类应用文的种类、特点和作用等,掌握招标公告、投标邀请书、招标文件、投标文件、评标报告等常见招投标类应用文的写法和具体写作要求。

教学要求

能力目标	知识要点	权重	自测分数
掌握常见招投标类应用文的写法和具体写作要求	招标公告和投标邀请书的写法和具体写作要求	30%	
	招标文件的写法和具体写作要求	25%	
	投标文件的写法和具体写作要求	30%	
	评标报告的写法和具体写作要求	15%	

章节导读

本章所讨论的是招标公告、投标邀请书、招标文件、投标文件、评标报告等常见招投标类应用文的写法和具体写作要求。

引例

我们先来看一个鲁布革水电站的招投标过程的案例,通过此案例来对招投标类应用文写作进行初步的了解。

鲁布革水电站的招投标过程

原水利电力部委托中国技术进出口公司组织本工程面向国际进行公开招标。原水利电力部组建了鲁布革工程管理局,承担项目业主代表和工程师(监理)的建设管理职能。从1982年7月编制招标文件开始,至1983年11月工程开标,最后于1984年6月发出中标通知书,历时24个月。

1. 招标程序及合同履行情况

云南鲁布革水电站引水工程国际公开招标程序见表6-1。

鲁布革水电站招投标过程概述

鲁布革水电站工程案例

表 6-1　云南鲁布革水电站引水工程国际公开招标程序

时间	工作内容	说明
1982 年 7 月	刊登招标公告及编制招标文件	由原水利电力部组建相关机构编写招标公告及招标文件
1982 年 9—12 月	第一阶段资格预审	从 13 个国家 32 家承包商中选定 20 家合格承包商,其中包括我国 3 家承包商
1983 年 2—7 月	第二阶段资格预审与谈判	世界银行磋商第一阶段预审结果,中外承包商为组成联合投标公司进行谈判
1983 年 6 月 15 日	发售招标文件	15 家外商及 3 家国内承包商购买了标书,8 家投了标
1983 年 11 月 8 日	当众开标	共 8 家承包商投标,其中 1 家为废标
1983 年 11 月—1984 年 4 月	评标	确定日本大成公司、日本前田公司和意美合资英波吉洛联营公司 3 家为评标对象,最后确定日本大成公司中标,与之签订合同,合同价 8463 万元,比标底 14958 万元低 43%,合同工期 1597 天
1984 年 11 月	引水工程正式开工	工程正式开工建设
1988 年 8 月 13 日	正式竣工	工程师签署了工程竣工移交证书,工程初步结算价 9100 万元,仅为标底的 60.8%,比合同价增加 7.53%,实际工期 1475 天

（1）招标前的准备工作。

（2）编制招标文件。1982 年 7—10 月,根据鲁布革水电站引水工程初步计划并参照国际施工水平,在施工进度计划和工程概算的基础上编制出招标文件。鲁布革水电站引水工程的标底为 14958 万元。上述工作均由昆明水电勘测设计院和澳大利亚 SMEC 公司咨询组共同完成。原水利电力部等部门对招标文件与标底进行了审查。

2. 发布招标公告、资格预审

首先在国际有影响的报纸上刊登招标公告,对有参加投标意向的承包商发出招标邀请,并发售资格预审文件。提交资格预审材料的共有来自 13 个国家的 32 个承包商。

资格预审:1982 年 9 月—1983 年 7 月。

资格预审的主要内容是审查承包商的法人地位、财务状况、施工经验、施工方案、施工管理和质量控制方面的措施、人员资历和装备状况,调查承包商的商业信誉。经过评审,确定了其中 20 家承包商具备投标资格,经与世界银行磋商后,通知了各合格承包商,并通知了发售招标文件的时间,招标文件每套人民币 1000 元。结果有 18 家中外承包商购买了招标文件。

1983 年 7 月中下旬,由云南省电力工业局咨询工程师组织一次正式情况介绍会,并分三批到鲁布革水电站引水工程工地考察。承包商在编制投标书与考察工地的过程中,提出了不少问题，简单的均以口头作了答复，涉及对招标文件解释及标书修订的问题，相关机构前后用三次书面补充通知发给所有购买标书并参加工地考察和情况介绍会的承包商。这三次补充通知均作为招标文件的组成部分。本次招标规定在投标截止前28天之内不再发补充通知。

我国有三家承包商参加工程的投标。由于世界银行坚持中国承包商不与外商联营不能投标，故我国其中一家承包商被迫退出投标。

3. 开标

1983年11月8日在中国技术进出口公司当众开标。根据当日的官方汇率，将外币换算成人民币。鲁布革水电站引水工程国际公开招标评标折算标价见表6-2。

表6-2　鲁布革水电站引水工程国际公开招标评标折算标价

公　　司	折算标价/万元	公　　司	折算标价/万元
日本大成公司	8463	中国闽昆与挪威FHS联营公司	12132
日本前田公司	8796	南斯拉夫能源工程公司	13223
意美合资英波吉洛联营公司	9282	法国SBTP公司	17940
中国贵华与西德霍兹曼联营公司	11994	西德霍克蒂夫公司	内容系技术转让，不符合投标要求，废标

根据招标文件的规定，对与中国联营的承包商标价给予7.5%的优惠，但仍未能改变原标价的排列顺序。

4. 评标

1) 评标两个阶段

评标分两个阶段进行。

(1) 初评。对七家投标文件进行完善性审查，即审查法律手续是否齐全，各种保证书是否符合要求，对标价进行核实，以确认标价无误；同时对施工方法、进度安排、人员、施工设备、财务状况等进行综合对比。经全面审查，七家承包商都是资本雄厚、国际信誉良好的企业，均可完成工程任务。

从标价看，前三家标价比较接近，而后四家承包商的标价相对较高，不具备竞争能力。

(2) 终评。终评的目标是从前三家承包商，即日本大成公司、日本前田公司和意美合资英波吉洛联营公司中确定一家中标。但由于这三家承包商实力相当，标价接近，所以终评工作较为复杂，难度较大。为了进一步澄清三家承包商在各自投标文件中存在的问题，业主方分别向三家承包商电传询问，此后又分别与三家承包商举行了为时各三天的投标澄清会议。在会议期间，三家公司都认为自己有可能中标，因此竞争十分激烈。他们在工期不变、标价不变的前提下，都按照业主方的意愿，修改了施工方案和施工布置；此外，还主动提出了不少优惠条件，以达到中标的目的。

例如关于压力钢管外混凝土的输送方式，原标书上，日本大成公司和日本前田公司分别采用溜槽和溜管，这对倾角48°、高差达308.8m的长斜井的施工质量难以保证，也缺乏先例。澄清会议之后，为了符合业主方的意愿，日本大成公司电传表示，改变原施工方法，用设有操作阀的混凝土泵代替，尽管由此增加了水泥用量，也不为此提高标价。日本前田公司也电传表示，更改原施工方案，用混凝土运输车沿铁轨输送混凝土，仍保证工期，不变标价。

2）评标的比较分析

三家实力雄厚的承包商之间竞争激烈，按业主方的意愿不断改进各自的不足，差距不断缩小，形势发展越来越对业主方有利。在这期间，业主方对三家承包商的投标函进行了认真的、全面的比较分析。

（1）标价的比较分析，即总价、单价比较及计日工作单价的比较分析。从商家实际支出考虑，把标价中的工商税扣除作为分离依据，并考虑各家现金流不同及上涨率和利息等因素，比较后相差虽然微弱，但原标序仍未变。

（2）有关优惠条件的比较分析，即对施工设备赠与、软贷款、钢管分包、技术协作和转让，标后联营等问题逐项作具体分析。对此既要考虑国家的实际利益，又要符合国际招标中的惯例和世界银行所规定的有关规则。经反复分析，认为意美合资英波吉洛联营公司的标后贷款在评标中不予考虑，日本大成公司和意美合资英波吉洛联营公司提出的与昆水公司标后联营也不予考虑。而对日本大成公司和日本前田公司的设备赠与、技术协作和免费培训及钢管分包则应当在评标中作为考虑因素。

（3）有关财务实力的比较分析，即对三家公司的财务状况和财务指标（外币支付利息）进行比较分析。三家承包商中不论哪一家公司都有足够资金承担本项工程，其中日本大成公司的资金最雄厚。

（4）有关施工能力和经验的比较分析。三家承包商都是国际上较有信誉的大承包商，都有足够的能力、设备和经验来完成该工程，如从水工隧洞的施工经验来比较，20世纪60年代以来，意美合资英波吉洛联营公司共完成内径6m以上的水工隧洞34条，累计4万余米，日本前田公司是17条，累计1.8万余米，日本大成公司为6条，累计0.6万余米。从投入本工程的施工设备来看，日本前田公司最强，且在满足施工强度，应对意外情况的能力方面处于优势。

（5）有关施工方法和进度的比较分析。日本两家公司施工方法类似，对引水隧道都采用全断面圆形开挖和全断面初砌，而意美合资英波吉洛联营公司的开挖按传统方法分两阶段施工。在施工工期方面，三家均可按期完成工程项目。但日本前田公司主要施工设备数量多、质量好，所以对工期的保证程度与应变能力最高。意美合资英波吉洛联营公司由于施工程序多，强度大，工期较为紧张，故应变能力差。日本大成公司在施工工期方面则评价居中。

通过有关问题的澄清和综合分析，认为意美合资英波吉洛联营公司标价高，所提的附加优惠条件不符合招标条件，已失去竞争优势，所以首先予以淘汰。对日本两家承包商，经过有关方面反复研究讨论，最后选定最低标价的日本大成公司为中标承包商。

以上评价工作，始终是有组织地进行。以原对外经济贸易部与原水利电力部组成协调小组为决策单位，下设以水电总局为主的评价小组为具体工作机关，鲁布革工程管理局、昆明水电勘测设计院、水电总局有关处及澳大利亚 SMEC 公司咨询组都参加了这次评标工作。

1984 年 4 月 13 日评标结束，业主方于 1984 年 4 月 17 日正式通知世界银行。同时鲁布革工程管理局、水电第十四工程局分别与日本大成公司举行谈判，草签了设备赠与和技术合作的有关协议，以及劳务、当地材料、钢管分包、生活服务等有关备忘录。世界银行于 1984 年 6 月 9 日回电表示对评标结果无异议。业主方于 1984 年 6 月 16 日向日本大成公司发出中标通知书。至此评标工作结束。

1984 年 7 月 14 日，业主方和日本大成公司签订了工程承包合同。1984 年 7 月 31 日，由鲁布革工程管理局向日本大成公司正式发布了开工命令。

引例小结

鲁布革水电站引水工程是我国第一次实行国际公开招投标的工程，通过鲁布革水电站引水工程的招投标过程，我们可以看到日本大成公司仔细分析招标公告和招标文件，认真编制投标文件对最终能中标起到相当重要的作用。

6.1 招标公告、投标邀请书

当招标文件制作好后，就需要公开告知施工单位，以使他们知道此事并有投标的准备时间。根据方式的不同，公开招标一般选用公告（或广告、通告）形式告知；邀请招标一般选用投标邀请书形式告知。

6.1.1 招标公告

招标公告，就是为了招人投标而发的公告。招标公告的特点主要在于"宣布"，但并不要求所有被告知的对象都来投标。有时招标单位为了扩大工程的知名度或需要更多的施工单位参与竞争，往往也用广告形式告知。广告在信息传播范围上较公告广，且表现手段丰富，尽管如此，两者的内容却是一致的。

1. 招标公告格式和内容要点

招标公告一般由标题、引言、具体条文、结尾四部分构成（也可只有具体条文而不加引言）。标题，一般由所要招标的事务、工程名目和文种名称（公告）组成。引言，一般要说明该项工程的特点、性质、意义及所要公开招标的原因。具体条文，一般要用分条列款的形式说明承包的指标、方式方法、承包人的条件及其他能够保证招标工作顺利进行的应知事项。结尾，一般只署上招标单位及其负责人的名字即可。

招标公告应包括的主要内容有：招标工程的名称和地址，招标工程的内容，工程质量要求，建设工期，承包方式，招标单位的名称（建设单位名称要写全称，不可简写或略写）及负责人的相关信息（包括负责人的姓名、地址、电话），投标单位资格及应提交的文件，申请投标报名的截止日期、领取招标文件（限于具备投标资格的施工单位）的时间、地点及应交的费用，开标的时间、地点等。

2. 招标公告写作的基本要求

（1）真实、准确，符合政策法规和国家有关招标的规定。招标公告中的条文叙述要合乎客观实际，周全严密。

（2）简洁明晰。招标公告，要写得言简意赅，明了清晰，不生歧义，不滥用缩略语，不用抒情、比喻等表达方式，避免使用口语化语言。

（3）使用国家法定计量单位。目前使用的招标公告标准格式如下。

（项目名称）_____标段施工招标公告

1. 招标条件

本招标项目_____（项目名称）已由_____（项目审批、核准或备案机关名称）以_____（批文名称及编号）批准建设，项目业主为_____，建设资金来自_____（资金来源），项目出资比例为_____，招标人为_____。项目已具备招标条件，现对该项目的施工进行公开招标。

2. 项目概况与招标范围

_____（说明本次招标项目的建设地点、规模、计划工期、招标范围、标段划分等）。

3. 投标人资格要求

3.1 本次招标要求投标人须具备_____资质，_____业绩，并在人员、设备、资金等方面具有相应的施工能力。

3.2 本次招标_____（接受或不接受）联合体投标。联合体投标的，应满足下列要求：_____。

3.3 各投标人均可就上述标段中的_____（具体数量）个标段投标。

4. 招标文件的获取

4.1 凡有意参加投标者，请于____年____月____日至____年____月____日（法定公休日、法定节假日除外），每日上午____时至____时，下午____时至____时（北京时间，下同），在_____（详细地址）持单位介绍信购买招标文件。

4.2 招标文件每套售价_____元，售后不退。图纸押金_____元，在退还图纸时退还（不计利息）。

4.3 邮购招标文件的，需另加手续费（含邮费）_____元。招标人在收到单位介绍信和邮购款（含手续费）后____日内寄送。

5. 投标文件的递交

5.1 投标文件递交的截止时间（投标截止时间，下同）为____年____月____日____时____分，地点为_____。

5.2 逾期送达的或者未送达指定地点的投标文件，招标人不予受理。

6. 发布公告的媒介

本次招标公告同时在_____（发布公告的媒介名称）上发布。

7. 联系方式

招　标　人：_____　　　　招标代理机构：_____
地　　　址：_____　　　　地　　　　址：_____

邮　　　编：_____	邮　　　编：_____
联 系 人：_____	联 系 人：_____
电　　　话：_____	电　　　话：_____
传　　　真：_____	传　　　真：_____
电子邮件：_____	电子邮件：_____
网　　　址：_____	网　　　址：_____
开户银行：_____	开户银行：_____
账　　　号：_____	账　　　号：_____

_____年___月___日

6.1.2　投标邀请书

　　投标邀请书就是为了邀请人投标所发的通知。它与招标公告的最大不同之处就是告知对象十分确定。投标邀请书属知照性通知，只是向邀请的投标单位告示招标情况，并不要求受文单位一定要前来投标。它的作用是"打招呼"，只要把与邀请的投标单位有关的工程情况和邀请意愿说清就可以了。

　　投标邀请书可根据公文中通知的格式写法进行编制，一般由标题、主送单位、正文、结尾署名和日期构成。

　　标题由招标单位、事由、文种三项内容构成，如《××市市政建设总公司××区××路地下涵管安装招标通知》。

　　主送单位即邀请的施工单位，顶格写在标题下的第一行。

　　正文主要是介绍招标工程的概况和一般注意事项，要求简短，无须像公告一样面面俱到，因为凡有接受邀请意愿的施工单位一般都会与招标单位直接联系，索要较详细的招标文件。当然，也可将招标文件作为通知附件一并寄出。

　　因为是给邀请的投标单位发出的通知，所以在正文结束后，结尾一般要求写上招标单位对邀请的投标单位接受邀请的希望，语气要诚恳，并署名和日期，盖上单位印章和标明通知发出日期，以示慎重。

6.2　招标文件

6.2.1　编制招标文件的意义

　　建设工程招标文件是建设工程招投标活动中最重要的法律文件，所以招标文件的编制是工程施工招投标工作的核心。它不仅规定了完整的招标程序，还提出了各项技术标准和交易条件，拟列了合同的主要条款。招标文件是评标委员会评审的依据，也是签订合同的基础,同时也是招标人编制标底和投标人编制投标文件的重要依据。

6.2.2 招标文件组成

1. 招标文件正式文本

招标文件正式文本由四部分内容组成。

第一部分包括招标公告(投标邀请书)、投标人须知、评标办法、合同条款及格式、工程量清单等。

第二部分是图纸。

第三部分是技术标准和要求。

第四部分是投标文件格式。

2. 对招标文件正式文本的解释

投标人拿到招标文件正式文本之后,如果认为招标文件有问题需要解释,应在招标文件规定的时间内以书面形式向招标人提出,招标人再以书面形式,向所有投标人作出答复,其具体形式是招标文件答疑或投标预备会会议记录等,这些也构成招标文件的一部分。

3. 对招标文件正式文本的修改

在投标截止时间15天前,招标人可以对已发出的招标文件以书面形式进行修改、补充。这些修改、补充也是招标文件的一部分,对投标人起约束作用。修改、补充意见由招标人以书面形式发给所有获得招标文件的投标人,并且要保证这些修改、补充发出之日距投标截止时间应留有一段合理的时间。

6.2.3 招标文件的主要内容

目前使用的招标文件的主要内容如表6-3所示,由于篇幅有限,本处只列出了招标文件目录和第二章投标人须知部分内容,其他部分可自行查阅。

表6-3 招标文件的主要内容

第一章 招标公告
第二章 投标人须知

投标人须知

条款号	条款名称	编列内容
1.1.2	招标人	名称: 地址: 联系人: 电话:
1.1.3	招标代理机构	名称: 地址: 联系人: 电话:

续表

条款号	条款名称	编列内容
1.1.4	项目名称	
1.1.5	建设地点	
1.2.1	资金来源	业主自筹
1.2.2	出资比例	100%
1.2.3	资金落实情况	已落实
1.3.1	招标范围	本次招标施工图及工程量清单所示范围内的全部内容(不包括二次装修)
1.3.2	计划工期	计划工期：_____个日历天 计划开工日期：____年____月____日 计划竣工日期：____年____月____日
1.3.3	质量要求	合格
1.4.1	投标人资质条件、能力和信誉	资质条件：房屋建筑工程施工总承包×级或以上资质。 财务要求：近3年××××不亏损。 业绩要求：企业××××年以来至少完成1个××等类似建筑项目业绩。 信誉要求：未处于财产被接管、冻结、破产状态，没有处于投标禁入期内。 项目经理(建造师，下同)资格：建筑工程专业，×级及以上注册建造师资格(需为本单位人员)，×级及以上职称，参加本项目投标时没有在其他未完工项目中担任项目经理，中标后至完工前也不得在其他项目中担任项目经理。 技术负责人资格(本单位人员)：×级职称。 其他要求： (1)主要人员(项目经理、技术负责人和其他主要人员)应是投标人本单位人员，并填写第八章"投标文件格式"的"主要人员简历表"和提供相应的证明、证件。 (2)在投标期间招标人有权要求投标人提供以上规定的有关证明和证件，以备查验。如查明提供虚假资料，将取消投标人的投标资格，并保留向建设行政主管部门投诉的权利
1.4.2	是否接受联合体投标	不接受
1.4.3	限制投标的情形	除投标人不得存在的12种情形之一外，投标人也不得存在下列情形。 (1)被选为××省国家投资建设项目的第一中标候选人，但以资金、技术、工期等非正当理由放弃中标的，在3年内(限定在1～3年)不接受其投标。 (2)在××省地震灾后重建工程中违法违规的企业和被有关行政主管部门行政处罚的个人，在5年内(限定在3～5年)不接受其投标。 (3)近半年内在招投标和合同履行过程中被监督部门行政处罚的。

续表

条款号	条款名称	编列内容
1.4.3	限制投标的情形	(4)近3年内在招投标和合同履行过程中有腐败行为并被司法机关认定为犯罪的。 (5)近3年内,在既往项目的合同履行过程中,被监督部门或司法机关认定投标人不履行合同、项目经理或主要技术负责人被招标人撤换的。 (6)投标人与招标人相互参股或相互任职的。 有下列情形之一,不得在同一项目(标段)中同时投标。 (1)法定代表人为同一人。 (2)母公司与其全资子公司。 (3)母公司与其控股公司(直接或间接持股不低于30%)。 (4)被同一法人直接或间接持股不低于30%的两个及两个以上法人。 (5)具有投资参股关系的关联企业。 (6)相互任职或工作的
1.9.1	踏勘现场	不组织
1.10.1	投标预备会	不召开
1.10.2	投标人提出问题的截止时间	在领取招标文件和相关资料后48小时内
1.10.3	招标人书面澄清的时间	投标截止时间15天前
1.11	分包	不允许
1.12	偏离	允许(细微偏差,详见商务标评审办法)
2.1	构成招标文件的其他材料	图纸、工程量清单、招标补遗或招标答疑
2.2.1	投标人要求澄清招标文件的截止时间	开标前18天
2.2.2	投标截止时间	_____年____月____日 09 时 00 分
2.2.3	投标人确认收到招标文件澄清的时间	投标人在收到该书面答复后应在24h内以书面形式向招标人确认收到
2.3.2	投标人确认收到招标文件修改的时间	投标人在收到该书面答复后应在24h内以书面形式向招标人确认收到
3.1.1	构成投标文件的其他材料	(1)投标文件真实性和不存在限制投标情形的声明。 (2)近3年向招投标行政监督部门提出的投诉情况
3.3.1	投标有效期	投标文件在本招标文件规定的投标截止时间起60个日历天内有效(如招标人或监督部门因工作需要则可顺延)

续表

条款号	条款名称	编列内容
3.4.1	投标保证金	投标保证金的形式：投标保证金必须通过投标人的基本账户以银行转账方式缴纳。 投标保证金的金额：＿＿＿＿＿＿万元（施工为招标控制价的1%~2%，最高不得超过人民币80万元）。 转账的投标保证金应在投标截止时间1个工作日前到达招标人以下账号。 开户单位： 开户银行： 账号： 联系电话： 投标人凭银行进账单和投标人基本账户开户许可证复印件换取收据，收款单位凭银行收款回单（已进收款单位账户）和投标人基本账户开户许可证复印件向投标人出具收据，收据复印件应按要求装订在投标文件里与投标文件一起递交。投标保证金在投标有效期满后30天内保持有效
3.4.3	投标保证金的退还	投标保证金退还到投标人的基本账户。退还投标保证金时投标人须提供以下资料。 (1)写明投标单位基本银行账号的单位介绍信及经办人身份证复印件（出示身份证原件）。 (2)投标保证金收据原件。 (3)与招标人签订的合同原件及履约担保收据复印件（仅对中标人适用）
3.4.4	投标保证金不予退还的情形	"拒签合同"如下。 (1)明示不与招标人签订合同。 (2)没有明示但不按照招标文件、中标人的投标文件、中标通知书要求与招标人签订合同。 投标人在投标活动中串通投标、弄虚作假的，投标保证金也不予退还
3.5.2	近年财务状况的年份要求	＿＿＿＿—＿＿＿＿年，均应不亏损
3.5.3	近年完成的类似项目的年份要求	＿＿＿＿年至今
3.5.5	近年发生的诉讼及仲裁情况的年份要求	＿＿＿＿年至今
3.6	是否允许递交备选投标方案	不允许
3.7.1	投标文件格式	(1)投标人不得对招标文件格式中的内容进行删减或修改。 (2)投标人可以在格式内容之外另行说明和增加相关内容，作为投标文件的组成部分。另行说明或自行增加的内容，以及按投标文件格式在空格（下划线）由投标人填写的内容，不得与招标文件的强制性审查标准和禁止性规定相抵触。 (3)按投标文件格式在空格（下划线）由投标人填写的内容，确实没有需要填写的，可以在空格中用"/"标示，也可以不填（空白）。但招标文件中另有规定的从其规定

续表

条款号	条款名称	编列内容
3.7.1	投标文件格式	(4)投标文件应对招标文件提出的所有实质性要求和条件作出实质性响应,并且实质性响应的内容不得互相矛盾。 (5)投标文件应内容完整,字迹清晰可辨。投标文件(不包括所附证明材料)字迹或印章模糊导致无法确认关键技术方案、关键工期、关键工程质量保证措施、投标价格的,应作废标处理。 (6)投标文件所附证明材料应内容完整并清晰可辨。所附证明材料内容不完整或字迹、印章模糊的,评标委员会应要求投标人提供原件核验。核验按第三章"评标办法"的要求办理
3.7.3	签字或盖章要求	(1)所有要求签字的地方都应用不褪色的墨水或签字笔由本人亲笔手写签字(包括姓和名),不得用盖章(如签名章、签字章等)代替,也不得由他人代签。 (2)所有要求盖章的地方都应加盖投标人单位(法定名称)章(鲜章),不得使用专用印章(如经济合同章、投标专用章等)或下属单位印章。 (3)投标文件格式中要求投标人"法定代表人或其委托代理人"签字的,如法定代表人亲自投标而不委托代理人投标,由法定代表人签字;如法定代表人授权委托代理人投标,由委托代理人签字,也可由法定代表人签字
3.7.4	投标文件副本份数	两份,中标单位另提供同底副本三份。 投标文件副本由其正本复印而成(包括证明文件)。当副本和正本不一致时,以正本为准,因副本和正本内容不一致造成的评标差错由投标人自行承担
3.7.5	装订要求	投标文件的正本和副本一律用 A4 纸(图、表及证件可以除外)编制和复印。 投标文件的正本和副本应采用粘贴方式左侧装订,不得采用活页夹等可随时拆换的方式装订,不得有零散页。投标文件应严格按照第八章"投标文件格式"中的目录次序装订。 若同一册的内容较多,可装订成若干分册,并在封面标明次序及册数。 投标文件中的证明、证件及附件等复印件应集中紧附在相应正文内容后面,并尽量与前面正文部分的顺序相对应。修改的投标文件的装订也应按本要求办理
4.1.1	投标文件的包装和密封	投标文件的正本和副本应分开包装,正本一个包装,副本一个包装,当副本超过一份时,投标人可以每一份副本一个包装。 每一个包装都应在其封套的封口处加贴封条,并在封套的封口处加盖投标人单位章(鲜章)
4.1.2	封套上写明	招标人的地址:_____ 招标人名称:_____ _____施工投标文件 在____年____月____日____时____分前不得开启
4.2.2	递交投标文件地点	_____,"××省人民政府政务服务中心"本项目开标室
4.2.3	是否退还投标文件	否

续表

条款号	条款名称	编列内容
5.1	开标时间和地点	开标时间:同投标截止时间_____。 开标地点:"××省人民政府政务服务中心"本项目开标室
5.2	开标程序	(1)密封情况检查:由招标人检查投标文件的密封情况并签字确认。 (2)开标顺序:不分递交先后顺序随机开启
6.1	评标委员会的组建	5人及5人以上单数(其中招标人代表不超过1/3)。评标委员会的组成和评标专家的确定方式按有关规定执行
6.3	评标办法	经评审的最低投标价法
7.1	是否授权评标委员会确定中标人	否,推荐的中标候选人数:1～3名
7.3.1	履约担保	履约保证金的形式包括基本履约保证金和差额履约保证金。 (1)履约保证金＝基本履约保证金＋差额履约保证金 (2)基本履约保证金＝中标价(投标人部分)的10％ (3)差额履约保证金＝(2～5)×{[招标控制价(投标人部分)×85％]－中标价(投标人部分)} 投标最高限价:详见工程量清单。 履约担保形式:现金担保。 采用现金担保的形式:现金担保必须通过中标人的基本账户以银行转账方式缴纳。 中标候选人在收到中标通知书后5个工作日内必须全额将履约保证金转到招标人指定的账户上,超过5个工作日未全额递交则视为自动放弃签约,其投标保证金不予退还。 户名: 账号: 开户行: 财务室咨询电话:
10		需要补充的其他内容
10.1	编页码和小签	(1)投标文件从目录第一页开始连续、逐页编页码[包括无任何内容的页,但不包括封三、封四(封底)位置]。 (2)投标人应在编有页码的页面底端小签。小签可签全名,也可只签姓。 (3)小签可由投标人的法定代表人进行,也可由其委托代理人进行。小签应用不褪色的墨水或签字笔由本人亲笔手写签字,不得用盖章(如签名章、签字章等)代替,也不得由他人代签
10.2	招标代理服务费	招标人支付
10.3	报价唯一	只能有一个有效报价。 (1)单价和总价都只允许有一个报价,任何有选择和保留的报价将不予接受。 (2)开标记录表中记录的投标报价、投标文件中投标函的投标总报价(大写)和报价汇总表中的总价金额,三者应完全一致(按要求小数点后四舍五入的除外)

续表

条款号	条款名称	编列内容
10.4	低于成本报价	本项目采用经评审的最低投标价法,评标专家对投标报价进行评审,将低于成本的报价作废标处理。 投标报价有下列情况之一的,属重大偏差,投标文件应作废标处理。 (1)投标文件(投标函除外)没有造价人员签字和没有加盖执业专用章的。 (2)投标报价高于招标控制价的。 (3)低于成本报价竞标的。 (4)工程量清单中的每一子目须填入单价或价格,且只允许有一个报价。工程量清单中,投标人除填入单价或价格外,不得对工程量清单中的编号、子目、单位、数量等进行任何修改。 投标报价有下列情况之一的,属细微偏差。 (1)在算术性复核中发现的算术性差错。 (2)投标人未按工程量核定的规费标准报价的。 (3)投标人未按工程量清单给定的标准计取安全文明施工费的。 (4)暂列金额未按工程量清单中列出的金额填写的。 (5)材料暂估单价未按工程量清单中列出的暂估单价计入综合单价。 (6)专业工程暂估价未按工程量清单中列出的金额填写的
		(1)对存在细微偏差的投标报价,按以下规定处理。 对算术性差错予以修正,算术修正原则如下。 ① 当综合单价与工程量的乘积与合价不一致时,以标出的综合单价为准,除非评标专家认为有明显的小数点错误,此时应以标出的合价为准,并修改综合单价。 ② 当各单项金额相加与其合计金额不一致时,以各单项金额为准,并修改相应合计金额,以及相应以文字表示的金额。 ③ 当投标报价表的综合单价与综合单价分析表中的综合单价不一致时,以投标报价表的综合单价为准,修正综合单价分析表中的综合单价,并按两个综合单价相差的百分比修正综合单价分析表中的各项价格。当修正后的综合单价分析表中的材料单价与主要材料表中的材料单价不一致时,以修正后的综合单价分析表中的材料单价为准修正主要材料表中的材料单价。 投标人未按核定的规费标准报价的,依据核定的规费标准重新计取该投标人的规费,并对其投标报价进行相应修正。 投标人未按工程量清单给定的标准计取安全文明施工费的,按工程量清单给定的安全文明施工费计取标准重新计取该投标人的安全文明施工费,并对其投标报价进行调整修正。 暂列金额未按工程量清单中列出的金额填写的,依据工程量清单中列出的金额进行更正,并对其投标报价进行相应修正。 材料暂估单价未按工程量清单中列出的暂估单价计入综合单价,依据工程量清单中列出的暂估单价修正综合单价及相应合价和投标报价。

续表

条款号	条款名称	编列内容
10.4	低于成本报价	专业工程暂估价未按工程量清单中列出的金额填写的,依据工程量清单中列出的专业工程暂估价金额进行更正,并对其投标报价进行相应修正。 (2)详细评审。 评标专家只对无重大偏差且能通过细微偏差处理修正的投标报价进行是否低于成本的评审。当投标报价存在细微偏差时,对其是否低于成本的评审,采用数据为调整及修正后的投标报价数据。 当投标人的评标价未低于招标控制价相应价格的90%,或未低于所有投标人评标价算术平均值的95%时,评标专家可不对该投标报价是否低于成本进行评审。 当投标人的评标价低于招标控制价相应价格的90%,并且低于所有投标人评标价算术平均值的95%时,评标专家必须对该投标报价是否低于成本进行评审。 评审投标报价是否低于成本的程序及内容按下列规定进行。 ① 投标总价的评审。 ② 分部分项工程量清单项目综合单价的评审。 ③ 措施项目清单报价的评审。 ④ 材料单价的评审。 ⑤ 总承包服务费的评审。 凡以上任一评审判定为投标报价低于成本,其投标文件应作废标处理,不再对其进行后续评审
		(1)投标总价的评审。 ①评审及询问。 投标人的评标价低于招标控制价相应价格的90%,并且低于所有投标人评标价算术平均值的95%时,评标专家必须向该投标人提出询问,并对其投标报价进行详细分析、评估及判断。 ②评估及判断。 a. 评标专家经过分析、论证和评审,认为投标人投标报价不可行或其对评标专家提出的询问不能说明理由或评标专家经评审确定其理由不成立的,按投标报价低于成本处理。 b. 评标专家认为,投标人的评标价低于招标控制价相应价格的90%,并且低于所有投标人评标价算术平均值的95%时,应当书面说明理由。 (2)分部分项工程量清单项目综合单价的评审。 分部分项工程量清单项目综合单价的评审以保证工程所必需的实体消耗和工程质量为目标。 ①评审及询问。 a. 当投标人报价双低时,评审组应从分部分项工程量清单项目中随机抽取50项的综合单价作为必须评审的分部分项工程量清单项目综合单价;当分部分项工程量清单项目少于50项时,所有分部分项工程量清单项目综合单价均作为必须评审的分部分项工程量清单项目综合单价。

续表

条款号	条款名称	编列内容
10.4	低于成本报价	b. 评标专家应对必须评审的分部分项工程量清单项目综合单价进行详细评审。 当投标人某项需评审的分部分项工程量清单项目综合单价低于所有投标人该项分部分项工程量清单项目综合单价算术平均值的 90% 时,评标专家必须就该项分部分项工程量清单项目综合单价向投标人提出询问,并对综合单价的合理性进行评审。 ② 评估及判断。 当投标人经评审的分部分项工程量清单项目综合单价中有 5 项以上(不含 5 项)的综合单价,或当分部分项工程量清单项目少于 50 项时,有 3 项以上(不含 3 项)的综合单价低于各投标人相应分部分项工程量清单项目综合单价算术平均值的 90%,同时投标人的评标价低于招标控制价相应价格的 90% 并且低于所有投标人评标价算术平均值的 95%,投标人对评标专家提出的询问不能说明理由或评标专家经评审确定其理由不成立的,按投标报价低于成本处理。若评标专家确认其投标报价不低于成本的,应当书面说明理由。 (3)措施项目清单报价的评审。 措施项目清单报价的评审以保证施工前和施工过程中技术、生活、安全等方面的需要为目标。 ① 评审及询问。 a. 评标专家应根据招标文件,结合工程特点和施工现场实际对投标文件中的施工组织设计与措施项目清单报价进行对应性评审,列出施工组织设计中未进行措施费报价的措施项目,提交给投标人进行确认并向投标人提出询问。 b. 评标专家必须对措施项目清单报价(扣除安全文明施工费,下同)低于所有投标人措施项目清单报价算术平均值 85% 的投标人提出询问,并对该措施项目清单报价的完整性、合理性、可行性进行分析、论证和评审。 ② 评估及判断。 当投标人的措施项目清单报价低于各投标人措施项目清单报价算术平均值 85%,同时投标人的评标价低于招标控制价相应价格的 90% 并且低于所有投标人评标价算术平均值的 95%,投标人对评标专家提出的询问不能说明理由或评标专家经评审确定其理由不成立的,按投标报价低于成本处理。若评标专家确认其投标报价不低于成本的,应当书面说明理由。 (4)材料单价的评审。 材料单价的评审以保证工程所采购的材料符合国家有关强制性标准、招标文件要求和工程质量为目标。 ① 评审及询问。 a. 当投标人报价双低时,评审组应从所有材料中随机抽取 25 种材料单价(不包括暂估价材料)作为必须评审的材料单价;当材料种类(不包括暂估价材料)少于 25 种时,所有材料单价均作为必须评审的材料单价。 b. 评标专家应对必须评审的材料单价进行详细评审。 当投标人经评审的某种材料单价低于所有投标人相应材料单价算术平均值的 90% 时,评标专家必须就该项材料单价向该投标人提出询问,并对材料单价的合理性进行评审。

续表

条款号	条款名称	编列内容
10.4	低于成本报价	②评估及判断。 当投标人经评审的材料单价中有5项以上(不含5项)的材料单价,或当材料种类少于25项时,有3项以上(不含3项)的材料单价低于各投标人相应材料单价算术平均值的90%,同时投标人的评标价低于招标控制价相应价格的90%并且低于所有投标人评标价算术平均值的95%,投标人对评标专家提出的询问不能说明理由或评标专家经评审确定其理由不成立的,按投标报价低于成本处理。若评标专家确认其投标报价不低于成本的,应当书面说明理由。 (5)总承包服务费的评审。 当招标文件中确定招标人有工程分包和材料采购内容,即有总承包服务的内容时,投标人应报总承包服务费,如果投标人未报总承包服务费的,按投标报价低于成本处理。 总承包服务费的高低不作为判断投标报价是否低于成本的依据 (1)询问形式及原则。 评标专家的询问必须以书面形式进行,投标人对询问的答复、澄清、解释均应采用书面形式,并由投标人的法定代表人或其授权代理人签字有效。 投标人对评标专家的询问不作答复的,评标专家在评审时将按不利于投标人的情形认定。 评标专家只能就投标报价中的相关问题向投标人提出询问并要求其作出必要的澄清或说明,但澄清或说明不得超出投标文件的范围或改变投标文件的实质性内容。 (2)评估及判断原则。 评标专家应对投标人作出的答复、澄清、说明及提供的相关证明材料进行认真的分析、论证、评估和判断。 评标专家在判定投标报价是否低于成本发生分歧时,以超过半数的评标专家意见作为投标报价是否低于成本的判断依据。当评标专家为偶数,对判定投标报价是否低于成本发生分歧且均未超过半数时,应将不同评审意见提交评标委员会全体评标专家进行审议,由评标委员会全体评标专家表决,将2/3以上的表决意见作为判定投标报价是否低于成本的依据。 经以上的评审程序后合格投标人少于3家的,若评标委员会认为合格投标人具有竞争性的,可以继续评审,否则,应否决全部投标并重新招标。 投标人是否具有竞争性应从其实力、业绩、信誉、技术方案及投标报价等方面认定。评标委员会否决全部投标或认定可以继续评审的,应当在评标报告中书面说明理由
10.5	中标价	以中标的投标人在投标函中的投标总报价为准。对投标报价进行修正的,以投标人接受的修正价格为中标价。 评标价不作为中标价:无论是采用综合评估法还是经评审的最低投标价法,都不保证报价最低的投标人中标,也不解释原因
10.6	确定中标人	招标人(或招标人授权的评标委员会)按照评标委员会推荐的中标候选人顺序确定中标人

续表

条款号	条款名称	编列内容
10.7	建设资金拨付	详见专用合同条款的约定
10.8	合同履行过程中物价波动引起的价格调整	可以调整
10.9	压证施工制度	实行项目经理、项目技术负责人压证施工制度。项目业主将在中标人提供投标文件中承诺的上述人员执业资格证书原件后才签订合同,至工程竣工验收合格后才退还
10.10	严禁转包和违法分包	未经行政主管部门批准,中标人不得变更项目经理、项目技术负责人。凡招标文件未明确可以分包的,中标人不得进行任何形式的分包。中标人派驻施工现场的项目经理、项目技术负责人与投标文件承诺不符的,视同转包
10.11	增加工程量的管理	增加的工程量超过该单项工程合同价10%的,必须经施工单位申报、监理签字、业主认可、概算批准部门会同行政主管部门评审的程序办理,并将增加工程量及价款在项目实施地建设工程交易场所进行公示
10.12	合同备案	承包合同按有关规定进行备案,双方当事人就合同产生纠纷时,以备案的中标合同作为根据
10.13	招标文件内容冲突的解决及优先适用次序	(1)招标人发出的招标文件(包括修改、澄清或补遗文件)与招投标行政监督部门备案的招标文件不一致的,以备案的招标文件为准,并对不一致的地方进行修改。没有备案的招标文件(包括修改、澄清或补遗文件)不作为评标的依据。 (2)招标文件中招标人编制的内容前后有矛盾或不一致,有时间先后顺序的,以时间在后的修改、澄清或补遗文件为准;没有时间先后顺序的,以公平的原则进行处理
10.14	招标文件的解释	(1)对《中华人民共和国标准施工招标文件》中不加修改地引用的内容作出解释的,按照省发展和改革委员会、行业主管部门职责分工,分别由有关部门负责。 (2)招标人自行编写的内容由招标人(招标代理机构)解释。对招标人自行编写的内容理解有争议的,由招投标行政监督部门按照招标文件所使用的词句、招标文件的有关条款、招标的目的、习惯以及诚实信用原则,确定该条款的真实意思。有两种以上解释的,作出不利于招标人一方的解释
10.15	招标文件中的注	—
10.16	投标文件的真实性要求	投标人所递交的投标文件(包括有关资料、澄清文件)应真实可信,不存在虚假(包括隐瞒)。 投标人声明不存在限制投标情形但被发现存在限制投标情形的,构成隐瞒,属于虚假投标行为。 如投标文件存在虚假,在评标阶段,评标委员会应将该投标文件作废标处理;中标候选人确定后发现的,招标人和招投标行政监督部门可以取消中标候选人或中标资格,并不退还投标保证金

续表

条款号	条款名称	编列内容
10.17	投标文件电子文档	一份光盘或U盘(包含计价软件格式和Excel格式)
10.18	评标报告	评标报告由评标委员会全体成员签字。对评标结论持有异议的评标委员会成员可以书面方式阐述其不同意见和理由。评标委员会成员拒绝在评标报告上签字且不陈述其不同意见和理由的,视为同意评标结论
10.19	造价师盖章和签字	工程量清单及其报价格式中所有要求盖章的地方,必须由注册在投标人单位的具有造价资格的人员盖章和签字;若投标人没有注册在本单位的具有造价资格的人员,可以委托具有造价咨询资质的中介机构的造价师盖章和签字,并在投标文件中附上与该中介机构所签订的合同
10.20	总承包服务费	详见工程量清单
10.21	规费和安全文明施工费、临时设施及环境保护费	详见工程量清单

第三章　评标办法
第四章　合同条款及格式
第五章　工程量清单
第六章　图纸
第七章　技术标准和要求
第八章　投标文件格式

6.3　投标文件

6.3.1　编制投标文件的意义

投标文件是承包商参与投标竞争的重要凭证;是评标、决标和订立合同的依据;是投标人素质的综合反映;也是投标人能否取得经济效益的重要因素。可见,投标人应对编制投标文件的工作倍加重视。建设工程投标人应按照招标文件的要求编制投标文件。

6.3.2　编制投标文件的要求

1. 准备工作

(1) 组织投标班子,确定投标文件编制的人员。
(2) 仔细阅读诸如投标须知、投标书附件等招标文件。
(3) 投标人应根据图纸审核工程量表中分项工程的内容和数量。如发现"内容""数量"有误时，在收到招标文件 7 日内以书面形式向招标人提出。

（4）收集现行定额标准、取费标准及各类标准图集，掌握政策性调整文件。

2. 必须符合以下条件

（1）必须明确向招标人表示愿以招标文件的内容订立合同。

（2）必须对招标文件提出的实质性要求和条件作出响应（包括技术要求、投标报价要求、评标标准等）。

（3）必须按照规定的时间、地点提交投标文件。

6.3.3 投标文件组成（均以施工投标文件为例）

1. 商务标

（1）投标函和投标函附录。

（2）法定代表人身份证明。

（3）授权委托书。

（4）联合体协议书。

（5）投标保证金。

（6）已标价工程量清单。

2. 技术标

1）施工组织设计

（1）附表一：拟投入本标段的主要施工设备表。

（2）附表二：拟配备本标段的试验和检测仪器设备表。

（3）附表三：劳动力计划表。

（4）附表四：计划开、竣工日期和施工进度网络图。

（5）附表五：施工总平面图。

（6）附表六：临时用地表。

2）项目管理机构

（1）项目管理机构组成表。

（2）主要人员简历表。

3）拟分包项目情况表

3. 附件

1）资格审查资料

（1）投标人基本情况表。

（2）近年财务状况表。

（3）近年完成的类似项目情况表。

（4）正在施工的和新承接的项目情况表。

（5）近年发生的诉讼及仲裁情况。

2）其他材料

（1）对招标文件中合同协议条款内容的确认和响应。

(2) 按招标文件规定提交的其他资料。

6.3.4 编制投标文件的步骤

投标人在领取招标文件以后，就要进行投标文件的编制工作。编制投标文件的一般步骤如下。

（1）编制投标文件前的准备工作。

① 熟悉招标文件、图纸、资料，对图纸、资料有不清楚、不理解的地方，可以书面形式向招标人询问。

② 参加招标人组织的施工现场踏勘和答疑会。

③ 调查当地材料供应和价格情况。

④ 了解交通运输条件和有关事项。

（2）实质性响应条款内容的编制。其中包括：对合同主要条款的响应，对提供资质证明的响应和对采用技术规范的响应等。

（3）复核、计算工程量。

（4）编制施工组织设计，确定施工方案。

（5）计算投标报价。

（6）装订成册。

6.3.5 编制投标文件的注意事项

（1）投标人编制投标文件时必须使用招标文件提供的投标文件表格格式。填写表格时，凡要求填写的空格都必须填写，否则，即被视为放弃该项要求。重要的项目或数字（如工期、质量等级、价格等）未填写的，投标文件将被视为无效或作废。

（2）编制的投标文件"正本"仅一份，"副本"则按招标文件中要求的份数提供，同时要明确标明"投标文件正本"和"投标文件副本"字样。投标文件正本和副本如有不一致之处，以正本为准。

（3）投标文件正本与副本均应使用不能擦去的墨水打印或书写。投标文件的书写要字迹清晰、整洁、美观。

（4）所有投标文件均由投标人的法定代表人签署、加盖印章，并加盖法人单位公章。

（5）填报的投标文件应反复校核，保证分项和汇总计算均无错误。全套投标文件均应无涂改和行间插字，除非这些删改是根据招标人的要求进行的，或者是由投标人造成的必须修改的错误。修改处应由投标文件签字人签字证明并加盖印章。

（6）如招标文件规定投标保证金为合同总价的某百分比时，开具投标保函不要太早，以防泄漏报价。但有的投标人提前开出并故意加大保函金额，以迷惑竞争对手的情况也是存在的。

（7）投标文件应严格按照招标文件的要求进行包封，避免因包封不合格而造成废标。

（8）认真对待招标文件中关于废标的条件，以免被判为废标和无效标而前功尽弃。

6.4 评标报告

6.4.1 招标单位的评标报告格式

招标单位的评标报告一般包括以下内容。

1. 项目概述

（1）项目前期工作和批准情况简述。
（2）招标项目规模、标准描述。
（3）招标项目通过（所在）地区地形、地质情况的简单描述。
（4）招标方式方法及合同段的划分等。
（5）招标代理机构的选择。

2. 招标过程回顾

（1）招标公告。
（2）资格预审结果。
（3）招标文件发售及投标预备会情况。
（4）开标情况。

3. 评标工作组织及评标程序

（1）评标委员会组成情况。
（2）评标工作时间和评标程序安排。
（3）评标细则。

4. 中标人的确定

（1）中标候选人基本情况。
（2）确定中标人说明。
（3）发出中标通知书。

6.4.2 评标委员会的评标报告

评标委员会的评标报告一般包括以下内容。
（1）评标工作回顾。
（2）评标委员会组成情况。
（3）废标情况说明。
（4）澄清、说明事项纪要。
（5）采用综合评估法（或经评审的最低投标价法）后的投标人排序。
（6）评标结果和推荐的中标候选人。
（7）附表（评标委员会成员名单，综合得分排序表等）。

(8) 评标细则。

6.4.3 中标通知书

评标报告完成后，应于第二天在已发布招标公告的公共媒体（网站或报纸）上发布中标公示结果，公示期一般不少于5个工作日，公示期满后无异议，则由招标人向中标第一候选人发出书面的中标通知书，中标人收到中标通知书后应按招标文件约定金额递交履约保证金，然后招标人与中标人应在发出中标通知书后30个日历天内签订施工合同。

【例文一】

中标通知书参考格式

_____：（中标第一候选人单位全称）

你方于_____（投标日期）所递交的_____（项目名称）_____标段施工投标文件已被我方接收，被确定为中标人。

中标价：_____元。

工期：____日历天。

工程质量：符合_____标准。

项目经理：_____（姓名）。

请你方在接到本通知书后的____日内到_____（指定地点）与我方签订施工承包合同，在此之前按招标文件第二章"投标人须知"规定向我方提交履约担保。

特此通知。

招标人：　　　　　　　　　　　　　　（盖单位章）
法定代表人：　　　　　　　　　　　（签字）
____年____月____日

小　结

招标公告、投标邀请书、招标文件、投标文件及评标报告等都是常用的文书，在生产经营、科学研究、工程建设、技术服务等方面广泛应用。学习各种招投标类应用文的结构要求，掌握各种招投标类应用文的写法，是企业发展的要求，也是现代企业工作人员必须具备的一种能力。

习　题

1. 编写一份某五星级酒店工程的施工及监理招标公告。
2. 编写一份某高层住宅工程施工招标文件的投标人须知。
3. 起草一份某大型商场工程的施工专用合同条款。

第7章 建筑工程合同类应用文

教学目标

了解建筑工程合同的性质、作用,掌握常见建筑工程合同的内容与写法。

教学要求

能力目标	知识要点	权重	自测分数
了解建筑工程合同的基本知识	建筑工程合同的性质、作用	5%	
	建筑工程合同的种类	10%	
掌握常见建筑工程合同的内容与写法	建筑工程勘察和设计合同的内容与写法	20%	
	建筑安装工程合同的内容与写法	20%	
	建筑工程施工合同的内容与写法	25%	
	建筑材料和设备供应合同的内容与写法	20%	

章节导读

合同又称契约,其一般概念可表述为,"合同是两个或两个以上当事人之间为实现一定目的,明确相互权利义务关系的协议"。凡是合同都具有以下的法律特征。

① 合同是一种法律行为。
② 合同是双方或多方的法律行为。
③ 合同当事人的法律地位是平等的。
④ 合同行为是当事人的合法行为。

引例

我们先来看一个《建筑安装工程施工合同》的格式,通过此施工合同来对建筑工程合同类应用文写作进行初步的了解。

建筑安装工程施工合同

建设单位:××大学(以下简称甲方)
施工单位:××市建筑工程公司(以下简称乙方)
建筑名称:图书馆

建筑地点：××大学

建筑结构：框架结构

××大学经×建〔××××〕城字第××号文件批准，新建图书馆一栋，委托××市建筑工程公司承建，根据《建筑安装工程承包合同条例》的规定，为了明确相互权利义务和经济责任，保证施工顺利进行，特立本合同，供双方共同遵照执行。

1. 承包形式

本工程经双方商定，采用包工包料的承包方式。

2. 结算方式

（1）本工程按省定额，××地区定额站的有关文件和省规定收费标准结算，其综合费下调 0.5%，由施工单位编制施工图预算。

（2）如遇下列情况应对结算内容予以调整。

① ±0.000 以下工程数量与施工图预算数量有变动，经甲乙双方签证验收，按实际计算。

② 图样设计变更，以设计单位下发的设计变更通知单为准。

③ 国家和地市职能部门在施工期间下达有关文件。

④ 人力不可抗拒的自然灾害造成的损失。

3. 双方责任

甲方责任如下。

（1）办理正式工程和临时设施范围内的土地征用与租用。申请施工许可执照，做好"三通一平"等一切开工准备工作的全部手续。

（2）向经办银行提交拨款文件。按时办理拨款和结算。

（3）组织有关单位对施工图等技术资料进行审定，按规定交足施工图给乙方。

（4）派驻工地代表，对工程进度、工程质量进行监督，检查隐蔽工程，办理中间交工工程验收手续，负责签证工作以及联系工作。

（5）负责组织设计和施工单位共同审定施工组织设计、工程价款和竣工结算，负责组织工程竣工验收。

（6）按双方协定的分工范围和要求，供应材料和设备。

（7）施工过程中，因设计变更或停延，对乙方已备的物资造成积压或需改制代用时，所发生的一切费用由甲方负责。

乙方责任如下。

（1）做好施工场地的布置。编制施工组织设计或施工方案，做好各项准备工作。

（2）按双方协定的分工范围，做好材料和设备的采购、供应和管理。

（3）及时向甲方提交开工通知书、施工进度计划表、施工平面布置图、隐蔽工程验收通知、竣工验收报告。

（4）严格按照施工图与说明书进行施工。确保工程质量，按合同规定时间如期完工和交付。

（5）在合同规定保修期内，凡是因施工原因造成工程质量问题，乙方应负责无偿修理。

（6）对甲方提供的实物材料，乙方应按规定的费用分摊，及时办理交接和结算手续。

（7）已完工的房屋、构筑物和安装的设备，在交工前应负责保管和修理。

（8）工地总技术负责人为×××同志，自始至终坚持到工地现场。

4. 工期

按国家有关标准的规定，本工程工期为350天，暂定于××××年8月1日开工，于××××年7月20日竣工交付使用，如甲方不能保证开工日期或有其他原因导致不得不延期开工的，则工期顺延，鉴于工地土方整理由乙方承担，最晚应在××××年7月25日前完成竣工交付使用。如因土方未及时完成整理而影响开工，应由乙方承担相关责任。

5. 拨款办法

自合同签订盖章生效之日起，甲方应按相关规定，在合同签订之后，预付30％备料款，以后按工程进度付款（至××××年7月20日止，包括备料款、进度款付足180万元，但必须保证主体工程供水）。

6. 材料供应

本工程所需三材（木材、钢材、水泥），以审定的预算数量为依据。

（1）钢材如由甲方提供实物，必须符合国家质量验收标准，并有合格证书，按图样规格、数量和要求交给乙方仓库，乙方按预算价格减百分之一的采保费后将其余费用退给甲方。如无实物，钢材议价按1850元/t补差。

（2）水泥由甲方提供实物给乙方，如无实物，水泥议价按156元/t补差。

（3）木材议价按560元/m^3补差。

（4）地方材料和市场物资采购，由乙方负责供应，对本地区物资缺乏或供应确有困难的地方产品，双方协商解决。

7. 其他

（1）经双方签证的停水、停电一天以上，工期顺延。

（2）本工程实行工期奖罚制，每提前或推迟一天竣工，按工程总造价万分之一进行奖罚，奖罚累计不超过总造价的1％。

（3）根据×政发〔××××〕×号文件精神，凡为经质监站认定的优良工程，甲方同意按规定给乙方总造价2％的优良工程奖励费。

（4）本合同未尽事宜，甲乙双方另行签订补充合同。

（5）本合同一式四份，自签字盖章之日起至工程竣工验收、价款结算时废止。

甲方（盖章）　　　　　　乙方（盖章）

代表：（签章）　　　　　代表：（签章）

签约地点：××大学　　　签约日期：××

公证单位（盖章）：

公证人（签章）：

××××年×月××日

引例小结

该合同属于条款式合同，符合建筑工程合同的规范格式。标题由合同执行内容与种类及其他事项组成。合同的主体就承包形式、结算方式、双方责任、工期、拨款办法、材料供应等事项进行了明确的约定，语言简洁，数据准确，条理清楚。合同一经订立，即产生法律约束作用，双方均享有权利，受到法律保护，双方所承担的义务也受到法律的监督。

7.1 建筑工程合同的性质和作用

建筑工程合同是法人之间为实现一定经济目的或为完成商定的某项建筑工程，明确相互权利义务关系的应用文体，也是双方当事人从自身经济利益出发，根据国家法律法规、标准要求，遵照平等、自愿、互利的原则，彼此协商所达成的有关建筑工程内容的协议。

建筑工程合同是建筑企业组织经济活动，实现经济往来，进行建筑产品交换的法律手段，是组织经营管理，从事施工生产的重要方式，其作用如下。

（1）建筑工程合同确定了工程实施和工程管理的主要目标，是合同双方在工程中各种经济活动的依据。

（2）合同规定了双方的经济关系。合同一经签订，双方就结成一定的经济关系。合同规定了双方在合同实施过程中的经济责任、利益和权利。

（3）合同是工程施工过程中双方需要遵守的最高行为准则。工程施工过程中的一切活动都是为了履行合同，必须按合同办事。

（4）合同将工程所涉及的设计、材料、设备供应和各专业施工等的分工协作关系联系起来，协调并统一工程各参加者的行为。

（5）合同是工程施工过程中双方解决争执的依据。

7.2 建筑工程合同的种类

（1）合同按适用范围分，常用的有以下几种。
① 建筑工程勘察和设计合同。
② 建筑安装工程合同和建筑工程施工合同。
③ 建筑材料和设备供应合同。
（2）合同按承包方式分，有以下几种。
① 总包合同。建设单位将全部建设任务委托给建筑企业，并与其签订工程承包合同的则为总包合同。
② 分包合同。总包单位将某些专业工程分包给专业施工单位施工，并与其签订工程承包合同的则为分包合同。

③ 联合承包合同。企业之间为取长补短，达到互利的目的而联合起来共同承担工程任务，向建设单位负责，并与建设单位签订工程承包合同的则为联合承包合同。其中分包单位向总包单位负责，并与其办理工程价款的结算，总包单位向建设单位负责，并与其办理工程价款的结算。

④ 设计—施工一体化承包合同。

⑤ 全过程承包合同。

（3）合同按计价方式分，有以下几种。

① 总价合同。按工程造价取费包干的合同则为总价合同。

② 单价合同。按单位工程量造价包干（如按建筑面积平方米造价包干）的合同则为单价合同。

③ 成本加酬金合同。

7.3 建筑工程合同的格式与写法

建筑工程合同的一般格式由标题、正文、署名、日期四部分组成。

7.3.1 标题

标题写在第一行中间，要标明合同的性质，如"建筑工程承包合同""建筑安装工程合同"等。

7.3.2 正文

不同种类的建筑工程合同内容不一，繁简程度差别很大，但建筑工程合同中通常有如下几方面的内容。

1. 合同当事人

合同当事人指签订合同各方。

2. 合同的标的

合同的标的是双方当事人权利义务共指的对象。如在工程承包合同中，标的是指工程项目，在建筑安装工程设计合同中，标的是指所设计的图纸等设计文件。标的是建筑工程合同不可缺少的内容，一定要明确，否则容易造成矛盾与纠纷。

3. 标的的数量与质量

标的的数量与质量是其具体化的表现，是建筑工程合同必须具备的条款。数量方面，计量要精确，数据要准确；质量方面，应订出具体质量标准。

没有数量和质量的确定，合同是无法生效和履行的，发生纠纷也不易分清责任。

4. 合同价款或酬金

合同价款或酬金是标的的代价或价金，一般是以数量表示的。凡国家有统一规定的按国家规定执行；国家没有统一规定的，由当事人协商。合同中应写明价金数量、付款方式、结算程序。合同应遵循等价、互利的原则。

5. 合同期限和履行地点

合同期限指履行合同期限，即从合同生效到合同结束的时间。履行地点指合同标的所在地，如以承包工程为标的的合同，其履行地点是工程计划文件所规定的工程所在地。合同应具体规定合同期限和履行地点。

6. 违约责任

违约责任即合同一方或双方因过失不能履行或不能完全履行合同责任，而侵犯了另一方经济权利时所应负的责任。违约责任是合同的关键条款之一。没有规定违约责任，则合同对双方难以形成法律约束力，难以确保双方圆满地履行合同，发生争执时也难以解决。

7.3.3 署名

正文写完后另起一行，在右下方写订立合同各单位的名称和各方代表姓名，并盖上公章、私章（签名），及各方的电话号码、联系人、银行账号等。

7.3.4 日期

在署名下面写上签订合同的年月日。

7.4 几种主要建筑工程合同的内容与写法

7.4.1 建筑工程勘察和设计合同

建筑工程勘察和设计合同是委托方与承包方为完成一定的勘察、设计任务，明确相互权利义务关系而签订的协议。双方当事人中的委托方是建设单位或有关单位，承包方是持有勘察、设计证书的勘察、设计单位。双方都必须具有法人资格。

1. 建筑工程勘察合同的主要内容

（1）总述。其主要说明建筑工程名称、规模、建设地点，委托方和承包方的概况。

（2）委托方的义务。在勘察工作开始前，委托方应向承包方提交由设计单位提供、经建设单位同意的勘察范围的地形图和建筑平面布置图各一份，以及由建设单位委托、设计单位填写的勘察技术要求及附图。委托方应负责勘察现场的水电供应、平整道路、现场清理等工作，以保证勘察工作的顺利开展。

在勘察人员进入现场作业时，委托方应负责提供必要的工作和生活条件。

（3）承包方的义务。勘察单位应按照规定的标准、规范、规程和技术条例进行工程地质、水文地质等勘察工作，并按合同规定的进度、质量要求提供勘察成果。

(4) 勘察费。勘察工作的取费标准是根据勘察工作的内容决定的。勘察费用一般按实际完成的工作量收取。

建筑工程勘察合同生效后,委托方应向承包方支付勘察费用总额30%的定金。全部勘察工作结束后,承包方按合同规定向委托方提交勘察报告和图纸。委托方在收取勘察成果资料后,在规定的期限内,按实际勘察工作量付清勘察费。

对于特殊工程的勘察工作,其收费办法原则上按勘察工程总价加20%~40%收取。特殊工程指自然地质条件复杂、技术要求高、勘察手段超出现行规范、特别重大、紧急、有特殊要求的工程等。

(5) 违约责任。

① 委托方若不履行合同,无权要求返还定金。承包方若不履行合同,应双倍偿还定金。

② 因委托方变更计划,提供不准确的资料,未按合同规定提供勘察工作必需的资料或工作条件,或修改设计,因而造成勘察工作的返工、停工、窝工,委托方应按承包方实际消耗的工作量增付费用。因委托方责任造成重大返工或需要重新进行勘察时,应另增加勘察费。

③ 勘察的成果按期、按质、按量交付后,委托方要按期、按质、按量支付勘察费。若委托方超过合同规定的日期付款,应偿付逾期违约金。

④ 因勘察质量低劣而引起返工的,或未按期提交勘察文件,拖延工程工期造成委托方损失的,应由承包方继续完善勘察,并视造成的损失、浪费的大小,减收或免收勘察费。

⑤ 对因勘察错误而造成工程重大质量事故,承包方除免收损失部分的勘察费外,还应支付与该部分勘察费相当的赔偿金。

⑥ 争执的处理。建筑工程勘察合同在实施中发生争执时,双方应及时协商解决;若协商不成,双方又同属一个部门,可由上级主管部门调解;调解不成或双方不属于同一个部门,可向国家规定的合同管理机关申请调解或仲裁,也可直接向人民法院起诉。

⑦ 其他规定。建筑工程勘察合同必须明确规定合同的生效和失效日期。通常建筑工程勘察合同在全部勘察工作验收合格后失效,建筑工程勘察合同的未尽事宜,需经双方协商,作出补充规定。补充规定与原合同具有同等法律效力,但不得与原合同内容冲突。

附件是建筑工程勘察合同的组成部分。建筑工程勘察合同的附件一般包括测量任务和质量要求表、工程地质勘察任务和质量要求表等。

2. 建筑工程设计合同的主要内容

(1) 总述。其说明建筑工程名称、规模、投资额等。

(2) 委托方的义务、合同双方的简单介绍等。如果委托初步设计,委托方应在规定日期内向承包方提供经过批准的设计任务书(或可行性研究报告),选择建设地址的报告,原料、燃料、水电、运输等方面的协议文件,能满足初步设计要求的勘察资料,以及经科研取得的技术资料等。

如果委托施工图设计,委托方应在规定日期内向承包方提供经过批准的初步设计文件和能满足施工图设计要求的勘察资料、施工条件及有关设备的技术资料。

委托方应负责及时地向有关部门办理各设计阶段设计文件的审批工作。

委托方应明确设计范围和深度。

在设计人员进入施工现场工作时，委托方应提供必要的工作和生活条件。

委托方要按照国家有关规定付给承包方设计费，维护承包方的设计文件，不得擅自修改，也不得转让给第三方重复使用。

（3）承包方的义务。承包方要根据批准的设计任务书（或可行性研究报告）或上设计阶段的批准文件，以及有关设计的技术经济文件、标准、技术规范、规程、定额等进行设计，并按合同规定的进度和质量要求，提交设计文件（包括概预算文件、材料设备清单）。

初步设计经上级主管部门审查后，在原定任务书范围内的必要修改工作，应由承包方承担。承包方对所承担设计任务的建设项目应配合施工，进行施工前技术交底，解决施工中的有关设计问题，负责设计变更和修改概预算，参加隐蔽工程验收和工程竣工验收。

（4）设计的修改和停止。设计文件批准后，就具有一定的严肃性，不能任意修改和变更。如果必须修改，需经有关部门批准，批准权限视修改内容所涉及的范围而定。如果修改部分属于初步设计的内容（如总平面布置图、工艺流程、设备、面积、建筑标准、定员、概预算等），须经设计的原批准单位批准；如果修改部分属于设计任务书的内容（如建设规模、产品方案、建设地点及主要协作关系等），则须经设计任务书的原批准单位批准；施工图设计的修改，须经设计单位的同意。

委托方因故要求修改工程的设计，经承包方同意后，除设计文件交付时间另定外，委托方还应按承包方实际返工修改的工作量增付设计费。

原定设计任务书或初步设计如有重大变更而需要重新编制或修改时，须经设计任务书的批准机关或设计审批机关同意，并经双方当事人协商后另订合同。委托方负责支付已经进行了的设计费用。

委托方因故要求中途停止设计时，应及时书面通知承包方，已付的设计费不退，并按该阶段实际耗工日，增付和结清设计费，同时结束合同关系。

（5）设计费。设计工程的取费，一般应根据不同行业、不同建设规模和工程的简繁程度制定不同的收费标准。

（6）违约责任。违约责任的条款同建筑工程勘察合同要求。

（7）争执的解决。争执的解决同建筑工程勘察合同要求。

（8）其他规定。其他规定同建筑工程勘察合同要求。

7.4.2 建筑安装工程合同

建筑安装工程合同是委托方（建设单位或业主）和承包方（施工单位）为完成商定的建筑安装工程，明确相互权利义务关系而签订的协议。合同应当采用书面形式。双方当事人协商同意的有关修改合同的变更文件、洽商记录、会议纪要，以及资料、图表等，也是合同的组成部分。

建筑安装工程合同的内容如下。

（1）工程概况。其主要说明工程项目的名称和地点，工程投资单位，工程建设的目的，合同双方单位名称等。

（2）工程范围。其主要用工程项目一览表和工程量表来表示。

（3）工程造价。其为建筑安装工程合同价格。

（4）承包方式。应根据双方协议写明采用下列哪种承包方式并附于合同协议书后面。

① 按招标工程总费用包干。

② 按建筑面积平方米造价包干。

③ 按施工图预算加系数包干。

④ 按施工图预算或工程概算加签证结算。

（5）开竣工日期。其包括全部承包工程开竣工日期，以及中间交工工程的开竣工日期。

（6）物资供应方式。即各种物资由建设单位供应还是施工单位供应。

（7）施工准备工作的分工。在这一条款中，应尽量明确指出合同双方各自应承担的义务。当工程准备工作比较复杂时，应另外签订一份施工准备合同（协议书）作为本合同的一部分。

（8）工程变更及其经济责任。这里包括如下两方面内容。

① 施工期间，如在工地发现古迹和文物时，施工单位应按国家有关文物保护规定，保护好古迹和文物。由此而增加的工程量及其费用应由建设单位负责，造成的工期增加应予以顺延。

② 工程的设计变更，须经设计单位、建设单位、施工单位三方同意，由设计单位下达设计变更通知单，经建设单位签署后，由施工单位执行，并将此通知单作为竣工验收和结算的依据。

（9）施工和技术资料的供应。建设单位应按时向施工单位提供与本项目有关的全部施工和技术资料，由此造成的工期损失或工程变更应由建设单位负责。

（10）工程价款支付和结算方式。工程开工前，建设单位应按施工工程量的一定比例预付备料款；开工后，施工单位凭"工程价款结算账单"和"已完工程月报表"，经银行审查后支付部分费用。上述两项费用总和不得超过工程造价的95%，其余5%应在竣工验收合格后，一次结算清楚。由工程变更引起的增加价款，施工单位凭建设单位签证的"工程设计变更通知单"报送银行处理。

（11）交工验收方法。工程的交工验收应以相关标准、规范、规定、施工图、说明书、施工技术文件为依据。若施工图设计要求与设计规范不一致时，应以施工图设计要求为准。

隐蔽工程必须由建设单位和施工单位双方在隐蔽前共同进行验收。合格后，双方应共同签认"隐蔽工程验收证"及试压、抗渗等记录，作为工程竣工验收的依据之一。

工程项目的竣工验收应由施工单位向建设单位发出"竣工验收通知书"，建设单位应在规定期限内会同当地质量监督部门、施工单位及其他有关单位共同检验。检验合格后应及时办理验收签证手续。

在合同条款中还应补充说明工程验收时需具备的动力源（如电、气、热、水源）以及负责的安装工程方。一般来说，上述工作应由建设单位负责。

(12) 奖罚条款。合同规定的奖罚条款通常包括如下内容。

① 工期提前或拖后的奖罚,应贯彻对等的原则。奖罚金的数额均应在合同中给予明确规定。

② 合理化建议的奖励。

③ 其他罚款。

(13) 保修条款。工程保修期从工程竣工日期算起。土建及上、下水工程保修期为至少一年,供热工程保修期为至少一个采暖期。在保修期中,属于施工质量的问题,施工企业应免费修理。

(14) 纠纷、仲裁及违约责任。合同中应写明,如果双方发生纠纷,应向何处人民法院起诉。

(15) 保险调解。合同中应写明当保险经调解仍不能解决时,应向哪个上级主管部门提起仲裁,合同中应注明保险项目。国内的承包工程保险一般为建设工程一切险和安装工程一切险。保险费均应列入项目的投资概预算中。

(16) 其他。其他条款包括:加工、采购的有关规定;合理化建议的处理;停工、窝工的责任处理;工程双方互相协作事项;合同公证、合同中未尽事宜的处理方法;合同附件等。

7.4.3 建筑工程施工合同

建筑工程施工合同是建设单位(甲方)和施工单位(乙方)为完成商定的建筑工程施工任务,明确相互权利义务关系而签订的协议。

建筑工程施工合同的内容如下。

(1) 工程概况。其主要说明工程项目的名称和地点,工程内容和承包范围,开竣工日期和总日历天数,质量等级,合同价款等。

(2) 合同文件组成,使用的语言文字,适用的法规、标准、规范。

① 主要是写明组成合同文件的名称,如中标通知书、设计图纸、施工合同、工程预算书等。

② 如合同文件使用少数民族语言,应规定语言的名称。写明依据的法律法规、标准、规范、翻译文本的名称,由谁提供和提供时间。

③ 原则上国家、部门和地方的法规都应适用于合同文件,但对同一问题要求不一致时,应在本条款内写明适用地方或部门的法规名称。

④ 国家有统一的标准、规范时,施工中必须使用。国家没有统一的标准、规范时,可以使用地方或专业的标准、规范,地方和专业的标准、规范不相一致时,应在本条款内写明适用标准、规范的名称,并按照工程部位和项目分别填写适用标准、规范的名称和编号。

⑤ 如乙方要求甲方提供标准、规范,应在合同中写明,并注明提供的时间、份数和费用由谁承担。甲方提出超过标准、规范的要求,征得乙方同意后,可以作为验收和施工的要求写入本条款,并明确规定产生的费用由谁承担。由乙方提出施工工艺的,应在本条

款写明施工工艺的名称，使用的工程部位，制定的时间要求和费用由谁承担。

（3）图纸提供日期、套数、特殊保密要求和费用。在这一条款中甲方对图纸有保密要求的，应在本条款中写明要求的内容、保密费用及由谁承担。乙方要求增加图纸份数的，应写明图纸的名称、份数、提供的时间和费用。若甲方不能在开工前提供全套图纸，应将不能按时提供的图纸名称和最终提供时间在本条款中写明。

（4）甲方、乙方驻地代表及委派人员名单和职责。

（5）甲方工作。具体包括如下内容。

① 对施工场地具备开工条件的时间要求。

本条款应写明使施工场地具备开工条件的各项工作的名称、内容、要求和完成时间。如有各种障碍，应写明名称、数量、清除的距离等具体内容。

② 水电、通信等施工管线进入施工场地的时间、地点和供应要求。

③ 施工场地内主要交通干道设置及其与公共道路的开通时间和起止地点。

④ 工程地质和地下管网线路资料的名称和提供时间。

⑤ 办理证件、批件的名称和完成时间。

⑥ 水准点与坐标控制点位置提供和交验要求。

⑦ 会审图纸和设计交底时间。本条款中，如不能确定准确时间，应写明相对时间。

⑧ 施工场地周围建筑物和地下管线的保护要求。

⑨ 违约处理。

（6）乙方工作。具体包括如下内容。

① 提供的施工图和配套设计资料名称、完成时间及要求。

② 提供的计划、报表名称及其时间和份数。

③ 施工防护工作的要求。甲方要求乙方提供照明、警卫、看守等工作，应在此条款中写明。

④ 向甲方代表提供办公和生活设施。本条款中，应写明办公生活用房的间数、面积、规格要求，各种设施的名称、数量、型号及提供的时间和要求，发生费用的金额及由谁承担。

⑤ 对现场交通和噪声的要求。本条款应写明地方政府、有关部门和甲方对现场交通和噪声内容的具体要求。如在什么时间、哪种型号的车辆不能行驶或行驶的规定，在什么时间不能进行哪些施工，施工噪声不能超过多少分贝。

⑥ 成品保护要求。本条款应写明工程完成后应由乙方采取特殊措施保护的单位工程或部位的要求，所需费用由谁承担。

⑦ 施工场地周围建筑物和地下管线的保护要求。

⑧ 施工场地整洁卫生的要求。

本条款应写明对施工现场布置、机械材料的放置、施工垃圾处理等场容卫生的具体要求，对建筑物的清洁和施工现场清理的要求。

⑨ 违约处理。

（7）进度计划。具体包括如下内容。

① 乙方提供施工组织设计（或施工方案）。

② 乙方代表批准的开工时间和进度计划时间。

(8) 延期开工、暂停施工损失的计算方法。

(9) 工期延误。本条款应说明以下内容。

① 工作延误多长时间才算延误。

② 对可调整因素的限制，如工程量增减多少才可调整。

③ 需补充的其他造成工期调整的因素。

④ 双方议定乙方延期竣工应支付的违约金额，应在本条款写明违约金额和计算方法，延误一天乙方应支付多少。

(10) 工期提前（指合同工期比定额工期提前）。

① 提前的时间。

② 乙方采取的赶工措施。

③ 甲方为赶工提供的条件。

④ 赶工措施费用的计算和分担。

⑤ 收益的分享比例和计算方法。

(11) 检查和返工。如甲方委托的工程质量监督单位和采用的监督方法。

(12) 工程质量等级。具体包括如下内容。

① 工程质量等级的要求和经济支出。

② 达不到质量等级要求乙方承担的违约责任。

③ 质量评定仲裁部门名称。

(13) 隐蔽工程。中间验收部位和时间要求；甲方应提供的便利条件。

(14) 对设备试车的具体要求，试车责任和费用承担。

(15) 隐蔽工程在验收校验或重新检验后质量合格，甲方应承担的经济损失计算方法和顺延工期的责任。

(16) 合同价款及调整。

① 工程造价的计算依据。

② 确定工程造价的方式。

③ 工程造价的调整条件。

④ 工程造价的调整方式。

目前我国合同价款调整的形式很多，应按照具体情况予以说明。

a. 一般工期较短的工程采用固定价格，但因甲方原因致使工期延长时，合同价款是否作出调整应在本条款中说明。

b. 甲方对施工期间可能出现的价格变动采取一次性付给乙方一笔风险补偿费用办法的，应写明补偿的金额和比例，写明补偿后是全部不予调整还是部分不予调整，及可以调整项目的名称。

c. 采用可调价格的应写明调整范围，除材料费外是否包括机械费、人工费、管理费；调整的条件，对合同中所列出的项目是否还有补充，如对工程量增减和工程变更的数量有限制的，还应写明限制的数量；调整的依据，是哪一年工程造价管理部门公布的价格调整文件；调整的方法、程序，乙方提出调价通知的时间，甲方代表批准和支付的时间等。

(17) 工程预付款。具体包括如下内容。

① 工程预付款比例及总额。

② 工程预付款的预付时间。

③ 扣回时间和比例。

④ 甲方不按时付款应承担的违约责任。

双方应根据当地建设行政主管部门的规定，经双方协商确定后把工程预付款的预付时间、金额、方法和扣回时间、金额、方法在本条款中写明。如"在合同签订后，甲方应将合同价款的（　）%，计人民币（　）元，于（　）月（　）日和（　）月（　）日……分（　）次支付给乙方，作为工程预付款。在完成合同总造价（　）%（以甲方代表签字确认的工程量报告为准）后的（　）个月里，每月扣回工程预付款的（　）%，在完成合同总造价的（　）%时扣完。甲方不预付工程预付款，在合同价款中应考虑乙方垫付工程费用补偿"。

(18) 工程量的核实确认。本条款应写明乙方提交已完工程量报告的时间和要求。

(19) 工程款支付。具体包括如下内容。

① 工程款支付方式。

② 工程款支付金额和时间。

③ 甲方违约的责任。

双方应按当地建设行政主管部门的规定，根据工程实际情况协商确定，把工程款的支付时间、金额和方法在本条款中写明。例如按月支付的，应写明"乙方应在每月的第×天前，根据甲方核实确认的工程量、工程单价和取费标准，计算已完工程价值，编制'工程价款结算单'送甲方代表，甲方代表收到后，应在第×天之前审核完毕，并通知经办银行付款"。

(20) 甲方供应材料、设备的要求。

本条款应写明材料、设备的种类、规格、数量、单价、质量等级和提供时间、地点，并汇总成表格，作为合同的附件。填写本条款时，几种特殊情况应作出说明。

(21) 乙方采购材料、设备的要求及差价的处理。

① 由甲方提供三材指标，乙方进行采购的，应写明指标名称、提供的时间和甲方不能按规定提供应承担的违约责任。

② 甲方不提供指标，由乙方采购三材，应写明材料名称、数量、规格、质量等级和价格。

③ 甲方指定厂家由乙方采购材料、设备的，应写明如产品价格高于乙方预算价格时差价由谁承担，以及由制造厂家的原因造成产品质量等级、规格、型号和交货时间达不到合同要求，造成的损失和生产的费用由谁承担。

(22) 设计变更的确认方式和确认设计变更后的价款计算方法。

(23) 竣工验收。具体包括如下内容。

① 乙方提交竣工资料和验收报告的时间。

② 甲方对验收时间的承诺及组织验收的部门。

③ 乙方提交竣工图的时间和份数。

（24）竣工结算。具体包括如下内容。
① 结算方式。
② 乙方提交结算资料的时间。
③ 甲方审核结算资料的时间。
④ 报送经办银行的时间。
⑤ 甲乙双方的违约责任。
（25）保修。具体包括如下内容。
① 保修内容、范围、期限。
② 保修金额和支付方法及保修金利率。
（26）争议。本条款应写明，甲乙双方在发生争议时，应采取哪种解决方式。争议的解决方式为向仲裁机关提出仲裁或人民法院起诉。
（27）索赔的具体事项。写本条款时，甲方违约应负的违约责任应按以下各项分别作出说明。
① 承担因违约发生的费用，应写明费用的种类，如工程的损坏及因此发生的拆除、修复等费用支出，乙方因此发生的人工、材料、机械和管理等费用支出。
② 支付违约金，要写明违约金的数额或计算方法、支付时间。
③ 赔偿损失，违约金的数额不足以赔偿乙方的损失时应将不足部分支付给乙方，作为赔偿，并写明损失的赔偿范围和计算方法，如损失的性质是直接损失还是间接损失，损失的内容是否包括乙方窝工的工费、机械费和管理费，是否包括窝工期间乙方本应获得的利润。
（28）安全施工。其具体内容有：乙方在动力设备、高电压线路、地下管道、密封防震车间、要道附近施工的主要内容，防护措施费用计算方法和支付方式。
（29）专利技术，特殊工艺和合理化建议。具体包括如下内容。
① 采用专利技术和特殊工艺的名称、使用部位。
② 需要支付给乙方费用的计算方法和支付方式。
③ 乙方提出合理化建议，节约的工程费用分成办法和支付方式。
（30）不可预见的地下障碍物和文物处理的责任，费用的承担和工期的顺延。
（31）工程分包。具体包括如下内容。
① 分包工程内容和分包单位。
② 分包工程价款的结算办法。
（32）不可抗力自然灾害的认定标准。本条款应根据当地的地理气候情况和工程的要求，对造成工期延误和工程破坏的不可抗力自然灾害作出规定，可采用以下形式。
① ×级以上的地震。
② ×级以上持续×天的大风。
③ ×mm以上持续×天的大雨。
④ ×年以上未发生过，持续×天的高温天气。
⑤ ×年以上未发生过，持续×天的严寒天气。
（33）保险。具体包括如下内容。
① 本工程是否投保。

② 投保后，双方协作的责任。
（34）工程一旦发生停建或缓建双方约定的内容。
（35）合同生效日期、终止日期。

7.4.4　建筑材料和设备供应合同

建筑材料和设备供应合同是供方（一般为物资供应部门或建筑材料和设备的生产厂家）和需方（为建设单位或建筑承包企业）为完成商定的建筑材料和设备供应任务，确认相互权利义务关系而签订的协议。

（1）建筑材料供应合同的主要内容。

① 标的。标的是供应合同的主要条款。如果标的不明确，合同就无法履行。供应合同应具体写明购销物资的名称（要注明牌号、商标）、品种、型号、规格、等级、花色、技术标准或质量要求等。

② 数量。数量是供应合同中衡量标的的尺度。合同中必须有准确的数量规定。如果没有数量的规定，双方的权利义务就难以具体落实，一旦发生纠纷也难以分清责任。合同标的数量的计量方法要按照国家或主管部门的规定执行，或按供需双方商定的方法执行，不可以用含糊不清的计量单位。

③ 包装。产品的包装条款包括包装标准和包装费用。

包装标准是指产品包装的类型、规格、容量及印刷标记等。

包装费用一般不得向需方另外收取。如果需方有特殊要求，双方应在合同中商定写明。如果包装超过原定的标准，超过部分由需方负担费用；低于原标准，应相应降低产品价格。以上这些内容在合同中应列条具体写明。

④ 运输方式。运输方式可分为铁路、公路、水路、航空、管道运输等，一般由需方在签订合同时提出采取哪一种运输方式并在合同中写明。供方代办发运，运费由需方负担。

⑤ 价格。可由供需双方协商确定价格。在合同中应写清价格（用大写数字）及单位，不能随意改动。

⑥ 结算。供需双方应对产品货款，实际支付的运杂费和其他费用进行货币清算和了结。我国现行结算方式，分为现金结算和转账结算两种。在合同中要写明采用哪种结算方式。

⑦ 违约责任。违约责任，是指合同当事人由于自己的过错致使合同不能履行或不能完全履行，依照法律和合同规定必须承担的法律责任。这些责任在合同中应具体写明。

⑧ 特殊条款。如果供需双方有一些特殊的要求或条件，可通过协商，经双方认可后作为合同的一项条款，在合同中明确列出。

（2）建筑设备供应合同的主要内容。

① 标的。其参照建筑材料供应合同。

② 数量。要列明成套设备名称、套数、备用品、配件和安装修理工具等，可通过协商，经双方认可后作为合同的一项条款。要明确规定随主机的辅机、附件、配套的产品，并在合同后附详细清单。

③ 包装。其参照建筑材料供应合同。
④ 交货单位、交货方式。
⑤ 交（提）货期限。
⑥ 现场服务。写明运输方式、到货地点、接（提）货单位。供方应选派技术人员到现场服务，并对现场服务的内容作出明确规定。合同中还要对供方技术人员在现场服务期间的生活待遇及费用作出明确规定。
⑦ 验收和保修。成套设备的安装是一项复杂的系统工程。安装成功后，合同中应详细注明成套设备验收办法，能否试车成功是关键。

成套设备是否保修、保修期限、保修费用负担者，都应在合同中明确规定。不管设备制造企业是谁，都应由设备供方负责。

⑧ 设备合同价格。设备合同价格应根据承包方式来确定。按设备费包干的方式及招标方式确定合同价格较为简单，而按委托承包方式确定合同价格较为复杂。在签订合同时针对确定价格有困难的产品，可由供需双方协商暂定价格，并在合同中注明"按供需双方最后商定的价格（或物价主管部门批准的价格）结算，多退少补"。

⑨ 结算方式、开户银行、账户名称、账号、结算单位。
⑩ 违约责任。其参照建筑材料供应合同。

7.5 建筑工程合同的写作要求

（1）建筑工程合同的内容必须完全合法。签订建筑工程合同必须符合国家法律、法令的规定。
（2）内容齐全，条款完整，不能漏项。
（3）内容具体、详细，不能笼统。
（4）定义要清楚、准确，双方工程责任界限要明确，不能含糊不清。
（5）合同应体现双方平等互利关系，即责任和权利，工程和报酬之间的平衡。
（6）合同条款要分条写，字迹要清楚，标点要准确。
（7）合同不能涂改，如有错误、遗漏必须更正补充时，应加盖印章。
（8）合同有附件，应将附件名称、件数在合同中标明以便查对，附件同样具有法律效力。

【例文一】

建筑安装工程设计合同

建设单位：_____，以下简称甲方。
设计单位：_____，以下简称乙方。
为了明确责任，分工协作，共同完成国家建设项目的设计任务，根据_____的规定和_____批准的设计任务书，经甲乙双方充分协商，

建设工程合同标准文本

特签订本合同，以便共同遵守。

一、工程名称、规模、投资额、建设地点

甲方委托乙方承担_____工程的设计任务，建筑安装面积为_____m^2，批准总投资为_____万元，建设地点在_____。

二、甲方的义务

(1) 甲方应在_____年____月____日以前，向乙方提交已经上级批准的设计任务书、工程选址报告，以及原料、燃料、水、电、运输等方面的协议文件和能满足初步设计要求的勘察资料、经过科研取得的技术资料。甲方在_____年____月____日施工图设计前，应提供经过批准的初步设计文件和能满足施工图设计要求的勘察资料、施工条件及有关设备的技术资料。

甲方对上述资料必须保证质量，不得随意变更。

(2) 及时办理各设计阶段设计文件的审批工作。

(3) 在工程开工前，甲方应组织有关施工单位，由乙方进行设计技术交底；工程竣工后，甲方应通知乙方参加竣工验收。

(4) 在设计人员进入施工现场进行工作时，甲方应提供必要的工作条件，并在生活上予以方便。在设计和施工过程中因技术上的特殊需要进行试制试验所需一切费用，以及为配合甲方到外地出差的差旅费均由甲方负责。

(5) 甲方必须维护乙方的设计文件，不得擅自修改；未经乙方同意，甲方不得复制、重复使用或擅自扩大建设范围。甲方有义务保护乙方的设计版权，不得转让给第三方重复使用。

三、乙方的义务

(1) 乙方必须在_____年____月____日以前，向甲方交付初步设计文件；在_____年____月____日以前，向甲方交付技术设计文件；在_____年____月____日以前，向甲方交付施工图设计文件。其中，初步设计文件一式一份，技术设计文件一式一份，施工图设计文件一式一份，甲方另需增添文件份数，另行收费。_____年____月____日以前，乙方必须向甲方提交完毕所有设计文件（包括概预算文件、材料设备清单）。

［大型建筑安装工程，甲乙双方可视具体情况分阶段进行设计，在具备设计条件时，双方可签订阶段设计合同，具体规定甲方应提交各阶段设计资料的名称和日期，乙方交付设计文件的日期，阶段设计合同作为本合同的附件，详见附件（2）］。

(2) 乙方必须根据批准的设计任务书或上设计阶段的批准文件，以及有关设计的技术经济文件、标准、技术规范、规程、定额等进行设计，提交符合质量的设计文件。

(3) 初步设计经上级主管部门审查后，在原定任务书范围内的必要修改工作，乙方应负责承担。

(4) 设计单位对所承担设计任务的建设项目应配合施工，进行施工前技术交底，解决施工中的有关设计问题，负责设计变更和修改概预算，参加隐蔽工程验收和工程竣工验收。

四、设计的修改和停止

(1) 甲方因故要求修改工程的设计，经乙方同意后，除设计文件交付时间另定外，甲方应按乙方实际返工修改工日，每工日_____元增付设计费，或按设计阶段中返工的工作量百分比计算。

（2）原定设计任务书或初步设计如有重大变更而需要重新编制或修改时，须经设计任务书的批准机关或设计审批机关同意，经双方协商，另订合同。已经进行了的设计费用的支付，按前条办法计算。

（3）甲方因故要求中途停止设计时，应及时书面通知乙方，已付的设计费不退，并按该阶段的实际耗工日，增付和结清设计费，同时结束合同关系。

五、设计费的金额和支付办法

本设计合同生效后_____天内，甲方应向乙方交付相当于设计费20%的定金，设计合同履行后，定金抵作设计费；乙方向甲方提交初步设计方案后_____天内，甲方应向乙方支付_____％的设计费；乙方向甲方提交施工图设计文件后_____天内，甲方应向乙方结清全部设计费（设计周期较长的大型工程项目，施工图阶段的设计费，可按单项工程设计完成后分别拨付）。

六、奖励与违约责任

（1）在合理的工程投资控制金额内，由于乙方采用先进技术或合理化建议而节省了工程投资，可以从节约投资额中提取_____％奖励乙方。

（2）由于甲方不能按期、准确提供有关设计资料，致使乙方无法进行设计或造成设计返工，乙方除可将设计文件交付日期顺延外，还应由甲方按乙方实际损失工日，以每工日_____元计算增付设计费。

（3）甲方不按照合同规定的时间向乙方支付定金和设计费，应根据银行关于延期付款的规定，向乙方偿付违约金。

（4）由于乙方的原因，延误设计文件的交付时间，每延误_____天，乙方应向甲方偿付相当于设计费_____％的违约金（甲方可在设计费中扣除）。

（5）因乙方设计质量低劣引起返工，应由乙方继续完善设计任务，并视造成的损失、浪费大小，减收或免收设计费。对因乙方设计错误造成工程重大质量事故，乙方除免收损失部分的设计费外，还应支付与直接损失部分设计费相当的赔偿金。

七、其他

本合同自_____年____月____日双方签字后生效，全部设计任务完成后失效。本合同如有未尽事宜，需经双方共同协商，作出补充协定。补充协定与本合同具有同等法律效力，但不得与本合同内容相抵触。

在合同执行中如发生纠纷，双方应及时协商解决。协商不成时，双方属于同一部门的，由上级主管部门调解；调解不成或双方不属于同一部门的，可向国家规定的合同管理机关申请调解或仲裁，也可以直接向人民法院起诉。

本合同正本一式两份，甲乙双方各执一份；合同副本送计委、建委……单位各留存一份。

建设单位（甲方）：　　　　　　　设计单位（乙方）：

代表人：　　　　　　　　　　　　代表人：

联系人：　　　　　　　　　　　　联系人：

联系电话：　　　　　　　　　　　联系电话：

开户银行： 开户银行：
账号： 账号：

_____年___月___日订

附：
（1）_____设计项目收费表；
（2）_____工程设计补充协议书。

【例文二】

某建筑工程施工承包合同

第一部分　合同协议书
发包人（全称）：
法定代表人：
法定注册地址：

承包人（全称）：
法定代表人：
法定注册地址：

工程总承包合同文本

发包人为建设单位，已接受承包人提出的承担本工程的施工、竣工、交付并维修其任何缺陷的投标。依照《中华人民共和国招标投标法》《中华人民共和国建筑法》及其他有关法律法规，遵循平等、自愿、公平和诚实信用的原则，双方共同达成并订立如下协议。

一、工程概况。

工程名称：（项目名称）/标段

工程地点：

工程内容：工程施工招标内容和经发包方确认的施工图内建筑、装饰、安装及室外附属工程的所有内容（具体内容见招标文件及施工图）。

备注：

（1）工程项目在实施过程中，发包人由于项目存在的不确定因素影响，有可能引起工程规模、工期、内容发生变化，这种变化称为重大变更，重大变更发生后，承包方必须无条件接受执行。

（2）重大变更发生后，工期的确定以发包人的要求为准，承包方必须按发包方的工期要求重新调整工期计划。

（3）重大变更发生后，工程造价以发包方委托的造价咨询公司和审计部门审计结论为准，并进行结算。

（4）重大变更发生后，一切与本合同有出入需要重新调整的事宜，发包方、承包方可协商签订补充协议解决。

群体工程应附《承包人承揽工程项目一览表》（附件1）。

工程立项批准文号：

资金来源：

二、工程承包范围及方式。

承包范围：项目施工图及工程量清单中包含的建筑、装饰、安装及室外附属工程，也包括图纸会审记录、有关设计变更、现场签证，以及双方签订的有关协议所包含的工程（具体范围详见该工程招标文件、工程量清单）。

承包方式：由承包方按照本合同约定范围和经审定的图纸内容实行工程总承包。

三、合同工期。

计划开工日期：

计划竣工日期：

工期总日历天数：＿＿＿＿＿＿＿＿天，具体开工日期以总监理工程师发出的开工指令为准。

四、质量标准。

工程质量标准：符合现行国家有关工程施工验收规范和标准的要求，质量目标为一次性验收合格。

五、合同形式。

本合同采用固定单价合同形式。

六、签约合同价。

金额（大写）：　　　元（人民币）

（小写）¥：　　　元

其中：

分部分项工程量清单投标价为　　元

措施项目清单投标价为　　元（包括：单价措施项目清单投标价为　　元，总价措施项目清单投标价为　　元）

其他项目清单投标价为　　元（包括：暂列金额为　　元，计日工金额为　　元）

材料和工程设备暂估价为　　元

专业工程暂估价为　　元

总承包服务费为　　元

安全文明施工投标价为　　元

规费项目清单投标价为　　元

增值税销项税项目清单投标价为　　元

七、承包人项目经理。

姓名：

职称：

身份证号：

建造师执业资格证书号：

建造师注册证书号：

建造师执业印章号：

安全生产考核合格证书号：

八、合同文件的组成。

下列文件应被认为是组成本合同的一部分，并互为补充和解释，如各文件存在冲突之处，以如下排列次序在前者优先适用。

（1）合同协议书。

（2）中标通知书。

（3）投标函及投标函附录。

（4）专用合同条款。

（5）通用合同条款。

（6）招标文件及发包人所发工程量清单（含招标文件补遗书、澄清文件、答疑文件、招标图等）。

（7）技术标准和要求。

（8）图纸（含设计变更、图纸会审记录、技术核定单等技术资料）。

（9）已标价工程量清单。

（10）国家及四川省、成都市的标准、规范及有关技术文件。

（11）合同附件（工程质量保修书、工程建设项目廉洁协议等）。

（12）组成合同的其他文件（如会议纪要等）。

九、本协议书中有关词语定义与合同条款中的定义相同。

十、承包方向发包方承诺按照合同约定进行采购、施工、竣工验收、移交、结算等工作，并在质量保修期内承担工程质量保修责任。

十一、发包人承诺按照合同约定的条件、期限和方式向承包人支付合同价款。

十二、合同生效。

合同订立时间：

合同订立地点：

本合同自发包方、承包方双方法定代表人（或其委托代理人）签字并加盖公章之日起生效，至本标段工程竣工结算完后60日且质量保修期满并双方的责任、义务同时履行完毕时终止。

十三、本合同协议书连同其他合同文件正本一式两份，合同双方各执一份；副本一式十二份，其中一份在合同报送建设行政主管部门备案时留存。合同正、副本具有同等法律效力，但当合同正本与副本的表述不一致时，以合同正本为准。

十四、合同未尽事宜，双方另行签订补充协议，但不得背离本合同协议书第八条所约定的合同文件的实质性内容。补充协议是合同文件的组成部分。

（下无正文）

发包人：（盖单位章） 　　　　　　　　　承包人：（盖单位章）

法定代表人或其委托代理人： 　　　　　法定代表人或其委托代理人：

电话： 　　　　　　　　　　　　　　　电话：

传真： 　　　　　　　　　　　　　　　传真：

开户银行：　　　　　　　　　　开户银行：

账　　号：　　　　　　　　　　账　　号：

日　　期　　　　　　　　　　　日　　期

第二部分　通用合同条款（略）
第三部分　专用合同条款（略）

【例文三】

合同协议书

发包人（全称）：_____

承包人（全称）：_____

根据《中华人民共和国民法典》《中华人民共和国建筑法》及有关法律规定，遵循平等、自愿、公平和诚实信用的原则，双方就_____工程施工及有关事项协商一致，共同达成如下协议。

一、工程概况

1. 工程名称：_____。

2. 工程地点：_____。

3. 工程立项批准文号：_____。

4. 资金来源：_____。

5. 工程内容：_____。

群体工程应附《承包人承揽工程项目一览表》（附件1）。

6. 工程承包范围：

_____

_____。

二、合同工期

计划开工日期：_____年____月____日。

计划竣工日期：_____年____月____日。

工期总日历天数：_____天。工期总日历天数与根据前述计划开竣工日期计算的工期天数不一致的，以工期总日历天数为准。

三、质量标准

工程质量符合_____标准。

四、签约合同价与合同价格形式

1. 签约合同价为：

人民币（大写）_____（¥_____元）；

其中

（1）安全文明施工费：

人民币（大写）_____（¥_____元）；

（2）材料和工程设备暂估价金额：

人民币（大写）_____（¥_____元）；

（3）专业工程暂估价金额：

人民币（大写）_____（¥_____元）；

（4）暂列金额：

人民币（大写）_____（¥_____元）；

2. 合同价格形式：_____。

五、项目经理

承包人项目经理：_____。

六、合同文件构成

本协议书与下列文件一起构成合同文件。

（1）中标通知书（如果有）。

（2）投标函及其附录（如果有）。

（3）专用合同条款及其附件。

（4）通用合同条款。

（5）技术标准和要求。

（6）图纸。

（7）已标价工程量清单或预算书。

（8）其他合同文件。

在合同订立及履行过程中形成的与合同有关的文件均构成合同文件组成部分。

上述各项合同文件包括合同当事人就该项合同文件所作出的补充和修改，属于同一类内容的文件，应以最新签署的为准。专用合同条款及其附件须经合同当事人签字或盖章。

七、承诺

1. 发包人承诺按照法律规定履行项目审批手续、筹集工程建设资金并按照合同约定的期限和方式支付合同价款。

2. 承包人承诺按照法律规定及合同约定组织完成工程施工，确保工程质量和安全，不进行转包及违法分包，并在缺陷责任期及保修期内承担相应的工程维修责任。

3. 发包人和承包人通过招投标形式签订合同的，双方理解并承诺不再就同一工程另行签订与合同实质性内容相背离的协议。

八、词语含义

本协议书中词语含义与通用合同条款中赋予的含义相同。

九、签订时间

本合同于_____年____月____日签订。

十、签订地点

本合同在_____签订。

十一、补充协议

合同未尽事宜，合同当事人另行签订补充协议，补充协议是合同的组成部分。

十二、合同生效

本合同自＿＿＿＿＿＿＿＿＿＿＿＿＿＿＿＿＿＿＿＿生效。

十三、合同份数

本合同一式＿＿＿份，均具有同等法律效力，发包人执＿＿＿份，承包人执＿＿＿份。

发包人：　（公章）　　　　　　　　承包人：　（公章）

法定代表人或其委托代理人：　　　　法定代表人或其委托代理人：
（签字）　　　　　　　　　　　　　（签字）

组织机构代码：＿＿＿＿＿＿＿　　　组织机构代码：＿＿＿＿＿＿＿
地　　　址：＿＿＿＿＿＿＿　　　　地　　　址：＿＿＿＿＿＿＿
邮政编码：＿＿＿＿＿＿＿　　　　　邮政编码：＿＿＿＿＿＿＿
法定代表人：＿＿＿＿＿＿＿　　　　法定代表人：＿＿＿＿＿＿＿
委托代理人：＿＿＿＿＿＿＿　　　　委托代理人：＿＿＿＿＿＿＿
电　　　话：＿＿＿＿＿＿＿　　　　电　　　话：＿＿＿＿＿＿＿
传　　　真：＿＿＿＿＿＿＿　　　　传　　　真：＿＿＿＿＿＿＿
电子信箱：＿＿＿＿＿＿＿　　　　　电子信箱：＿＿＿＿＿＿＿
开户银行：＿＿＿＿＿＿＿　　　　　开户银行：＿＿＿＿＿＿＿
账　　　号：＿＿＿＿＿＿＿　　　　账　　　号：＿＿＿＿＿＿＿

小　结

建筑工程合同类应用文是在建筑活动中形成、发展、为现实建筑活动服务的，具有特定惯用格式的应用文书。它是建筑活动中的重要凭证，是建筑工程管理工具。

常见的建筑工程合同主要有勘察合同、设计合同、施工合同、监理合同、建筑装饰装修合同等，它们都有着固定的格式和专用版本。

学习建筑工程合同的结构要求，掌握各类建筑工程合同的写法，是建筑企业发展的需要，也是现代企业工作人员必须具备的一种能力。

习　题

一、填空题

1. 建筑工程合同是建筑企业组织＿＿＿＿＿＿＿，实现＿＿＿＿＿＿＿，进行建筑产品交换的法律手段，是组织＿＿＿＿＿＿＿，从事＿＿＿＿＿＿＿的重要方式。

2. 建筑工程合同按承包方式分为＿＿＿＿＿＿＿合同、＿＿＿＿＿＿＿合同、＿＿＿＿＿＿＿合同、＿＿＿＿＿＿＿合同、＿＿＿＿＿＿＿合同。

3. 违约责任即合同一方或双方因过失不能履行或不能完全履行合同责任，而侵犯了另一方＿＿＿＿时所应负的责任。没有规定违约责任，则合同对双方难以形成＿＿＿＿，难以确保＿＿＿＿，发生争执时也＿＿＿＿。

4. 建筑安装工程合同中承包方式主要有按＿＿＿＿包干、按＿＿＿＿包干、按＿＿＿＿包干、按＿＿＿＿结算。

5. 建筑工程施工合同在"合同价款及调整"条款中应包括：＿＿＿＿的计算依据，＿＿＿＿的方式，＿＿＿＿的调整条件，＿＿＿＿的调整方式。

二、简答题

1. 建筑工程合同的性质、作用是什么？
2. 建筑工程合同常用的有哪几种？
3. 合同中正文内容有哪六个重点？
4. 建筑工程勘察合同对违约责任有哪些规定？
5. 建筑工程设计合同中承包方的义务有哪些内容？
6. 建筑工程施工合同对建设单位的工作做了哪些具体要求？
7. 不可抗力自然灾害可采用什么形式加以认定？
8. 编制建筑工程合同时有哪些基本要求？

第8章 法律类应用文

教学目标

掌握常见法律类应用文各文种的性质、格式、写作要求。体味例文，模拟写作，培养撰写建筑行业各类诉讼文书的能力。

教学要求

能力目标	知识要点	权重	自测分数
掌握常见法律类应用文各文种的性质、格式、写作要求	经济仲裁申请书	20%	
	经济纠纷起诉状	20%	
	经济纠纷上诉状	20%	
	经济纠纷申诉状	20%	
	经济纠纷答辩状	20%	

章节导读

法律类应用文，又叫法律文书，是指国家司法机关及有关专门组织在其职权范围内处理各类案件时依法制作的具有法律效力或法律意义的各种文书的总称。

引例

我们先来看一个《经济合同仲裁申请书》的格式，以此来对法律类应用文写作进行初步的了解。

经济合同仲裁申请书

申请人：×××。

地址：××市××路××号。

被申请人：××县第一建筑安装公司。

地址：××县××路××号。

法定代表人：××，男，×岁，公司经理。

案由：建筑工程承包合同违约及工程质量纠纷。

申请要求：终止所签建筑工程承包合同。

事实和理由：××××年4月10日，本人与××县第一建筑安装公司（简称建筑公

经济仲裁申请书写作

司）签订了一份建筑工程承包合同，由建筑公司为本人建造私人住宅。合同约定：建筑面积××m²，每平方米造价××元，总造价××元；工程自×××年4月22日起至同年8月30日竣工；合同还就工程质量标准、付款方式、违约责任以及监督方法等作了规定。合同签订后，于同月12日经××县工商行政管理局签证生效。

建筑公司按照合同施工，工程进行到屋面封顶时，本人已向建筑公司支付工程款××元（分两次支付）。建筑公司在将屋面浇筑后，又要求本人支付第三次工程款。屋面浇筑后对其进行试压，发现试压结果不符合合同规定的标准，并且按合同规定的付款方式，所付款总和已超出第三次应付款金额，因而本人拒付。建筑公司随即停止施工，致使到合同期满时工程尚未能竣工。为了保障申请人合法权益，请对被申请人违约及工程质量不符合要求进行裁决，同意本人终止合同。

此致
××县工商行政管理局

  附：1. 本申请书副本3份
    2. 合同书2份
    3. 证人：××
  地址：××市××路××号

引例小结

该申请书分为标题、首部、主部、尾部等内容，清晰地叙述了事件的全过程及纠纷点，文字简练，语言中肯。

8.1　经济仲裁申请书

8.1.1　经济仲裁申请书的性质

经济仲裁申请书，是经济关系一方或双方当事人，为了解决经济纠纷，维护自己的合法权益，而向经济仲裁机关提出仲裁请求的一种法律文书。

当经济纠纷双方当事人发生争执，协商不成，调解又达不到一致时，可用书面形式申请经济仲裁机关依法作出公正裁决，这就叫作仲裁。经济仲裁申请书在仲裁程序中是经济仲裁机关受理经济纠纷案件的法律依据。

8.1.2　经济仲裁申请书的格式

1. 标题

标题常写"经济仲裁申请书"。

2. 首部

首部写明申请人基本情况，如单位名称（或姓名）、地址、法定代表人姓名（针对有单位的情况)、职务,以及写明被申请人基本情况,如单位名称(或姓名)、地址、法定代表人姓名(针对有单位的情况)、职务。

3. 主部

主部包括案由、申请要求、事实和理由。

(1) 案由。案由一般根据合同种类名称和争议标的来确定用语,如"技术服务合同支付报酬纠纷"。

(2) 申请要求。申请要求必须具体、明确,如有多项要求,应分项列出。

(3) 事实和理由。其与申请要求同是核心部分。事实主要叙述纠纷发生、发展经过,双方争执焦点,用来证明事实真相的人证、物证、书证等,证据要确凿有力。理由是根据事实和证据分析被申请人的违约行为,被申请人应承担的责任以及提出申请仲裁要求的法律、政策依据,理由要充足。

4. 尾部

尾部写明申请书所递交具有管辖权的经济仲裁机关名称,以及申诉的年月日,申请人签名并盖章。

8.1.3 经济仲裁申请书的写作要求

(1) 事实要全面、真实、准确。主要事实的情节要完整,应客观属实,内容和文字准确无误。

(2) 证据要齐全,应将物证、书证明确列示,具体说明,对裁决有影响的次要情节也应说明。

(3) 理由要充分,理由和结论(即申诉要求)之间,要有内在的必然联系,不应是孤立的、脱节的。

(4) 论证方法要正确。

① 实践证明。应摆出在实践中存在的能说明问题的事实、证据,证明申请有据。

② 逻辑证明。应在正确使用事实和运用法律的前提下,通过正确的论证,逻辑推证申请有理。

(5) 文字要简练,语言要中肯。切忌堆砌辞藻,华而不实。

【例文一】

经济仲裁申请书

申请人:××市建筑工程一公司。

地址:××市××路××号。

法定代表人:×××,男,×岁,经理。

被申请人:××县××乡××公司。

案由:建筑材料购销合同违约纠纷。

申请要求:请裁决被申请人未按期按量履行合同,延误申请人工期,赔偿经济损失1500元。

事实和理由：××××年6月1日，我方和××县××乡××公司签订了一份条石购销合同。按照合同规定，被申请人从××××年11月21日至××××年1月24日，应运给申请人条石393条，但申请人只收到166条。被申请人声称：××××年12月8日至10日运给申请人条石580条，××××年12月14日运给申请人条石177条。但无凭据，申请人拒付条石757条的货款。为了保障申请人合法权益，请裁决被申请人未按期按量履行合同，延误申请人工期，赔偿经济损失1500元。

此致
××市工商行政管理局

8.2　经济纠纷起诉状

8.2.1　经济纠纷起诉状的性质

经济纠纷起诉状属民事案件起诉状中的一种，当经济纠纷无法通过正常的协商、调解等途径解决时，为维护企业或工程承包人员的合法权益，就有关民事权利义务的争执，经济纠纷当事人以原告人的身份，向人民法院提起诉讼，诉讼时提交的诉讼文书，即为经济纠纷起诉状。

8.2.2　经济纠纷起诉状的格式

经济纠纷起诉状一般由标题、首部、主部和尾部组成。

1. 标题

标题写"经济纠纷起诉状"。

2. 首部

首部写原告人和被告人的基本情况。

（1）原告人。其指与本案有直接利害关系的个人、企业单位。应写明原告人的单位全称、单位地址（如系个人则写姓名、性别、年龄、民族、籍贯、职务、住址）；法定代表人的姓名、性别、年龄、职务；诉讼代理人的姓名、性别、年龄、工作单位、职务、住址（如系律师，应写明所属律师事务所名称）。

（2）被告人。应写明被告人的单位全称、单位地址（如系个人则写姓名、性别、年龄、职务、住址）；法定代表人的姓名、性别、年龄、职务。若被告人为几个单位或几个人，也应分别写明上述情况。

3. 主部

主部由案由、诉讼请求及事实和理由组成。

（1）案由。案由表明案件性质，含欠款纠纷、损害赔偿、排除侵害等。合同纠纷起诉的案由一般写明名称和具体纠纷，如建筑材料购销合同货款纠纷、建筑工程质量纠纷等。

现在有的起诉状不列案由一项，将其并入诉讼请求中。

（2）诉讼请求。其应分条陈述，明确具体地写出为达到起诉目的而向人民法院提出的请求，如请求支付违约金、欠款及确认财产所有权等。

（3）事实和理由。事实和理由是经济纠纷起诉状的核心部分，是证明自己的诉讼请求成立的重要依据。一般先写事实，后写理由。其内容同前所述。

4. 尾部

尾部写明起诉状呈送的人民法院名称，要有原告人具名。

先紧接主部结尾或提行空两格写"此呈（或此致）"，再提行顶格写"××人民法院"。右下方另行写原告人的单位全称（如系个人则写姓名），提交起诉状的年月日，并加盖公章和法定代表人印章。如有附件，则写在文后。

8.2.3 经济纠纷起诉状的写作要求

1. 必须遵循真实与合法的原则

人民法院审理案件是以事实为依据，以法律为准绳的。因此拟写经济纠纷起诉状一是必须尊重客观事实，如实反映经济纠纷的本来面目，不歪曲捏造；二是必须严格按照法律规定，有充分的法律依据。必须合法，违背法律必然导致败诉。

2. 诉讼请求必须明确具体

诉讼请求是原告人请求法院解决经济纠纷，针对所要达到的目的列出的几项请求，应标明次序，逐项写清楚，不要笼统含糊。

3. 事实和理由必须充足有力，因此必须明确具体

要抓经济纠纷中的关键事实、要害情节，争执焦点应详细叙述；出具证人、证据要确凿实在；援引法律、政策要具体准确，何种法律、政策，何条何款，引用原文必须一字不差。

4. 语言必须简洁、准确，切忌强词夺理

总之，为了达到起诉目的，说理要中肯，语气要平和，请求要合情合理。

【例文二】

经济纠纷起诉状

原告人：×××，男，×岁。
地址：××省××市××路××号。
诉讼代理人：×××，男，×岁，××律师事务所律师。
被告人：××市×研究院。
地址：××市××路××号。
法定代表人：×××，男，×岁，研究院院长。
第三人：××，男，×岁，科长。
案由：房地产购买权纠纷。
诉讼请求：被告人出卖给第三人××的房屋无效，主张原告人具有优先购买权。

事实和理由：

×研究院有自管公房一套，由原告人之父（系研究院职工）承租，原告人之父去世后，由原告人继续租赁居住。

××××年12月，该院房管处以讼争房屋陈旧朽烂、管理不便，院内住户有外单位职工等理由，向主管部门请求将讼争房屋出卖给第三人××。该院主管部门经研究，于××××年12月复函同意出卖该房屋给第三人××，并指出："产权问题上不要留下日后会引起纠纷的问题。"××××年×月第三人××以××××元价款买到该房屋并办理了过户，上述一系列行为，该院并未告知原告人。

××××年3月该院向原告人送达房屋已卖给第三人××，并停止收租的通知书。

原告人认为，原告人长期在讼争房屋居住并按时交纳房租，应视为原告人与被告人有房屋租赁关系，故被告人卖房前理应先征求原告人的意见。再者，《中华人民共和国民法典》第七百二十六条规定，出租人出卖租赁房屋的，应当在出卖之前的合理期限内通知承租人，承租人享有以同等条件优先购买的权利；但是，房屋按份共有人行使优先购买权或者出租人将房屋出卖给近亲属的除外。故该房屋的买卖应判无效，并且原告具有优先购买权。请法院依法审理。

此致
××人民法院

原告人：×××（印章）
××××年×月×日

附：1. 本状副本4份。
    2. 书证2件。
    3. 物证1件。

（编者注：一审判决被告人出卖给第三人××的房屋无效。宣判后，第三人××不服提出上诉）

8.3 经济纠纷上诉状

8.3.1 经济纠纷上诉状的性质

经济纠纷上诉状是指经济诉讼的当事人，由于不服地方各级人民法院第一审判决或裁定，依照法律程序和期限，向上一级人民法院上诉，请求撤销、变更原审判决或裁定或重新审理而提交的诉讼文书。

经济纠纷上诉状的使用是有一定范围的，它包括什么人有权提出上诉和什么时间内可以上诉两个方面。从上诉人的范围看，经济诉讼当事人指原告和被告，既包括只有一个原告和一个被告的双方当事人，也包括原告或被告是两人以上的共同诉讼人和有独立请求权的有直接利害关系的第三人，以及他们的法定代理人。从上诉时限看，在经济纠纷诉讼中，不服人民法院第一审判决，上诉期限为 15 天；不服人民法院第一审裁定，上诉期限为 10 天。超过了上诉期限，就丧失了上诉权利。有耽误上诉期限的正当原因和理由，可另行申请并说明。

8.3.2 经济纠纷上诉状的特点

经济纠纷上诉状的主要特点一是上诉性，目的在于引起第二审判决或裁定，改变第一审判决或裁定，从而维护自己的合法权益，维护法律的尊严；二是针对性，即针对第一审判决或裁定而发表意见、看法，提出自己的请求；三是说理性，上诉状否定或部分否定法院的第一审判决或裁定，需要摆事实、讲道理、带有很强的说理性，甚至具有某种辩论色彩。

上诉状与起诉状都是诉讼文书，都有明确的诉讼对象、明确的案件纠纷和大致相同的结构。它们的区别：一是起诉状必须写清事实，上诉状则无须列写事实，只需明确指出原判的错误，概述不服原判的理由；二是起诉状是针对被告的，写法上多用叙述和说明，上诉状则是针对原判的，侧重于据理辩驳，讲究事理剖析，写法上多用夹叙夹议，语气平和恳切。

8.3.3 经济纠纷上诉状的格式

经济纠纷上诉状由标题、首部、主部和尾部组成。

1. 标题

标题写"经济纠纷上诉状"。

2. 首部

首部写上诉人和被上诉人的基本情况，有委托代理人或辩护人的也要写明其姓名、职务等。书写的项目与顺序跟起诉状相同，但要注意两点。一是应当把当事人在一审中所处的诉讼地位（原告、被告或第三人）用括号予以注明，如"上诉人（一审原告）：×××；被上诉人（一审被告）：×××。"二是公诉案件，无被上诉人，只需写出上诉人基本情况即可。

3. 主部

主部写上诉状的基本内容，包括案由、上诉请求和上诉理由三项。

（1）案由。其写明不服第一审判决或裁定的事由。行文格式固定为，"上诉人因×××纠纷一案，不服××人民法院××××年×月×日×字×号判决（或裁定），现提出上诉，上诉请求和理由如下"。

（2）上诉请求。其要写明请求第二审人民法院撤销或变更原审判决或裁定，或请求重新审理。这是上诉的目的所在，要写得明确具体。上诉请求应针对下列情况提出：原判认定的事实不清，证据不确凿；原判适用的法律不当，理由不充分；原判诉讼程序不合法等。

（3）上诉理由。其应对上诉请求进行论证，是上诉状的关键所在，请求能否成立，取决于有无理由和理由是否充足。上诉理由通常可以从以下四个方面考虑。第一，原审判决或裁定对事实的认定有错误、有出入、有遗漏，或证据不足，提出纠正或否定的事实和证据。第二，原审判决或裁定对事实的定性不当，提出恰当的定性判断。第三，原审判决或裁定引用的法律条文不准、不对，提出正确适用的法律根据。第四，原审判决或裁定不合法定程序，提出纠正的法律依据。总之，要针对原审判决或裁定的具体情况，哪方面不服，就在哪方面据理辩驳。

在次序上，先写上诉理由再写上诉请求也可以。

4. 尾部

尾部写明提请的人民法院名称，或由××人民法院（原判法院）转送××人民法院（上一级法院），以及上诉人单位全称或姓名、上诉日期，加盖印章。

8.3.4 经济纠纷上诉状的写作要求

1. 要针锋相对，有的放矢

上诉状要针对一审判决书或裁定书中的错误或不当提出不服的理由，而不是针对对方当事人，因此要抓原审判决书、裁定书中的关键性问题，单刀直入地切中与判决结果有本质联系的要害。有的放矢地辩驳，而不应在枝节问题或个别词句上纠缠不休，也不能把起诉状中所述的纠纷由来、发生、发展的经过一一复述。这样写会影响等二审人民法院的正确审理，达不到上诉目的。

2. 要摆据说理，以理服人

要使第二审人民法院改变第一审的判决或裁定，必须摆事实、讲道理，摆出事实上的错误、适用法律上的不当、责任分析上的偏差，辨明是非曲直，从而达到上诉目的。

3. 要条理清晰、逻辑性强

经济纠纷上诉状的写作规律，通常是先摆出原审判决条款，次表明态度，再申诉事实根据，最后归纳总结，并紧扣基本观点，进一步提出重新审理、依法改判的请求。要求有条有理，逻辑严密。

4. 要引述简洁，辩驳有力

在上诉状中可以准确无误地引述原判内容的错误、失当之处，也可以毫不走样地综述原判大意，这些都要求语言简洁明确。在据理辩驳时，则要求语言准确流畅，有较鲜明的针对性。

【例文三】

经济纠纷上诉状

上诉人（一审被告）：×省电力研究所。

地址：××市××路××号。

法定代表人：×××，男，×岁，所长。

委托代理人：×××，男，×岁，×省电力研究所，科长。

被上诉人（一审原告）：×市第一建筑工程公司。

地址：××市××路××号。

法定代表人：×××，男，×岁，经理。

上诉人因建筑工程承包合同工程质量纠纷一案，不服××人民法院于××××年×月

×日×字×号判决,现提出上诉。

上诉请求:撤销一审判决,赔偿质量损失费。

上诉理由:

××人民法院于××××年×月×日作出判决。

(1) 被告给付原告工程款 209087.98 元;占道损失费共 176138.13 元。

(2) 原告承担未按设计施工的责任 5 万元(此款在被告应付工程款中扣除)。

(3) 原、被告其他之诉不予支持。案件受理费 1800 元,原告负担 500 元,被告负担 1300 元。

上诉人认为原审决算有误及原审法院对工程款、占道损失费等认定有误。在合同依法签订后,当事人应信守合同,认真履行。可被上诉人未遵守合同规定按设计进行施工,施工质量又低劣,致使工程质量存在一定的问题,对造成此案的纠纷负有主要责任,并应承担经济损失费 5 万元。再者锅炉也未按技术规程安装,致使上诉人又重新解体组装,被上诉人应承担全部经济损失费 10 万元。其次,对于占道损失费的问题,因当时被上诉人无款,双方商定由上诉人垫付预交损失赔偿费。××××年×月×日上诉人已经通知被上诉人冬季进行施工,请被上诉人将施工现场清理干净。否则,发生一切占道罚款等,上诉人概不负责。但被上诉人接到通知后,未清理现场,被城建部门在上诉人为被上诉人垫付的预交损失赔偿费中罚款 26138.13 元,所以,此款应由被上诉人承担。最后,关于 3 栋住宅楼和锅炉房的工程结算应重新鉴定。请法院依法判决。

此致
××市中级人民法院

上诉人:×省电力研究所(公章)

8.4 经济纠纷申诉状

8.4.1 经济纠纷申诉状的性质

经济纠纷申诉状,是经济诉讼当事人、法定代理人,对已经发生法律效力的判决、裁定不服,向人民法院或人民检察院提出申请,要求复查纠正或重新处理的诉讼文书。

经济纠纷申诉状的特点,与经济纠纷上诉状基本相同,但又有区别。一是主体不同,有权提起申诉的人范围较广,而上诉状的范围较窄,只限于当事人及其法定代理人。二是客体不同,申诉状的客体不仅包括已经发生法律效力的第一审判决和裁定,而且还包括第二审终结判决和裁定,以及正在执行或已经执行完毕的判决和裁定,而上诉状则只限于尚未发生法律效力的第一审判决和裁定。三是时限不同,申诉不受时间限制,而上诉则只允许在规定的时限之内。四是条件不同,申诉是有条件的,只有符合判决、裁定已经生效和认定判决、裁定确有错误这两个条件才准申诉,而上诉则是无条件的,不论理由正确与否都应受理。另外两者的审理程序和处理方式也不同。

申诉状的作用，在于根据实事求是、有错必纠的原则，保护当事人的合法权益。

8.4.2 经济纠纷申诉状的格式

1. 标题

标题写"经济纠纷申诉状"。

2. 首部

首部写明申诉人、被申诉人及法定代理人的基本情况。

3. 主部

主部写明申诉案由、申诉请求及事实和理由。这一部分必须简明叙述原审判决或裁定的内容，针对其错误之处进行申诉，提出事实与法律根据，不能无理申诉。

4. 尾部

尾部写明申诉的人民法院名称，篇章结构与上诉状基本相同。

8.4.3 经济纠纷申诉状的写作要求

1. 必须依法行文

申诉状要按案件管辖范围向主管机关申诉。对已发生法律效力的判决、裁定和调解协议不服，要向原审人民法院或人民检察院及上级人民法院或上级人民检察院申诉。按照法律规定，申诉不受时间限制，只要发现新的事实和证据或者有新的理由，随时都可提出申诉。写申诉状时要附上第一、第二审判决书、裁定书、调解书的原件或复印件。

2. 申诉要求必须明确

在申诉中是认定原审判决或裁定完全错误，要求撤销，还是认定原审判决或裁定部分错误，要求减判或改判，都应十分明确。

3. 说理必须充分

申诉状要摆出确凿的人证、物证、书证，说清楚事情的原委，准确引用法律条文，进行合乎逻辑的分析，以证明原审判决或裁定缺乏事实和法律依据，不能成立，要驳证结合，言之有据，言之有理，针锋相对，有较鲜明的感情色彩。

【例文四】

经济纠纷申诉状

申诉人（一审原告）：×××，男，×岁。

地址：××省××市××路××号。

委托代理人：×××，男，×岁，××律师事务所律师。

被申诉人（一审第三人）：××，男，×岁，科长。

地址：××省××市××路××号。

委托代理人：×××，男，×岁，××市律师事务所律师。

申诉人因房地产购买权纠纷一案，不服××市中级人民法院于××××年×月×日×

字×号判决,特提起申诉,申诉请求及事实和理由如下。

申诉请求:撤销第二审判决,维持第一审判决。

事实和理由:××市中级人民法院于××××年×月判决,撤销判决,改判坐落在本市区某院的房产归第三人××所有。申诉人认为不当详见起诉状。

申诉人为某研究院职工的遗属,长期与父母共同居住讼争房屋,并在本人父亲去世后继续租赁该房屋,这符合国家有关政策,此租赁关系受法律保护。而且根据《中华人民共和国民法典》的规定,承租人享有以同等条件优先购买的权利,因此,申诉人请求撤销第二审判决,维持第一审判决。请法院依法审理。

此呈
××省高级人民法院

申诉人:×××(印章)
××××年×月×日

附:1. 申诉状副本 4 份。
  2. 书证 4 件。

8.5　经济纠纷答辩状

8.5.1　经济纠纷答辩状的性质

经济纠纷答辩状,是经济诉讼被告人或被上诉人针对诉讼事实和理由或上诉请求和理由,进行回答与辩解的诉讼文书。它是和起诉状、上诉状相对的一种法律书状。

经济纠纷答辩状一般在两种情况下使用:一是原告人向一审人民法院起诉后,被告人在法定期限内,就起诉状告诉的事实、请求和理由提出答辩;二是案件经一审人民法院审理终结后,一方当事人不服判决或裁定,提起上诉,被上诉人在法定期限内,对上诉状告诉的事实、请求和理由提出答辩。它有利于双方当事人平等地使用诉讼权利,有利于人民法院全面、合理、公正地审理案件。

8.5.2　经济纠纷答辩状的特点

经济纠纷答辩状的主要特点是答辩性和针对性。经济纠纷答辩状或者用正确事实驳斥错误事实,或者用正确理由反驳谬误理由,或者以正确的法律条文适用校正不正确的法律条文适用。被告人或被上诉人针对原告人或上诉人指控的事实、理由、请求事项,有的放矢地进行答复与辩解,以维护自己的合法权益,并使法院了解诉讼双方的意见和要求,便于查明事实真相,全面分析案情,正确判断是非,恰当行使审判权。如提出反诉,还要写明反诉的事实和理由,并提出可靠证据,让法院一并审理。但反诉应具备下列条件:①反诉的当事人必须是原诉当事人;②反诉必须在起诉之后,法庭辩论终结之前提出;③反只能向审理本诉的法院提出，并由同一法院审理；④反诉的诉讼请求或理由必须与本诉的请求或理由互有牵连，不能避开本诉，节外生枝。

8.5.3 经济纠纷答辩状的格式

经济纠纷答辩状一般由标题、首部、主部、尾部组成。

1. 标题

标题写明"经济纠纷答辩状"。

2. 首部

首部写答辩人的基本情况，包括姓名、性别、年龄、职务、住址等（如为单位，写明单位名称、地址、法定代表人姓名和职务等）。

3. 主部

主部包括答辩缘由、答辩理由和答辩意见三项内容。

（1）答辩缘由。其写明针对什么案、什么人的起诉或上诉而提出的答辩。

一审写为，"因××××案，现提出答辩如下"或"你院××××年×月×日第×号起诉副本通知书及起诉状副本收到。现答辩如下"。

二审写为，"上诉人×××因××××一案，不服××人民法院××××年×月×日第×号判决（或裁定），提出上诉。现答辩如下"。

（2）答辩理由。这是答辩的核心部分，是胜诉或败诉的关键所在。应针对原告人在起诉状中，上诉人在上诉状中所陈述的事实、请求和理由进行答辩，从事实、法律条文适用、诉讼程序等方面，反驳原告人或上诉人的诉讼要求，否定其诉讼证据，提出与起诉状或上诉状针锋相对的事实、证据和理由，证明自己的观点正确，要求合理。

答辩理由应分项书写，一般先驳对方指控的事实，再驳对方指控的请求和理由。反驳事实要举证，反驳理由要简洁，论述推理要严密。

（3）答辩意见（或答辩请求）。在充分阐明答辩理由的基础上，综合归纳，用简明的语言明确提出答辩意见。一方面指出对方当事人提出请求的谬误性；另一方面根据事实和法律提出自己对纠纷如何解决的主张与要求，请人民法院依法公正裁判。

反诉的诉讼请求（指答辩人对原告人或上诉人提出相反的诉讼要求）可并入答辩意见里写，也可单列一项。

4. 尾部

尾部写答辩状所递交的人民法院名称。

8.5.4 经济纠纷答辩状的写作要求

1. 要尊重事实、客观全面，要有答辩人署名、盖章和日期

经济纠纷案件的案情往往比较复杂，之所以要诉诸法庭，往往也因双方争议大，难以调解。因此，尊重纠纷的客观事实，如实地、全面地反映案情，是答辩人帮助法院分清是非曲直，依法断案的前提和基础。要用事实证明自己的答辩理由是充分的，而不是隐瞒、掩饰甚至歪曲某些事实，更不能无理诡辩或进行人身攻击。

2. 要抓住关键，据理反驳

答辩状是一种辩驳性文体，主要用反驳的方法使对方败诉，让法院接受自己的意见和主张。

反驳是通过批驳对方的事实和理由，从而间接地证明自己的意见和主张的正确性。进行反驳时，要以确凿的事实和正确的理由作为依据，仔细分析并准确找出对方的错误，击中要害。反驳的方式有三种。一是反驳论点，即针对对方错误的意见和主张进行反驳。反驳论点又有直接反驳和间接反驳两种方法。直接反驳是用事实或理由直接驳倒对方；间接反驳是阐述自己所提事实或理由的正确性，从而驳倒与自己针锋相对的原告人或上诉人。二是反驳论据，即揭示对方的理由是错误的（如法律条文适用不当），事实是片面的或捏造的。论据被驳倒了，论点当然也就无法成立。三是反驳论证，即指出对方的结论与事实、理由之间缺乏必然的逻辑联系，推理是错误的。

具体运用反驳方法时，要先抓住关键，即将对方在起诉状或上诉状中陈述的错误事实，或在引用法律条文方面的错误，作为反驳的论点，然后列举事实与证据，作为反驳对方诉讼请求的论据，最后运用周密的逻辑推理进行分析论证。在反驳对方之后，要集中力量从正面提出自己的答辩请求，这种方法叫立论，应简明扼要。无论反驳或立论，都须无懈可击，不留破绽。

3. 要针锋相对，语言犀利

写答辩状要善于抓住起诉状或上诉状中的错误或片面、夸大、掩饰等有破绽的地方，针锋相对地集中反驳，语言要斩钉截铁，尖锐犀利，不可拖泥带水，赘述案情，答非所问，不得要领。

【例文五】

经济纠纷答辩状

答辩人：某县第一建筑公司。

地址：××县××路××号。

法定代表人：×××，男，×岁，经理。

委托代理人：×××，男，×岁，某法律顾问处律师。

因某地区气象局要求全部推倒所承建的气象观测楼的纠纷案，现提出答辩如下。

（1）被告在施工中存在着偏重进度、忽视质量的问题，致使某些部位没有达到设计要求，愿意承担责任，但对有些检查数据是否准确，有怀疑。

（2）原告诉称被告承建该局的气象观测楼，由于建筑工程质量低劣，经技术人员鉴定和县、地两级政府研究，从坚持高质量，保证八级地震区抗震要求使用角度出发，提出了全部推倒重建的意见。被告认为不妥。事实是地区行署关于"应全部推倒重建"的批复，是在没有充分征求技术人员意见的情况下作出的。经业务部门科学鉴定，被告认为该工程虽存在质量问题，但原设计安全系数过大，只要进行加固补强，质量问题就可以补救，并不影响在八级地震区使用，且使用期能超过一般砖混结构 60 年的年限，同时被告已提出了加固补强方案。

基于上述理由，对原告提出的将该工程"全部推倒重建"的要求被告不能接受。被告认为可采取加固补强的措施，弥补质量问题。请法院予以合理判决。

此致
××区人民法院

答辩人：某县第一建筑公司（公章）

小　　结

法律类应用文是实施法律的凭证，是检查执法情况的有力工具。在现实工作中和个人生活中，依靠法律解决纠纷是经常发生的事，特别是在建筑行业中，学会写经济仲裁申请书、经济纠纷起诉状、经济纠纷上诉状、经济纠纷申诉状、经济纠纷答辩状等，是完全必要的。

撰写法律类应用文必须要合法，因此内容和格式必须符合法律的要求，具有明显的程式性，其用语规范、准确，称谓有严格规定。已经生效的法律文书还具有法律效力或法律意义。因此，法律文书要求材料真实，结构规范，表述精当，引述法律条文适用正确。特别是建筑专业用语要准确，数据要真实有效。

习　　题

一、填空题

1. 经济纠纷答辩状，是经济诉讼_____或_____针对_____或上诉_____，进行_____的诉讼文书。
2. 经济纠纷答辩状的主部中"答辩缘由"要写明针对_____或_____而提出的答辩；"答辩理由"要针对原告人在_____中，上诉人在_____中所陈述的_____、_____和_____进行答辩。
3. 答辩理由应分项书写，一般先驳对方指控的_____，再驳对方指控的_____和_____。反驳_____要举证，反驳理由要简洁，_____要严密。
4. 答辩意见一方面指出对方当事人_____；另一方面根据_____提出自己对纠纷如何解决_____。

二、简答题

1. 经济纠纷答辩状一般在什么情况下使用？
2. 经济纠纷答辩状的答辩性和针对性有哪些具体内容？
3. 提出反诉应具备什么条件？
4. 经济纠纷答辩状的写作有何要求？

第9章 报道类应用文

教学目标

掌握新闻、通讯、简报等常见报道类应用文的写法。能熟练地独立起草和撰写建筑工程新闻、通讯和简报等。

教学要求

能力目标	知识要点	权重	自测分数
掌握常见报道类应用文的写法	新闻的分类和格式	30%	
	通讯的分类和写法	30%	
	简报的种类和格式	40%	

章节导读

常见报道类应用文是对新近发生的有社会价值的事实进行及时报道的一种文体,主要包括新闻、通讯、简报等。撰写时要求:快、新、实、短。

引例

我们先来看一个《成渝中线高铁四川段全线首个连续梁合龙》的新闻格式,通过此新闻报道来对常见报道类应用文写作进行初步的了解。

成渝中线高铁四川段全线首个连续梁合龙

2024年11月5日,随着最后一方混凝土浇筑完成,由中铁八局承建的成渝中线高铁动走线跨沙河特大桥连续梁实现合龙,为全线建成奠定坚实基础。

成渝中线高铁动走线跨沙河特大桥位于成都市金牛区,全长约1.47千米,以连续梁方式跨越沙河、既有驷马桥城市主干道、成都地铁3号线及新建客机整备所西咽喉区。其中,主跨采用挂篮悬臂浇筑施工法施工,施工人员将连续梁分为14个标准节段施工,共浇筑混凝土9000余立方米。此次合龙的是23号墩和24号墩,成功跨越成都地铁3号线及新建客机整备所西咽喉区,是成渝中线高铁四川段全线首个合龙的连续梁。动走线跨沙河特大桥施工具有交叉作业组织协调难、环保要求高等特点,是全线控制性工程。为此,施工团队采取多项措施:对梁体结构进行实时监测,加强现场安全技术保障,确保施工符合设计要求;在每个节段端头埋设线性观测应力感件,以实时掌握梁体状态;采用全自动智能张拉、压浆设备，以及梁体智能喷淋养护系统等技术，提升现场标准化作业水平；在挂篮、既有线等关键部位安装视频监控系统，为连续梁合龙提供安全管控。

成渝中线高铁是我国"八纵八横"高铁网沿江通道的重要组成部分，如图9.1所示。项目建成后，将与已建成运营的西安至成都高铁、郑州至重庆高铁和在建的西宁至成都铁路、成都至达州至万州高铁等多条线路连通，推动成渝地区路网结构更加完善，成渝两地通行时间进一步压缩。

图 9.1　成渝中线高铁

资料来源：http：//sc. news. cn/20241106/100991d1691845f3a715536322a3154c/c. html（内容有所改动）

引例小结

这篇新闻报道了成渝中线高铁工程重大节点工程的阶段性建设进展，介绍了时间、地点、事件、人物、过程等新闻主要因素，并点评了该工程的重大战略意义，语言简洁明了，表述清晰，言简意赅。

9.1　新　　闻

9.1.1　新闻的概念与特点

新闻是对新近发生的有社会价值事实的及时报道。新近发生、有社会价值、及时报道是构成新闻的三个必不可少的因素。新闻有广义新闻和狭义新闻之分。广义新闻是指新闻报道的各类体裁，如消息、通讯、特写、评论、报告文学等；狭义新闻则专指消息。这一节所介绍的，是狭义新闻。

新闻是一种最讲时效的报道形式，它具有内容新、事实真、报道快、篇幅短的特点。

(1) 内容新,这是新闻最本质的特点,是新闻活力的体现,是新闻得以存在并面众的基础,新闻报道的必须是新人、新事、新物、新风气、新知识、新问题,对旧人、旧事、旧物的报道也一定是新动态。不新鲜、新奇,无新意,则不是新闻涉及的范围。

(2) 事实真,这是新闻的灵魂,是新闻最基本的特点。新闻报道应有根有据,确有其事。人物、时间、地点、数字、引语、细节都准确无误,作者对事实的描述,要符合客观事物的本来面目,经得起推敲。

(3) 报道快,这是由新闻的时效性决定的。新闻价值的大小取决于报道的快慢,任何新闻如果迟写慢发,其价值就会大打折扣,甚至失去新闻意义。

(4) 篇幅短,这是新闻的鲜明特色。短是由社会生活的需要所决定的。社会信息量在现代社会里剧增,人们工作生活紧张快捷,只有短传播媒介才能大量报道,读者才能了解更多信息。

9.1.2 新闻的分类

新闻的种类可以从不同的角度去划分。

从报道的内容划分,有政治新闻、时事新闻、经济新闻、文化新闻、军事新闻、体育新闻、社会新闻、工商新闻等;从报道反映的对象划分,有人物新闻、事件新闻等;从报道受众的对象不同划分,有简讯、内部参考、情况通报、动态等;从篇幅长短划分,有标题新闻、一句话新闻、短讯等。

现在我国新闻界较为通行的分法是按照写作特点进行分类,即动态新闻、综合新闻、经验新闻和述评新闻。

1. 动态新闻

这是新闻中最常见的一种。它要求迅速准确地报道现实生活中的新闻事件和动态。对建筑行业来说,领导人活动、重要会议、生产速度、大型建筑状况、创造发明、职工文体活动等,大都可以动态新闻的形式来反映。它一般以一人一事为对象,篇幅短小,简洁明了,时效性强。

动态新闻的形式较多,有简讯、要闻和信息等。动态新闻是新闻中篇幅较小的文体,一般百字左右,有时只有十几个字;内容单一集中,通常只报道事情的结果,不交代其过程和背景。动态新闻见报时,常按其不同的内容,归类编排,并冠以不同的栏头,如《国际短波》《神州大地》《要闻简报》《今日要闻》《营销动态》《简明新闻》《短讯》等。这种形式有利于扩大报道范围,增加信息量。动态新闻在行业及单位内部报道时,常用简报、情况通报等形式,在受众对象范围较小且较明确的情况下,多采取这种形式。

2. 综合新闻

这是围绕一个主题,把发生在不同范围内的具有类似性质又各有特点的事件综合起来,反映某一方面的情况、成就、趋势、动向、问题的新闻。它的报道面比较宽,既有面上的情况概述,又有典型事例的说明和分析。这是和动态新闻区别的主要方面。

另外,时间因素在综合新闻中并不具备特别重要的意义,不如动态新闻要求那么强烈。事实的典型和新鲜,是决定综合新闻价值的主要因素。

3. 经验新闻

经验新闻也称典型报道，它是通过反映在贯彻执行党的方针、政策时某一方面的典型经验，来指导工作的新闻报道。它偏重交代情况、介绍做法和反映变化与效果，由事实引出经验来，提供的背景材料较多，篇幅也较长，所以显得比较完整。经验新闻报道的目的在于为人们变革现实提供借鉴。

4. 述评新闻

述评新闻分为时事述评、思想述评、工作述评等，是报道者结合具有新闻意义的事件、工作和思想动态进行评议的新闻报道。它是报道者感到单纯地报道客观事实不能满足读者的需要，或不能达到某种目的时，对形势、事态、问题提出自己的观点，发表意见，进行分析与解释的一种特殊报道形式。

述评新闻的特点是：一方面夹叙夹议，有述有评，边述边评，述评结合，带有一定的指示性和导向性；另一方面就实论虚，以一定事实报道为基础，谈论这一事实的社会意义或其他意义。

9.1.3 新闻的格式

新闻一般由标题、导语、主体、背景和结尾五部分构成。

1. 标题

住建部新闻例文

新华社新闻例文

新闻的标题有单行标题、双行标题、多行标题三种。单行标题是只有正题的标题。双行标题有两种情况：正题＋副题；引题＋正题。多行标题是引题、正题、副题都有的标题。各类标题的排列是有序的。

（1）引题。其也称肩题或眉题，它的作用是介绍背景，烘托气氛或说明主题内容。引题放在正题的前面。

（2）正题。其也称主题或本题，它的作用往往是概括新闻的主要内容或主要精神实质。

在多行标题里，正题放在引题与副题的中间。

（3）副题。其也称辅题或子题，它的作用在于补充、介绍正题，提供事实和思想，点明意义，扩大效果。副题放在正题的后面。

如一综合新闻使用的多行标题如下。

面对商品经济大潮（引题）

城市"美容师"们的"喜忧盼"（正题）

——来自环卫职工心态的报告（副题）

这个标题的引题介绍背景，正题概括新闻的主要内容，副题补充、介绍正题，起到了增强效果的作用。

又如一则经验新闻使用的多行标题如下。

强化政府行为，积极组织引导（引题）

加快全省小城镇建设步伐（正题）

"小城镇建设规划"实施两年见成效（副题）

这个标题的引题起说明正题内容的作用，正题概括了新闻的主要内容，副题提供了事实和思想，也起到了增强效果的作用。

有的副题较长，用于补充、介绍正题，如"住宅产业化将分三步走（正题），全过程大约需20年时间，力争使住宅产业化生产比重达60％以上（副题）"。有的引题较长，用以介绍背景和说明正题内容，如"五年前，××省建设厅系统14家企业中有7家严重亏损，其中5家资不抵债濒临破产，7000多名职工停工下岗，经济效益大面积滑坡。面对严峻形势，建设厅党委审时度势，运筹帷幄，经过五年多的苦心磨砺，不仅遏制了经济效益滑坡的局面，而且使企业呈现出一派生机（引题）。走向市场天地宽（正题）"。

正题是标题中最主要也是最受人注意的部分，新闻中最重要的事实和思想，一般都由正题来表达，所以正题通常用大于引题和副题的字排印。

新闻的标题是新闻内容的基本概括或主要精神实质，是报刊的眼睛，除此作用外，新闻的标题还有吸引读者的作用。"看书先看皮，看报先看题"，多数读者看新闻，并无自觉的目的，即无确定的选择性，而是看到新鲜活泼的东西，注意力就被吸引过去，于是决定把内容读完。有时虽然也有一定的选择性，比如有的爱读社会新闻，有的喜看经济改革，有的则专找科技信息，因人而异。但是，最终选定阅读什么新闻，总是依据其标题是否打动人心而定的。一则好的新闻标题，其基本要求是新颖、生动、精练、藏露得体。

（1）新颖。一条新闻，"新"是一个基本要求，标题的新颖程度，虽然是由新闻内容决定的，但报道者对新闻内容的概括力却有大小之别，即新颖的内容不一定会有新颖的标题。

现代人的生活节奏有明显加快的痕迹，人们忙于工作和学习，还有必要的家务劳动和业余活动要做，看报纸杂志的时间往往是挤出来的，其上的新闻对读者的吸引力往往只发生在稍纵即逝的一瞥之间，要把读者的这一瞬间注意力抓住，标题的新颖是十分重要的。人们普遍有一种天然的好奇心，对一切奇怪的、新鲜的、神秘的东西都想知道，无论多忙，都会停顿一下，急于想弄清楚，"是真的吗？到底是怎么回事？"因此，新颖的标题往往能吸引人心甘情愿地挤出时间读新闻报道。

比如《飞向"蓝天"以后（正题）——××建工集团一建机械队扭亏为盈纪实（副题）》。这一标题的新颖表现在"扭亏为盈"与"飞向蓝天"的关系不明确以及难以联系上，但这一标题十分准确地概括了新闻的内容。新闻的内容主要是，一建机械队在被停止了行政拨款而被迫进入市场的情况下，拼搏奋斗，终获成功，犹如一只小鸟，久居笼中被长期喂养，突然被赶出笼子，放飞蓝天，几经磨难，终于生存下来。

从这一标题我们也可以看出，新闻标题的新颖，关键还在于要标出切实具体、生动形象的事实，若把上述一建机械队的奋斗事实看成是静止的、呆滞的，那么，就会出现四平八稳、淡而无味、标语口号式的标题了。

（2）生动。"言而无文，行之不远"，对新闻标题也同样适用。生动形象的新闻标题，也容易引起阅读的兴趣。如何做到这一点呢，具体说来一要寓抽象于形象之中，使读者一读题就有如临其境之感，如一介绍全国先进建筑施工企业的报道的标题是：建业铁军，纵横驰骋见本色；行业劲旅，南征北战逞英豪。这一标题就是用生动具体的动词来描述抽象的新闻主体的。又如"病猫何以成'猛虎'（正题）——记在困境中崛起的××建筑公司

（副题）"，"病猫""猛虎"，不仅十分生动地将××建筑公司在困境中前后不同形象展示了出来，而且还准确地概括了新闻的内容。

二要融情感于标题之中，能扣人心弦，启人心扉。报道者的情感，因题意而异，或褒或贬，或爱或憎，或喜或怒，或哀或乐，都应在标题中一目了然。如"且慢，让咱喘口气（正题）——来自一些乡镇建筑企业的呼声（副题）"，这一标题就饱含着对当前建筑管理部门一些做法的忧虑。

要多用民间俗语、口语等，使读者产生亲切感。如"××建委扶贫工作有两手（引题）——扶得温饱后再扶读书郎（正题）"，这一标题中的"有两手"是口语，"读书郎"是俗语，又如"危旧房改造，一本难念的经（正题）"，其中"一本难念的经"也是俗语。这些语言的感染力非严整周密的书面语言所能比拟的。

（3）精练。精练即要言不烦，言简意赅。读者看报刊，一般"一瞥"只能看六七个字。故标题（主要指正题）宜在10个字左右，读者看两眼，就能知其大意。经济而有效地获得信息，是读者普遍的阅读心理，如"雷声和雨点（正题）——工程建筑领域反腐败纪实（副题）"就很精练。当正题超过10个字时，一般采用对偶句或两两相对的句子，如"逼自己倾心费心，让住户称心放心（对偶句）""加大资本运营力，追求效益最优化（两两相对）"，以最大限度满足读者的阅读心理。

（4）藏露得体。新闻标题，既要一目了然，又不能一览无余。一则好的标题，应该具有某种诱惑力，能把读者引进似知似不知的境界。只有似知，读者才会有阅读兴趣；只有似不知，读者才会下阅读的决心。要达到似知，标题要露，露则使读者感受强烈；要达到似不知，标题要藏，藏则让读者联想无限。如"欲善其事，先利其器（引题，藏）——要重视岗前培训（正题，露）""四管齐下（藏）确保国资安全增值（露）""制止垫资（露）亟须手起刀落（藏）"，这些标题均符合虚实结合、藏露得体的要求。

上述的四个基本要求都是以准确为基础的。准确指的是标题要恰如其分，恰到好处地概括出新闻的内容、精神实质，做到题文相符。值得注意的是新闻标题不是广告词，那些内容空泛、毫无新意的报道，硬要把标题做得很花哨，远离了准确，结果只能倒人胃口。

2. 导语

导语是新闻的开头部分，可以用一句话，也可以用一个自然段。新闻的导语，是新闻的精华和灵魂。它要求用极其简洁、明确、生动的语言，表述出新闻里最主要最新鲜的事实，使读者先获得一个概貌。这种写法称为叙述式导语，是最常见导语的写法。如果把主要事实用提问的方式写出来，就为提问式导语；如果对主要事实或某一有意义的侧面作简朴的描述，就为描写式导语；如果把结论放在开头，就为结论式导语。

导语能帮助读者了解全文中心及思想，对读者有"诱饵"的作用，往往能决定一篇新闻的成败，对于动态新闻尤其如此。新闻写作中，常常按"重—轻""主—次""急—缓"的结构顺序安排内容，在新闻界称此为"倒金字塔"结构（又称为"倒三角"结构）。导语就是这个"倒金字塔"最上层的事实。这种写法有很多优点。

（1）方便报道者，可以很快地把事实组织起来。

（2）只需看头两段，就能知道这条新闻的具体事实和价值。

（3）压缩版面时，可以由后往前删，不会损害该新闻的完整性。

(4) 方便读者，一看便知新闻的要点。

由于导语在"倒金字塔"结构中的重要性，故把握这一结构的写法是必要的。

拟写导语，要求如下。

(1) 不能与标题重复。导语与标题的作用有些接近，但标题用于概括全文的精神实质，导语则是标题的扩展，要用事实说话。新闻要求用尽可能少的文字，传达出尽可能多的信息，如果重复，就不符合这个要求。

(2) 为下文留出余地。导语是"倒金字塔"结构上第一个也是最重要的层次，它起着"一锤定音"的作用，决定着新闻展开叙述议论的方向，但新闻中的所有内容，包括背景材料不可能也没有必要全部都放在导语中叙述。因此，好的导语既能用简练的文字反映出新闻的核心，把最新鲜、最具本质特征、最有意义的东西告诉读者，又能使新闻的主体部分很自然地展开，为后面的行文提供方便。

(3) 各要素的组合原则。新闻中的五个要素，简称五个"W"：何时、何地、何人、何事、何因或为什么（这些词的英文打头字母都是W），后来又加上一个"H"（How）即怎样、如何，可以理解为结果的意思。五个"W"及"H"每一项要素都有可能进入导语，关键看哪一项最具新闻价值。如果其人为社会所熟悉，在该新闻中特别重要，或者较之发生的事更重要，则应以"何人"为先导；若其人为社会所生疏，且"何事"较"何人"更具新闻价值时，则在导语中合理的结构安排应以"何事"为先。一句话，五个"W"及"H"在导语中谁先谁后，谁有谁无，是根据新闻价值的孰重孰轻原则安排的。

(4) 导语中要有事实，切忌空泛。新闻要言之有物，其导语更应有具体的事实。所谓空泛的导语，是指由抽象的概念，流行的口号和提法、空话套话组成的导语。这是初学新闻写作者易犯的毛病，如"在厅党组的关怀和支持下，在当地政府的帮助下，我省广大建筑工人学习钻研业务技术蔚然成风""今春以来，市建委集中精力，坚决纠正建筑领域里的不正之风，收到了一定的成效"等。这类是用到哪里都合适的套话，唯一不合适的就是没有新闻事实而缺少新闻价值。导语应该让鲜活的事实说话。

(5) 语言应简洁。新闻的导语较之主体更要求精练简洁，要逐字逐句推敲，可有可无的字、词、句都要坚决地删除，移动或调换任何一个字都会损害原意，增加或减少任何一个字都使文章失色。新闻的导语应该用最简洁的文字，最清楚地表达出最重要的内容。

3. 主体

主体是新闻的主干，它要对报道的事实作具体的叙述和进一步的说明，要用充分的有说服力的事实材料表现新闻的主题。主体部分实质是对导语内容的展开和补充。具体地说，主体的任务有两点。

(1) 对导语里提到的各个事实加以阐述，使它们更加清晰起来。

(2) 补充导语中未曾提及的次要材料，将在导语中未出现的"W"和"H"交代清楚，使新闻根据更加明确。

主体的结构方式往往因新闻的类别、报道的对象、表现的主题、时间的紧松等不同而灵活多变。可按时间顺序写出事件的发展；或按空间位置的变化安排组织材料；或按事物的逻辑联系来安排层次；或按事物的发生、发展、结局的顺序安排材料，对于头绪较繁杂的新闻，可以几者结合起来安排组织材料。

对主体的写作，要求结构严谨、层次分明；内容充实、紧扣主题；注意剪裁、详略得当；简洁明确、生动活泼。

4. 背景

新闻的背景指的是新闻事件产生的历史环境、客观条件及它与周围事件的联系。一般来说，新闻写作中往往用背景材料来烘托、深化主题，帮助读者认识所报道事实的性质和意义。

新闻背景不是一个单独的组成部分，无固定位置可言，它在新闻中可以出现，也可以不出现（如简讯、动态等就极少出现背景材料）；可以在导语中出现，也可以在主体和结尾中出现；可以在一个部分出现，也可以穿插在几个部分里。这与写作风格、新闻价值、文章格调有关。一般非常重要的背景材料，不宜放在导语中，因为导语要求简洁，其背景材料交代简单了，就很难突出新闻的价值；背景材料交代清楚了，也许就成了导语的累赘。

背景材料不宜过多，否则会喧宾夺主，新闻就成了档案资料。

背景材料主要有3种：对比性材料、说明性材料和注释性材料。

5. 结尾

结尾是新闻的最后一句话或最后一段文字，一般是指出事物发展的趋势或对报道内容作概括式小结，有的则提出报道者的希望。

结尾不得与导语和主体重复。

以上所说的新闻格式并不是固定的，有的新闻可以没有导语，有的新闻可以没有结尾。"倒金字塔"是新闻界公认的标准格式，但标题新闻、一句话新闻、信息、动态以至大部分简讯的格式却是"倒金字塔"所不能包容的。

【例文一】

一句话新闻 7 条

阅读提示：一句话新闻是指单独由导语形成的新闻，没有标题，没有主体和结尾。从另一种意义说，一则新闻由后向前删，当剩下的导语不具有新闻价值时，则说明导语是不成功的。这也是"导语中要有事实，忌空泛"的体现。

(1) 济南市开展向不文明经营行为举报有奖活动取得成功。

(2) 武汉兴建首座多层式公共停车场。

(3) 柳州房产局机关实行挂牌上岗。

(4) 目前，河南省辉县市的 15 座沟槽式街头公厕已全部完成内外装修和节水除臭改造，日节水达 600 m^3。

(5) 近日，山东省日照市东港区人大、建委组织开展了纪念《村庄和集镇规划建设管理条例》实施四周年的集中宣传周活动。

(6) 安徽规定建筑工程施工合同和廉政协议必须同时签订。

(7) 射阳县城实行建筑噪声持证施工制度。

【例文二】

简讯一组

阅读提示：在这一组简讯中，有的形式是标题＋导语，有的形式是典型"倒金字塔"结构。看一下有无提问式导语，各简讯的导语属什么形式。

谷城县调整县城自来水价格

湖北省谷城县近日对县城自来水价格作如下调整。居民生活和生产经营用水每吨0.68元（含0.02元的发展基金）。宾馆、饭店、娱乐业、建筑业用水每吨0.77元（含0.02元的发展基金）。供水发展基金专户储存，专款专用，用于县城供水事业发展。

河南方城兴起有偿公益广告

近日，河南方城推出每捐购一个果皮箱可做一处统一制作的公益广告，并可定期更换内容的政策。40多个单位申请做有偿公益广告，已捐资30万元，设置果皮箱200个，做公益广告200余处。

寿光市检查玻璃幕墙有结果

目前，寿光市质监站进行了近20天的玻璃幕墙工程质量大检查，发现全市玻璃幕墙工程质量总况良好。这次共抽查了竣工的工程16个，玻璃幕墙面积1600m^2，其中达到优良等级11个，达到合格等级15个。

泰州推广新型村镇住宅设计

泰州市建委目前在全市组织建筑设计人员开展新型村镇住宅设计方案竞赛活动、向农村推广。这些方案具有节省土地、节约费用、改善功能的特点。

【例文三】

动态新闻一则

阅读提示：这是篇有导语、有主体、有结尾、结构完整、格式标准（倒金字塔）的动态新闻，阅读时，注意它的篇幅短、事实准、文字简要、舍弃细节、不议论的特点。

绵阳玻璃幕墙质量不容乐观

最近，四川绵阳市建委对城区所有玻璃幕墙工程质量进行了专项检查，其受检工程质量存在不少问题，需引起高度重视。

为期11天的专项检查中，绵阳市建委组织的检查小组对城区范围内的全部隐框、半隐框和部分明框玻璃幕墙进行了质量安全检查，共检查了建有玻璃幕墙的49个单位，涉及建筑面积$4.69×10^5 m^2$，玻璃幕墙$3.8×10^4 m^2$。49幅玻璃幕墙中，有8幅不合格，占受检个数的16％；不合格玻璃幕墙中有5幅需拆除重建，占受检个数的10.2％；存在较多问题需整改的有20幅，占受检个数的41％；合格玻璃幕墙有21幅，占受检个数的

43%。对玻璃幕墙资料进行检查，有37幅玻璃幕墙无资料可查。从检查的情况分析，绵阳城区玻璃幕墙主要存在如下问题：不少玻璃幕墙选用铝合金窗框料或普通管料代替幕墙竖框料；连接紧固件不符合规范要求，涂胶不严密，造成玻璃松动、脱离现象；有29幅玻璃幕墙未装防雷装置；有的未设置防火隔断……这些问题的存在，严重的危及使用安全。

针对城区玻璃幕墙存在的诸多质量问题和现状，检查小组提出了检查结果向社会公布、对不合格的玻璃幕墙责令拆除、存在问题较多的责令整改、加强玻璃幕墙工程专项报建管理、建立完善设计管理制度、实施持证上岗、加强专项质量监督和验收等一系列建议措施。

特别提示

在写建筑工程的动态新闻时，特别要注意以下两个方面。
（1）引用的数据一定要真实可靠，一定要是政府或行业相关职能机构（如建委、建筑协会等）正式统计公布的数据，具有权威性，不能直接引用通过网络或民间等渠道获得的数据。
（2）结构层次分明，言简意赅，语气平和朴实，一般不应带任何感情色彩。

【例文四】

经验新闻一则

阅读提示：经验新闻偏重交代情况，介绍做法和反映变化及效果，由事实引出经验，内容较完整，且提供背景较多，这也是与其他新闻的区别，请认真体会。

科技赋能房屋安全与全生命周期管理论坛在北京召开

10月19日上午，建设"好房子"暨"中国建造"高质量发展论坛（全国"好房子"建设推进会），在北京首钢国际会展中心开幕，住房城乡建设部党组书记、部长倪虹出席论坛开幕式并致辞。论坛围绕"好房子"建设和"中国建造"高质量发展，设立了"科技赋能房屋安全与全生命周期管理论坛"等8个平行论坛，探讨行业发展前沿和实践探索，并组织与会人员参观了"中国建筑科技展"。

论坛开幕式结束后，接续召开了由住房城乡建设部科技与产业化发展中心（以下简称"中心"）主办的"科技赋能房屋安全与全生命周期管理论坛"，来自部分地区住房城乡建设主管部门、城市政府、高校科研院所和典型企业代表近300人参加。住房城乡建设部总工程师江小群、标准定额司二级巡视员吴路阳等出席会议，江小群致辞。中国工程院院士王复明、全国工程勘察设计大师邵韦平、中国人民财产保险股份有限公司机构业务部主要负责人沈宁，以及相关科研院所专家和企业同仁交流分享了相关经验和体会。会议由中心主任刘新锋和绿色建筑发展处处长梁浩主持。

江小群在致辞中指出：党中央国务院高度重视统筹发展和安全，坚持高质量发展和高水平安全良性互动，以高质量发展促进高水平安全，以高水平安全保障高质量发展。安居是人民群众幸福的基点，是高品质生活的保障。倪虹部长多次强调，"好房子"应具有

"绿色、低碳、智能、安全"四个核心特征，这其中安全是基础。只有安全得到保障，人民群众才能住得放心、安心，才能打造更加绿色健康、低碳节约、智能便捷的高品质居住空间。为加强房屋安全全生命周期管理，住房城乡建设部近年来陆续印发或联合其他部门印发了一系列城乡房屋建设安全管理相关的政策文件，发布了一系列房屋建设安全相关的技术标准规范、技术要点、淘汰目录等，引导相关技术创新研发与应用。同时，针对如何构建房屋安全管理这一系统工程，江小群提出了坚持以人民为中心思想、注重推动科技创新引领、强化全生命周期安全管理三个方面的意见。

院士专家主旨演讲环节，王复明、邵韦平、沈宁和梁浩分别围绕工程医院、基于建造全过程的创新设计方法、房屋体检保险、科技赋能好房子与房屋全生命周期管理等重点方向，结合各自的研究领域进行了分享。

6家参会的房屋安全领域企业与团体代表，分别从卫星遥感、无人机技术、减隔震与防水技术等方面共同交流了天空地一体化科技赋能房屋安全的探索与实践相关经验。

交流会通过院士专家主旨演讲与圆桌讨论环节，为行业同仁提供交流分享平台，汇聚行业力量，共同探讨应用现代科技赋能房屋安全与全生命周期管理，为"好房子"全生命周期安全建设、为满足人民群众对美好居住生活的向往提供了更多的参考思路和借鉴经验。

来源链接：http://www.chinajsb.cn/html/202410/25/44049.html

【例文五】

重庆沙坪坝：垃圾中转站蝶变"城市驿站"

传统的垃圾中转站异味重、噪声大，对附近居民影响大。为解决这一问题，重庆市沙坪坝区对全区的垃圾中转站进行提档升级，让垃圾中转站蝶变成为"城市驿站"，改善环境的同时收获点赞，成为城市一大亮点。

近日，记者在重庆市沙坪坝区站西路固废物资转运站看到，该垃圾中转站进行提档升级改造后，不但"会呼吸，能净化"，还成为城市的一道靓丽风景线。站在该固废物资转运站外，几乎闻不到垃圾散发的臭味。

据了解，沙坪坝区城市管理局重点改造站西路固废物资转运站臭气处理，采用先进的臭气处理工艺，通过增设负压抽风、离子除臭、超声波雾化等设备，将原有组织排放臭气浓度（无量纲）320降低至75，远低于《恶臭污染物排放标准》，有效减少对周边环境的影响。该转运站占地约1600m²，收运的是沙坪坝区核心区内的生活垃圾，设计日转运能力200吨，实际日转运量约190吨。在改造的同时，还以重庆市传统建筑屋顶为立面造型基础，提取重庆历史建筑样式中的青砖质地和石材肌理，形成垃圾转运站独特风格，构筑好生活化环卫配套设施，美化社区环境。

记者看到，离站西路不远的烈士墓公交站旁，一栋两层楼高的"劳动者港湾"成为户外工作者和附近居民临时的落脚处，这里桌椅整洁，空调、冰箱等样样齐全。"其实这里以前也是垃圾收集站。"沙坪坝区城市管理局相关负责人介绍说，该站距离居民区更近，经过评估后，该局决定对该站点进行取消，同时改造提升站西路固废物资转运站的收运能力进行弥补。在沙坪坝区，还有3座垃圾收集站改为"劳动者港湾""城市驿站"，为户外工作者和周边居民提供便利。

来源链接：http：//www.chinajsb.cn/html/202410/25/44042.html

9.2　通　讯

9.2.1　通讯的性质与特点

通讯有时也称为通讯报道。它是一种以及时、真实、具体而形象地报道现实生活中的典型人物和事件为主要内容的新闻体裁。

通讯也是新闻，具有新闻应有的"新""快"两个基本特性。有时有的通讯反映的是若干年前的往事，但由于报道的角度比较新颖，而会体现其新闻价值。

狭义新闻和通讯都属新闻，都具有"新""快"的特性，但也有不同的地方，我们可以从它们之间的区别看到各自的特点。

(1) 从选材、立意上看。狭义新闻主要写事情；通讯则偏重写人，尤其是人物通讯，更是以表现人的精神面貌、思想境界为主。狭义新闻写事的主要目的是让读者知道事实的发生过程及结果，客观性很强，通讯写人写事的主要目的是让读者知道人和事的社会影响及意义。

(2) 从表达方式上看。狭义新闻是运用概括介绍和举例相结合的方法，把新闻事件准确及时地告诉读者，表达方式以说明、叙述为主，几乎没有描写。通讯则要将新闻事件中的具体情节充分展开，在细节或背景材料上进行刻画和渲染，较狭义新闻要具体和生动得多，表达方式是交错灵活地把叙述、描写、抒情、议论等结合起来使用。

(3) 从篇幅容量上看。一条狭义新闻一般只写一件事；通讯往往在一个主题下容纳更加丰富的材料，写较多的人和事。

(4) 从结构形式上看。狭义新闻的结构形式比较定型，一般由标题、导语、主体、背景、结尾组成；通讯的结构形式则比较灵活，可以因对象或表达效果的需要而采取不同的组织形式。

下面就具体的一个事件报道看一下狭义新闻与通讯的特点。

一幢楼房倒塌，使数十人丧生，数百人负伤，狭义新闻在第二天的报刊上报道如下。

×校教学楼倒塌，伤亡惨重

11月11日上午10时21分，处于××市××路的×校一幢能容纳800多名学生的三层教学楼突然倒塌，到发稿时为止，死亡41人，重伤86人，轻伤200多人，失踪8人。事故原因正在调查之中。

几天后，通讯在报刊上报道如下。

用生命呼唤质量

一群显然是从废墟中冲出来的女生,伸出带着伤痕的血迹的手,死死地拖住那拼命向摇摇欲坠的楼房里冲的女教师。这位30岁的女教师用那干哑的声音嘶喊着:还有十几个人没有出教室呀!眼中的泪水与额上的血混在一起……

在狭义新闻中,人们所蒙受的苦难和死亡,被归纳成几个统计数字;而通讯则把灾难的严重后果和人联系起来,使读者能从场面的渲染、人物的刻画中体会到人们所蒙受的痛苦,从而产生感情上的共鸣。

9.2.2 通讯的分类

通讯一般分为人物通讯、事件通讯、工作通讯、概貌通讯、新闻小故事等。

(1) 人物通讯。其是以刻画人物、描绘人物为主的通讯,一般报道先进人物的事迹和成长过程,先进集体的群体事迹;有时也对反面典型进行报道,揭露他们的丑恶行径。

(2) 事件通讯。其是以记叙有典型意义事件为主的通讯。这种通讯也有人物出现,但多半是群像,它侧重于报道新闻事件的发展过程,以及给现实生活与工作带来的影响。这类通讯中,有部分是揭露现实生活中的腐败现象的,写作时,政策性较强,要求较严。

(3) 工作通讯。其是报道实际工作中的做法、经验和教训的通讯,一般都有较强的针对性与导向性。这类通讯有些近于经验介绍、调查报告,但它往往表述得更加具体详细,更生动形象。

(4) 概貌通讯。其是反映某地的变化、风土人情和建设状况的通讯,一般是反映一个地区、单位、部门的全貌,也有的从片段入手,以局部显整体,以小见大。报刊上常见的《巡礼》《散记》《见闻录》《纪行》《侧行》等种种形式均属这类通讯。

(5) 新闻小故事。其也称小通讯,是以一人一事为主,篇幅短小、内容单一的通讯,特点是以小见大。写作上故事性较强,要求有完整的情节,富有生活情趣及较好的寓意。

9.2.3 通讯的写法

通讯没有固定的格式,且标题也以单标题为主,偶尔有副题。由于通讯的文体大多是记叙文,故其写法要求与记叙文相似,但新闻的一些特殊要求,又是记叙文写法所不能包容的。通讯的写作主要做到以下几点。

1. 提炼主题,剪裁材料

在基层工作,由于直接接触第一线,会掌握不少材料,但由于不重视或不善于提炼主题,内容往往就像有了珍珠没有线,串联不起来;有了燃料没有火,发不出光和热。能否提炼出好的主题,对于一篇通讯的得失成败,往往具有关键性的作用。主题的提炼,主要从三个方面进行。

1）体现时代精神

通讯的主题，是报道者对其所要反映的客观事物的性质和意义认识的结果。主题存在于客观事物之中（即材料之中），思想陈旧、因循守旧的人从同一事物中提炼出来的主题就会带有旧的痕迹；而掌握马克思列宁主义立场、观点、方法的人，熟知党现行方针、政策的人，就会以敏锐的眼光，从同一事物中提炼出具有典型意义、体现时代精神的主题。

体现时代精神的主题具体要求是，对于新闻人物或新闻事件的报道，既要是某种客观规律的反映或历史经验的深刻总结，又要具有鲜明的时代气息和重大的社会意义。

2）反映群众愿望

主题的提炼和确立，还要注意和体现广大人民群众的要求和愿望，要合乎民心。只有充分体现群众的意愿，积极反映涉及群众切身利益的热点、焦点问题，把话说到群众的心坎里，才能引起群众的共鸣，从而起到更大的宣传教育作用。

3）符合对象实际

前面所说，主题存在于客观事物之中，故主题的提炼受到客观事物本身的制约，提炼主题，不能突破客观事物所给定的范围，这就是新闻的真实性原则，也是记叙文写法所不能包容的。如果违背了这个原则，就要失实。对于"坐在家里通路子，跑到下面找例子，关起门来写稿子"，不做认真的调查研究工作，而是用主观主义的框子去削足适履地曲解、阉割事实的；对于认为自己"笔头子硬"，了解了一星半点，就闭门搞起"笔下生花"来的；对于为了追求所谓思想高度，生拉硬扯，随意拔高夸大的；对于让报道对象说从来没有说过的豪言壮语，做根本没有做过的丰功伟绩，都是不可取的，都是提炼主题的误区。主题提炼出来并选定后，就要着力选择典型材料来深刻、充分地表现它。通常我们说的文章写得有详有略、详略得当、中心突出等，指的就是材料的选择和剪裁问题。对于一篇通讯来说，如果中心不突出，就说明有游离于主题之外的材料在文章中，这是选择材料不严的结果；如果详略不得当，该详的未详，该略的未略，这就是剪裁材料不当的结果。

材料要针对主题的需要选择，不能表现主题的材料，不管如何生动，都要毫不可惜地割掉；最能表现主题的材料，要浓墨重彩地把它写好；一般性材料，则应点到为止，要用最经济的笔墨交代清楚。写人物通讯，不能眉毛胡子一把抓，事无巨细；写概貌通讯，也不能有闻必录，平均用墨。

2. 善于开掘，因事见人

写事件通讯，不能就事论事，见事不见人；写人物通讯，也不是在报刊上张贴光荣榜，一味地只是好人好事的堆砌。通讯写作的"因事见人"，就是要善于从典型事件中抓住富有现实意义的矛盾冲突，在矛盾冲突中展开故事、描述人物，努力揭示人物的精神面貌和思想动力，实现新闻人物、新闻事件的真实性和典型性的统一。

3. 选材精当，布局灵巧

通讯也是要靠"事实"说话的。当很多事实都能说明主题时，就要求选材和剪裁了。菁芜不分地堆砌材料，或是由于材料的"精彩"而不忍割爱，都会对作品造成累赘，甚至使主题和人物淹没在冗杂的材料之中。选材，从"质"的要求说，就是材料要典型，要有代表性；从"量"的要求说，就是要精练。要达到材料的精练，就要求剪裁，该详的地方要详，该略的地方要略。

材料选好后，还有个安排材料的问题，要善于谋篇布局。通讯往往是有情节的，人物的成长过程，事件的前因后果不论多么曲折复杂，在谋篇布局上都要求把该情节的发展过程说清楚，让读者感觉到整体的形象。与人物、事件有关的时间、地点、原因、结果等基本情况更应有明确的交代。善于谋篇布局还体现在，从特定人物、事件的实际内容出发，选择一条最为恰当的叙事线索，可以按照时间、空间顺序进行，也可以按照事件的逻辑关系、事物的发展过程安排，还可以按照人的认识规律或多头并进的方法进行；可以顺叙，也可以倒叙，还可以补叙和插叙等。

4. 描述具体，细节传神

通讯既然是写人记事，就不能只停留在概括性的叙述上，而要善于通过具体而富有典型意义的细节描写，勾勒出人物的性格特征和事件的典型意义，以增强整篇通讯的形象性和真实感。任何一个简洁而生动的细节描写，都要比复杂而单调的概述给人留下的印象深刻。

5. 议论恰当，抒情适度

在通讯中，可以在叙述描写中，广泛灵活地穿插议论和抒情，这是通讯区别狭义新闻的一大特点，但议论要恰当。

通讯中的议论应缘事而发，主要应用来表现报道者对所报道人与事的主观感受，以加深读者对人物和事实的正确认识。因此，议论必须是事实的引申，切忌在事实不足的情况下空发议论。议论在文中不宜过多，应该言辞简洁、犀利有力。议论要恰到好处，应是报道者对所报道事件的本质、意义、内在规律及与其他事物的联系等，从理论原则、政策思想上作出的揭示、说明或发挥。议论在通讯中的作用是画龙点睛，而不是画蛇添足。我们要坚决避免那种兜圈子、敲边鼓式的议论，尤其要反对不着边际的议论。抒情也应适度。通讯不是抒情散文，即使在有些通讯形式（如概貌通讯）中，抒情成分可以多一些，但也不宜没有节制。不论何种通讯，都要坚持以事实说话的原则。报道者本人的主观感情无论多么强烈，也要服从新闻事实的需要。在这样的前提条件下，自然而真挚的抒情，作为报道者亲身感受和思想情绪的直接抒发与表达，才可能在通讯中发挥它的作用，激发读者的感情，唤起读者的共鸣。

议论和抒情的运用，在通讯中主要有两种方法：一种是作者直接站出来发表自己的看法，通过触景生情或画龙点睛的文字，起到深化主题或丰富形象的作用；另一种是通过作品中其他人物之口来对所要表现的先进人物进行评价，通过形象语言的评论，促使情节的特点和意义更加鲜明、动人。

【例文六】

人物通讯一则

但愿苍生俱欢颜
——记省劳模、排水疏浚工龚腊根

6月2日上午，在省"学劳模，树形象报告会"上，一位胸戴大红花的中年汉子，在略感腼腆之余，还兼带着少许局促不安神情的事迹报告中，人们报以雷鸣般的掌声，继而泛起强烈的共鸣。

他叫龚腊根，是一名1969年参加工作，一干就是27年的排水疏浚工。他和他的伙伴们担负着市百余条主要街道的排除路面积水、疏通排水管道、美化城市环境的任务。所从事的排水疏浚工作，是一项既脏又累，特别辛苦的工作。长期的本职工作，使他养成了职业习惯，不论是上班还是业余，只要路面发生积水、堵塞，他便会停下来琢磨；不论是白天还是晚上，只要遇上天下雨，他就会心系他所谙熟且情有独钟的道路并心急火燎地去察看、诊治一番，这不，报告会恰好在雨天开，他就有些坐立不安，身在会场心在路啊。

去年的一天傍晚，龚腊根正在下班途中，当发现八一大道与南京西路口交界处路面出现大面积积水时，他二话没说，旋即跑回家拉上妻子和儿子，说干就干了起来。排水清掏一干就是七八个小时，清掏出的污泥足有四五立方米之多，终于降伏了积水，一看手表已是凌晨两点多钟，但他一家三口疲惫不堪的脸上却绽出了欣慰的笑容。

今年的雨季来得早，无疑增加了排水疏浚工人的工作难度。一季度末，老福山立交桥附近一窨井堵塞，此井又恰好连接着毗邻居民的化粪池。由于出水口井壁坍塌，致使粪便外溢。闻讯赶来的龚腊根目睹溢满井口的污泥、粪便、杂物，挽起袖子就干。高压冲洗车无效；勺子、铲子、钩子也无济于事。他首先想到这是人流量、车流量均密集的闹市区，如不及时排除堵塞，势必影响城市形象和市民生活。事不宜迟，土法上马，他脱去了鞋袜，涉足冰冷刺骨、臭气熏天的污水中，用手把堵塞的井盖、石块、砖头一一取了出来；铁屑、玻璃等杂物划破了手脚，他全然不顾；污水溅脏了内外衣物，他不去理会。当他和他的同事们修补好出水口，清除完周围的污泥和粪便时，在当时许多驻足围观者中有人脱口而出问他："你这么拼命地干能拿多少钱？"他莞尔一笑地作答："钱并非能买到一切。"是啊！劳模的默默奉献是不能用钱来衡量的。他告诉记者，他现在基本工资仅392元，加上奖金、补贴也不过400多元，他干活并不是为钱。"我每次看到积水被排除干净，心里就会有一种满足感"。多么朴素无华的语言，这是他心迹的表露。长期低温、潮湿、污染的工作环境使龚腊根染上了关节炎、支气管炎，他也曾萌动过跳槽、换岗的念头，但他又质朴地想到，这项工作总得要人去做，自己是一名党员，恶劣的环境，正是对自己最好的考验。近6年来，他利用业余时间排除路面积水数百次，为群众做好事近百件；他还进行革新，对设备进行维护改进，制定出防止窨井盖被盗新工艺，经试制使用，取得良好的效果，为国家节约开支数万元。

龚腊根的辛勤劳动和默默奉献，赢得了党和人民的赞誉。他多年被评为优秀共产党员和省市劳动模范，组织上对他的住房、妻子和两个孩子的工作都给予了安排照顾。他激动地告诉记者，他将一如既往地为市民排忧解难，在有限的工作年限内，再为人民为社会作出贡献。

【例文七】

事件通讯一则

阅读提示：该文是一篇反映庐山酒厂拆除事件的通讯报道，具有典型意义，它对事件的发生及其对现实的影响，作了生动、清晰、富有立体感的描写。阅读时请加以体会。

为了忘却的纪念

为保护人类珍贵的自然遗产,位于庐山天池峰下的庐山酒厂被拆除了。5000m² 的厂房,1000 万元的固定资产,几十户职工宿舍,一举化成了千百车碎石,运往山麓偏远的地方。想起"高山美酒"的辉煌与它的永逝,谁都有满眶欲出的泪。

曾几何时,厂区的筹建者们,肩负新时期发展经济的重任,描绘"实现现代化"的蓝图,在那方第四纪冰川遗存的古老净土上,呕心沥血盖起了机声隆隆、蒸气腾腾的车间。行车、抓斗、活动甑、机械化晾场、不锈钢冷却器、两层楼高的分凝塔、1800 斤装的桑皮酒瓮、6 吨容量的水泥酒池……每一项现代设备的引进或制造,无不是这些人穷竭心计的得意之作。

水质纯净的庐山甘泉,加上美誉江南的鄱阳湖好米,在迥崖叠嶂的深窖中发酵,又在高山仙境的清凉气候中蒸酿,再封缸于云涛雾海,吸日月之精华,取山川之灵气。阅尽人间酒文酒艺,此乃堪称一绝乎?

庐山酒是万千游客争相抢购的特产,庐山酒厂是庐山首屈一指的创税大户。是什么样的利益驱动,使庐山人在新世纪蓝图的规划中,亲手将酒厂毁为废墟?

天池峰下,返璞归真,又成了植物王国的部落。俯瞰那方渗透了回忆的废墟:清泉欢跃着流进了那里,像峰乳的乳汁,哺育那片新植的绿苗。那里不再会有糟糠,不再会有煤渣,不再会有振兴经济的钻营,不再会有现代化的企盼。那儿将会有一个世界的自然基因库,繁衍苍松翠柏、荆棘野藤,成为野生动物的乐园。

此时此刻,东坡居士那两句充满哲理的千古咏叹"不识庐山真面目,只缘身在此山中",是何其凝重地涌塞在人心头。我们这些庐山人,跋涉了多少意识误区,经历了多少思辨迷惘:兴业办厂、开发拍卖、楼堂馆所、追逐豪华、云里雾里、自鸣得意间却屡屡酿成悖谬。庐山的真正价值取向在哪里?看来,的确应该站在一个超越自我的全新高度来审视。

世界环境发展战略已将生态化视为人类的第三次产业革命。国际自然资源保护联盟和国际古迹遗址理事会的专家们对庐山崇敬的评价,正昭示着在未来发展中,庐山自然与文化遗产价值将是人类文明发展的实验室,是子孙万代景仰祖先福地洞天的博物馆。

庐山需要国际一流水平的保护和永续利用。但愿,庐山不要再建酒厂,后来者不要重蹈我们的误区,无论新世纪的诱惑如何天花乱坠,生在此山中的主人,永识此山真面目。面对着酒厂废墟上新植的绿树,我们要默默祈祷:愿山灵忘却这儿的过去。

特别提示

党的二十大报告提出,坚持绿水青山就是金山银山的理念,坚持山水林田湖草沙一体化保护和系统治理,全方位、全地域、全过程加强生态环境保护。为了营造良好环境,我国采取了一系列措施,如退耕还林、健全环境保护法律法规、鼓励企业循环式生产等,要深刻领悟生态环境保护的重要性,在日常生活中注意保护环境,让我们的祖国天更蓝、山更绿、水更清。

【例文八】

聚焦"城市家具"推进城市治理现代化

"家具"一词蕴含着家庭的含义。如果把城市公共空间看作市民共同生活的会客厅，那么在城市空间中为人们服务并与人产生交流的各类设施，就都成为了这个大家庭会客厅里的家具。从这个角度来看，城市家具在城市设计中的地位举足轻重。城市家具的品质直接影响着人们赖以生存的"家"，决定着城市公共空间的环境品质。

设计城市家具要具备整体思维

近年来，从环境设施到城市家具，城市家具的理论、内涵与意义不断拓展，并发展成为系统性、精细化的城市规划和管理理念。

城市家具直接为人民服务，与人息息相关。当我们站在城市的街道上，视线可及之处，城市公共空间的各种公共设施，如指示牌、候车厅、果皮箱、道路照明、座椅、雕塑艺术品等，都属于城市家具。

城市家具在设计中要具备整体思维，考虑风格、材料、色彩等因素，根据所在区域的风格来进行合理定位。

无锡市城市家具的基本风格定位有三种：现代简约型、江南古典风格、自然生态风格。在材料选择上，遵循生态环保、经久耐用、可再回收、价格适中的原则，采取兼具耐久性、舒适度以及美观性与品质感的材料。

颜色是市民在环境内见到的第一印象，因此色彩也非常重要。在同一路段城市家具统一基础色的前提下，可添加辅助色、点缀色，不同路段、不同区域可根据不同特征制定相应的基础色。此外，城市家具在设计中可以运用城市文化元素，来充分体现一座城市的文脉特色与精神。以无锡城市家具为例，就采用泰伯文化、山水文化、灵山大佛等文化元素。

无锡市城市家具包括交通安全、公共服务、观赏小品、市政设施4大类、13中类、45小类。以小娄巷历史文化街区为例，该区域城市家具采用江南古典风格，以灰色、深棕色、木色为基础色，用古典元素进行装饰，材质以木材、石材为主。

又如，集生态、休闲、科普、人文为一体的国家级生态湿地公园——长广溪国家湿地公园，配套的导视牌、垃圾箱、座椅、自行车停车位等城市家具都采用自然生态风格，优先运用生态环保、天然纹理材质，全方面营造了朴实、生态的意境，表现悠闲、舒畅、自然的山水风景与生活情趣。

全国首个"城市家具"主题展示区建成开园

从2018年开始，无锡市多次在城市管理工作会议中提出，提升城市总体形象，优化空间品质，推进城市精细化管理等要求。在此精神指导下，去年1月，全国首个以"城市家具"为主题的展示区在无锡经济开发区建成开园。同年12月，由无锡市城市管理局组织编写的《无锡市城市家具导则》正式发布。

该展示区位于无锡经济开发区核心区域，总占地面积约6.4万平方米，包括"南湖大道部分路段的道路出新""江南中学西侧口袋公园""城市家具主题展厅"三大部分。展示区打造了系统化、标准化、精细化、特色化的"城市家具"实体样板,重点展示了6大类、34小类的城市家具,成为"美丽无锡"建设的重要组成部分。

在道路提升方面,路缘石采用芝麻白的仿石材混凝土,具备石材的纹理和外观,强度比一般的混凝土路缘石高。同时,道路上安装了L形组合式雨水篦子,提高排水效率。所有井盖改造为隐形井盖,提升道路的整体外观与品质。在景观绿化提升方面,涵盖中分带、侧分带、人行道树池和道路西侧绿带,面积约1.5万平方米。

人行道铺装采用米黄色透水混凝土材料,对于降低降雨初期径流污染、降低城市热岛效应具有重要意义。人行道外侧,设置卵石边沟,卵石采用黑色抛光型。

在市政设施提升方面,运用了智慧路灯、智慧公交站台、智能路牌、智能垃圾箱,集成了照明调控、环境监测、交安监控、信息发布、数据采集、远程调度等服务,大大提升了现代化城市管理的水平和效率,为市民的出行提供更加安全、便利、优质的服务。

同时,该展示区应用丰富的智慧设施也是一大亮点。例如,带有智慧屏幕、整体为不锈钢框架结构的新型公交站牌。公交站牌LCD屏播放公益宣传视频,可远程控制更换视频内容并进行紧急事件的播放。LED屏展示公交线路、离本站距离和站数等信息,方便市民出行。

此外,通过四重定位(GPS、北斗、蓝牙、Wi-Fi)的"蓝牙道钉"技术,凭借高精度识别和提示,形成一道隐形的"停车桩",引导用户规范停车。智慧垃圾箱的投递口上部装有人体红外感应开关,内部设有红外探测满载探头,具备温度检测、臭氧杀菌等多种功能。

为未来城市家具建设提供方向

去年6月中旬,无锡市城市管理局与高等院校、专业设计院一起,通过广泛调研、问卷调查、专家研讨等方式,研究制定《无锡市城市家具设计导则》。历时半年,该导则通过审查,正式发布。

导则提出城市家具的定义内容、系统分类、规划布局、设计方法、实施要求等,对城市家具系统性建设项目的规划、设计、管理进行指导。读者对象包括与城市街道、公共空间及特色区域相关的城市建设者、管理者、设计师以及市民,适用于无锡市行政区域内一般新建、扩建、改建的城市道路、公共广场、公园绿地等系统建设工程。

导则适用于城市家具建设的全阶段,包括规划设计、建设实施、管理维护等。其中,规划设计是导则应用的主要阶段,总体定位为"系统性、特色性、可持续性"。

导则充分借鉴了国内外先进城市的理念与技术,紧密结合美丽无锡建设要求,探索无锡城市公共设施规划、设计的创新体系,构建涵盖4类城市家具系统、3大空间分区和5种重点特色风貌区的无锡城市家具导则体系。此套"4+3+5"市域全覆盖一体化体系,采取"总则—通则—导则"的框架进行编制,实现城市家具的全要素、精细化设计管控引导,为无锡城市建设提供了详细的指导和依据。

导则秉承以人为本、绿色生态、历史文化、智慧科技等原则,以系统性、特色性、可操作性为总体定位。为方便把握城市公共环境设施,城市家具按照"交通安全、公共服务、观赏小品以及市政照明"功能进行细分,形成4大类、13中类、45小类组成的城市家具分类体系。导则中对这45小类城市家具的定义、材质、设置位置、特色等作了详细阐述。

来源链接：http：//www.chinajsb.cn/html/202211/17/30397.html

【例文九】

发展数字家庭　提高居住品质

当前，全系统积极推进好房子建设。好房子最显著的特征就是"绿色、低碳、智能、安全"。其中，智能是通过现代化技术和数字方式让居民更方便。数字家庭作为智能技术在建筑空间集成应用的重要探索，是智能化好房子建设的有力支撑。

近年来，一些城市紧贴群众需求，推动5G（第五代移动通信技术）、物联网等现代信息技术进家庭、进楼宇、进社区，不断拓展优化服务场景，让科技更多造福人民群众的高品质生活。

试点先行　探索经验

2022年8月，住房城乡建设部会同工业和信息化部启动数字家庭建设试点，并于今年8月组织对19个试点地区开展了中期评估。今年10月，住房城乡建设部发布《"数字住建"建设整体布局规划》要求，加快发展数字家庭，提高居住品质。

试点开展以来，试点地区在政策的落地实施上主动作为，不断跑出"高速度"。聚焦家庭空间多元需求，一些地区因地制宜开展标准政策制定，推动各类平台实现互联互通。

广州市番禺区围绕"智造创新城"战略定位，成立以区政府主要领导为组长的数字家庭试点工作领导小组。通过强化网络基础设施建设、搭建数字家庭基础平台，不断提升政务服务和社会服务的便利性和安全性，并对区首期人才公寓804套住宅、3个小区8970套住宅等不同类型的试点项目配备差异化智能产品，以满足群众不同需求。

青岛市以市北区作为全市数字家庭重点推广区，开展探索实践——市北区拥有110万人口、40多万户家庭，老旧小区总量位居全市第一，具备较好的数字家庭建设基础。市北区在推进14个数字家庭试点项目的基础上，创新推出数字家庭八大应用场景，聚焦新建房屋、双碳减排、历史记忆、公建配套、老旧小区改造等，按照"新建一批、改造一批、提升一批"的思路，普及数字家庭理念、落实数字家庭项目、强化数字家庭服务。

此外，试点地区针对不同住房类型打造60余个试点项目。数据显示，新建住宅项目方面，上海市临港新片区在3个项目完成5952户数字家庭建设；既有住宅项目方面，青岛市城阳区实现示范小区384户基础性改造全覆盖；保障性住房项目方面，深圳市龙岗区为6个项目7026套保障房配置了全屋智能。

拓展场景　优化服务

作为智慧城市的最小细胞，数字家庭不是简单地将数字技术嵌入到住房中，更是要以家庭空间为核心，满足人民群众在建筑、小区、社区及城区等各类空间维度的数字化、智能化建设需求，为居民提供更好的生活服务。

中国工程院院士丁烈云在近日召开的"数字家庭赋能'好房子'建设"论坛上提出，

好房子应包括实物产品与数字产品两方面的高性能交付以及居家养老服务，好社区应包括社区养老服务，要同步构建建筑、服务模式、智慧社区平台经济；好城市则需要关注智慧园区、智慧基础设施等方面内容。

"小度小度，关上窗帘，打开电视，调暗灯光……"在青岛市红岛街道沟角社区居民家中，只需一个语音指令就可完成上述操作。沟角社区是山东省首个数字家庭建设先行示范区。在居民家中，燃气、烟雾、水浸传感器、可视化对讲机、智能门锁、智能窗帘、智能灯控、人体红外PIP等20多种智能家居产品科技感十足。"以往出门后总担心天然气阀门没关，如今安装燃气报警传感器后，我们在手机上便可实时了解家中的安全状况，心里也更加踏实。"社区居民说。

面向中老年人群体的适老化需求，广州市番禺区打造普惠型医康养居家、社区协同便民服务规划个性化试点项目。项目以"居家养老"为特色，在社区内建设和运营数字家庭体验屋，将社区1200名老年人按基础型、普惠型、适老型划分并选取试点用户，根据其需求配置相应智能化设备，提供为期24个月的居家普惠型医康养服务。

苏州相城区分别在新建小区、2006年及之后建成的既有小区、2005年年底前建成的老旧小区以及保障性租赁住房等，分类推动数字家庭应用落地。以裕沁庭西区（既有小区）为例，上线"数字社区驾驶舱"、社区智慧服务系统，建设落地智慧社区，全天候无死角高空抛物监控、电动车防上楼监控、智慧消防、物业智慧巡更、一键报警以及业主无感出入、访客邀请线上化、在线管家等智能、高效、多样的功能，满足小区居民的多元需求。

集聚产业　激发活力

好房子建设，是系统工程，是应用场景，也是新产业，将成为一个新的赛道。作为支撑好房子智能化建设的重要举措，数字家庭建设也是响应国家数字经济战略、实现经济转型升级和数字经济目标的重要抓手。一些城市在政企合作上下功夫，带动相关产业融合发展，积极营造跨界应用的产业生态。

为加速数字家庭消费场景开放与应用，青岛市市北区以大力发展新质生产力、积极推动产业转型为总体原则，联合头部企业，建成方舟壹号空间智能开放实验室。实验室以"政企合作"和"产业共建共创共赢"为主要理念，全实景沉浸式展现了公寓、酒店、办公室等使用智能设备的场景，对聚合产业生态链、统一行业标准、加速场景应用等具有重要示范作用。

深圳市龙岗区以建设深圳建筑产业生态智谷为契机，加快构建"数字家庭—智慧楼宇—智慧社区—智慧城市"生态链条，促成头部企业落户，推动住房城乡建设部全屋智能重点实验室、低碳建筑工程技术创新中心等科创平台入驻发展，招引全屋智能涉及的智能终端、建筑科技、智能化集成等环节10余家上下游企业落户，引导要素资源、企业、科研平台等进一步集聚。与此同时，推动全屋智能产业链终端、平台、施工等企业合作，打造全屋智能＋建筑施工、采购平台、品牌家居等多种合作模式，构建数字家庭生态链，加快科技赋能传统建筑及家居产业转型，赋能好房子建设。

为推动数字家庭建设试点提质扩面，广东省住房城乡建设厅近日召开座谈会，要求企业继续加大技术研发投入,提升数字家庭产品性能,通过企业间合作,提高不同企业产品之间的兼容性。相关负责人表示,将深入梳理前期工作成果,总结可复制推广经验,持续完善政策体系、强化技术创新引领、拓展数字家庭服务领域、加强推广普及力度,在更深层次、更大范围推动数字家庭建设。

来源链接:http://www.chinajsb.cn/html/202410/23/43936.html

【例文十】

新闻小故事二则

阅读提示:以下二则小故事的人物一反一正,相映成趣,由此可知,表扬和批评形式在新闻小故事中是并存的。故事都有情节,但有强弱的区别,结构尤其是开头、结尾各有特点,在阅读中加以体会。

罚款救命

安全员关芯一登上三层脚手架,就看见工人阿建没系安全带,蹲在窗台上刷油漆。他忙把阿建叫下来,用责备的语气问:"为何不系安全带?"

"又不演杂技,系根带子干活不方便。"

"不方便就违章作业?"

两人唇枪舌剑斗了一番,关芯见阿建无动于衷,顿时火了,大声说道:"罚款20元!再见没系安全带扣当月奖金。"

"神气啥?"阿建朝怒气冲冲的关芯背影啐了一口唾沫。但转念一想:这女人是个六亲不认的"二百五",上次她老公没戴安全帽进工地被她当众罚了10元钱。再不系安全带被捉住,这月奖金肯定完蛋。

阿建急忙找来安全带系好、拴牢,开始刷漆。刷了几下,就没劲了。今天见鬼了,罚了20元,一天活白干了。阿建恨透了关芯,胡思乱想了一阵,不愿干了。他转身准备下去,谁知一脚踩空,整个人闪下窗外。吊在空中的阿建手脚乱抓,一个劲叫救命。关芯领着几名工人跑上来,七手八脚把他拖上来。阿建像做了一场噩梦,半响才缓过神来,他感激地盯住关芯……

憨 哥

提起六建八分公司的混凝土工丁阔成,大伙都喜欢叫他"憨哥"。那年冬天,正是某工程的施工困难期,施工进度缓慢,以致建设单位下了最后通牒:20天内必须完成底板混凝土浇筑,否则施工单位无条件退场。就在这个关口,分公司派憨哥来到工地,担任混凝土浇筑工。混凝土工种是决定工程进度的关键,也是困难最大的工种,按工程量计算,每人每天要干四天的活!憨哥脸红红的,简短地说:"知名企业,让人赶出现场,丢份!"活他接了!活提前五天完成了,憨哥的肉掉了几公斤。有人说:"憨哥在犯傻。"他满脸委屈与困惑:"我是干这一行的!"

曾经,他率领8人的青年突击队,三天三夜完成1200m³混凝土的浇筑量,创出300%的效率。累是可想而知的,但偶尔有空闲,憨哥却坐不住,那次,他在某工地基坑挖土时，发现下面含有大量砂石，"好东西！"于是他主动请战，带着工人把这些砂石过筛使用，为企业省了 7759.21 元砂石料费而沾沾自喜。

9.3 简　　报

9.3.1 简报的性质和作用

简报是党政机关、社会团体、企事业单位内部用来汇报工作、交流情况、反映问题、通报信息的一种带有新闻报道性质的常用文种，是具有汇报性、交流性和指导性的书面材料。

简报作为一种单位内部的报道工具，其主要作用如下。

（1）使下情上达，便于上级领导能及时了解下情，掌握可靠的决策依据。

（2）使上情下达，便于下级单位领会上级的有关指示和工作意图，及时得到指导和帮助。

（3）还便于平级单位之间沟通情况、交流经验、彼此协调、互相配合。

简报与同样具有传递信息功能的新闻和通讯相比，还有其独到的长处。

（1）从信息来源看，简报提供的是第一手材料，不是靠采访而得到的材料，简报作者都是有关单位的人员，是事件的参与者或见证人，因而信息更快、更直接、更可靠。

（2）从传播途径看，简报自由、灵活。它不是正式公文，不必受公文制发程序及范围的制约，上对下必要时可不逐级下发而"一竿子到底"，下对上如果"越级"也不是过错。

这样信息渠道拓宽，传播速度加快，对上对下都有好处。

9.3.2 简报的特点

简报作为一种内部刊物，是一种信息载体，主要刊载报道文章，所以，简报文章具有与新闻报道类似的特点。

1. 真实性

这是简报文章的主要特点，丧失这一特点，就意味着丧失简报存在的价值，可以说，简报的真实性是办报机关权威和信誉的保证，是人民对事业负责的表现。真实性有"真"和"实"两个含义。"真"是指所报道的内容必须是确有其事，不是虚构的，也不是"大体如此"，应是准确可靠的，既不夸大，也不缩小；"实"是指必须用事实说话，而不是靠作者的旁征博引、推理证明，把确凿的典型的事实表达清楚了，读者自然会从事实中得出结论。

2. 新闻性

简报的新闻性特点有两个含义：一是新鲜，撰写的事实是人们欲知而不知的，如新的情况，新的事物，新的问题，新的动向，新的成就，新的经验等，不是人们已知信息的重复，众所周知的事就不能算新鲜；二是新闻价值，新鲜的事不一定都值得上简报，只有具备一定社会意义的才值得报道。对于简报这种内部新闻来说，它必须服从和服务于办报单位，对本单位的工作应起积极作用，这是信息需求的功利性所决定的。对于"新"也不要误解为前所未有、闻所未闻的事物，新事物都是在旧事物的基础上转化演变而来的，对现有的或原有的事物若不加以深入研究，新的事物是很难进入报道者视野的。因此，表现"新"，一要善于开掘，注意观察，发现旧事物中所蕴含的新萌芽、新趋向、新特点；二要善于选择新的表现角度，在原有事物中挖掘别人未曾挖掘出的新价值。

3. 时效性

时效性包括快和短两个方面。

快，是指反映情况和传递信息迅速及时。快和新相关，从事实的发生或发现到作出报道，其间的时间差越小事实就越新，而越新的事实报道其新闻价值就越大。但"快"是相对的，快是手段不是目的，要防止片面追求"捷足先登"而粗制滥造，或影响报道的真实性。

短，是简报文章的信息功能决定的。文章的长短是与耗时的多少成正比的，只有短才能少耗时而尽快地把信息传播出去。同时，短文章有利于简报扩大信息量，多载文章。在高速度、快节奏的现代社会里，也要求文章简洁务实，内容简明扼要，语言简练精干，以提高生活质量和社会效益。但短不等于空泛浅显，而是要求文短事不单，字少味不淡，言简理不薄。

4. 指导性

这是和新闻的价值紧密联系的，报道中凡有新闻价值的，即对本单位的工作具有积极作用的都具有指导性；凡无指导性的报道，本身就不具有价值，因此没有上简报的必要。如"人咬狗"之类的趣闻，可在报刊上登载，但在简报上就不适宜，原因就是这类趣闻不具备指导性，不能服从和服务于办报单位，无法解决工作生活中迫切需要解决的问题。另外，简报的指导性还有舆论导向的含义。即是说，简报理所当然地必须正确反映和宣传党和国家的路线、方针、政策，正确反映单位内发展变化，引导人员以积极的态度看待社会的阴暗面，以使简报真正成为各级机关的"耳目"和"喉舌"。

5. 机要性

简报有一定程度的机密性，简报的机密程度决定传阅的范围。一般说来，机密程度越低，传阅范围越广，反之亦然，并且会议的层次越高，机密程度越高。简报的内容，不管是情况的反映，还是经验的介绍，一般是不公开发表的，如要发表，须经过法人批准或集体讨论决定，并应在文字及内容上作必要的审查和修改。

9.3.3 简报的种类

简报的种类较多，除《××简报》这种形式外，《情况交流》《××动态》《内部参考》《××工作通讯》等都属于简报的范畴。简报根据其反映的内容和表现形式，大体可分为三种。

1. 工作简报

这是一种反映各行各业工作过程、方法、经验、成绩、问题等情况的简报，根据其内容，又可分为综合性工作简报和专题性工作简报。

综合性工作简报的内容十分广泛，包括对上级制定的方针、政策，发布的决议、指示等领会贯彻的情况；生产、经营等方面工作任务的进展情况；活动过程中的成绩、经验、问题、教训情况；表扬和批评情况等。这类简报是各企事业单位、部门用以交流工作、学习、生产等情况的主要工具。

专题性工作简报是指在集中开展某项活动时，根据需要，把活动过程中的成绩、经验、存在问题和教训等情况，向上级主管部门汇报和向有关部门反映的简报。如果活动停止，简报也就停发，如《质量月活动简报》《企业整顿验收简报》等。

根据实际情况，工作简报可办成定期或不定期的。

2. 会议简报

会议简报是指为了总结会议情况，组织和引导会议，就同与会者互通情况或向上级机关有关部门、有关人员报告会议情况而编制的简报。

会议简报的内容应包括会议概况、议程、议题及会上研究及讨论的问题、与会人员的发言摘要、会上决议的事项等。

会议简报有小型会议一次性简报和大型会议连续性简报两种。

小型会议一次性简报用于会议结束后，作为会议纪要和会议新闻报道的替代形式。

大型会议连续性简报则是作为开会期间交流情况，指导会议的辅助工具。此类简报，第一期只通报预备会议或开幕情况，主要介绍开会时间、地点、参加对象和人数，主持人和报告人，会议召开的背景、目的、议题和日程等，以便上级及有关部门及时了解会议的大致情况，也让与会者了解会议的大体安排，及时做好准备工作；接着则根据需要对会议的具体内容分期加以通报；最后一期一般介绍闭幕和结束的情况，包括结束时间、出席人员、主持人、会上审议通过的决议、拟定的文件及与会者对会议的反映、评价等。

会议简报的编制者可因会议的规模、层次的不同而不同，如果是大型会议，如"党代会""人代会""工代会"等，往往由大会秘书处制发，小型会议一般由会议主持人本人或委托专人撰写。

3. 动态简报

这是一种专门为传递本单位、本部门信息或某个工作领域动态的简报，如以单位、部门命名的《×××动态》，其他如《理论动态》《科技简讯》《体改简报》等也是这种性质的简报。这类简报多数保密性强，一般在内部使用，主要为有关人员研究问题、决定方针、制定具体措施作参考。

工作简报智能建造例文

9.3.4 简报的格式

简报的结构由三部分组成：报头、报核和报尾。

1. 报头

报头约占一页纸的三分之一，包括以下内容。

（1）简报名称位置居中，用大号字体套红印刷。

（2）在名称的正下方编号标明期数，有一年一编号，第二年则另行编号，也有按启期数编号的。

（3）在编号下面左起顶格写明编发单位的全称。

（4）在编发单位平行对称的右侧写明印发日期。

一般简报报头样式如下。

```
内部资料
注意保存

            ××××工作简报
              （第×期）

××办公室编                    ×年×月×日
```

会议简报报头样式如下。

```
机密

            ××××会议简报
              （第×期）

××会议秘书处                  ×年×月×日
```

2. 报核

报核是主体部分，指刊登的文章，少则一篇，多则几篇。

报核结构一般包括如下内容。

（1）标题。简报文章标题的拟制方法一般有两种：一是揭示主题式；二是提问式。揭示主题式要求准确、恰当地概括出文章的中心内容或主题思想；提问式要求能唤起人们重视，引起读者注意。不论以什么方式拟题，都要求做到醒目、确切、简短、新颖。

简报文章的标题也可像新闻标题一样，由正题、引题、副题构成。

（2）导语。导语一般是总括提示，即要求准确地概括出全文的主旨和主要内容，包括时间、地点、人物、事件、结果、意义等，给人一个总的印象。

（3）主体。主体是简报的主干，可集中地反映简报质量的高低优劣。它要求用翔实、典型、有说服力的事例和数据把导语中的总括内容具体化，诸如做法、收获、问题、原因等。写好主体要求注意如下内容。

① 围绕主题，精心安排层次。

a. 按时间或事物发展的顺序安排层次。这为会议简报所常用。

b. 按事物间的逻辑关系安排层次。所谓逻辑关系指的是事物间的内在联系，包括"因果、递进、条件、顺承"等关系。这种方法常为工作简报所采用。

c. 既按时间顺序，又按体现逻辑关系的方法来安排层次。这种方法常为专题性工作简报所采用。

d. 按材料的性质或观点安排层次，即把相同性质的材料或观点，逐条加以排列。这种方法常为动态简报所采用。

② 做到观点统率材料，材料说明观点。基本方法有两种：一种是先阐述观点，后列举事实，要求观点明确，事实充分；另一种是先叙事实，后归纳观点，要求观点在事实基础上自然地得出，防止牵强附会，生拼硬凑，更不能南辕北辙，风马牛不相及。

（4）结尾。报核的最后一句话或一段话即为结尾。结尾有的作一小结，指出事情发展的趋势；有的提出希望、要求与号召；有的说明今后努力的方向和打算。若主体部分已交代清楚，结尾就可省略。

此外，简报中还有背景材料、按语等内容。

背景材料即事物、人物赖以生存发展的环境和客观条件，背景材料一般不单独写，而是根据实际需要穿插在全文的各个部分。

有的简报需要有按语，对简报的内容加以提示、说明或评注。按语一般放在正文的前面。由于按语是代表发文机关的意见，或转达有关领导的看法和意图，因此按语起着了解材料来源、转发目的和范围，帮助理解内容等方面的作用，应当引起重视。

3. 报尾

在简报最后一页下部，用两条平行横线使报尾报核分开，并在其内写明简报的发送对象和印数，并在发送对象前写上"报"（对上级单位或某领导人）、"送"（对平级）、"发"（对下级）等。

报尾的格式如下。

```
报：××单位或××同志
(送：××单位或××同志)
(发：××单位或部门)


                              （共印××份）
```

4. 简报的写作基本要求

1) 要正确反映，实事求是

简报多数是写给上级机关、同志看的，有一些也给下级机关、同志和有关干部参考。特别是那些机密程度较高的简报，常常影响着领导机关的决策，即便是下发的简报对有关工作的影响也是很大的。简报主要靠事实说话。事实不真，不但没有说服力，甚至会产生不堪设想的后果。作为一级组织，在安排简报时，要坚持其内容必须完全真实，事情的前因后果、引用的数据等都要反复核实，准确无误；对基本情况作出评估时要客观、恰当，符合实际；既不夸大，也不缩小；既不能报喜不报忧，也不能报忧不报喜。

2）要深入实际，熟悉情况

简报的写作者、制发人基本都是本单位内的人，较记者更熟悉情况，更能掌握第一手资料，但要保证材料的真实可靠，仍需要走向基层，深入实际。也只有这样，简报内容才能经得起实践的检验。

3）要抓准问题、切中要害

要善于敏锐地抓住领导和群众关心及职工亟待解决的问题，并予以及时反映，对于热点和焦点问题及时给予报道，如企业的生产状况与福利情况，上级的工作部署，带有方向性及典型意义的活动和工作经验、政策、措施的反馈信息等，以充分发挥简报的作用。

4）要重视修改，细心推敲

简报草稿拟定后，主要从四个方面进行修改。

（1）查对内容是否真实典型。即先认真查对所引用的材料是否准确，避免凭"记忆""想象""大概"等造成错觉，而后尽可能把不典型的事例换成典型的事例。

（2）看用语是否准确、恰当和简洁。提法要求全面准确，避免片面性；行文要求避免累赘啰叨，竭力将可有可无的字、句、段删去。

（3）检查逻辑与结构是否严密清楚。结构布局、层次安排要求合理，前后照应要妥帖，不能出现前后意思脱节、层次不清、详略不当，或前后矛盾的现象。

（4）审核格式是否符合要求。按简报的格式进行检查，报头、报核、报尾都要求规范化，使人一目了然。

【例文十一】

智能建造赋能项目精细化管理
——中铁二十三局以数字化转型推动减负、提效、降风险

近年来，中铁二十三局集团有限公司（以下简称"中铁二十三局"）顺应时代要求，抢抓数字化发展机遇，发展智能建造，着重从项目应用实践上不断验证探索，力求以智能建造赋能项目精细化管理，实现企业可持续发展。

智能建造应用背景

中铁二十三局从2010年开始布局信息化建设，历经业务管理信息化、办公业务一体化、业务财务一体化、物联应用一体化、信息管理数字化"五化"建设，在业务体系、系统建设、数据架构、应用机制等方面奠定了数字化应用基础。然而，在数字化应用、提效等方面仍未达到预期效果，存在"线上线下两张皮"、数据及时性、完整性难以解决以及业务管控有限等痛点。

当前，集团正在走精干、精简的项目精细化管理之路，而项目精细化管理是以"成本管理"为核心、强化"过程控制"主线、突出"效益最大化"原则的科学管理方法，数字化管理是实现精细化管理的必然选择。

针对数据采集效率低，采集及时性、完整性不够的问题，集团在业务关联、职能管控、三方生态、物联应用等方面下功夫，通过大量实践来破解存在的问题。一是健全业务系统管理环节，增大数据失真的成本；二是利用大数据监督，用正常数据监督问题数据；

三是建立三方生态，将各类业务数据的采集延伸到第三方。通过三方确认，保障数据的及时性、有效性和完整性；四是借助物联网技术，通过各类传感器实现对各类数据的实时、高效、去人为化采集。

在实践中，我们发现业务关联、职能管控、三方生态在实现项目精细化管理和减轻工作负担、提升效率目标方面仍有不足，而只有智能建造既能解决数据特性问题，又能达到减负、提效、降风险的目标。

智能建造发展实践

集团为加快发展智能建造，一方面，引进技术实力雄厚的公司进行合作；另一方面，紧密联系一线，自主研发简单、有用、实用的智慧工地产品，力求减负、提效、降风险。

合作方面，与广联达在工程算量、形象进度化、BIM＋GIS应用、IoT平台、钢筋厂智能管理等方面进行深度合作，利用其先进的建模、图纸识别等技术推动数据采集提效，再与企业自身的ERP打通，实现管控的目的。双方合作二次开发BIMFACE、IoT平台，致力打造中铁二十三局的轻量化三维管理平台。

自主研发方面，对长大线性工程、大范围的农林项目的劳务人员管理、混凝土、原材料实物管理、工地视频AI监控等人、材、机、方案等管理，深入一线需求，针对管理痛点进行实践与探索，研发中铁二十三局自有版权和发明专利的实用产品。

（一）管算量（基建算量系统）

在最基础、最根本的工程算量管理方面，中铁二十三局与广联达深度合作，利用其基建算量系统OCR、快速建模、便捷关联清单和物资档案等特点，实现一线人员快速、准确算量。

（二）管进度（进度形象化系统）

在进度管理方面，利用广联达的进度形象化系统所具备的参数化快速建模、计划编制、跟踪、预警与调整功能，形象化展示项目实际进度。

（三）管人员（劳务分包管理、劳务实名管理系统）

在人员管理方面，针对长大线性工程、广袤的农林项目，自主研发具备数据高效采集、校对、多考勤模式、自动出考勤和工资表、工资代发业财一体化对接等功能的劳务实名制管理系统，实现现场劳务人员的实际管理。

（四）管材料（智能物料验收、混凝土云联管理、钢筋厂管理、供方通系统）

在材料管理方面，中铁二十三局自主研发随时可监控和对比的智能物料验收系统；自研打通业务系统、工控系统、物联设备数据，实现混凝土节超和拌合站独立核算的混凝土云联管理系统；自研了原材料（实物）管理系统。同时，引进了广联达的钢筋厂智能管理系统。

（五）管设备（机械云监管理系统）

在设备管理方面，引进机械云监控系统，以北斗定位、超声油耗监控设备运转情况。此外，在安全管理、质量管理、成本管理、BIM轻量化应用和大数据应用方面，中铁二十三局也自研联研应用了相关系统和平台。

通过实践总结，目前，智能建造助力项目精细化管理在以下几方面取得了一定成效：

一是减负，减少了一线人员工作量；二是提效，提升了企业的整体工作效能；三是降风险，降低了质量风险、管理风险；四是控成本，用数据对比实现成本的管控，节超可控。

来源链接：http：//www.chinajsb.cn/html/202409/29/43466.html

小　结

报道类应用文是对新近发生的有社会价值的事实进行及时报道的一种文体，主要包括新闻、通讯和简报等。新闻是对新近发生的有社会价值事实的及时报道。通讯是一种以及时、真实、具体而形象地报道现实生活中的典型人物和事件为主要内容的新闻体裁。简报是党政机关、社会团体、企事业单位内部用来汇报工作、交流情况、反映问题、通报信息的一种带有新闻报道性质的常用文种，是具有汇报性、交流性和指导性的书面材料。撰写报道类应用文时要注意组编材料的真实性、时效性、典型性和相关性等，并且要快、新、真、短。

习　题

1. 你校的体育场工程于近日竣工验收合格，请你以学校和施工单位的名义各写一篇新闻。
2. 说说建筑工程新闻、通讯和简报的区别与联系。
3. 某动工企业准备创办企业工作简报，应做哪些准备工作？
4. 在写作报道类应用文时，应准备哪些方面的材料？

第10章 经济类应用文

教学目标

掌握经济类应用文的概念,理解其特点及写作要求。重点掌握经济类应用文各文种的特点、结构和撰写要求。体味例文,模拟写作,培养撰写建筑行业经济类应用文的能力。

教学要求

能力目标	知识要点	权重	自测分数
掌握经济类应用文的概念,理解其特点及写作要求	经济类应用文的概念及特点	5%	
	经济类应用文的写作要求	5%	
掌握常见经济类应用文的撰写要求	市场调查报告和市场预测报告的撰写要求	20%	
	可行性研究报告的撰写要求	20%	
	经济活动分析报告的撰写要求	20%	
	资产评估报告的撰写要求	15%	
	工程意见咨询书、竣工结算审核情况报告的撰写要求	15%	

章节导读

经济类应用文是在经济活动中形成和发展的、为现实经济生活服务的、具有特定惯用格式的应用文书。它记载和反映了国家、企业、个人的经济信息,是经济活动中的重要凭证,是沟通经济信息、分析经济活动状况、促进经济效益提高的管理工具。

引例

我们先来看一个《××市交通局关于××—××二级公路建设项目的可行性研究报告》的格式,通过此可行性研究报告来对经济类应用文写作进行初步的了解。

××市交通局关于××—××二级公路建设项目的可行性研究报告

××省交通厅:

根据××部××××年3月5日联合指示的精神,从××××年4—8月,我局集中力量对××—××二级公路建设项目进行了多次调查、勘测及建设方案的研讨论证,认为该项目是可行的。

1. 基本意义

位于××市西部山区的××镇,是我国目前最大的焦煤生产基地,拥有八个国家级煤矿和百余个地方级煤矿。××××年产量达$1.8×10^7$t,预计近5年之内,这八个国家级煤矿年产量将达到$2×10^7$t。除生产煤炭之外,××镇还产焦炭、矿石、石膏、各类建材及农副产品。因此,其运输任务是可观的。此地现有的××—××公路,其技术标准为旧六级,日承运量已超过原设计标准的三倍。根据××××年××观测点统计,该路的日交通量可达5700辆。由于排水与防护设施差,路沿多处沉陷,因而行车极为困难,一般行速仅20km/h,阻车达四五个小时之久的情况经常发生。这种落后的公路,严重影响了该地区大量煤炭及其他产品的外销,影响了市场经济的快速发展。因此,重修××—××公路,并提高其技术标准,已成为迫在眉睫的战略性任务。

2. 可行性研究情况

××××年4—6月,我局专门组织了勘察队,对××—××公路进行了三次勘察。当年6月,又邀请××省与××市交通部门的领导与专家进行了专题研讨,并提出了四种方案,即:①旧线适当改造;②改建为二级汽车专用公路;③改建为路基宽2m的二级公路;④改建为路基宽8.5m的二级公路。当年7月,经过多方面的分析、比较、测算,我局最后从上述四种方案中选定了第二种,即改建××—××公路为二级汽车专用公路。

该方案拟订:①为解决沿线小煤窑运输及村镇汽车上路,需在××村、×××村、×××村三处分别设互通式立交桥,其余路段采用全部封闭式;②该路起点是××村,与××大桥相连,终点是×××。

本项目于××××年7月已完成可行性研究,拟定××××年8月进行建设勘察设计,××××年9月开工,××××年1月竣工。

3. 项目规模及资金来源

××—××二级汽车专用公路,全长33km,占地××m^2,总造价××亿元,每千米平均造价××万元。工程所需主要材料:水泥××t,木材××t,钢材××t,共需工时××工日。

所需资金的来源有:①由××部无偿补助×亿元;②由××省交通厅无偿补助×亿元;③由××市和××专区地方财政自筹资金共×亿元;④从银行贷款×亿元(该款按照国家规定,由×年之内的过桥费、车辆过路费予以偿还)。以上报告是否可行,谨请核示。

××市交通局(公章)

××××年七月十五日

引例小结

该可行性研究报告符合写作格式。开头部分简要介绍了可行性分析的依据和开展调查的时间等。第一部分主体介绍××—××公路落后、危险的现状,指出重修××—××公路,并提高其技术标准,已成为迫在眉睫的战略性任务。第二、第三部分是分析论证,以事实为基础,根据勘察结果拟定出四种方案,经过分析、测算最终确定一种可行性方案,然后从项目规模及资金来源方面论证重修××—××公路是可行的。语言简洁，论证清晰，可行性分析深入、全面。

10.1 经济类应用文概述

10.1.1 经济类应用文的特点

经济类应用文除了具有一般应用文的特点，还具有以下特点。

1) 专业性

撰写经济类应用文必须以国家经济政策、法律法规和经济科学理论为指导，在掌握客观实际情况的基础上，总结或分析现实的经济业务活动规律或发展趋势。因此，要完成撰写工作，就需要作者具备一定的专业知识。

2) 真实性

经济类应用文要为经济管理服务或为确定的经济关系服务，必须真实地反映客观经济情况，所使用的材料切忌主观臆测或夸张，更不能伪造。要以科学的态度分析数据，尽可能地反映经济活动的本质规律。

3) 时效性

市场经济瞬息万变，要求经济信息必须及时、有效地反馈给决策部门，以便决策层作出快速反应。过时的信息将失去其市场价值。

4) 针对性

经济类应用文应针对经济活动或管理的特定对象而撰写。要明确撰写目的，选择适应撰写内容的文种。

10.1.2 经济类应用文的种类

经济类应用文在经济领域中的应用非常广泛，常见的种类如下。

1) 报告类

报告类经济类应用文用于总结或分析经济工作的现状或发展趋势，包括财经工作总结、市场调查报告、经济活动分析报告、财务预决算报告和审计报告等。

2) 方案类

方案类经济类应用文用于为决策者提供决策依据，包括经济决策方案、可行性研究报告、项目申请报告、市场预测报告和财经（商业）计划等。

3) 契约类

契约类经济类应用文用于确定经济活动双方当事人的关系，彼此的权利与义务，如授权委托书、经济合同、合作意向书和协议书等。

10.1.3 经济类应用文的写作要求

1) 熟悉经济政策和法律，具有业务工作知识

撰写经济类应用文，首先要根据所撰写的内容，熟悉相关的政策和法律，并以之为指导依据。其次撰写经济类应用文离不开具体的业务工作，只有掌握业务工作知识，才能从中找出规律，撰写出有实际价值的文章。

2) 深入调查研究，掌握真实、准确的材料

这是撰写经济类应用文的关键。经济类应用文所使用的材料，是阐明观点、揭示经济规律的事实依据，只有深入调查搜集、反复核实，才能获得。

3) 熟悉格式，掌握表述方法

由于经济类应用文专业性强，各种文种都有惯用的格式，每文种根据写作目的的不同又有不同的变化，因此，要撰写出合格的经济类应用文，就必须掌握经济类应用文的基本格式，熟悉表述经济状况的各种说明方法。

10.2 市场调查报告和市场预测报告

10.2.1 市场调查报告和市场预测报告的概念

市场调查报告和市场预测报告是对商品市场的现状、发展趋势进行调查研究、综合分析的书面材料。市场调查是市场预测的基础和前提。根据不同的撰写目的，对市场现状进行分析的书面材料，一般称为市场调查报告；对市场发展趋势进行分析的书面材料，称为市场预测报告。

10.2.2 市场调查报告和市场预测报告的特点

市场调查报告和市场预测报告除了具有调查报告的一般特点，还具有其他特点。

1) 针对性

撰写市场调查报告和市场预测报告是为了掌握市场行情，保障企业的运营；指导消费，保证市场的健康发展。这就要求撰写者必须从市场实际出发，有针对性地调查市场营销的各个环节，以期掌握瞬息万变的市场情况，为调查和预测的目的服务。

2) 时间性

市场调查报告和市场预测报告必须快速反映变化着的市场情况，才能及时地为企业或主管部门提供决策时的参考意见。对企业来说，能够及时了解国内外技术经济情报、市场需求等，无疑有利于提高自身的竞争能力，在竞争日益激烈的市场上夺得一席立足之地。

3）科学性

市场调查报告和市场预测报告必须具有科学性，其分析必须能够反映客观经济规律。因此调查材料要求真实，在分析市场现象时，要有敏锐的眼光、独到的见解，进行预测时，要突出预见的规律性。

4）实践性

市场调查和预测致力于研究经济理论在商品流通领域中的实际运用。报告是否有科学性，是否有针对性地解决了实际问题，需要靠市场实践的检验。

10.2.3 市场调查报告和市场预测报告的种类

这两类报告从不同角度分类，可以得到不同的结果。不同的分类，可以从不同的方面加深对它们的认识。

1）市场调查报告的种类

（1）按服务对象分，可分为市场需求者调查报告（消费者调查报告）、市场供应者调查报告（生产者调查报告）。

（2）按调查范围分，可分为全国性市场调查报告、区域性市场调查报告、国际性市场调查报告。

（3）按调查频率分，可分为经常性市场调查报告、定期性市场调查报告、临时性市场调查报告。

（4）按调查对象分，可分为商品市场调查报告、房地产市场调查报告、金融市场调查报告、投资市场调查报告等。

2）市场预测报告的种类

（1）按预测的范围分，可分为宏观市场预测报告和微观市场预测报告。宏观市场预测报告是针对国内外市场各类商品和服务的总需求或发展趋势而进行的预测。它可以是一个国家、一个地区的经济发展情况，也可以是科学技术的研究情况、市场总购买力的变动情况等。微观市场预测报告是企业针对自己的某一经济行为，或对自己生产与经营的产品进行某方面的预测，主要有《××产品市场需求量预测报告》《××商品销售预测报告》《××产品成本预测报告》和《××生产线投资预测报告》等。

（2）按预测的时间分，可分为短期、中期、长期市场预测报告。短期市场预测报告的预测时间一般在1年左右，主要预测季节性产品、产销变化大的产品。中期市场预测报告的预测时间为2～5年，主要预测较为耐用、使用周期较长的产品，如彩电、冰箱、音响等。长期市场预测报告的预测时间为5年以上，主要预测生产周期和使用周期都比较长的产品，如建材、房地产等。

（3）按预测的方法分，可分为定性预测和定量预测。定性预测是依据预测者的经验和理论水平，对未来市场所作的预测。定量预测是依据资料和数据，通过数学、统计等方法，对市场的发展变动情况所作的预测。

（4）按预测内容分，可分为材料供应情况预测、生产预测、产品（商品）销售情况预测等。

10.2.4　市场调查报告和市场预测报告的作用

市场调查报告和市场预测报告既是调查成果的载体，又是使其转化成经济效益的重要途径。具体地说，它们的作用体现在以下几个方面。

1）为决策者提供材料或依据

无论是国家经济管理部门还是企业经营管理部门，都必须重视市场调查和预测，依据其资料或结果制定方针、政策，解决企业症结问题，提出解决问题的方案，提高竞争能力和经营管理水平。

2）提供经验或教训

市场调查和预测为广大的市场消费者和经营者提供经验或教训，引导人们消费和生产，促进市场经济的发展。

10.2.5　市场调查的方法

一般工作调查的方法有普查、抽样调查、典型调查和重点调查等，这些同样适用于市场调查。除此之外，还可采用下列调查方法。

1）询问调查法

询问调查法是用口头或书面方式对被调查者进行调查并取得资料的一种方法。其方式有个别访问、召开调查会、问卷调查等。

个别访问或召开调查会，材料真实、详细，但调查成本高，范围小。问卷调查多采用通信方式，调查范围宽，获得的信息量大，成本低，但调查无约束力，答复率不易控制，且信息的可信度受被调查者的文化、思想水平等因素影响。

以上方法可根据调查目的、要求、时间、费用、效果等多种因素来确定，也可以综合使用。一般通过个别访问和召开调查会取得典型材料，再通过问卷调查取得数据型的面上材料，这样有点有面，更具有说服力。

2）直接调查法

直接调查法主要用于对本企业产品销售和服务情况的调查。企业派专人到产品销售地点，观察销售人员的服务态度，直接向消费者了解购买意向，了解对商品的意见。这种调查对改变企业经营策略和产品设计能提供很大帮助，其优点是简便易行，资料客观，接近实际，但调查范围窄，无法深入了解内在因素，花费时间也较长。

3）实验调查法

这是以试行销售的方式进行调查的方法。常见的展销会、订货会、博览会等都属此类，多用于开发新产品、改进老产品，或以一种新推销方式扩大产品销售量的时候。

4）统计分析法

这是利用企业的现成资料，如统计、会计等报表及有关的数据进行综合分析的一种调查方法。这种调查方法可总结分析已进行的经济活动，以便发现现行的经营策略是否正确合理、有无必要调整、如何调整等。其优点是调查面广，费用低廉。

10.2.6 市场调查报告和市场预测报告的区别

市场调查报告和市场预测报告都是依据市场实际情况所做出的报告，所不同的是市场调查报告一定要进行实际调查，取得大量调查数据及资料，并对其进行系统、科学地分析。市场预测报告虽然也需要大量的数据和资料，但这些数据和资料可以是通过市场调查得来的，也可以是他人已经调查总结出来的。另外市场调查报告虽然也会提出意见及建议，但更侧重调查数据和列举现实情况，其余可让人们自己去做判断；但市场预测报告一定要告诉人们预测结果，并且要根据这些预测提出建议和对策。

10.2.7 市场调查报告和市场预测报告的结构

市场调查报告和市场预测报告都属于调查报告，虽然两者侧重有所不同，但从写作角度来看，其结构一般都包括标题、正文两部分。

1. 标题

常见的标题形式有公文式、文章式和新闻式。

1) 公文式

其一般由作者、事由和文种三部分组成。作者一般可以省略，如《关于当代青年消费问题的调查报告》。对市场预测报告来说，其事由还应当标明预测时限、预测区域、预测对象，如《××××年××市电视机市场需求趋势预测报告》《××××—××××年××市家用轿车需求量预测报告》等。公文式标题有的还以正副标题的形式出现，如《苦练内功——关于企业扭亏问题的调查报告》。

2) 文章式

文章式标题不要求作者、事由和文种三者齐全，而可根据内容的需要，选择能突出主题的标题，如《××××年应届毕业生需求情况预测》《电信资费调整预测》。

3) 新闻式

这种标题类似新闻报道的标题，如《加入WTO——企业最关心什么?》。

2. 正文

正文分为开头、主体、结尾三部分。

1) 开头

开头又称前言部分。这一部分是对调查或预测问题的简要说明，包括调查或预测的原因、时间、对象（地区、范围）、经过及方法（是普查还是随机抽查）等。

2) 主体

主体是正文的核心部分，一般有以下三方面内容。

（1）基本情况。这部分可按时间顺序进行表述，有历史的情况，有现实的情况，也可按问题的性质归纳成几个类别加以表述。无论如何表述，都要求如实反映调查或预测对象。其经济运行的具体情况，要有调查数字，其表述可用叙述与图表相结合的方式。

（2）分析或预测。分析或预测是指通过分析研究所搜集的资料，预测市场发展的趋势。市场调查报告虽然不以预测为重点，但很多报告的资料分析，都暗含对市场前景的判断。市场预测报告通常在资料分析之后，即说明要采用的预测方法，并给出公式和结论。

（3）建议或措施。这是这类报告的落脚点。根据分析或预测得出结论，思考相应对策。建议或措施既要有针对性，又要有可行性。

3) 结尾

这是正文的结束部分。如写有前言，一般要有结尾，以照应开头，或重申观点，或加深认识。这部分也可省略。

10.2.8 撰写市场调查报告和市场预测报告时应注意的事项

市场调查报告和市场预测报告的写作，除了要符合一般应用文的写作要求，还应注意以下问题。

1) 有明确的调查或预测目的

进行市场调查或预测，首先明确调查或预测目的，根据目的，划定调查范围。

2) 调查和搜集材料，要真实、准确和典型

市场调查需要用事实说话，市场预测要拿出有预见性的数据，它们的前提都是大量的市场材料，材料的真实性、准确性、典型性对报告的质量起着关键性的影响。

3) 讲究方法，体现科学性

运用科学方法对材料进行分析与处理，以期获得有说服力的结果。材料或数据的比较、事件本质的剖析、经验的归纳、理论的证明等都是常用的分析方法。

4) 防止以偏概全，片面得出结论

防止因调查的范围和样本数量的限制而得出片面结论，要以系统的观点整体地看待市场，要注意材料之间的内在联系，既要注意具有普遍性的问题，又要注意特殊性的问题，将二者有机统一起来。

5) 要讲究时效，及时发挥作用

时效性是市场调查报告和市场预测报告存在的前提。唯有迅速、及时地反映瞬息万变的市场，才能充分发挥其应有的作用。

【例文一】

《中国建筑业年度报告（2022）》重磅发布，探索建筑业高质量发展之路

由中建政研智库专家团队精心编制的《中国建筑业年度报告（2022）》（以下简称《报告》）重磅发布。《报告》旨在从国家经济及产业发展的战略入手，分析建筑行业未来的市场走向，挖掘建筑行业的发展潜力，预测建筑行业的发展前景，助力建筑业的高质量发展。

本《报告》从2021年全国建筑业发展环境、基本情况、区域市场格局、重点细分行业发展情况进行分析，剖析了八大建筑央企经营情况、2021年建筑业资本运营和并购重组的大事件，展望2022年中国建筑业发展趋势。《报告》是系统分析2021年度中国建筑业发展状况的著作，对于全面了解中国建筑业的发展状况、开展与建筑业发展相关的学术研究和实践，具有重要的借鉴价值，可供从事建筑业相关的政府部门、科研机构、建筑企

业等相关人员阅读参考。

2021年是"十四五"开局之年,立足新发展阶段、贯彻新发展理念、构建新发展格局,中国经济发展和疫情防控保持全球领先地位,主要指标实现预期目标,国民经济持续恢复发展,中国建筑业也取得了良好成绩,但受宏观经济发展态势、疫情防控、上游建材价格上涨等因素影响,2021年的中国建筑业发展整体态势有喜有忧。建筑行业总产值实现11.04%的增长,迈上29万亿元的发展台阶,但上游钢材、水泥价格上涨影响较大,建筑业增加值仅上涨2.1%,低于GDP8.1%,增幅6个百分点,建筑业增加值占GDP比重维持7%以上的高位,建筑业支柱产业地位依然稳固。建筑企业签订合同额逐年增加,新签增幅有所回落,疫情持续影响对外承包工程业务,行业利润总额增速和产值利润率双创新低,建筑业企业单位数量增加,从业人数持续减少。

中建政研智库团队结合多年来大量服务建筑企业的经验,出品的这部《中国建筑业年度报告（2022）》著作,从发展环境、区域布局、市场经营、趋势研判等多个维度,全面解读了建筑业的发展情况,为建筑企业准确把握行业发展态势、洞悉行业竞争格局及市场商机、正确制定企业竞争战略和投资策略,提供准确的市场情报信息及科学的决策依据。

《报告》中指出,中国城镇化的加速发展,给建筑业带来了巨大的发展空间和前所未有的发展机遇。与城镇化相关联的高速铁路、城际铁路、高速公路、城市轨道交通、城市改造等基础设施建设显现出持续增长的趋势。作为建筑行业的领头羊——八大建筑央企（中国建筑、中国中铁、中国铁建、中国交建、中国中冶、中国能建、中国电建和中国化学）发展备受瞩目。从2021年新签合同额数据来看,八大建筑央企五个梯队的格局基本没有发生变化,值得关注的是通过混改并购发展起来的绿地大基建、广西建工、贵州建工、江苏省建、西安建工是其内部龙头企业。

由此可见,建筑央企强势增长,市场集中度逐步提升,行业的引领作用进一步凸显。"十四五"是国家深化推进从高速增长向高质量增长转型的关键阶段,建筑龙头企业带动的产业结构优化重组会成为"十四五"期间的行业发展主题。

在高质量发展背景下建筑企业转型升级才能赢未来。中建政研智库致力于持续引领行业变革,在服务数千家建筑企业的实践中总结提出"建筑业+"的新发展理念,指导建筑企业提升供给高质量产品和服务的能力,提升产业链水平和竞争力,加快转型升级,实现高质量发展。同时在总结超过300个案例和多年咨询服务积累的经验,提出"七六五四三二一"方法论模型,帮助地方政府投融资平台公司解决转型问题,顺利实现国有资本投资/运营公司转型。

《报告》的内容丰富、数据翔实、亮点纷呈。结合对2021年建筑业现状的分析,展望建筑业发展趋势,透视行业发展变化。《报告》不仅对建筑央企、地方建筑国企、民营建筑企业、地方平台公司等类别的企业指明了明确的发展方向,而且从双碳背景、政策驱动、科技发展的角度,分析了建筑业企业呈"K"字型发展的趋势预判以及"强身健体"的战略举措。未来建筑业将从追求高速增长转向追求高质量发展,从"量"的扩张转向"质"的提升,走出一条内涵集约式发展新路,推动建筑业的工业化、数字化、智能化、绿色化发展。

来源链接：http：//finance.people.com.cn/n1/2022/0901/c1004-32517321.html

10.3　可行性研究报告和项目申请报告

10.3.1　可行性研究报告的概念

可行性研究报告是针对拟开发的新项目、新技术,分析其必要性、可能性、客观条件与未来前景的书面报告。

可行性研究报告的作用从根本上说,就是为项目的决策者提供决策依据。这包括为项目的市场需求、技术上的可能、未来的收益、资金的提供等方面提供理论论据和可行理由。

10.3.2　可行性研究报告的特点

1) 科学性

可行性研究报告是项目开发前的必要工作步骤,是项目开发的决策依据。因此,必须以科学理论为指导,进行广泛深入的市场调查,从而获取大量真实的材料,对材料的分析要客观、冷静,应本着科学的态度,实事求是。要防止为要资金而撰写报告,为项目上马而撰写报告,这样不仅会使报告失去科学依据,而且一旦项目上马可能将带来巨大的损失。

2) 综合性

可行性研究报告涉及市场需求、技术上的可能性、资金的预算等多方面的内容,大型项目的可行性研究报告就更复杂,因此其在内容上具有综合性,在撰写中需要多方面人员的合作。

10.3.3　可行性研究报告的结构

可行性研究报告同其他应用文一样,要遵循一定格式。其整体结构由封面、正文、附件三部分组成。

1) 封面

大型的可行性研究报告设有封面,封面包括项目的名称、编制单位的名称、成文时间。有的可行性研究报告还设有扉页,列出参与人员的名字、职务及分工,较长的报告还有目录。

2) 正文

正文是可行性研究报告的主体部分,通常分为三个部分:开头、主体和结尾。

(1) 开头。开头一般是内容的概述、分析方法。

(2) 主体。主体介绍项目的必要性、经济意义、背景资料、理论依据,包括以下几个方面内容。

① 市场调查情况。其目的是依据市场情况来论证项目的可行性，具体包括现有生产能力、项目拟建规模和市场销售预测等。

② 项目相关情况。其目的是论证项目建设的外在情况和条件是否成熟，包括能源、原材料、基础设施和公用设施等。

③ 地址的选择。应指明选定厂址的理由，如地理位置对项目的影响，因特殊需要对气象、水文、地质、地形的要求等。

④ 工艺技术方案。其包括项目的设备来源、采用的技术、产品的生产方法、工艺流程、辅助设施、对原有固定资产的利用情况等。

⑤ 组织机构设置及人员管理。应指明该项目需要设置的组织机构、人员专业要求和数量要求。

⑥ 环境保护。在对现有的环境状况进行分析后，要说明项目实施后给环境带来的影响、企业要采取的控制手段。

⑦ 资金保障。对项目所需的投资数额要进行估算，包括对需要垫付流动资金的估算、现金流量分析、资金来源及资金成本分析，以确定是财政拨款、银行贷款，还是单位自筹，并列出项目所需资金的使用进度。

⑧ 财务分析。对投资方案的现金流量、投资回收期、投资报酬率、净现值及现值指数进行分析，对可能的盈亏情况作预测分析。

在实际编制可行性研究报告时要注意将该方案涉及的问题逐一分析清楚，依据实际情况可有不同侧重。

（3）结尾。结尾是整篇研究报告的概括和总结。作者在该部分要对论证的提议和项目表明自己的态度，对重点问题及关键性内容要再次强调，以证实报告的可行性。

3）附件

可行性研究报告有时需要一些辅助资料作为正文的论据，这些辅助资料称为附件，主要有相关政策文件、调整资料、统计图表、设计图样等。

10.3.4 撰写可行性研究报告时应注意的事项

1) 资料要真实、准确

可行性研究报告论证的内容是项目未来是否可以投资的重要依据，也是未来开展工作的依据，所以要保证资料来源真实可靠、全面准确。资料的来源有国家的有关文件、历史档案、市场调查、专家意见等。

2) 论证全面深入

可行性研究报告是企业向上一级管理机关报批的资料，也是企业为项目募集资金的依据，所以分析应当有理有据、证据确凿，应该论证的问题不能出现遗漏，主要问题的论证要有一定的深度。

目前一般建设项目的可行性研究报告主要内容如下。

第一章　总论

第二章　项目业主
第三章　项目建设的必要性
第四章　项目选址及建设条件
第五章　项目建设内容及规模
第六章　项目建设方案
第七章　环境影响
第八章　节能
第九章　工程进度计划
第十章　项目建设管理
第十一章　投资估算及资金筹措
第十二章　项目销售价格分析
第十三章　经济效益评价
第十四章　风险分析及对策
第十五章　结论及建议

特别提示

在编制建设项目的可行性研究报告时，特别要注意以下几个方面。

① 采用的数据一定要真实可靠，一般应是政府或行业相关职能机构正式统计公布的数据，具有较高的权威性和真实性。

② 规划设计方案、建筑设计方案和相关图纸应由具有相应资质的设计院完成并经过当地规划部门的审批批准。

③ 报告的结构应层次分明，内容要全面，并附上相关文件、政府批文、图纸等必需的附件。

10.3.5　项目申请报告

目前我国的建设项目在立项审批时，政府投资项目要做可行性研究报告，业主自筹资金项目要做项目申请报告，项目申请报告的格式和内容与可行性研究报告有类似之处，目前一般建设项目的项目申请报告主要内容如下。

第一章　项目申请报告概述
第二章　建设项目概况
第三章　规划/产业/行业分析
第四章　项目资源综合利用分析
第五章　项目节能方案分析
第六章　项目建设用地分析
第七章　环境和生态影响分析
第八章　经济影响分析
第九章　社会影响分析

第十章　项目招投标方案
第十一章　偿还债务分析
第十二章　报告结论

10.4　经济活动分析报告

10.4.1　经济活动分析报告的概念

经济活动分析，是人们认识经济活动的一种主要手段，是以党和国家的经济方针、政策和正确的经济理论为指导，以现实和历史的计划、统计资料及有关原始记录和调查材料为依据，对某一地区、某一行业、某一单位、某一部门的所有经济活动或某一项经济活动的情况，进行客观分析的一种行为。反映分析内容和结果的书面报告，就是经济活动分析报告。

经济活动分析报告，是找到经济问题症结之所在，摸清其规律的有效手段，是实施某项经济决策之后作出效果评价的有效办法，也是领导者或管理者在制定发展战略、规划和政策时的重要依据。

10.4.2　经济活动分析报告的特点

1）分析性

经济活动分析报告将计划指标、业务核算、会计核算和统计核算的数据、百分比进行对比分析，从而对过去经济活动中的成绩和问题、经验与教训进行检验和评估，得出客观的评价性意见。

2）系统性

经济活动分析报告的关键在于，将各个因素和不同的侧面联系起来进行综合分析研究，只有这样，才能找出经济活动的内在发展规律。

3）指导性

经济活动分析报告的写作具有明显的目的性，它通过分析研究，说明经济活动的过程和内在联系，揭示其本质，并对内在的问题提出具体的解决办法，以提高管理水平和经济效益。

10.4.3　经济活动分析报告的分类

经济活动分析报告按涉及的范围划分，可分为宏观经济活动分析报告和微观经济活动分析报告。

经济活动分析报告按撰写的时间划分，有包括年度分析、季度分析、月份分析在内的定期经济活动分析报告和不定期经济活动分析报告。

经济活动分析报告按涉及的部门、行业划分，有工业经济活动分析报告、商业经济活动分析报告等。

经济活动分析报告按涉及的对象划分，有生产方面、销售方面、成本方面、财务方面分析报告等。

经济活动分析报告按内容广度和特点划分，有综合分析报告和专题分析报告。综合分析报告，是对某一地区、某一部门或某一单位在一定时期内的经济活动进行全面、系统分析的报告；专题分析报告，是专门对某个问题或某项活动进行分析的报告。

10.4.4 经济活动分析报告的结构

经济活动分析报告的结构大体包括标题、正文、落款及日期几部分。

1）标题

标题主要有两种。第一种是报告式标题，主要包括分析单位名称、分析时限、分析内容和文种等。这种标题还可以有所变化，如省略分析时限或"报告"二字。宏观经济活动分析报告通常是不写单位的，有的还加上"关于"二字，也有的标题不写"分析"或"分析报告"，而写"意见""建议""看法""说明"等。第二种是论文式标题，它只概括分析报告的主要内容，而省略了分析单位名称、分析时限和文种等几项内容。另外，还经常使用正副标题。

2）正文

它的基本格式包括情况、分析、建议三个部分，有的还有前言。

（1）前言。前言写法比较多样，有的以简练的语言介绍经济活动的背景，有的说明分析对象的基本情况，有的交代分析原因和目的，有的明确分析范围和时间，有的评述分析内容，有的提出问题，有的揭示分析结论，也有的省掉了前言部分。

（2）情况。情况包括主要经济指标完成情况、技术或管理措施实施情况、业务工作开展情况等。

（3）分析。这是经济活动分析报告的主体，要以"分析"为主，而不能只堆砌材料、罗列事实。专题分析报告则要求抓住一两个主要指标或重点问题进行深入分析。

（4）建议。在这个部分中，一般是根据分析的结果，回答今后的经济活动将会"怎么样"或者应当"怎么样"的问题，这也是比较重要的一个部分。

3）落款及日期

落款及日期一般有两项内容：一是标明撰写经济活动分析报告的分析单位名称或人员姓名；二是标明写作日期。

10.4.5 撰写经济活动分析报告时应注意的事项

（1）准确、全面地掌握材料。所用的材料可靠、系统，是做好分析工作的基础。进行经济活动分析，必须占有足够的资料，还要对资料进行认真的核实和查对。

(2) 合理地运用分析方法。分析方法有很多种，常用的如下。

① **对比分析法**：是通过具有内在联系和可比性因素的比较，从而发现问题、判明是非、做出评价、得出结论的分析方法。

② **因素分析法**：是通过分析影响经济活动的各种因素，并测定它们对经济活动的影响程度，从而认识经济活动的特点，探明经济活动取得成功或出现问题的原因的分析方法。

③ **动态分析法**：是以发展的眼光对经济活动的变化情况及其趋势进行研究，就今后的经济活动提出各种设想和措施的分析方法。

(3) 及时完成报告，为现代经济管理和活动提供依据。

【例文二】

××市建材总公司××年5月利润完成情况分析

今年5月，我公司共完成纯销售1333821元，比去年同期下降5823元，为去年同期的99.57%。销售看似下降，实际是上升的。因为西街商店去年1—4月没有会计，未报表，5月份报表中包括了进去。因此，实际上升约33.8万元。本月实现利润2404.02元，比去年同期下降了9394元，仅为去年同期的20.38%。

为什么销售略有上升，而利润却大幅度下降了呢？

1. 费用增加

本月实际支付费为104739元，费用率7.85%，比去年同期上升1.14%，绝对额上升14914元，导致费用上升的主要因素如下。

(1) 本月支付利息35315元，比去年同期增加33164元。比较一下银行贷款可以发现，今年5月末贷款额为329.6万元，比去年同期增加了96.7万元。

(2) 工资额增加。由于工资理顺升级和调整地区类别，今年5月支付工资额比去年同期增加4350元。随着工资额上升，福利费、工会经费等项开支也相应增加。

2. 税金增加

今年5月支付各种税金23195元，比去年同期增加了6480元。这是由于批发部门今年5月实现毛利比去年同期高76000元，因此多缴了批发税。

3. 退休退职人员开支增加

今年5月退休退职人员实际支出8047元，比去年同期增加6400元。

4. 财产损失增加

为了加强奖金管理，促使资金结构合理化，在确保完成全年计划的前提下，5月全公司共处理财产损失4.5万元，较去年同期增加了3.8万元。

5. 去年同期利润

去年同期实现的利润中包括西街商店1—4月实现的利润。为保证历史资料的真实性，在进行对比分析时，应剔除这一因素的影响。

通过以上分析，反映出我们在资金管理方面存在三个问题：一是银行贷款过大，比去年计划高99.6万元，比去年同期高96.7万元；二是银行存贷款的比例不合理，5月末存贷款比例为1∶10.2，与省社要求的1∶20～1∶15相差很远；三是商品资金、结算资金与全部流动资金的比例不合理，其中商品资金占 67.24%，绝对额超出计划 70.9 万元。

不合理资金占用的增加，实际上是商品流通过程中出现滞塞甚至是某种恶性症状的反映。如果忽视这一点，那么，由此而造成的损失，将要用几年，甚至十几年的利润去补偿，因此，今后一段时间内，我们财务管理工作的当务之急，应是努力压缩资金占用，控制存货比例，调整库存结构，加快资金的流通，提高资金使用价值，保证经理任期目标责任制的顺利实现，不断开创全面提高企业经济效益的新局面，为我国经济发展实实在在地做一点贡献。

计财处
××××年×月×日

10.5 资产评估报告

10.5.1 资产评估报告的概念

资产评估报告，也称"国有资产评估报告"，是评估机构或评估人向委托单位报告资产评估工作结果的一种经济类应用文。在企业经营机制转换及国有资产管理体制改革中，资产评估工作无疑具有重要意义。

资产评估是一项非常复杂且有意义的工作，资产评估报告可以作为国有资产管理部门对所评估的资产作出处理决定的依据；又可以作为被评估单位进行产权交易，以现有资产入股经营等经济活动的依据。它提供的有关资料，对财政、税务、金融、工商部门及被评估单位的上级主管部门等了解现有资产价值状况，也有重要的参考价值。

10.5.2 资产评估报告的特点

1) 鲜明的目的性

资产评估都是按委托单位的委托，有明确目的地进行的，还要针对不同的具体情况，采用不同的评估方法，有所侧重地进行，评估工作自始至终都有着明确的目的。

2) 科学的评估性

评估要建立在搜集、掌握大量材料的基础上，应针对材料进行去伪存真、由表及里的科学分析，从而得出可靠结论。

10.5.3 资产评估报告的种类

一般情况下，资产评估报告包括单项评估报告和综合评估报告两种，要根据委托单位事先提出的委托要求而选择确定使用哪一种评估报告。

10.5.4 资产评估的方法

国有资产评估方法主要有以下几种。

1) 收益现值法

收益现值是指企业在连续经营下所产生的预期收益（即年利润额），按社会基准收益率（同行业平均资金利润率）计算的折现值。这种方法，应当根据被评估资产合理的预期获利能力和适当的折现率，计算出资产现值，并以此评定重估价值。

2) 重置成本法

重置成本要求按评估资产时现实发生的成本来计价。这种方法应当根据该项资产在全新情况下的重置成本，减去按重置成本计算的已使用年限的累计折旧额，考虑资产功能变化、成新率等因素，评定重估价值；或者根据资产的使用期限，考虑资产功能变化等因素重新确定成新率，评定重估价值。

3) 现行市价法

现行市价是指交易时市场的通行价格。这种方法应当参照相同或类似资产的现行市场价格，评定重估价值。

4) 清算价格法

清算价格是指停业或破产后，企业解散清算时处理资产可得到的变现价格。这种方法应当根据企业清算时其资产可变现的价值，评定重估价值。

5) 国务院国有资产管理行政主管部门规定的其他评估方法

略。

10.5.5 资产评估报告的结构

资产评估报告通常由标题、致送单位、正文、附件和落款组成。

1) 标题

标题一般应由被评估单位名称、评估项目名称和文种（资产评估报告）几部分组成。

2) 致送单位

致送单位即委托单位名称，顶格写在标题下、正文前，有时这部分也可以省略。

3) 正文

这是资产评估报告的主体部分，一般包括如下内容。

（1）资产评估的依据、目的和对象。
（2）评估对象的基本情况。
（3）评估参加人员和评估时间。
（4）主要评估方法。
（5）评估过程及评估结果。

4) 附件

附件通常包括一些说明、部分表格等。如果这些内容都已在正文中表述，附件部分就可以略去。

5）落款

落款应在正文后详细写出评估机构名称或评估人员姓名及时间。

10.5.6 撰写资产评估报告时应注意的事项

1）内容要客观、公正

写作资产评估报告，无论是实地勘测、市场调查，还是价值估算，都必须本着对国家财产负责、对委托单位负责、对被评估单位负责的精神，实事求是地开展每一步工作。资料要真实，方法要科学，结论要可靠。

2）语言要精确、简明

资产评估报告直接涉及国家利益及被评估单位的权益，写作时务必要反复推敲，尤其是关于结论的文字，更要把握分寸。

3）数字要准确、明白

资产评估报告主要靠事实说明，而事实主要体现在具体数字上。所以，对文中所使用的众多数字，一定要反复核对，起草、定稿过程中都必须一丝不苟。

【例文三】

××商贸区地价评估报告

第一章　总述

本评估报告是××开发区工程指挥部委托××省房地产业协会科技咨询培训部评估其××商贸区土地出让或转让价格的报告。本报告中工程实际投资数据由××开发区工程指挥部提供。

1. 评估目的

为确定××市××商贸区的土地出让或转让价格提供参考。

2. 评估人员

××省房地产业协会科技咨询培训部根据委托单位要求进行评估，由张××主持评估并撰写此报告，评估人员为张××、凌×、陈××。

3. 评估日期

评估日期始于××××年12月10日，终于××××年12月20日。

4. 勘估物所在地址

××市××商贸区，位于××市××大桥桥北延伸250m处。

5. 占地总面积

××市××商贸区，占地总面积为48933m^2（合约73.4亩）。

6. 建筑总面积

××市××商贸区，建筑总面积为42720m^2。

7. 附件

（1）××市××商贸区规划用地控制指标。

（2）××市××商贸区规划总平面示意图。

（3）××市××开发区示意图。

第二章　评估对象概况

1. 土地使用权

××市××商贸区土地使用权，属于××市××乡××村。

2. 土地用途

××市××商贸区为商品集散型市场。

3. 交通状况

××市××商贸区位于××市××大桥桥北延伸250m处，××国道从其东侧经过，北靠在建××二桥沿线公路，南邻××货港，与××北站相邻，距××南站1500m，到××火车站（已立项）2000m，水陆交通便利。

4. 公共设施及附属设施

××市××商贸区紧靠××市区，配套设施较齐全，水电供应能保证，程控电话已经开通，可以方便地直拨国内国际长途。

5. 区内及附近土地利用现状

目前，××商贸区土地正在征用之中，主干道××路正在开通，其余土地绝大部分是耕地、草地，部分房屋已拆迁。附近土地尚未开发。

第三章　评估分析

第一节　影响××商贸区土地出让或转让价格的因素

1. 政治因素

近几年来，××市经济的迅速发展和繁荣得益于我国改革开放的正确政策。根据党的××会议精神，必将迎来一个新的投资高峰期，为内地的开发奠定雄厚的物质基础。××开发区的建设就是在这种改革开放的大好形势下应运而生的。

2. 经济因素

××市的商贸经济发展较为迅速，全市注册的城镇个体户达8000多户。市政府十分重视集贸市场的建设，先后开辟了大桥农副产品批发市场，但摊位仍然十分紧张。

3. 环境因素

××市位于××下游，紧靠××湖畔，气候宜人，且地壳稳定性好，承载力强，××商贸区所处地段，地势平坦，绿树成荫，环境优美，排水方便。

4. 其他因素

正在建设的××二桥，以及××规划中已经立项的××—××路、××—××铁路的建成，使××市的交通运输将有很大的改观。正在投资建设的××经济开发区（下设××地区、××市、××县三个分区）将使××市的经济发展上一个新的台阶。

第二节　价格评估——收益现值法

1. 采用收益现值法评估

房地产具有连续性，使用期较长，其纯收益能够在将来继续获得，如果将房地产纯

收益视为银行存款和利息，按一定的利率，则可以还原出房地产价值的总额，其计算式为

$$V=A/R$$

其中：V——房地产价值；

A——纯收益；

R——还原利率。

2．还原利率的确定

还原利率的确定，本次估价根据一年期银行定期存款利率、物价指数和房地产租售比价来推算。

（1）××市物价指数，见表10－1。

表10－1 ××市物价指数

年数	生活费用指数	零售物价指数	综合物价指数
第一年	100.0	100.0	100.0
第二年	125.7	125.9	125.8
第三年	148.58	148.69	148.6
第四年	152.8	152.09	152.4
第五年	159.5	158.23	158.93

第一年至第五年综合物价指数，年加权平均变动率为5.165％。

（2）××市农业银行××××年初大面额一年期银行定期存款利率为10％，考虑物价因素，得还原利率为10％×（1＋5.165％）＝10.5％。

（3）据调查，××市商业用房租金为48～72元/m²，取中间值60元/m²，售价是510～550元/m²，则租售比价为60/550×100％＝10.9％。

综合上述得还原利率R＝（10.5％＋10.9％）/2＝10.7％。

3．年总收益的计算

根据对××市集贸市场的调查，平均每个摊位每天收入为70元，每月按25天计，××商贸区3000个摊位年总收入为70×25×12×3000＝6300（万元）。管理费按部颁标准收取，为126万元，见表10－2。

表10－2 管理费明细

专业市场	摊位数/个	年收入/万元	年收管理费/万元
烟草	800	1680	33.6
中草药	600	1260	25.2
农副产品	200	420	8.4
粮油食品	700	1470	29.4

续表

专业市场	摊位数/个	年收入/万元	年收管理费/万元
竹器	700	1470	29.4
合计	3000	6300	126

另外，××市集贸市场每天人流量5万～6万人，根据预测，××商贸区应比××市集贸市场繁华。但考虑××市集贸市场和××商贸区同时存在，××商贸区人流量每天估计可达5万～6万人，故取中间值5.5万人。按每人每天在××商贸区一些服务性行业消费0.5元，服务性行业纯利润为10%，则每天服务性行业的纯收入为 $5.5×0.5×10\%=0.275$（万元），年总纯收入$=0.275×25×12=82.5$（万元）。

所以，××商贸区年总收益为 $126+82.5=208.5$（万元）。

4. 年总成本的计算

1）市场的建造费用（土地使用权出让期50年）

（1）××路的临街建筑：面积3750 m^2，单位成本320元/m^2，计划投资 $320×3750=120$（万元）。

（2）摊位建造成本：面积28040 m^2，单位成本160元/m^2，计划投资 $28040×160=448.64$（万元）。

（3）其他配套服务设施：面积11050 m^2，单位成本300元/m^2，计划投资 $11050×300=331.5$（万元）。

（4）金属卷闸门：面积5400 m^2，单位成本180元/m^2，计划投资 $5400×180=97.2$（万元）。

采取加速折旧，折旧年限分别为20年、10年、15年、8年，则50年的总投资费用为 $120×50/20+448.64×50/10+331.5×50/15+97.2×50/8≈4255.7$（万元）。

2）征地费

××商贸区共计征地81亩，其中规划用地73.4亩（其中稻田60亩、菜地3亩、旱地2亩、水塘2亩）。被征地村民人均耕地0.33亩。

根据相关规定，各项费用汇总如下。

（1）土地补偿费共计78.608万元。

（2）青苗补偿费共计1.496万元。

（3）拆迁补偿费共计131.86万元。

3）土地开发费

（1）场地平整费。××商贸区地势平坦，土地平整不难，但位置偏低，需填土方费用为47万元。

（2）水电安装费。据××开发区工程指挥部提供的资料，水电安装费为60万元。

（3）平摊成本。××路投资1322万元，整个开发区土地面积为2700亩，那么××商贸区平摊成本为 $73.4÷2700×1322≈35.9$（万元）。

4）勘测设计费

（1）地质勘测费：××市定额标准为 4.8 元/m²，则

$$73.4 \times 667 \times 4.8 \approx 23.5（万元）$$

（2）规划设计费：以 0.5 元/m² 计，则

$$73.4 \times 667 \times 0.5 \approx 2.448（万元）$$

5）税费

（1）国土管理费。其按 8 万元计。

（2）投资方向调节税。××商贸区需投资 997.34 万元，税率按 15% 计，则 997.34×15%≈149.6（万元），共计 157.6 万元。

6）贷款利息

按实际贷款额计算，年利息为 10%（单利计息），则贷款利息为 174×10%×4＝69.6（万元）。

7）综合管理费

根据对××市集贸市场的调查，综合管理费每年 5 万～6 万元，××商贸区预估为每年 8 万元。

8）不可预计费预测分析

每年不可预计费为 10 万元。于是，××商贸区的年总成本为（4255.7＋211.964＋142.9＋25.948＋157.6＋69.6）/50＋8＋10≈115.27（万元）。

5. 地价计算

由上可知，年纯收益＝年总收益－年总成本＝208.5－115.27＝93.23（万元）。

总地价：

$$V = \frac{A}{R} = \frac{93.23}{10.7\%} \approx 871.31（万元）$$

每亩地价：

$$871.31/73.4 \approx 11.87（万元/亩）$$

每平方米地价：

$$871.31/(73.4 \times 667) \approx 177.98（元/m²）$$

第四章　结论

根据收益现值法，××商贸区××××年 12 月 20 日的地价为每亩 11.87 万元，总地价为 871.31 万元。

10.6　工程意见咨询书和竣工结算审核情况报告

工程造价咨询企业受业主委托，应对业主发包的工程进行工程结算审计，一般应先完成工程意见咨询书，待业主核实无误后，再出具正式的竣工结算审核情况报告。

10.6.1 工程意见咨询书

【例文四】

××工程
意见咨询书

××公司：

  我们接受委托，对贵公司进行××工程造价结算审核。该工程由××建筑工程有限公司施工。我公司按照工程造价审核程序对施工单位编制的工程结算进行了详细、全面、系统的审核。根据贵公司所提供的相关资料，我公司审核人员对工程量作了调整，并将调整后的工程造价审核结果编印汇总。现将调整后的审核初步结果报送贵公司，征询你们的意见，请贵公司接到意见咨询书后即行审阅，并将公司的意见反馈给我公司，以便我公司进行最终调、校或定稿，以利及时向公司出具该工程的造价审核结果。

××公司
××××年××月××日

10.6.2 竣工结算审核情况报告

【例文五】

建审字［××××］第××号

××工程
竣工结算审核情况报告

××公司：

  我们接受委托，对贵公司"××工程"竣工结算进行审核验证。该工程的有关技术经济资料由贵公司提供，我们的责任是对这些资料发表审核意见。我们的审核依据是《中华人民共和国建筑法》《会计师事务所从事基本建设工程预算、结算、决算审核暂行办法》，并参照独立审计准则的要求进行。现将审核情况和结果报告如下。

  1. 工程概况

  本工程位于××，主要包括 $7^{\#}$、$10^{\#}$ 楼土建工程、安装工程。总建筑面积为 $17496.96m^2$。

  土建工程主要包含的内容：散水以内含土方护壁等所有建筑工程项目、装饰工程项目。其中装饰工程中的楼地面除楼梯间为水泥砂浆面层外其他均为水泥砂浆找平拉毛，室内墙面和天棚均为水泥砂浆抹灰满刮腻子，楼梯间墙面和天棚均为混合砂浆抹灰乳胶漆面层，外墙为乳胶漆墙面。

  安装工程主要包括强电系统、弱电系统、给排水系统等。其中弱电系统只计算预留预埋项目。

该工程由××建筑有限公司承建，送交我公司审核时其工程造价为18653231.14元（大写：壹仟捌佰陆拾伍万叁仟贰佰叁拾壹元壹角肆分）。

1) 工程量的计算与确定

审核过程中，我们按照《建设工程工程量清单计价规范》的计算规则计算工程量，并依据所提供资料，对其中属于施工单位漏算、少算的项目予以增加，属于多算、重算的项目予以调减，并与建设单位和施工单位相关人员共同认定核实、合理确定工程量。

2) 材料价格的确定

主要材料价格根据施工合同的约定进行调整。部分新增材料价格根据××××年1月8日会议纪要，钢楼梯按3800元/个计算，外墙保温按57.5元/m^2计算，塑钢百叶按200元/m^2计算，内墙天棚刮腻子按6.5元/m^2计算，其他新增材料价格按施工当期××市信息价格执行或双方认质认价执行。

3) 综合单价的确定

本工程综合单价按合同约定及××××年4月2日××××公司发给我公司的"关于办理'××××'工程决算"的通知执行。

4) 规费的计取

规费按《××省施工企业工程规费计取标准》中的核定费率计算。

5) 安全文明施工费的计取

合同约定安全文明施工费的计取按××××文件规定执行。

6) 人工费调差系数

合同应对人工费是否调整及调差系数进行约定。

7) 高压线影响经济索赔

其按业主与施工单位××××年8月27日协商办法计算。

8) 审核结果

根据上述审核原则、依据及方法，审核的结果如下。

送审工程造价为：18653231.14元。

审定工程造价为：15729406.27元。

审增工程造价为：0.00元。

审减工程造价为：2923824.87元。

备注：该工程经审核后达成一致意见的工程总造价为15729406.27元（大写：壹仟伍佰柒拾贰万玖仟肆佰零陆元贰角柒分）。

2. 附件

(1) 工程造价审核定审表。

(2) 工程造价审核汇总表。

(3) 工程造价结算书。

××××公司　　　　　　　　　　　　　　　　注册造价工程师：××

审核负责人：××

审核助理：××

报告日期：××××年××月××日

小　结

经济类应用文是在经济活动中形成和发展的、为现实经济生活服务的、具有特定惯用格式的应用文书。它是经济活动中的重要凭证，是经济管理工具。它针对经济领域有其自身的独有特点：一是专业性；二是真实性；三是时效性；四是针对性。

经济类应用文中的市场调查报告、市场预测报告、可行性研究报告、项目申请报告、经济活动分析报告、资产评估报告、工程意见咨询书、竣工结算审核情况报告等，是常用的经济文书，在生产经营、科学研究、工程建设、技术服务等方面广泛应用。学习各种经济类应用文的结构要求，掌握各种经济类应用文的写法，是企业发展的要求，也是现代企业工作人员必须具备的一种能力。

习　题

一、简答题

1. 撰写市场调查报告和市场预测报告应注意哪些问题？
2. 市场预测报告与市场调查报告有何区别？
3. 写好可行性研究报告应注意什么？
4. 撰写经济活动分析报告应注意哪些问题？
5. 资产评估报告的写作要求有哪些？

二、综合题

1. 根据下述材料，撰写一篇市场调查报告。

中国饮料工业协会统计报告显示，国内果汁及果汁饮料实际产量超过百万吨，同比增长 33.1％，市场渗透率达 36.5％，居饮料行业第四位，但国内果汁人均年消费量仅为 1kg，为西欧国家平均消费量的 1/4，市场需求潜力巨大。

我国水果资源丰富，其中，苹果产量是世界第一，柑橘产量世界第三，梨、桃等产量居世界前列。

近日，我公司对××市果汁饮料市场进行了一次市场调查，根据统计数据，我们对调查结果进行了简要的分析。

追求绿色、天然、营养成为消费者购买果汁饮料的主要目的。品种多、口味多是果汁饮料行业的显著特点，××市场调查显示，每家大型超市内，果汁饮料的品种都在 120 种左右，厂家达十几家，竞争十分激烈，果汁的品质及创新成为果汁企业获利的关键因素，品牌果汁饮料的淡旺季销量无明显区分。

目标消费群——调查显示，在选择果汁饮料的消费群中，15～24 岁年龄段的占 34.3％，25～34 岁年龄段的占 28.4％，其中，又以女性消费者居多。

影响购买因素——口味，酸甜的味道销得最好，低糖营养性果汁饮料是市场需求的主流；包装，家庭消费首选 750mL 和 1L 装的塑料瓶大包装，260mL 的小瓶装和利乐包为即买即饮或旅游时的首选，礼品装是家庭送礼时的选择；新颖别致的杯型因喝完饮料后瓶子可当茶杯用，所以也影响了部分消费者的购买决定。

饮料种类选择习惯——71.2%的消费者表示不会仅限于一种，会喝多种饮料；有什么喝什么的占20.5%；表示就喝一种的仅有8.3%。

品牌选择习惯——调查显示，习惯于多品牌选择的消费者有54.6%；习惯性单品牌选择的有13.2%；因品牌忠诚性作出单品牌选择的有14.2%；价格导向占据了2.5%；追求方便的有15.5%。

饮料品牌认知渠道——广告，75.4%；自己喝过才知道，9%；卖饮料的地方，4.5%；亲友介绍，11.1%。

购买渠道选择——在超市购买，61.3%；随时购买，2.5%；个体商店购买，28.4%；批发市场，2.5%；大中型商场，5.3%；酒店、快餐厅等餐饮场所也具有较大的购买潜力。

一次购买量——选择喝多少就买多少的有62.5%；选择一次性批发很多的有7.6%；会多买一点存着的有29.9%。

2. 分析下面市场预测报告中存在的问题。

××市劳保市场的发展趋势

随着我国改革开放形势的深入发展和人民群众着装条件的不断改善，××市劳保市场的商品正在向着美观化、多样化、高档化方向发展。

根据××市××统计局××××年对"××市劳保市场"的统计资料，我们可归结出以下的趋势。

（1）高级布料所制的劳保服装越来越受欢迎，昔日的纯棉劳保服装越来越受到冷遇。从劳保服装的色泽来看，深灰、浅灰、咖啡、湖蓝、橘红、米黄、大红等鲜艳色调正在日趋取代传统的黑、蓝、黄、白"老四色"。

（2）新颖的青年式、人民式、中山式、西装式劳保服的销售形势长年不衰；而传统的夹克式、三紧式等劳保服销售趋势却长年"疲软"。

（3）档次较高的牛皮鞋、猪皮鞋、球式绝缘鞋、旅游鞋已成了热门货；而传统的劳保鞋，如棉大头鞋、棉胶鞋、解放鞋等却成了滞销品。

（4）劳保防寒帽，如狗皮软胎棉帽、解放式棉帽等几乎无人问津。

（5）高质量而美观的劳保手套，如皮布手套、全皮手套、羊皮五指手套日趋成为"抢手货"；而各种老式的布制手套、线制手套的销量日渐下落。

（6）色彩艳丽的印花毛巾、提花毛巾、彩纹毛巾等，已成为毛巾类商品的主销品，而素白毛巾的销量不断减少。

3. 阅读下述案例，你从中得到什么启示？

一个英国人和一个美国人都到非洲一个海岛上推销鞋子，当他们来到这个岛上的时候，发现这里的人根本就不穿鞋。面对这种情况，英国人作出的分析判断是鞋子在这里没有市场，回去了；而美国人却从这里看到了巨大的商机，他先给岛上的酋长、首领们送鞋子穿，而等到老百姓想穿，就需要买了。

4. 为方便学生生活，学校拟在校区内修建第二餐厅，请分析讨论其可行性。

5. 以下是××会计师事务所评估、审核的资料。请将资料归类，然后代表××厂财务科向总会计师作一份简要的资产评估报告。

（1）××厂×年×月×日的资产总额为××万元，比账面原值××万元增加××万元。

（2）存货××万元。

（3）待摊费用××万元。

（4）现金与银行存款××万元。

（5）生产使用的固定资产××万元。

（6）闲置未来用的固定资产××万元。

（7）待处理的固定资产××万元。

（8）短期借款××万元。

（9）应付账款××万元。

（10）其他应收款××万元。

（11）应交税金××万元。

（12）应付工资××万元。

（13）其他应付款××万元。

（14）××厂×年×月×日所有者权益为××万元。

第11章 求职类应用文

教学目标

通过理解求职类应用文的概念、特点及写作要求，培养撰写建筑行业求职类应用文的能力。掌握求职信、个人简历、竞聘辞等常见求职类应用文的结构及撰写注意事项。

教学要求

能力目标	知识要点	权重	自测分数
理解求职类应用文概述	求职类应用文的概念、特点	5%	
	求职类应用文的种类、撰写的注意事项	5%	
掌握常见求职类应用文的结构及撰写注意事项	求职信的结构及撰写注意事项	30%	
	个人简历的结构及撰写注意事项	30%	
	竞聘辞的结构及撰写注意事项	30%	

章节导读

随着时代的发展和国家人事制度改革的不断深入，竞争这个概念在人们的意识中已习惯成自然，而求职是竞争中的一个小的方面，市场经济为无数人设置了一个发展的空间和平台，让他们尽情展示自己和表现自己。求职类应用文在竞争求职过程中应运而生。通过各种求职类应用文，求职者可表达自己对岗位的理解，对工作的思考，对生活的信心。求职类应用文写得如何，直接关系到求职者求职的成败。一个好的个人简历或求职信，就可能有一个好的求职开始；一个好的竞聘辞，就可能有一份好的工作岗位。所以本章就怎样写好求职类应用文进行讲述。

引例

我们先来看一个《求职信》的格式，通过此信来对求职类应用文写作进行初步的了解。

求职信写作

求 职 信

尊敬的贵公司领导：

　　您好！

　　非常感谢您在百忙中抽空审阅我的求职信，给予我毛遂自荐的机会。

作为一名建筑工程技术专业的应届毕业生,我热爱建筑专业并为其投入了巨大的热情和精力。在几年的学习生活中,我系统学习了建筑材料、建筑制图、建筑力学、结构力学、钢结构、建筑CAD、建筑工程质量验收、建筑工程施工组织、工程项目招投标与合同管理等专业知识;同时还利用课余时间,自学建筑工程本科学历课程并顺利地通过考试,于××××年9月拿到毕业证和学位证,还通过实习积累了较丰富的工作经验。

  大学期间,本人始终积极向上、奋发进取,在各方面都取得长足的发展,全面提高了自己的综合素质,曾担任过校学生会主席和团委书记等职。在工作上我能做到勤勤恳恳,认真负责,精心组织,力求做到最好。

  一系列的组织工作让我积累了宝贵的社会工作经验,使我学会了思考,学会了做人,学会了如何与人共事,锻炼了组织能力和沟通协调能力,培养了吃苦耐劳、乐于奉献、关心集体、求真务实的思想。沉甸甸的过去,正是为了未来的发展而蓄积。我的将来,正准备为贵公司辉煌的成绩而贡献、拼搏!如蒙不弃,请贵公司来电查询,给予我一个接触贵公司的机会。

  感谢您在百忙之中给予我的关注,愿贵公司事业蒸蒸日上,屡创佳绩,祝您的事业百尺竿头,更进一步!殷切盼望您的佳音,谢谢!

此致

敬礼

应聘人:×××

引例小结

  本例开宗明义,求职者首先表达了自己求职的意愿,紧接着重点介绍了在建筑领域所学习的主要专业知识和实习情况,之后又简要叙述自己在学生会、团委等社团的实践活动,再由前述内容引出对自己各方面能力的介绍与评价,最后以祝词结尾,并再次表达求职意愿。

  全文语句简要精练,态度谦虚礼貌,能够清楚地体现求职者的学习情况和个人能力,是一篇不错的求职信。

11.1 求职类应用文概述

11.1.1 求职类应用文的概念

  求职类应用文是求职者向用人单位进行自我推荐的一种文书。想要在竞争激烈的社会环境中,让用人单位了解自己、相信自己、录用自己,为自己赢得工作就业的机会或一个发展的空间和平台,就必须善于推荐自己,展示自己。

11.1.2 求职类应用文的特点

1. 目标明确

求职类应用文就是为了表达求职者对工作岗位的需求愿望，所以求职目标非常明确。

2. 自我推荐方式

求职者借求职类应用文向用人单位推荐自己，介绍自己的才能、成绩、特长、优势。这是一种自我推荐的方式。

3. 表达方式

求职就是一种竞争，要在竞争中获胜，要在众多的求职者中脱颖而出，就必须在各个方面出类拔萃、与众不同，特别是要在你的求职类应用文中充分地体现出来。

11.1.3 求职类应用文的种类

求职类应用文按照写作方式来划分，一般可以分为以下几类。

1. 书信类

书信类应用文是指求职人用信件的方式向用人单位介绍自己情况以求录用的专用性文书，如求职信（一般应准备中英文两种格式的求职信）等。

2. 表格类

表格类应用文是指求职者用简表的方式向用人单位就个人的生活经历有重点进行简要介绍的文书，如个人简历等。

3. 讲稿类

讲稿类应用文是指竞聘者为了竞争上岗，充分展示个人综合能力的一类文书，如竞聘辞等。

11.1.4 求职类应用文撰写的注意事项

1. 真实、准确地表达自己

介绍自己的工作能力要实事求是，不要夸夸其谈，过分渲染自己。如果高谈阔论夸大自己的优点，就会给读信人留下一种虚浮不踏实的感觉。应如实介绍自己的情况，让对方去判断你的能力，建立起最初的互相信任。

2. 礼貌地表达自己

语气要有礼貌，既要尊重对方，又要切忌迎合、恭维或表现得过分热情，态度要不卑不亢。

3. 个性地表达自己

内容要独特、有个性，但应避免过于表现特异，而忽略自我推荐的真正意义。

4. 自信地表达自己

语气须肯定而自信，自卑自贬亦不可取。如果自己都看不起自己，别人还能看得起你吗？殊不知，招聘单位对你的估计是根据你对自己的估计做出的，因此，故作谦卑也只能是恰得其反。

11.2 求 职 信

11.2.1 求职信的概念

求职信又称"自荐信"或"自荐书"，是求职人向用人单位介绍自己情况以求录用的专用性文书。求职信作为新的日常应用类文体，使用频率极高，其重要作用愈加明显。求职信起到毛遂自荐的作用，好的求职信可以拉近求职者与人事主管之间的距离，使面试机会多一些。

11.2.2 求职信的特点

1. 针对性

求职信要有针对性。针对不同企业不同职位，求职信的内容要有所变化，侧重点应有所不同，使对方觉得你的经历和素质与所聘职位要求相一致，因为企业招聘所需要的不是最好的员工，而是最适合其所聘工作的人。

2. 推荐性

求职信要有推荐性。求职信是联系求职者和人事主管的一种媒介。在互不认识、互不了解的情况下，求职者要在求职信中善于表达自己、推荐自己，使对方在并未谋面的情况下，在求职信中了解你的特长、优势和能力，从而产生一种值得试试的心态。

3. 独特性

求职者千千万，求职就像在过独木桥。要在激烈的竞争中取胜，在众多的求职者中脱颖而出，那就必须要出类拔萃，与众不同。因此求职信必须要有独特性。

11.2.3 求职信的结构

求职信的组成主要有称谓、正文、结尾、署名和成文日期、附件等部分。

1. 称谓（对受信者的称呼）

称谓写在第一行，要顶格写受信者单位名称或个人姓名。单位名称后可加"负责同志"；个人姓名后可加"先生""女士""同志"等。在称谓后写冒号。求职信不同于一般私人书信，双方未曾见过面，所以称谓要恰当，郑重其事。

2. 正文

正文要另起一行，空两格开始写求职信的内容。正文内容较多，要分段写。

（1）写求职的原因。首先简要介绍求职者的自身情况，如姓名、年龄、性别等。接着要直截了当地说明从何渠道得到有关信息及写此信的目的。这段是正文的开端，也是求职的开始，介绍有关情况要简明扼要，对所求的职务，态度要明朗，而且要吸引受信者有兴趣将你的信读下去，因此开头要有吸引力。

（2）写对所求的职务的看法，以及对自己的能力要作出客观公允的评价，这是求职的关键。要着重介绍自己应聘的有利条件，要特别突出自己的优势和"闪光点"，以使对方信服。如，"我于××××年7月毕业于东北财经学院财会专业。毕业成绩优秀，在省级会计大赛中，获得'能手'嘉奖（见附件），在相关金融杂志上发表过多篇学术论文（见附件）。我在有关材料上看到过关于贵公司的情况介绍，我喜欢贵公司的工作环境，钦佩贵公司的敬业精神，又很赞赏贵公司在经营、管理上一整套的切实可行的规章制度。这些均体现了在当前蓬勃发展的经济大潮中，贵公司的超前意识。我十分愿意到这样的环境中去艰苦拼搏，更愿为贵公司贡献我的学识和力量。我相信，经过努力，我会做好我的工作。"写这段内容，语言要中肯，恰到好处；态度要谦虚诚恳，不卑不亢，达到见字如见其人的效果；要给受信者留下深刻印象，进而相信求职者有能力胜任此项工作，这段文字要有说服力。

（3）向受信者提出希望和要求。如"希望您能为我安排一个与您见面的机会"或"盼望您的答复"或"敬候佳音"之类的语言。这段属于信的内容的收尾阶段，要适可而止，不要啰唆，不要苛求对方。

3. 结尾

结尾要另起一行，空两格，写表示敬祝的话。如"此致"之类的词，然后换行顶格写"敬礼"或祝"工作顺利""事业发达"等相应词语。这两行均不加标点符号，不必过多寒暄，以免"画蛇添足"。

4. 署名和成文日期

写信人的姓名和成文日期写在信的右下方。姓名写在上面，成文日期写在姓名下面。姓名前面不必加任何谦称的限定语，以免有阿谀之感，或让对方轻看你的能力。成文日期要年、月、日俱全。

5. 附件

有说服力的附件是对求职者进行鉴定的凭证。所以求职信的附件是不可忽视的组成部分。附件可在信的结尾处注明。如，附件1.××××××2.××××××3.××××××……然后将附件的复印件单独订在一起随信寄出。附件不需太多，但必须有分量，足以证明你的才华。

11.2.4 求职信撰写的注意事项

（1）语气自然。语言和句子要简单明了。写信就像说话一样，语气可以正式但不能僵硬。语言直截了当，不要依靠词典。

（2）通俗易懂。写作要考虑读者对象的知识背景，不要使用生僻词语、专业术语。

（3）言简意赅。在重点突出、内容完整的前提下，尽可能简明扼要，切忌面面俱到。

（4）具体明确。不要使用模糊、笼统的字眼；多使用实例、数字等具体的说明。

【例文一】

尊敬的××建工集团董事长××：

您好！我叫×××，女，20岁，共青团员，毕业于××学院建筑工程系工程造价专业。

有句话说得好"灵魂如果没有了明确的目标，它就会丧失自己"，而能到像贵公司这样实力不凡、声誉卓著的大企业工作就是我的目标。因昨日在××网站中读到贵公司有意招聘一名造价员的广告，这对于刚刚毕业的我来说无疑是一个难得的机会。故我有意到贵公司应聘造价员一职。我相信自己是值得贵公司信任并委以重任的。

在校3年，所开设的课程涉及建筑行业的各个方面，可谓面面俱到，有"建筑工程施工""建筑工程计量与计价""安装工程计量与计价""工程招投标与合同管理""建筑工程经济"等。在平时的学习中我努力刻苦、一丝不苟，打下了坚实的理论基础。到目前为止我已完全能够熟练的操作和运用AutoCAD、上海鲁班工程量算量软件、成都青山预算之星套价软件、翰文资料管理软件等。

此外，我还积极利用暑期寒假参加各类社会实践活动。××××年8月曾参加鲁班软件有限责任公司组织的"鲁班大厦"模拟土建工程算量实训活动，受到评委老师一致好评。××××年8月，曾协助××集团造价部对"凤鸣佳苑"小区地下车库工程进行工程量预算。

我还在大学期间培养了多种兴趣爱好，曾担任我院《同龄人》报社编辑及我所在班级文艺委员，有一定的组织能力，也曾参加我院首届读书节《我与书的故事》征文比赛和演讲比赛并获得相应证书。

贵公司实力强、规模大，正是我梦寐以求的工作单位。如果能到贵公司工作，我必定会恪尽职守、不负众望。

最后感谢您能在百忙之中抽空翻阅我的求职请求，我殷切期盼您的回信，同时附上简历、资格认证书、荣誉证书各一份。

联系电话：×××

此致

敬礼

求职人：×××
××××年×月×日

本例文中求职者从各个方面对自己的学习历程和个人能力进行了简要介绍，突出了自己在工程软件和文字类工作方面的优势。全文用词得当、条理清楚，并将自己的资格认证书、荣誉证书等作为附件，增强了求职信的说服力，是一篇标准的求职信。

11.3 个人简历

11.3.1 个人简历的概念

个人简历是求职者给用人单位发的一份简要介绍，包含自己的基本信息：姓名、性别、年龄、民族、籍贯、政治面貌、学历、联系方式、自我评价、工作经历、学习经历、离职原因及本人对这份工作的简要理解。

11.3.2 个人简历的写作原则

个人简历在写作上讲求以下 6 个原则。

1. 清晰原则

清晰的目的就是要便于阅读。就像是制作一个平面广告作品一样，简历排版时需要综合考虑字体大小、行和段的间距、重点内容的突出等因素。

2. 真实性原则

不要试图编造工作经历或者业绩，谎言不会让你走得太远。大多数的谎言在面试过程中就会被识破，更何况许多大公司（尤其是外企）在提供 offer 前会根据简历和相关资料进行背景调查。但真实性并非就是要把我们的缺点和不足和盘托出，可以选择突出哪些内容或忽视哪些内容，要知道优化不是掺假。

3. 针对性原则

假如 A 公司要求你具备相关行业经验和良好的销售业绩，你在简历中清楚地陈述了有关经历和事实并且把它们放在突出的位置，这就是针对性。

4. 价值性原则

使用语言力求平实、客观、精练。注意提供能够证明工作业绩的量化数据，同时提供能够提高职业含金量的成功经历。独有经历一定要保留，如著名公司从业、参与著名培训会议论坛、与著名人物接触的经历，将最闪光的经历挑出即可。

5. 条理性原则

要将公司可能雇用你的理由，用自己过去的经历有条理地表达出来。个人基本资料、工作经历（包括职责和业绩）、教育与培训这三大块是重点内容，其次重要的是职业目标、核心技能、背景概论、语言与计算机能力、奖励和荣誉。

6. 客观性原则

简历应提供客观的证明或者佐证资历、能力的事实和数据。如"××××年因销售业绩排名第一获得公司嘉奖"和"在某参展活动中表现出良好的组织能力获得赞扬"，后者的客观性明显比前者弱。另外，简历要避免使用第一人称"我"。

11.3.3　个人简历的结构

个人简历的结构由标题、个人资料、学习经历、工作经历、荣誉和成就、求职愿望、证明材料 7 个部分组成。

1. 标题

标题直接写"简历"即可。

2. 个人资料

个人资料必须有姓名、性别、联系方式（固定电话、手机、电子邮箱），而出生年月、籍贯、政治面貌、婚姻状况、身体状况、兴趣爱好等则视个人及应聘的岗位情况，可有可无。

3. 学习经历

学习经历包含毕业学校、专业，获得的学位及毕业时间，学过的专业课程（可把详细成绩单附后），以及一些对工作有利的辅修课程。

4. 工作经历

工作经历即大学以来的简单经历，主要是学习和担任社会工作的经历，有些用人单位比较看重你在课余参加过哪些活动，如实习、社会实践、志愿工作者、学生会、团委、社团等其他活动。切记不要列入与自己所找的工作毫不相干的经历。

5. 荣誉和成就

荣誉和成就包括"优秀学生""优秀学生干部""优秀团员"及奖学金等方面所获的荣誉，还可以把你认为较有成就的经历（比如自立读完大学等）写上去。

6. 求职愿望

求职愿望要表明你想做什么，能为用人单位做些什么，内容应简明扼要。

7. 证明材料

证明材料包括个人获奖证明，如优秀党、团员，优秀学生干部证书的复印件，外语四、六级证书的复印件，计算机等级证书的复印件，发表论文或其他作品的复印件等。

11.3.4　个人简历撰写的注意事项

（1）要仔细检查已成文的个人简历，绝对不能出现错别字、语法和标点符号方面的低级错误。最好让文笔好的朋友帮你审查一遍，因为别人比你自己更容易检查出错误。

（2）个人简历最好用 A4 标准复印纸打印，字体最好采用常用的宋体或楷体，尽量不要用花里胡哨的艺术字体和彩色字，排版要简洁明快，切忌标新立异。

（3）要记住你的个人简历必须突出重点，它不是你的个人自传，与你申请的工作无关的事情要尽量不写，而对你申请的工作有意义的经历和经验绝不能漏掉。

（4）你的个人简历应该尽量的精练，因为招聘人没有时间或者不愿意花太多的时间阅读一篇冗长空洞的个人简历。遣词造句要精雕细琢，惜墨如金，尽量用简练又简练的语言。

（5）一定要用积极的语言，切忌用缺乏自信和消极的语言写你的个人简历。

（6）要组织好个人简历的结构，不能在一个个人简历中出现重复的内容。让人感到你的个人简历条理清楚、结构严谨是很重要的。

（7）你的个人经历顺序应该从现在开始倒过去叙述，这样可使招聘单位在最短的时间内了解你最近的经历。

特别提示

建筑类专业的同学在写个人简历时，特别要注意以下几个方面。

① 个人的学习经历、考试成绩、实习经历一定要真实可靠，不能随意捏造篡改。

② 个人简历应该尽量精练，必须突出自己的重点，如爱好、专业特长等。

③ 突出自己的专业特色和自己的专业方向，明确自己专业可以胜任的工作岗位，并提出自己希望获得的工作岗位，这样更有利于用人单位择优选择。

【例文二】

简　历

1．个人概况

姓　　名：张某某	身　　高：××cm
性　　别：男	出生年月：19××年××月
民　　族：汉族	学　　历：本科
籍　　贯：××××	所学专业：工程管理（房地产）
婚姻状况：未婚	现居住地：××××
电子邮箱：××××	手　　机：××××

2．自我评价

（1）本人自信，兴趣广泛，善于沟通，勤于思考，表达能力强，适应能力强，能吃苦，有耐心，灵活变通，有责任心，团队意识强。

（2）在校期间注重自身素质的全方面发展，主修了管理、土木工程、房地产估价、营销、开发等各方面的课程，学习成绩良好。

（3）大学四年担任班级生活委员，工作认真负责，能很好地完成学校上级布置的任务，并且积极参与学校组织的各种活动，包括科研立项、江苏省大学生暑期实践等，并获得了令人满意的成果。

3．社会实践

（1）苏州中低收入家庭住房保障调查。

（2）参与了省级科研立项（苏州市廉租房住房保障制度的实施情况调查）。

（3）生产与管理实习（××投资顾问有限公司）。

（4）在校期间，每学期完成学校的实践课程，成绩良好。

（5）曾多次做兼职（家教、招生代理等）。

（6）房地产估价课程设计（我校图书馆投标评估报告）。

4. 求职意向

期望工作性质：全职。

期望工作地点：江苏。

期望工作行业：建筑。

期望工作职位：管理、策划、销售。

期望工作待遇：面议。

到岗时间：面谈。

5. 获奖情况

在校期间，荣获学校"社会实践奖""学习进步奖"与"学习优秀奖"。

6. 培训经历

××××/07—××××/08：××投资顾问有限公司。

培训课程：项目策划，市调技巧方式，销售技巧方式。

所获证书：优秀学员。

培训地点：××投资顾问有限公司。

本例文首先从工作简历的角度对自己的主要情况进行了介绍，再从个人的性格特点、在校学习情况和在校社会实践情况分三点进行阐述，之后对求职意向进行了简单清楚的描述，最后以个人荣誉及实践内容结尾。全文清楚、简洁，可以使招聘人员快速了解求职者的基本情况和求职意愿，体现了个人简历的特点。

11.4 竞 聘 辞

11.4.1 竞聘辞的概念

竞聘辞又称竞选辞或竞聘演讲稿，是竞聘者在竞聘会议上为了竞争某岗位或职位而向领导、评委和听众发表的一种阐述自己竞聘条件、竞聘优势，以及对竞聘职务的认识，被聘任后的工作设想、打算等的工作文书。

11.4.2 竞聘辞的特点

竞聘辞是演讲稿的一种，因此，它具有口语性、群众性、时限性、临场性、交流性等演讲稿的一般特点。但由于它是针对某一竞争目标而进行的，所以，除了这些共性，它还具有以下"个性"。

1. 目标的明确性

目标的明确性，是竞聘辞区别于其他演讲稿的主要特点。这一方面表现在演讲者一上台就要鲜明地亮出自己所要竞聘的目标（或厂长、或校长、或秘书、或经理）；另一方面，其所选用的一切材料和运用的一切手法也都是为了一个目标——使自己竞聘成功（使听众能投自己一票）。而其他类型的演讲稿则不同，不管是命题演讲还是即兴演讲，虽然都有一定的目的，但其目标却有一定的模糊性、概括性和不具体性。打个比方说，如果演讲稿如大海行船，那么一般演讲稿是要告诉人们如何战胜困难，驶向遥远的彼岸，而竞聘辞则是竞争看谁有条件来当船长。

2. 内容的竞争性

在其他的演讲稿中，内容尽管可以海阔天空地谈古论今，说长道短，但一般都不是来显示自己的长处。即使在事迹演讲稿中，也忌讳毫不客气地为自己"评功摆好"。但竞聘辞则不同，它的全过程都是听众在候选人之间进行比较、筛选的过程，竞聘者如果"谦虚""不好意思"说自己的长处，表示自己也是"一般般"，就不能战胜对手。因此演讲者必须"八仙过海，各显其能"，而"竞争性"说白了，也就是演讲者无论是讲自身所具备的条件，还是讲自己的施政构想，都要尽最大可能显出"人无我有""人有我强""人强我新"的胜人一筹的优势来，有时，甚至还要把本来是劣势的东西换一个角度讲成优势。

3. 主题的集中性

所谓主题的集中，是指所表达的意思单一，不枝不蔓，重点突出。这就是说，在表达意思时，必须突出一个重点，围绕一个中心，而不要搞多重点、多中心，不要企图在一篇演讲稿中解决和说明很多问题。

4. 材料的实用性

实用性，是指所选材料既是符合实际的，又是对自己竞争"有利"的，也就是无论是讲自身所具备的条件还是谈任职后的"构想"，都要从"自我"出发、从实际情况出发。竞聘辞是"竞争"，但并不是比谁能"吹"，谁能用嘴皮子"甜"人。听众边听你的演讲，边在"掂量"你的"话"是否能在现实中发挥作用取得效果。比如在讲措施时，那种凭空喊"我上台后如何给大家涨工资，如何给大家建楼房"的演讲者，听众一般是不买账的，而那种发自肺腑讲实际的措施才是听众最欢迎的。

5. 思路的程序性

思路，就是演讲者的思维脉络。程序是指演讲中先讲什么后讲什么的顺序。竞聘辞不像一般演讲稿那么"自由"，它除题目和称呼外，一般分为五步。

第一步，开门见山讲自己所竞聘的职务和竞聘的缘由。

第二步，简洁地介绍自己的年龄、政治面貌、学历、现任职务等一些基本情况。

第三步，摆出自己优于他人的竞聘条件，如政治素质、业务水平、工作能力等（既要有概括的论述，又要有"降人"的论据。比如，讲自己的业务能力时，可用一些获得的成果和业绩来证明）。

第四步，提出假设自己任职后的施政措施（这一步是重点，应该讲得具体翔实，切实可行）。

第五步，用最简洁的话语表明自己的决心和请求。

当然，以上几步也只是简单的模式，实践中演讲者还可根据实际需要稍有变化，而并非填表式。

6. 措施的条理性

演讲者在讲措施时一定要注意条理清楚，主次分明。为了把措施讲得有条理，可用列条的方法，如"第一点""第二点"或"其一""其二"等。除此，在每一步之间要用过渡语来承上启下。这样不仅条理清楚，而且使演讲上下贯通，浑然一体。

7. 语言的准确性

准确，一般是指要恰如其分地表情达意。但竞聘辞中的准确除此以外还有另外两层意思。一是所谈事实和所用材料、数字都要"求真求实"，准确无误，比如，介绍经历时，是大专毕业生，就不能说是大学毕业；在谈业绩时，三次获奖，就不能虚说为"曾多次获奖"（最好把在什么时间什么范围获得什么奖项说得清楚明白）；如涉及数字也要尽量具体。二是要注意分寸，因为竞聘辞的角度基本上以"我"为核心，如掌握不好分寸，夸大其词，就会让人产生逆反心理，从而使自己的演讲失败。

11.4.3 竞聘辞的结构

竞聘辞由于要考虑多种临场因素与竞争对象，它的结构就必须灵活多样，但就其基本内容而言，仍可分为以下几个部分。

1. 标题

竞聘辞的标题有三种写法。第一种是文种标题法，即只标"竞聘辞"；第二种是公文标题法，由竞聘人和文种构成或竞聘职务和文种构成，如《关于竞聘××公司经理的演讲》；第三种是文章标题法，可用单行标题拟制，也可采用正副标题形式，如《让收音机制造厂腾飞起来——关于竞聘收音机制造厂厂长的演讲》。

2. 称谓

要根据演讲的场合确定合适的称谓。从实际情况来看，大多采用泛指性称谓，如"各位领导、同志们"等。得体的称谓体现出竞聘者对听众的尊重之情，有利于比较自然地导入下文。

3. 正文

（1）开头。为营造友善、和谐的气氛，开篇应以"感谢给我这样的机会让我参加答辩""恳请评委及与会同志指教"等礼节性致谢词导入正题。紧接着阐明自己发表竞聘辞的理由。开头应写得自然真切，干净利落。

（2）主体。这是全文的重点和核心，应围绕以下几个方面展开。

① 介绍个人简历。其可分两个层次：一是简明介绍竞聘者的自然情况，使评委明了竞聘者的基本条件；二是结合自己的情况对自己与竞聘岗位有联系的工作经历、资历作出系统、翔实的说明，便于评委比较与选择。

② 摆出竞聘条件。竞聘条件包括政治素质、政策水平、管理能力、业务能力以及才学、胆识等各方面的条件。竞聘条件是决定竞聘者是否被聘任的重要因素之一，应该重点强调。但切忌夸夸其谈，应多用事实说话，"事实胜于雄辩"。可以结合自己前一时期的工作来写，如自己曾做过什么相关的工作，效果如何，从中展露出自己的水平、能力、知识和才华。采取引而不发的办法，通过这些事实，让评委及听众自然而然地得出肯定的

结论。

③ 提出施政目标、施政构想、施政措施。这部分是竞聘者假设已被聘任后，对应聘岗位所提出的目标及实现的具体措施。选招、选聘单位除了看竞聘人基本素质条件，还要考虑竞招、竞聘的施政目标和施政措施。演讲者应鲜明突出地提出自己的施政目标和施政措施。这些目标和措施既要适应总体形势，又要体现部门特点。基本目标要具有客观性、明确性和先进性，要定性定量相结合，能量化的尽量量化，以便评委进行比较、评估。目标还应围绕人们对竞聘岗位较为关注的焦点、难点、重点提出。基本目标必须有切实可行的措施做保证。因此，保证措施十分重要。措施必须针对目标来制定，要明确具体，有可操作性，且密切联系岗位实际，从工作岗位出发。

（3）结尾。其一要写出自己竞招、竞聘的决心和信心，请求有关部门和代表考虑自己的愿望；二要表明自己能官能民的态度。好的结尾应写得恳切、有力，意近旨远，使人闭目能为之长思。

11.4.4　竞聘辞撰写的注意事项

（1）竞聘者内心要充满自信。戴尔·卡耐基说："不要怕推销自己，只要你认为自己有才华，你就应该认为自己有资格担任这个或那个职务。"当你充满自信时，你面对听众，站在演讲台上，就会从容不迫，以最好的心态来展示自己。

（2）竞聘者态度要真诚。展示自我时，要实事求是，要发自内心表达自己真挚的感情和真实的思想，切忌说大话、假话、空话、套话。

（3）竞聘者演讲时要做到言之有理，观点鲜明，立意准确。言之有物，使用大量准确、生动、典型的材料，让演讲充满生机和活力。言之有情，真诚地倾诉心灵深处的情感、体验。

（4）语言精练有力。用最简短的语言表达最丰富的内容，抓住重点、要点，清晰地阐述道理，用最朴实的语言解决最根本的问题。

【例文三】

尊敬的各位领导，各位同学：

大家好！

我叫××，××××年7月毕业于××××××××。怀着一颗扎根家乡、服务家乡的赤子之心，我于××××年7月参加了选聘"大学生村官"的考试，经过层层选拔，我以面试第一名的优异成绩，荣幸地成为祁县第一批"大学生村官"，来到祁县最重要的工业园区——温曲村。

××××年8月21日，我怀着激动的心情来到温曲村，担任了村委主任助理，开始了我的"大学生村官"生活。在村委会干部的指导下，我熟悉了温曲村的基本情况，初步了解了温曲村辉煌的过去，富裕的今天，以及对美好明天的展望。9月初温曲村建设工作正式展开，我积极与村委会干部一起深入研究村情，共同谋划发展，我们认为搞新农村建设首先要把生产搞上去，于是就结合当地特色，以玻璃器皿为生产龙头，带动其他产业发展，形成了各业兴旺的大好局面，年生产总值名列全县前茅。只有生产发展了，百姓生活才会宽裕，让百姓吃好穿好，这才是我们"大学生村官"的目的所在啊！生产发展争夺第一，乡风文明也不能落后，我们深入挖掘温曲村文化遗产，整理上报了"舞秧歌""火流星"等传统文化的申遗报告。为了丰富百姓的生活，村里修建标准化图书室一个，购进价值一万余元的图书，让百姓茶余饭后能得到文化的感染，能享受文明的熏陶。在村容村貌方面，村里更是花了大力气，一个月内修建了27个垃圾堆放地，建立了长效卫生机制，让百姓和城里人一样生活在一个既干净又温馨的环境里。

在村委会的分工中，我除了参与新农村建设，还分管了教育。××××年是温曲村学校发展史上的里程碑，9月份新学期开始，我们村近200名师生彻底告别昏暗、漏雨的教室，住进了全县第一家花园式学校。这是一所投资180万元新的校舍，学校的硬件上去了，但如何摆脱温曲小学教学质量居全镇同类学校下游的局面呢？我分管村小学教学工作后，对学校学生、教师、家长三方面因素进行了认真分析，并适时向我的大学老师、以前的同学请教，与学校教师座谈，深入学生家里和家长谈心。经过总结分析，我认为学校存在的主要问题是：学生底子差、家长不重视、教师配置不合理。针对这一现状我们召开村两委专题会。经过多方努力，在镇中心校的支持下，我们对群众反映大的4位老师进行了更换，又对校长进行了重新任命。经过整顿，温曲小学领导班子团结有力，师资配置合理，师生精神面貌发生了根本变化，在去年期末考试中全校成绩赶超了7所小学。

转眼我来到温曲村已经7个月了，回想着7个月来温曲村发生的变化和取得的成绩，我心中感到无比欣慰，7个月很短暂，却成为了我人生中最充实的7个月，充实是因为我作为"大学生村官"为百姓办了实事，为新农村建设贡献了一份力量。

"大学生村官"虽小，但同样肩负着"立党为公，执政为民"的光辉使命。在初当"大学生村官"这短暂的7个月中，我以8个大字（立党为公，执政为民）为座右铭，认真学习党的方针、政策，虚心向村里的老干部学习，真诚与村民交心，努力地去做每一件事，在磨合中，渐渐适应了工作；在接触中，慢慢融入了温曲村这个集体。

一个村子要想发展，最重要的是改变观念。其实大学毕业生选择工作，最重要的也是转变观念。工作没有高低之分，关键是是否适合你。当很多毕业生还在为找个工作四处奔波，还在为能在城市的一个角落落脚的时候，我已在身边人的不理解中走上了我的"大学生村官"之路。这是自己当初无悔的选择，因为自己在从事一项光荣的事业，其既是对自己的一种磨炼，又是人生难得的一笔财富。我把在农村所谓的物质上的一点苦当成是对自己的磨炼和人生的财富。由此，调整了自己的心态，使自己愉快地去接受，去适应这种生活。通过7个月的磨合，我体会到农村其实是一个广阔的世界，只要你愿意，只要你流过汗水，你就会在这块土地上生根发芽，大有作为，同样是年轻人，我们要思考的是如何体现自己的价值，如何把自己的生命开采得最充分；农村是个广阔的舞台，只要你投身其中，你的舞步会很精彩；农村又是一个崭新的天地，只要你付出，你平凡的生命会变得更有意义。7个月的工作学习，加深了我对荣辱观、新农村建设的理解，坚定了投身社会主义新农村建设的信心，养成了我坚韧不拔、吃苦耐劳、顽强拼搏的精神品质。7个月来硕果累累，7个月来收获颇丰，面对7个月来的所得，我喜不自禁！目前农村还相对比较落后，归根结底是缺少人才，新一代农村，需要现代化、需要更多知识，我们作为"大学生村官"必须要担负起农村科技推广带头人、市场经济闯路人、文明创建引路人这个历史重任。

回望7个月走过的路,我欣慰,我感动,它满载着我的追忆和梦想渐渐远去。展望未来我充满期待、充满信心,我沿着希望之路前行。3年弹指一挥间,我只愿自己能像一棵树,挡住渐寒的风;能像夜色中的荧光,点亮他人的前进方向。3年转瞬即逝,我只愿我的精神与风采给流火的乡村带来清新之风,给渴望科技文化知识的群众带来希望的种子,给在新农村建设伟大进程中的基层干部群众带来持久的动力。我要留下村干部的一声认可,我要留下温曲村发展路上的一点点属于我的光芒,更重要的是我要留下咱老百姓的一声牵挂!我决心以满腔的热情,坚定的步伐,扎实的工作,为社会主义新农村的建设奉献自己的青春和智慧!

本例文在简要介绍了竞聘者的基本情况后,重点列举其在工作岗位上的各项工作业绩,并详细叙述了竞聘者从一个学生到"大学生村官"的思想发展历程。文章以通俗和紧贴其工作的语言进行表达,语句流畅,态度真诚,能够打动听众,实现竞聘者的意愿。

特别提示

党的二十大报告提出,当代中国青年生逢其时,施展才干的舞台无比广阔,实现梦想的前景无比光明。工作岗位是青年展现自我、实现梦想的重要途径,而求职类应用文的写作对工作岗位的获得有决定性作用,中国青年在写写该类应用文时应坚定目标、保持自信,充分展示自己的优势,相信自己在广袤的职业生涯中会绽放出绚丽之花。

小 结

求职类应用文是求职者向用人单位进行自我推荐的一种文书。想要在竞争激烈的社会环境中,让用人单位了解自己、相信自己、录用自己,为自己赢得工作就业的机会或一个发展的空间和平台,就必须善于推荐自己,展示自己。

这类应用文具有真实、礼貌、个性、自信等主要特点。

求职信又称"自荐信"或"自荐书",是求职人向用人单位介绍自己情况以求录用的专用性文书。求职信作为新的日常应用类文体,使用频率极高,其重要作用愈加明显。求职信起到毛遂自荐的作用,好的求职信可以拉近求职者与人事主管之间的距离,使面试机会多一些。

个人简历是求职者给用人单位发的一份简要介绍,包含自己的基本信息:姓名、性别、年龄、民族、籍贯、政治面貌、学历、联系方式、自我评价、工作经历、学习经历、离职原因及本人对这份工作的简要理解。

竞聘辞又称竞选辞或竞聘演讲稿,是竞聘者在竞聘会议上为了竞争某岗位或职位而向领导、评委和听众发表的一种阐述自己竞聘条件、竞聘优势,以及对竞聘职务的认识,被聘任后的工作设想、打算等的工作文书。

市场经济环境下,掌握求职类应用文的写作技巧是学生的必备技能之一。本章就求职类应用文的概念、特点、种类和撰写注意事项进行了详细介绍,并对求职信、个人简历和竞聘辞这三类主要文种加以案例分析,旨在要求学生掌握上述文种的写法和注意事项,以在需要的时候快速完成写作,不放过每个工作机会。

习　题

一、简答题

1. 简述求职信的主要内容。
2. 建筑工程技术专业的毕业生,其个人简历主要包括哪些内容?
3. 如果你竞聘你们学校建筑协会主席,应该着重从哪些方面起草竞聘辞?
4. 撰写求职类应用文时,应着重注意哪些方面?

二、综合题

1. 下面是一封求职信,阅读后请回答下列问题。

××建筑公司:

前天接到我的老同学××的来信,说贵厂公开招聘生产管理员。我是××学校企业管理专业的毕业生,在校读书时,学习成绩优秀,爱好体育运动,是学校篮球队的成员。贵厂就设在我的家乡,我想,调回家乡工作正合我的心意,而且生产管理员的职务,也和我所学的专业对口。不知贵厂是否同意,请立即给我回信。

　　此致
敬礼

　　　　　　　　　　　　　　　　　　　　　　　　　××谨上
　　　　　　　　　　　　　　　　　　　　　　　　××××年8月10日

(1) 用语是否得体?应怎么修改?

(2) 结构上欠缺些什么?应怎么补上?哪些内容是多余的?请删去。

2. 求职面试时的提问五花八门、包罗万象,设计一个人才招聘会,学生分别模拟招聘者和应聘者进行问答。

问题提示:

(1) 你为什么要来本单位应聘?

(2) 你能否介绍一下你的基本情况?

(3) 你能为我们做些什么?

(4) 你打算做什么工作?

(5) 你有什么弱点?

(6) 你喜欢怎样的老板?

(7) 你最成功的事业是什么?

(8) 你想要多少工资?

(9) 你如何处理上下级关系?

(10) 你如何处理家庭和事业的关系?

3. 下面是一次面试中的对话实录,请你分析应聘者的语言,你能否作出更好的回答?

(1) 问:你希望能获得多少月薪?

答:我注重的是企业能给我的空间和企业发展的生命力,对于工资的考虑我放在第二位。

  问：那你估计一下呢？

  答：（犹豫了一下）我稍微了解了一下目前的行情，觉得 4000～5500 元比较合适。

  (2) 问：你希望能获得多少月薪？

  答：我没什么经验，从来没想过，还是你们判定我的能力后再说吧。

  (3) 问：你以前在很多地方当过股东、市场总监等比较高层的职务，那个时候你月薪大概多少？

  答：10000 元。

  问：（立即接上）那你希望我们能给你多少？10000 元还是 12000 元？

  答：（也立即接上）12000 元。

  问：（感兴趣）为什么？

  答：到你们这儿工作不在于工资，况且岗位与以前也不一样。我要的不是物质上的东西，我想到这里学习你们先进的培训方式，做一个顶尖的培训师是我的目标。

  问：（单刀直入）那你达到目标后想要多少？

  答：（考虑了一会，平静地）比×总经理少一点。

  (4) 问：你想要多少钱一个月？

  答：5000 元。我每个月都需要资金来购买书籍报刊，投资学习是很必要的。

  (5) 问：关于薪水，你就直接给我一个确切的数字吧。

  答：开始一年 6 万，今后每年涨 1 万。

  问：无限涨下去吗？

  答：我定的是 10 年规划。

  (6) 问：你说你是学校一个协会的策划部长，那请问你最成功的一次策划是什么？

  答：（考虑了一会）应该是校园旅游产品展销节。

  问：具体是怎么操作的？

  答：因为我们本身就是学生，对大学生的旅游意向比较了解；加上我们协会一直和旅行社有联系和合作，我们就在学校里设展台，邀请旅行社和学生面对面谈。

  问：我明白了，你们起的是中介的作用。那这个策划的效果怎么样呢？

  答：效果还是不错的。

  问：怎么不错？

  答：我们挂了横幅，布置了现场，有不少同学来看，和旅行社商谈。

  问：能不能具体说说大概成交的数量或者金额呢？

  答：（思考好一会）据我自己在现场看到，就有几个同学是当场和旅行社谈妥的。

  问：有数据的统计吗？

  答：（有点不好意思）可能我们只关注把活动搞起来，后续的服务做得不够，所以我也不太清楚最终的结果。

  4. 阅读下列材料，按要求撰写一份求职信。

  某宾馆因工作需要，需招聘大堂经理、公关助理、客房部领班、服务员、保安员数名。有一位 35 岁的下岗女工毅然前往应聘。她认为自己有如下优势：在原单位担任过保卫干事，熟悉保安工作的规律与特点；女性善于察言观色，第六感觉特棒，非常细心；受过专门训练，学过擒拿格斗的基本技巧，而且还业余学过柔道；体格健壮等。请据以上材料代她写一份求职信。

5. 阅读下列材料，分析其中的道理。

(1) 有一天，一位报社的人事部主任收到了这样一封电子邮件："报界前辈您好，求职者求职都会谈及身价待遇，但我认为这并不重要，您也不会对此感兴趣，您关心的是我的工作能力和我能为报社作的贡献，您愿意让一个中文系毕业生以不计报酬的方式为您工作一个月吗？给他一个机会的权力就在您的手中。"人事部主任被这种耳目一新的求职方式打动了，于是回复道："为何不以常规的方式出牌？"求职者答："一味模仿纵然不是死路一条，却无法摆脱被动的劣势。条条大路通罗马，我以非常规方式出牌，您不也接了我的招吗？用人单位是锁，求职者千方百计想打开，按常规方式出牌的人能打开锁进到门里去，换一种方式就不能打开？我喜欢全新的方式。"人事部主任的胃口被吊起来了，怀着试试看的心理，他给了求职者一个展示自己的舞台。一个月后，报社正式聘用了求职者，并补发了当月的薪水。

(2) 在美国耶鲁大学的入学典礼上，校长每年都要向全体师生特别介绍一位新生。去年，被校长隆重推出的，是一位自称会做苹果饼的女同学。在这么多学生中，为什么单单这位女同学如此幸运呢？原来，在耶鲁大学，每年入学新生都要填写自己的特长，而在当年的学生中，其他新生填写的都是诸如运动、音乐、绘画等，只有这位女同学以擅长做苹果饼为"卖点"，结果便脱颖而出。这就是"具体详细"给这位女同学带来的成功。毫无疑问，如果这位女同学在特长一栏填写的是"擅长厨艺"而不是"会做苹果饼"的话，恐怕幸运不会降临到她的头上。

6. 下面是一则求职者的个人简历，存在哪些问题？请修改。

个 人 简 历

姓名：陈××

联系地址：××市中山三路××号

联系电话：（略）

求职目标：经营部、营销部、广告部、管理部

资格能力：2017 年 7 月毕业于××商学院商业管理系，获商业管理学学士学位。所修课程主要有："商业经济""商业管理""市场营销""商业传播""广告学""公共关系学"等。选修课程有："零售企业管理""消费者行为""计算机原理与应用"等。在校期间学习成绩一直优秀，撰写的毕业论文曾受到奖励，并在全国多家报刊上发表。

工作经历：2017 年 6 月至今皆在××市百货公司负责市场部营销及有关管理工作。

社会活动：求学期间曾担任××协会主席，曾在××市营销管理论坛上代表协会发表演讲，并在该论坛 2016 年 5 月举行的会议上被选为年度"明月之星"。

其他情况：××××年出生，能熟练运用各种现代办公设备，英语会话能力强，书写能力略逊。爱好旅游、打网球、摄影。

7. 有这样一个案例，请大家想想看，问题到底出在哪里？你能否帮她重新策划一份

简历？

××，女，32岁，学历本科。大学企业管理专业毕业后她就进入一家民营企业，从市场策划起步，以后又内部跳槽到营销部做销售主管，5年以后，她成了华东区的销售经理。两年前，她因为生孩子，暂时离开职场。随着孩子慢慢长大，她还抽空重返校园，参加了MBA课程的学习。近期，已完成学业的××欲重返职场并谋求更大的发展，她希望自己能进入民营企业担任销售总监一职。可××在求职过程中却碰到了前所未有的困难：简历投了很多份，可回信寥寥无几。她很困惑：自己能力不错，学历也够格，可为什么连次面试的机会都没有呢？

8. 阅读下列材料，回答问题。

（1）下面的竞聘辞你认为写得怎么样？怎样使它效果更好？

同志们，假如我有幸成为你们的厂长，你们一定会问："你能为我们做些什么？对企业有什么样的改革措施？"恕我直言，我无力为你们迅速带来财富，提高你们的工资，增加你们的奖金。至于改革的具体方案和措施，我也无可奉告……

（2）试比较下列三种结尾，哪一种最好？为什么？

①"我的演讲完了，谢谢。"

②"最后，让我再次感谢领导给我这个难得的竞聘机会，感谢各位评委和在座的所有听众对我的支持和鼓励。"

③"今天，天气这么冷，大家还都来捧场，这使我非常感动。无论我竞聘是否成功，我都要向各位领导、评委和在座的朋友们表示深深的谢意！"

第12章 礼仪类应用文

教学目标

通过理解礼仪类应用文的概念、种类和写作注意事项,初步具备撰写礼仪类应用文的能力。模拟写作,培养撰写建筑行业礼仪类应用文的写作能力。

教学要求

能力目标	知识要点	权重	自测分数
掌握礼仪类应用文的概念、种类、写作注意事项	礼仪类应用文的概念	5%	
	礼仪类应用文的种类	5%	
	礼仪类应用文的写作注意事项	5%	
掌握常见礼仪类应用文的写法和写作注意事项	请柬的写法和写作注意事项	10%	
	祝词的写法和写作注意事项	10%	
	贺词的写法和写作注意事项	10%	
	欢迎词、欢送词的写法和写作注意事项	15%	
	答谢词的写法和写作注意事项	10%	
	演讲稿的写法和写作注意事项	15%	
	主持词的写法和写作注意事项	15%	

章节导读

常见礼仪类应用文主要包括请柬、祝词、贺词、欢迎词、欢送词、答谢词、演讲稿和主持词等,必须根据一定的场合或一定的条件加以运用,不能混淆。

引例

我们先来看一个《在首届中国中小建筑企业发展论坛上的致辞》的格式,通过此致辞来对常见礼仪类应用文写作进行初步的了解。

在首届中国中小建筑企业发展论坛上的致辞

尊敬的各位领导,各位代表:

上午好！

金秋十月，丹桂飘香，中国建筑业协会企业经营管理委员会、工程项目管理委员会组织聚会在美丽的金陵南京，隆重举办"首届中国中小建筑企业发展论坛"。首先，我代表中国建筑业协会，对各位领导和来自全国各地的代表表示热烈的欢迎！对"首届中国中小建筑企业发展论坛"的举办，表示热烈的祝贺！

众所周知，中小企业是我国经济社会最具活力的群体之一。据统计，目前我国有8万多家中小建筑企业，在列入国家统计范围的6万家建筑企业中，中小企业占到了95％，创造了全行业50％左右的GDP，提供了75％左右的就业岗位，创造了大量的税收，大规模吸纳了农村富余劳动力，成为中国建筑业的主力军，对建筑业科学发展具有举足轻重的作用，对中国城市化建设、现代化建设作出不可替代的贡献！但我们也要看到，长期以来，中小建筑企业还没有得到社会与其地位和作用相应的重视和支持。中小建筑企业本身也存在企业创新能力不够、融资渠道缺乏、技术水平不高、盈利能力较弱的问题，导致中小建筑企业在市场竞争中需要付出加倍的努力。

党的十七大以来，党中央国务院对中小企业的健康发展高度重视，作出相应部署。可以说，中小建筑企业迎来了健康发展的又一个黄金时节。我们要认真贯彻中央的一系列方针、政策，认清形势，抢抓机遇，解放思想，加快发展。

中国建筑业协会作为联系政府和企业的桥梁和纽带，通过学习贯彻落实科学发展观，履行在咨询服务、提供信息、开展培训等方面的职责，在一如既往继续服务好大型企业的同时，积极转变观念，统一思想，将把关注点和精力更多地转移到为中小建筑企业服务上来。今后，一是要深入开展调查研究，研究中小建筑企业的发展规律和特点，研讨影响中小建筑企业健康发展的主要矛盾和内外原因，集中全行业、全社会的智慧，为中小建筑企业提出独具特色的发展之路。二是要鼓励和指导中小建筑企业科学制定发展战略，着力打造自己的核心竞争力，以专搏大，以小补大，专精制胜，走适合自己的专业化发展之路。三是要呼吁全社会提高对中小建筑企业重要作用的认识，尽力帮助解决中小建筑企业发展中的重大问题，呼吁政府有关部门针对中小建筑企业的实际情况，提供更多的政策支持，改善建筑市场环境，进一步打造更加公平合理的竞争平台。四是要积极引导中小建筑企业进一步重视和完善企业人才发展战略，加大人才培训力度，吸纳人才、留住人才、用好人才。

同志们、朋友们，随着改革开放的深入发展，建筑市场的不断规范，政府和各界支持力度的加大，中小建筑企业必将迎来更加广阔的发展空间。让我们在科学发展观的指导下，进一步解放思想，更新观念，深化改革，务实创新，扎实工作，真正有所作为，为中国建筑业可持续发展作出新的更大的贡献！谢谢大家！

××××年××月

致辞写作

引例小结

该致辞表达了对"首届中国中小建筑企业发展论坛"隆重举办的祝贺，致辞中高度评价中国中小建筑企业健康发展的重要意义，表达了中国建筑业协会作为联系政府和企业的桥梁和纽带，履行在咨询服务、提供信息、开展培训等方面的职责，在一如既往继续服务好大型企业的同时，将把关注点和精力更多地转移到为中小建筑企业服务上来的意愿和决心，感情充沛，富有感染力。

12.1 礼仪类应用文概述

12.1.1 礼仪类应用文的概念

礼仪是礼节和仪式的总称，它主要是调节人与人之间的关系。礼仪类应用文是礼仪活动中使用的各类文书，是适用于社交场合的应用文，它的存在完全是为了促进双方之间关系的发展，同时它又是人们文明交流的一种体现。人与人之间亲疏有别、长幼有序，礼仪就是在社会交往中把握好分寸，恰如其分地把握双方的关系。礼仪类应用文是人们在互相平等、相互尊重的基础上形成的一种日常应用文。

12.1.2 礼仪类应用文的种类

礼仪类应用文主要包括以下一些常用文种：请柬、祝词、贺词、邀请信、题词、慰问信、表扬信、感谢信、赠言、欢迎词、欢送词、答谢词、演讲稿和主持词等。

12.1.3 礼仪类应用文的写作注意事项

（1）必须根据一定的场合或一定的条件加以运用，不能混淆。
（2）结构完整，过渡自然。
（3）感情真诚，表达自然。

12.2 请　　柬

12.2.1 请柬的概念与作用

请柬又称请帖、柬帖，有时也称为邀请书，是邀请某单位或个人前来参加比较隆重的典礼、会议或某种有意义活动时使用的一种专用书信，有庄重通知、盛情邀请的作用，有时也作入场或报到的凭证。

12.2.2 请柬的写法

请柬虽是书信，但又不完全等同于书信，在写法上它有自己的特殊格式和要求；结构上一般由正面和背面两部分组成；形式上需经过艺术加工，外表美观、精致、庄重、大方，给人以美感。请柬的写法如下。

1. 标题

第一行正中写"请柬"二字，如请柬是双折或三折的，则在封面居中写上"请柬"二字（有的还在封面上做一些艺术加工，如图案装饰、字体描金或烫金等）。

2. 开头

开头应写称谓，在第二行顶格写被邀请者个人或单位的名称。如用双折或三折请柬，则在里面第一行顶格书写。

3. 正文

称谓下面一行空两格写活动的时间、地点和内容，最后以"敬请光临指导""敬请莅临"等句子收尾。整个正文部分的内容要准确、清楚，使被邀请者一目了然。

4. 结尾

正文下面一行空两格写"此致""恭祝"等，另起一行顶格写"敬礼""金安"等结尾。

5. 署名和日期

结尾的右下方署名（单位、组织或个人名称），署名下面一行写日期。

请柬也有用竖式写的，书写顺序由右向左竖着写。

12.2.3 请柬的写作注意事项

（1）首先应准确、清楚、无误地写明被邀请者的姓名、身份、邀请事由以及注意事项。

（2）请柬的语言应符合活动的内容和场合，既要简洁、通俗、明白，又要优美、典雅、热情，使被邀请者阅后感到愉悦。

（3）请柬的文字在书写上应工整、美观、大方；请柬的款式和装帧应当具有艺术性。因为请柬不仅是一种实用的书信，也是一种艺术品。经常看到一些有意义的装帧精美的请柬被人们当作纪念品加以保存。

（4）还应注意发请柬的场合。请柬是邀请名人、专家、领导等的通知书，为了表明举办活动的隆重和对所邀客人的尊敬，在发请柬时，一般应挑选比较严肃、庄重的场合（一般应在工作时间的办公室、会议室等地）。

（5）如果还邀请客人观看电影、戏剧或其他演出，在发请柬时要将有关票券一并附上。

12.3 祝　　词

12.3.1 祝词的概念及种类

祝词也写作祝辞，它是举行典礼、会议、宴会等活动时表示良好愿望或庆贺之意的讲话或文章。表示热烈的祝贺是祝词最基本、最核心的内容。祝词根据所祝贺对象的不同，可分为 5 种。

1. 事业祝词

事业祝词用于祝贺工厂开工、商店开业、展览会开展或大型活动剪彩等，其内容为祝愿顺利、吉祥、获得更大的成功。

2. 会议祝词

会议祝词用于上级领导应邀出席某一单位或团体举行的重要会议，内容是表示祝贺，对会议提出希望和要求。

3. 祝酒词

祝酒词用于外交场合，是宴会上为助酒兴而发表的祝贺的话。一般祝酒词的写作格式很严格，语言也要得体。

4. 祝寿词

祝寿词一般用于对他人贺寿，内容上既要祝愿对方长寿，又要赞颂对方已取得的成绩和做出的贡献。

5. 新婚祝词

新婚祝词用于婚礼，内容为祝愿夫妻恩爱，婚姻幸福，生活美满等。

12.3.2 祝词的写法

1. 标题

第一行居中写标题，一般包括致祝词人的姓名和致祝词的事由，如"××学校××班毕业晚会上的祝词"等。

被祝贺的对象，要第二行顶格写，称呼是单位的写全称，是个人的在姓名后加"同志""先生"等词语，既礼貌又亲切。

2. 正文

第三行空两格写正文，由于祝贺对象不同，正文的内容也就不同。如某项工程开工典礼，正文就要先写明工程的名称、内容、开工时间，再对工程开工表示祝贺，提出希望和要求。

3. 祝颂语

在正文下面另起一行，空两格写祝颂语。祝颂语应高度概括，如给老人祝寿，一般写"祝×老寿比南山，福如东海"。会议祝颂语常常写"预祝大会圆满成功"。

12.3.3 祝词的写作注意事项

（1）写祝词应先了解祝贺对象，掌握情况。写出的祝词要切合实际，言之有物。

（2）祝词是向对方表示祝贺的，用词应该热情、友好，字里行间应洋溢着真挚的感情。

（3）要注意它与贺词的不同，祝词使用的对象一般是事情未果，表示良好的祝愿；贺词使用的对象一般是事情已果，表示庆贺、送喜。

（4）祝词的篇幅要简短，切忌大而全的长文。

12.4 贺　　词

12.4.1 贺词的概念和特点

单位、团体或个人应邀参加某一重大会议或活动时，常常要即时发表讲话，表示对主人的祝贺、感谢之意，这番话就称为贺词。贺词的特点如下。

（1）贺词的篇幅可长可短。少则几个字，多则几百字甚至上千字。

（2）贺词种类繁多，风格多种多样。贺词有很多种，在不同的场合和节日可用不同的贺词，如乔迁贺词、升学贺词、企业贺词、新春贺词等。

（3）贺词要求感情真挚，切合身份，用语准确可靠。

12.4.2 贺词的写法

1. 标题

标题写"贺词"或"贺信""贺电"，或加上致贺场合、致贺对象，如"中共中央　全国人大常委会　国务院　全国政协　中央军委关于庆祝广西壮族自治区成立60周年的贺电""在××××会上的贺词"。文种名称要根据不同的使用场合加以选择，书面称"贺信"，电文称"贺电"。

2. 正文

正文是贺词的主体，分若干层表达，言简意赅，一般表示祝贺、阐明意义、提出期望等。致贺对象和致贺事由不同，内容也有所不同。如祝贺会议，首先祝贺胜利召开，然后阐明会议意义，预祝会议圆满成功。如果是祝寿，则是祝贺寿辰、功绩品格评价、祝愿健康长寿。

3. 署名和日期

贺词应署上致贺单位或个人姓名，写明年、月、日。

12.4.3 贺词的写作注意事项

（1）写作贺词要围绕中心，突出主题，内容准确。

（2）写作时要对致贺对象有一个透彻的了解。比如会议，必须了解会议召开的背景、会议性质、意义及主要议题；祝寿，必须了解受贺方的生平事迹、成就、贡献和品德等。

（3）必须做到表达得体，切合身份。

12.5　欢迎词、欢送词

12.5.1　欢迎词、欢送词的概念和作用

欢迎词、欢送词是迎送宾客和集会时面对听众发表的应酬性的讲话。客人来了，主人表示欢迎用欢迎词；客人走了，主人表示欢送用欢送词，以便增进感情，加深友谊。

12.5.2　欢迎词、欢送词的写法

第一行正中写"欢迎词"或"欢送词"，也可将具体的内容写上，如"××在欢迎××宴会上的讲话"等。

第二行顶格写被欢迎或欢送者的称呼，称呼要用尊称和敬语。

第三行空两格写正文。先写欢迎或欢送客人的事由，再写欢迎或欢送的具体内容。一般内容为赞颂客人取得的成就，概述双方友谊的加深和发展，表示与对方继续团结、合作、共同发展的愿望和决心等，根据具体情况取舍或作重点说明。

另起一行空两格写祝愿语。祝愿语下一行偏右署日期。

12.5.3　欢迎词、欢送词的写作注意事项

（1）欢迎词、欢送词都是出于礼仪的需要，因此要十分注意使用礼貌性的语言。其写作时的注意事项具体来说有以下几点。

① 要使用体现社会主义精神文明的称谓和敬语，在姓名前加头衔或表示亲切的词语，如"尊敬的""亲爱的""敬爱的"等。称对方的姓名要用全称，不要用省称和代称。

② 行文中使用的语言，尤其是谦称和祝颂语，要发自肺腑，出于真情实感，既让客人感到亲切、热情，又不虚伪做作。

③ 重要的外交场合（如迎送华侨或外宾），措辞更须注意分寸。既要向对方表示友好，又要保持自己的原则立场。当双方意见有分歧时，要注意使用婉言（如虚拟、假设、商询等语气）来表达自己的意见。

④ 尊重对方的风俗和习惯，不讲对方忌讳的内容，以免引起不快。

（2）写欢迎词要紧扣"迎"字，写欢送词要紧扣"送"字。两者尽管内容不同，但都要围绕中心来写，反对信口开河，东一榔头西一棒槌，不着边际。

（3）篇幅要简短，语言要精确，语气要热情。

特别提示

写欢迎词多用"欢迎""非常荣幸光临"等，写欢送词多用"感谢""慢走""一路平

安""希望下次光临"等。

12.6 答谢词

12.6.1 答谢词的概念

答谢词也称作答词,是指在特定的公共礼仪场合,客人或受赠人所发表的对主人热情接待和关照表示谢意的讲话。

12.6.2 答谢词的写法

答谢词一般由标题、称谓和正文3部分组成。
1) 标题
标题有以下两种写法。
(1) 只写文种,如"答谢词"。
(2) 说明在什么场合下的答谢词。
2) 称谓
称谓即答谢的对象。
3) 正文
(1) 开头。开头应先向主人致以感谢之意,并向主人表示诚挚的问候和良好的祝愿。
(2) 主体。主体用具体的事例,对主人所做的一切安排给予高度评价,对主人的盛情款待表示衷心的感谢,对访问取得的收获给予充分肯定。进而,谈一谈自己的感想和心情。
(3) 结尾。结尾再次表示感谢,并向对方表示良好的祝愿。

12.6.3 答谢词的写作注意事项

(1) 内容与结构要合乎规范。
(2) 感情要真挚、坦诚而热烈,要动真情、吐真言,要热烈奔放、热情洋溢,给人以如沐春风的温煦感。
(3) 评价要适度,要恰如其分。
(4) 篇幅要简短,语言要精练。千字文即可,言简意赅。

12.7 演 讲 稿

12.7.1 演讲稿的概念

演讲稿也称演说辞，它是在较为隆重的仪式上和某些公众场所发表的讲话文稿。

12.7.2 演讲稿的写法

演讲稿一般由标题、称呼和正文 3 部分构成。

1）标题

演讲稿的标题无固定格式，一般有 4 种类型。

(1) 揭示主题型，如《人应该有奉献精神》。

(2) 揭示内容型，如《在省科技工作会议的讲话》。

(3) 提出问题型，如《当代大学生应具备什么素质》。

(4) 思考问题型，如《象牙塔与蜗牛庐》。

2）称呼

可根据受听对象和演讲内容需要决定称呼，称呼要提行顶格加冒号，常用"同志们："
"朋友们："等，也可加定语渲染气氛，如"年轻的朋友们："等。

3）正文

正文由开头语、主体和结语 3 部分构成。

(1) 开头语。开头语的任务是吸引听众、引出下文，有 6 种形式。

① 由背景和问候、感谢语开始。

② 概括演讲内容或揭示中心论点。

③ 从演讲题目谈起。

④ 由演讲事由引起。

⑤ 从另一件事引入正题。

⑥ 用发人深省的问题开头。

(2) 主体。主体即中心内容，一般有 3 种类型。

① 记叙性演讲稿。以对人物事件的叙述和生活画面描述行文。

② 议论性演讲稿。以典型事例和理论为论据，用逻辑方式行文，用观点说服听众。

③ 抒情性演讲稿。用热烈抒情性语言表明观点，以情感人，说服听众，寓情于事、寓情于理、寓情于物。

(3) 结语。结语是演讲能否走向成功的关键，常用总结全文，加深印象；提出希望，给人鼓舞；表示决心，誓言结束；照应题目，完整文意等方法结束全文。

12.7.3 演讲稿的写作注意事项

1. 要口语化

"上口""入耳"是对演讲语言的基本要求,也就是说演讲的语言要口语化。如果演讲稿不"上口",那么演讲的内容再好,也不能使听众"入耳",完全听懂。

2. 要通俗易懂

演讲要让听众听懂。如果演讲稿使用的语言讲出来谁也听不懂,那么这篇演讲稿就失去了听众,因而也就失去了演讲的作用、意义和价值。

3. 要生动感人

好的演讲稿,语言一定要生动。如果只是思想内容好,而语言干巴巴,那就算不上是一篇好的演讲稿。

4. 要准确朴素

准确,是指演讲稿使用的语言能够确切地表现讲述的对象——事物和道理,揭示它们的本质及相互关系。朴素,是指用普普通通的语言,明晰、通畅地表达演讲的思想内容,而不刻意在形式上追求辞藻的华丽。

5. 要控制篇幅

演讲稿不宜过长,要适当控制时间。演讲稿不在乎长,而在乎精。

12.7.4 演讲稿的性质和作用

演讲稿是在各种集会上发表讲话时的文稿,是企业在社会交往中经常使用的一种应用文。

演讲稿具有宣传、教育、鼓动的作用,可以用来交流思想、感情,表达主张、见解,介绍学习、工作情况,传播社会科学知识等。随着我国现代化建设的进程,企业、人们之间的交往与交流会日渐频繁,而加上传播媒介的发展与发达,许多方面的文字表达,逐步被"说"所取代,对演讲能力的要求,将愈来愈高。因此,掌握演讲稿的写法,对我们具有十分重要的现实意义。

12.7.5 演讲稿的种类和格式

演讲稿包括致词(欢迎词、欢送词、告别词、贺词)、演说、讲话(发言)三类。致词一般用于仪式和庆祝集会上,如欢迎仪式、告别仪式、开工和竣工典礼仪式;演说一般用于经验介绍及思想交流的集会上;讲话常用于一般性会议上。演讲稿的一般格式包括题目、称谓、正文、署名、日期。

(1)题目。其主要是表明演讲稿的性质、内容和种类。

(2)称谓。其指演讲时的听众。有的演说,称谓不写入文稿,在演说前的开场白中将称谓说出,而致词是一定要称谓的。

(3)正文。正文分为开头、主体和结尾3部分。

① 开头。一般致词和讲话是开门见山提出全文的主要内容，说明演讲的意图，而演说采用的开头一般比较含蓄，往往采用举例的方法，用引申论证诱导听众接触讲题。无论何种开头，都要求能使听众抓住要领。

② 主体。这是演讲稿的重点，要求突出讲话的中心，阐明观点。是致词，则要注重语言的精练，提纲挈领地突出讲话中心。是演说，则要注重论证条理。是讲话，则要注重阐述层次。涉及内容较多的演讲稿，要分条列项分别表述。

③ 结尾。致词结尾要热情诚恳，形成高潮。演说结尾要给听众以启示和鼓舞。讲话结尾要总括全文，使听众对讲话内容有个完整的印象。

(4)署名。演讲稿只有形成正式交流的文字材料，才署名。一般情况下，是由集会主持人向听众报告演讲人的姓名。

(5)日期。与署名一样，只有形成正式交流的文字材料才标明日期。

12.7.6 写演讲稿的基本要求

1. 看准听众对象

演讲是面对面交流思想感情、进行宣传教育、总结经验和阐明见解的一种口头表达形式，演讲要达到上述目的，就不得不了解听众对象。一般情况下，对听众对象的思想状况、文化层次、风俗习惯、愿望兴趣，以及所关心和迫切需要解决的问题，要有个基本的了解。

而有些致词如欢迎词、欢送词等则还要了解对象的身份地位、使命情况等。看准了听众对象，才能确定讲什么和怎么讲，才能根据实际要求，写出有针对性的演讲稿。

2. 突出重点

演讲稿的内容要求突出重点。致词要有明确的中心，演说要有鲜明的观点，讲话要有集中单一的主题。表达什么思想，表露什么感情，主张什么，反对什么，讲话、演说要清楚明白，致词要委婉诚恳，切忌回避。

3. 精选典型事例

演讲稿中的讲话、演说对所选事例要求甚严，首先要求所选事例和要表达的主题、观点相统一，不能南辕北辙；其次要求所选事例有典型意义，能够代表同类型事物的性质特点，具有说服力；最后要求所选事例能使人为之动情，听众为之吸引。

4. 具有鼓动性

演讲稿要有鼓动性，尤其是演说，这样才能动人心弦，感染听众。一篇好的演讲稿，既要有诚挚的感情和强烈的爱憎，也要有理智的分析和富于哲理的概括。要善于抓住典型事例，用自己深厚的感情和广博的学识去点燃听众的热情之火，去强烈地打动听众，鼓舞听众。

5. 语言通俗、生动

演讲稿要多使用通俗、生动的语言，只有这样，才能使演讲深入浅出，生动活泼，通俗易懂。语言通俗要防止讲话过于随便，以至于失体；语言生动要防止滥用形容词，以至于产生无实在内容的空话。

【例文一】

在××室内装潢公司开业典礼上的致词

欢迎词

朋友们，同志们：

今天，我们为能在这里欢迎各有关单位的朋友，感到非常荣幸。对朋友们为我公司的开业所带来的祝贺，表示衷心的感谢。

我公司的开业，得到了上级部门的指导和资助，也得到了在座朋友们的关心和支持。我公司以××市建筑安装总公司第一分公司为主体，吸纳了社会上30多个有一技之长的技术人员，在市场上有很强的竞争力，因此，我公司的开业，标志着我们的事业在改革开放的大环境中又上了一个台阶。

过去，我们和朋友们有过长期合作的良好基础，我们相信，今后将会愉快地进行新的合作。请各位多加关照。

在此，对各位朋友的到来表示热烈的欢迎。

谢谢！

【例文二】

××市城市建设管理局宣传科长

在××市城市建设管理局推行社会服务承诺制小结会议上的讲话

同志们：

新近，山东省烟台市推出了"社会服务承诺制"，旨在改善服务质量，以诚相待，取信于民，重塑行业企业形象。随即住房和城乡建设部又决定在全国36个大中城市实施公用事业社会服务承诺制度。日前，省住房和城乡建设厅也相应制定出方案，在××、××、××3个城市的14个公用事业"窗口"单位推行社会服务承诺制度。我局作为全国全省先行实施社会服务承诺单位的行业主管部门，深知此项工作至关重要。

大家知道，"吃、拿、卡、要、推、拖、压、顶"是近年来许多服务行业，尤其是建设系统"窗口"单位的少数职工进行行业垄断和以权谋私时的惯用手段。其恶劣行径给广大用户造成诸多不便，产生了不良影响，还不同程度地有损党和政府在人民群众中的形象。因此，我局党委一班人决计使在公用服务行业的职工以一种全新的姿态出现在广大市民面前。我们没有头脑发热地搞"一蹴而就"；没有图形式上走过场搞"口惠而实不至"，而是统一思想，达成共识，把承诺服务建立在规范服务的"基本要领，人人执行"之中。我们结合不同行业的特点，围绕市民普遍关心和迫切需要解决的"热点""难点"问题，制定出切实可行，易于监督、便于操作的内容标准，首先在直接与广大市民打交道的公交、出租、供水、供气的单位实施社会服务承诺。市公共交通总公司在开班、收班、发车、停站的时间上，在司售人员的安全行驶、车辆保养、服务热情等方面均有承诺；出租汽车在路线、安全、文明、收费、计程等条款中均明确奖罚细则；市自来水公司更是略高一筹：专门召开实行社会服务承诺制新闻发布会，从8月16日起，分8个方面自我加压，公布了详细的违诺赔偿办法。在给全市自来水用户的公开信中，在回答中央省市20多家新闻记者的提问中，其言之凿凿，情恳意切，令人心悦诚服。

随之而来，我局又把视点投向客管处、节水办、公用监察中队等重点部门，责成他们公开办事内容、办事标准和办事程序，并明确办事时限、投诉程序、设立监督机构和举报电话，明确赔偿标准和违约责任。

目睹实施承诺后的逐一兑现，市民们满意了、高兴了。一封封表扬稿飞向电台、报社，一面面锦旗挂上了"窗口"单位的墙壁。今日我局隆重推出的10名"城建之花"就是千万名城建职工默默奉献的杰出代表。我们把建立并实施社会服务承诺制与落实市委、市政府"政风行风基层评""领导干部形象工程"有机结合，当作纠正行业不正之风的重大实践。我们深知，制定社会服务承诺制度仅仅是一个良好的开端，大量的艰巨的工作还在于抓好制度的落实，还在于持之以恒，常抓不懈。

言必行，行必果。我们言而有信，一诺千金：市的东、南、西、北四湖改造按期拉开序幕，市政管理部门力求施工不扰民，万一在某方面给市民带来不便，也事先安民告示，请求谅解；前些日在闹市区竖立的治理"四湖"污泥运行路线图就颇受市民赞许。市自来水公司在高温季节又遇百年一次的洪水，确保了防洪、供水两不误；市公交、的士、中巴、煤气均逐一整治、规范、取信于民；市政设施、道路修复均一一按期交付使用。

"落实则成，不落实则败"，我们不能陶醉在初战告捷上，而要立足规范，不断深化。我们的准则是先易后难，逐步推开，从"易"字上起步，向"难"字去努力，做到成熟一个、推出一个、完善一个。

"承诺"更须诚诺，我们力促社会角色重新定位，以其竭诚周到的服务去形成浓厚的社会氛围，去唤起广大市民群众的理解和支持，去重振行业、企业的形象，去促进城市的文明进步。

12.8 主 持 词

12.8.1 主持词的概念

主持词为主持人于节目进行过程中串联节目的串联词。

12.8.2 主持词的写法

主持词的写作没有固定格式，它的最大特点就是富有个性。不同内容的活动，不同内容的节目，主持词所采用的形式和风格也不相同。这里主要介绍会议主持词。

1. 开头部分

这一部分主要介绍会议召开的背景、明确会议的主要任务和目的，以说明会议的必要性和重要性。开头部分可分为五方面内容。

（1）首先宣布开会。

（2）说明会议是经哪一级组织或领导提议、批准、同意、决定召开的，以强调会议的规格以及上级组织、上级领导对会议的重视程度。

（3）介绍在主席台就座的领导和与会人员的构成、人数，以说明会议的规模。

（4）介绍会议召开的背景，明确会议的主要任务和目的，这是开头部分的"重头戏"，也是整篇文章的关键所在。介绍背景要简单明了，"这次会议是在××情况下召开的"，寥寥数语即可。因为，介绍背景的目的在于引出会议的主要任务来。会议的主要任务要写得稍微详尽、全面、具体一些，但也不能长篇大论，要掌握这样两个原则：一是站位要高，要有针对性，以体现出会议的紧迫性和必要性；二是任务的交代要全面而不琐碎，具体中又有高度概括。

（5）介绍会议内容。为了使与会者对整个会议有一个全面、总体的了解，在会议的具体议程进行之前，主持人应首先将会议内容逐一介绍一下。如果会议日期较长，如党代会、人大政协"两会"，可以阶段性地介绍，如"今天上午的会议有几项内容""今天下午的会议有几项内容""明天上午的会议有几项内容"。如果会议属专项工作会议，会期较短，可以将会议的所有内容一次介绍完毕。

2. 中间部分

在这一部分，可以用最简练的语言，按照会议的安排，依次介绍会议的每项议程，通常为"下面，请××讲话，大家欢迎""请××发言，请××做准备""下一个议程是××"之类的话。有时在一个相对独立或比较重要的内容进行完了之后，特别是领导的重要讲话之后，主持人要作一简短的、恰如其分的评价，以加深与会者的印象，引起重视。如果会议日期较长，在上一个半天结束之后，应对下一个半天的会议议程作一简单介绍，让与会者清楚下一步的会议内容。如果下一个半天的内容是分组讨论或外出实地参观，那么，有关分组情况、会议讨论地点、讨论内容、具体要求以及参观地点、乘坐车辆、往返时间、注意事项等都要向与会者交代清楚，以便于会议正常进行。会议主持词的中间部分写作较为简单，只要过渡自然、顺畅，能够使整个会议连为一体就行了。

3. 结尾部分

这一部分主要是对整个会议进行总结，并对如何贯彻落实会议精神提出要求，作出部署。

（1）宣布会议即将结束。基本上是"同志们，会议马上就要结束了"或"同志们，为期几天的××会议就要结束了"之类的话，主要告诉与会的同志们议程已完，马上就要散会。

（2）对会议作简要的评价。主要是肯定会议效果，如"××的讲话讲得很具体，也很重要""这次会议开得很好，很成功，达到了预期目的"之类的话。

（3）从整体上对会议进行总结概括，旨在说明这次会议所取得的成果，解决了什么问题，明确了什么方向，提出了什么思想，采取了哪些措施等。总结概括要有高度，要准确精练，恰如其分，它是对会议主要内容的一种提炼，对会议精神实质的一种升华。总结会议，不是对会议内容的简单重复，而是突出重点；概括会议，不是对会议内容的泛泛而谈，而是提升会议的主旨。这样，就使与会者对整个会议的主要内容和精神实质有一个更为清晰的了解和把握。

（4）就如何落实会议精神提出要求。每次会议都有其特定的目的，为达到这个目的，会后都有一个如何落实会议精神的问题。因此，这不但是结尾部分的重点，也是整个主持词的重点。

12.8.3　会议主持词的写作注意事项

（1）语言要简洁明了。

（2）要求要明确、具体，不能含糊其词，要体现出会议要求的严肃性、强制性、权威性。

礼仪类应用文是为礼仪目的或在礼仪场合使用的文书。随着经济、社会的繁荣和发展，人们的社会交往活动也越来越广泛，祝贺、迎送、答谢、演讲、主持等活动日益频繁，就显得礼仪类应用文越来越重要。礼仪类应用文的特点是针对性强、外交性强、感染性强。礼仪类应用文的写作应当准确、适当地表达出礼仪的要求，根据不同的实际时机和对象，力求恰如其分、恰到好处、感情真挚、表达自然。

一、简答题

1. 邀请省住房和城乡建设厅领导参加你公司某工程开工典礼的请柬，应注意哪些方面？

2. 简述欢迎词和欢送词的区别。

3. 简述演讲稿的主要内容。

4. 主持词的结构和语言应注意哪些方面？

二、综合题

1. 全国高职高专学生社会实践交流会将于20××年××月××日在成都××大酒店举行，请你以成都××大酒店总经理的名义写一篇祝词。

2. ××职业技术学院院长带领建筑工程系部分师生到××建筑公司参观实习，受到了××建筑公司领导和员工的热情欢迎和款待。××建筑公司在师生到来时召开了欢迎会，临别时召开了欢送会。请你为××建筑公司领导写一篇欢迎词和欢送词，为××职业技术学院院长写一篇答谢词。

3. 读下面这个案例后，回答后面的问题。

有一回，美国著名作家马克·吐温听一个牧师说教。初听讲得很有力，打算捐出带来的所有的钱。过了10min，牧师还在没完没了地讲，于是，马克·吐温准备只捐出很少的零碎钱。又过了10min，牧师还在啰唆，马克·吐温决定一分钱也不给了。等到牧师终于讲完，收款的盘子递到他眼前时，他气得不但没有捐款，反而从盘子里拿走了两元钱。可见，冗长、啰唆的演讲，既害人又害己。

（1）马克·吐温为什么开始想捐款，又决定一分钱不给，最后反而从盘子里拿走两元钱？

（2）谈谈你对这个案例的看法。

4．阅读材料，谈谈你对以下几种开场白的看法。

（1）"大家让我来讲几句，本来我不想讲，一定要讲就讲吧。"

（2）"同志们，我没什么准备，实在说不出什么。既然让我讲，只好随便讲点，说错了请大家原谅。"

（3）"同志们，这几天实在太忙，始终抽不出时间，加上身体欠佳，恐怕讲不好，请大家原谅。"

5．阅读材料，回答问题。

有人主持一次庆功表彰会，结尾是这样结束的。"庆功结束时我想到了一件事。有人问球王贝利哪个球踢得最好？回答是：下一个！有人问著名导演谢晋哪部片子导得最好？回答是：下一部！有人问一位著名演员哪个角色演得最好？回答是：下一个。看来我们在庆功表彰中也应当牢记：下一个，下一部！散会。"

这位主持人以人所共知的信息，表达了一种寓意深刻的思想，请你说一说这种主持词的结语有什么特点。假如你主持会场，你会用什么样的结语？

6．学校准备举办"你为明天准备了什么"的演讲比赛，请你写一篇演讲稿。

7．请以"假如我是……"为题，发表即兴演讲。

8．某校准备举办"不忘国耻，振兴中华"的演讲比赛，请你为这次比赛写一份主持词的开场白和结语。

9．某房地产开发公司将举行新楼盘销售活动，请你为这次销售活动写一篇主持词。提示：拟定某公司及其经营产品，构思针对其产品定位开展的促销活动方案，如时间、场合、人员、形式，然后构思主持词。

10．以自己在建筑工地实习体会为主要内容，拟写一份发言稿。

第13章 建筑工程学业类应用文

教学目标

理解建筑工程学业类应用文的种类。掌握建筑工程学业类应用文各文种的特点、格式和撰写要求。模拟写作,培养建筑工程学业类应用文的写作能力。

教学要求

能力目标	知识要点	权重	自测分数
掌握建筑工程学业类应用文各文种的特点、格式和撰写要求	建筑工程实验报告的概念、特点、种类、格式和撰写要求	10%	
	建筑工程实习报告的概念、特点、格式和撰写要求	10%	
	建筑工程设计说明书的特点、格式和撰写要求	10%	
	建筑工程经济活动分析的性质、作用、种类、格式和撰写要求	10%	
	毕业论文的性质、作用、特点和写作	20%	
	工科毕业设计报告的概念、特点、格式和撰写要求	20%	
	建筑工程类学术论文的性质、作用、特点和写作	20%	

章节导读

建筑工程学业类应用文按照其性质、内容、使用范围及写作特点的不同,大体可以分为建筑工程实验报告、建筑工程实习报告、建筑工程设计说明书、建筑工程经济活动分析、毕业论文、工科毕业设计报告、建筑工程类学术论文等。

撰写建筑工程学业类应用文应注意以下事项。

1) 科学性

一是指导思想和方法的科学性,符合真实、正确、成熟、先进、可靠、可行的要求;二是文章表达的科学性,即根据科学研究中科学性的事实内容进行应用文的写作,要实事求是、不虚构。因此,撰写建筑工程学业类应用文应体现出严谨的科学态度。

2）专业性

建筑工程学业类应用文除了内容具有专业特点，在格式规范、语言表达等方面也有专业特点，如大量使用科技专用术语，运用图形、符号、数字、音译词、外文等，按照规范格式书写，专业色彩极强。因此，撰写建筑工程学业类应用文时要符合规范、专业特点的要求。

3）实用性

建筑工程学业类应用文与现实发展有紧密联系，是记载和描述建筑工程技术发展、促进产品更新换代、交流科技信息的重要工具，具有实用性的特点。因此，建筑工程学业类应用文的选题是非常重要的，以促进社会经济发展、具有现实意义的选题为宜。

引例

我们先来看一个《建筑电气工程技术专业实习报告》的例文，通过此实习报告来对建筑工程学业类应用文写作进行初步的了解。

建筑电气工程技术专业实习报告

一、专业学习

通过第一周指导老师的讲解，我了解了建筑电气工程设计的基本要求和依据，建筑电气工程设计的基本过程和施工图的构成，以及施工图在建筑施工过程中的地位和作用。同时学习了别墅、住宅、办公楼、单位厂房的建施、结施及水电消防等图纸的识读，为以后从事这方面工作奠定了基础。

二、工程实习

第二周参观了成都市三利宅院和麓山国际社区两个房地产项目。

1. 三利宅院

三利宅院位于××××，总占地面积$158667m^2$，总建筑面积$110767m^2$。三利宅院西临府河，南望新城南会展中心商圈和两大森林公园，东接成仁路，北临华阳休闲娱乐片区，由四川三利房地产有限公司投资兴建。

2. 麓山国际社区

麓山国际社区位于××××，占地约$2.8×10^6 m^2$，物业形态包括花园洋房、联排别墅、独栋别墅、电梯公寓等，配置了纯天然的生态高尔夫球场、游泳池、网球场、会所、社区医院、活动中心、超市、学校（幼儿园、小学、中学等）、商业中心等。建设单位为万华房产；电梯公寓（精装房、清水房）施工单位为成都市第二建筑工程公司。首先，我们参观了小区电梯公寓的地下室，看到了通风口设施、消防设施，以及为了采光做的景观设施。其次，我们参观了电梯公寓，看到了房子的布局，电气设备的走线以及户型。

三、实习总结

通过这次专业实习，使我们理论联系实际，能够将书本上的理论基础知识灵活、正确地运用到实际当中去，提高大家的动手操作能力，实践环节促进大家巩固所学过的理论基础知识，从而培养出既有深厚扎实的理论基础知识功底，又具有实际动手操作能力的人才，在我们毕业后走向社会、走向工作岗位时，能够很快地融入社会中并担当起相应的责任。

1. 心得

通过这次专业实习，使我在识图方面有了更进一步的认识，通过参观，不但让我可以设身处地地去了解建筑电气施工及设备的安装，同时也开阔了眼界，对我的人生观、价值观有了更大的提升。

2. 小结

工作后，我会更加努力去钻研建筑电气工程设计方面的工作，用自己的头脑和双手去画图纸，去创造更大的财富。

3. 建议

希望学校可以在大一的时候就多提供现场实习的机会，让学生多接触图纸，多见世面，才能在学校更认真学习，找准就业方向，学到更多东西，不会有毕业就失业的情况。

专业：建筑电气

学生：××

班级：××

指导教师：××

日期：××××年3月20日

引例小结

该实习报告主要介绍了该同学参加建筑电气工程技术专业实习的实习内容、实习总结，同时列出相关数据，语言简洁、准确，内容比较全面，符合一般的实习报告格式要求。此类实习报告是建筑施工类同学在工程工地实习时，必须自己撰写的应用文之一。

13.1 建筑工程实验报告

13.1.1 建筑工程实验报告的概念

在科学技术研究活动中，人们为了检验某种科学理论或假说，或者为了创造发明和解决实际问题，为了探索新的技术方法，往往都要进行实验。实验是一种科学实践，是探索自然奥秘、进行科学研究的一种手段。人们通过实验进行观察、分析、综合、判断，然后如实地将实验过程、实验中观察到的现象、得到的数据和结果记录下来，这便是实验报告。

这里所说的是科学研究实验报告，它与我们通常所做的教学实验报告在要求上是有区别的，教学实验报告的格式简单得多。科学研究实验报告兼有"实验"与"报告"两种性质，是实践环节的全部总结和系统概括，具有情报交流与资料保存的作用。

13.1.2 建筑工程实验报告的特点

1) 科学性

实验者从具体实验过程到写作建筑工程实验报告都必须排除一切主观因素，从而得出不带任何个人偏见的结果。

2) 准确性

建筑工程实验报告一经发表，就成为科研人员获得科研资料、总结科研结果的信息载体，成为继续进行此项科研的依据和基础，因此建筑工程实验报告的编写必须十分科学、准确。

3) 以说明、叙述为主要表达方式

建筑工程实验报告作为实验研究工作的如实记载，包括整个工作的重要过程、方法、观测结果等细节，比较详细具体，多以说明、叙述为主要表达方式，语言要求准确、简明。

4) 多采用图表作辅助说明

建筑工程实验报告常用直观实物图、符号说明图等插图和相关的表格来作辅助说明，这样可以直观地将实验装置展现在读者面前，使人一目了然。

13.1.3 建筑工程实验报告的种类

建筑工程实验报告按性质可以划分为检验型实验报告和创新型实验报告两种。

1) 检验型实验报告

检验型实验报告是为了验证某一科学定律或结论、检验分析某种研究对象而进行科学研究实验后所撰写的实验报告，习惯上简称报告单。一般说来，检验型实验报告不具有科技文献的保存价值。

2) 创新型实验报告

创新型实验报告往往是在制作全新实验的基础上或是对前人的实验做了发展、修正而得到了更高的测量精度之后，或是在实验过程中取得了某种创新性成果之后撰写的。创新型实验报告属于学术价值较高的科技文献，对进行科学研究和不断探索自然界的奥秘具有十分重要的参考价值。

13.1.4 建筑工程实验报告的格式

建筑工程实验报告有固定的结构，并表现为一定的格式，通常大致包括下列各项。

1) 标题

它是实验内容的高度概括，力求醒目，集中反映该实验研究的内容。

2) 作者署名

个人实验成果由个人署名。集体的工作，分别按贡献大小先后顺序署名。报告中一般署真名，不署笔名。

3) 摘要

摘要是报告内容基本思想的缩影，内容应该包括与报告同等量的主要信息，以确定是否需要阅读全文。摘要内容包括研究工作目的、实验方法、实验结果等。

4) 关键词

关键词又称主题词，是为了文献检索的需要，从论文中选出的最能代表论文中心内容或观点的词或词组。一篇论文主题词为 2~8 个，多以名词或名词词组出现。

5) 前言

前言即序言，应简要说明实验的目的和范围、相关领域的研究成果及知识空白、理论分析和依据、研究方法和实验方案的概述等。

6) 正文

正文是报告的主体部分，其内容包括实验原理，实验设备、实验方法和过程，实验结果等。

（1）实验原理。简要说明实验的理论依据，介绍实验涉及的重要概念、重要定律、公式等。

（2）实验设备、实验方法和过程。这是正文中的重要部分，要列出实验器材、设备装置和所需的原材料；一般按操作的时间先后划分几步，并标上序号，必要时还可以用图表加以说明。

（3）实验结果。可通过文字、数字、表格及图，如实描述和分析实验中所发生的现象。实验结果必须真实、准确、可靠。

7) 结论和讨论

结论和讨论是根据实验结果所做出的最后判断，运用定性、定量分析，引出结果的必然性、正确性。这部分论述要求有理有据，语言准确严谨，推理严密。讨论包括对思考问题的回答，对异常现象和数据的解释，对实验方法及装置提出的改进意见等。

8) 致谢

凡为本报告提供重要资料和帮助的同志，应该在正文后面致谢，以示尊重他们的劳动，感谢他们的帮助。

9) 参考文献

在报告中凡引用他人的结论、实验数据、计算公式等，均应注出。

13.1.5 撰写建筑工程实验报告应注意的事项

1) 程式规范，内容完整

建筑工程实验报告承担着积累科研信息的重要任务，应按照程式化的要求，完整地记录实验内容。

2) 客观记录，科学分析

建筑工程实验报告的科学性及价值是建立在准确的数据之上的，写作时务必反复核实原始记录，并对结果进行深入分析、严谨论证，使之成为确有学术价值的文献。

3）语言精练，数据精确

建筑工程实验报告的摘要、前言都要求篇幅短小，语言精练、集中、高度概括，尽量做到言简意赅。实验过程的现象观察不宜过多描写，只需准确地叙述说明。

【例文一】

钢筋混凝土超筋梁的实验报告

专业：土木工程

年级：××××级

课程：建筑结构实验

学号：××××××

组号：××

姓名：××

指导老师：×××

完成时间：××××年9月

实验名称：钢筋混凝土超筋梁的实验研究

1. 实验目的

超筋梁在没有明显预兆的情况下由于受压区混凝土被压碎而突然破坏，属于脆性破坏；超筋梁虽配置了过多的受拉钢筋，但由于梁破坏时其应力低于屈服强度，故不能充分发挥作用，造成钢材的浪费。本文通过一根超筋梁的实验，研究了超筋梁的破坏机理和特征以及沿截面高度的平截面假定，分析了试件的荷载-位移曲线，探讨了影响实验定量分析的误差所在，并验证了受弯承载力计算式的精度。

2. 实验概述

1）试件的设计与制作

试件由混凝土和钢筋两种主要材料构成，混凝土经回弹修正后的强度为27.3MPa，钢筋为两根直径22mm的二级钢；超筋梁试件的截面形式为矩形，其尺寸为235mm×125mm，长度为1500mm。

2）实验装置和仪表布置

本实验的实验装置主要由千斤顶、传力梁及简支支座组成，其布置如图所示（略）；实验中用应变片量测纯弯段混凝土沿截面高度的应变值，用数显百分表量测跨中挠度位移值，用液压加载仪记录荷载值。实验中加载及量测仪器的名称及型号见表13-1。

表13-1　实验中加载及量测仪器的名称及型号

仪器名称	型　号	仪器名称	型　号
液压加载仪	RSM-JCIII	电阻应变计	SZ120-100AA
液压千斤顶	YD2000A20C	数显百分表	MFX-50
静态电阻应变仪	YJ28A-P10R	混凝土回弹仪	HT-225SA

3）试件的安装与就位

试件为简支梁，为消除剪力对正截面受力的影响，采用两点对称加载方式，使两个对称集中力之间的截面，在忽略自重的情况下，只受纯弯矩而无剪力，在长度为 $L/3$ 的纯弯段，沿侧面自下而上依次粘贴 1～5 号应变片，以观察加载后梁的受力全过程。另外，在跨中安装数显百分表以量测跨中的竖向挠度。

4）加载制度

本实验属于单调加载的静力实验，荷载是逐级施加的，由零开始直至梁的斜截面受剪破坏，每级荷载差约为 10kN，当混凝土出现裂缝后，开始连续加载直至试件最终破坏。

3. 实验过程

随着荷载的逐渐加大，混凝土底部出现短小的竖向裂缝；接着在集中荷载作用点处出现裂缝并沿斜下方向发展，而且裂缝变宽；然后混凝土受压区边缘有部分被压碎，而纵向受拉钢筋尚未屈服却发生了斜截面的受剪破坏，在此之前没有出现非常明显的预兆，纯弯段试件也没有明显破坏现象。

4. 实验数据的整理和分析

实验数据见表 13-2。

表 13-2　实验数据

荷载/kN	位移/mm	应变值				
		1号	2号	3号	4号	5号
0	0	0	0	0	0	0
28	0.12	0	−117	−11	−59	71
38	0.41	0	−201	−9	−99	144
48	0.93	0	−347	−10	−172	263
58	1.38	0	−477	−9	−233	375
68	1.89	0	−622	−10	−306	500
78	2.44	0	−772	−18	−377	616
88	3.57	0	−935	−36	−459	725
98	4.99	960	−1060	−54	−534	819

1）试件的平截面假定

随着荷载的不断增大，混凝土受压区压应变与受拉区拉应变的实测值都逐渐增大，由实验的应变值可知，当荷载达到 98kN（即开裂荷载）时，各应变值绝对值达到最大，然后应变片损坏。根据不同荷载级别下应变值的相对大小可以看出，当应变的量测跨越几条裂缝时，测得的应变沿截面高度的变化规律仍符合平截面假定。

2）试件的荷载-位移曲线分析

试件的破坏属于脆性破坏，荷载-位移曲线（略）中没有明显的屈服阶段。由表 13-2 可知试件的开裂荷载为 98kN，由荷载-位移曲线可知试件的极限荷载为 98kN，即试件出现初始裂缝后，混凝土受压区很快被压碎并发生斜截面受剪破坏而达到的极限承载力为98kN，破坏过程在瞬间完成。整个实验可以分两个阶段。

第一阶段：荷载-位移曲线基本呈直线发展，随着荷载的增大，混凝土受压区被压碎，位移不断增大直至出现第一条裂缝，荷载随即达到峰值。

第二阶段：达到极限承载力后，试件不能再承受更大的作用力而使荷载逐渐减小，但位移随着荷载的减小仍继续增大，最终达到极限位移，试件破坏。

3）试件的受弯承载力计算

单筋矩形截面适筋梁的最大受弯承载力计算略。

适筋梁的最大受弯承载力远远大于实验中同样截面尺寸的超筋梁试件，故设计中应通过界限配筋率的控制来防止发生超筋破坏。

5．实验误差分析

（1）千斤顶的荷载吨位太大，使荷载加载值不能精确施加和读取。

（2）传力梁下用钢管简支，造成集中荷载作用面积太大。

（3）测量仪器自身存在误差及实验人员的读数误差。

（4）安全措施存在的误差。本实验采取了一系列的安全措施，如在试件下放置方木以防试件破坏后压坏数显百分表；为保证实验人员的安全，用吊钩挂住试件所用千斤顶。

通过实验观察了超筋梁的破坏过程，并对实验数据进行了定量的分析，包括平截面假定、荷载-位移曲线分析和受弯承载力计算。不足之处是没有检验超筋梁的理论承载力与实验中所测得的承载力之间的精度误差。

13.2 建筑工程实习报告

13.2.1 建筑工程实习报告的概念

建筑工程实习报告写作

建筑工程实习报告，既是学生对自己专业实习情况所作的回顾与总结，又是学生所作的关于实习情况的陈述与报告。建筑工程实习报告可以如实地反映出实习真相。同时，也可以从中发现已经学习知识的不足，便于及时纠正和补充，为未来工作打下更坚实的基础。

13.2.2 建筑工程实习报告的特点

1）真实性

建筑工程实习报告取材于实习活动的真实过程，必须以客观科学的态度如实地反映出实习真相，用确凿的事实来阐明专业原理，揭示规律，验证和丰富课本所学的理论知识，叙说和概括自己获得的感受体会。

2)概括性

建筑工程实习报告以叙述实习过程和结果为主要内容,不是对材料进行不厌其详、不分主次的堆砌与罗列,必须按照一定的目的要求,对材料进行认真的综合分析,整理加工,用清晰、简练的文字,概括地叙述实习活动的基本情况,集中地反映某些工作方面的操作规律和程序。

13.2.3 建筑工程实习报告的格式

建筑工程实习报告有相对固定的行文格式,其基本格式如下。

1)实习的基本概况

实习的基本概况包括时间、地点、人员、理论指导、实习内容、过程等。

2)实习感受

(1)成绩与收获。

(2)问题与不足。

3)对策与建议

略。

建筑工程实习报告封面一般由学校统一印发。

13.2.4 撰写建筑工程实习报告应注意的事项

1)观点明确、简洁

写建筑工程实习报告,不需要太强的理论性,但也不能没有观点。观点要明确、简洁,并能统率材料。观点不是靠理论去论证,而是靠实践来证实的。当然,在陈述材料中,也可做必要的、简单的议论。

2)叙述与议论相结合

建筑工程实习报告除了汇报"做了什么"和"做得怎样",还要说出实习的感想和体会。感想和体会篇幅不长,文字不多,但这是体现实习报告者理论水平、智慧才华的地方,因此要认真对待,不可忽视。

3)总结规律,上升高度

写建筑工程实习报告,最关键也是最难的一点是综合出规律性来。所谓规律性,是指经验具有普遍的适用性和推广价值。这个经验可以不断重复出现,在一定条件下经常起作用,并且决定着事物向某种方向驱动、发展。规律性的阐释是体现建筑工程实习报告价值的关键所在,因此,更要下功夫写好。

【例文二】

物业公司实习报告

迄今为止,中国的物业管理行业已走过了数十年的时间,已经具备了一定的规模和形态。物业管理是一种服务,走企业的品牌化道路,才能树立企业的一面旗帜,才能在激烈的市场竞争中立于不败之地。但是创建一个品牌并不是朝成夕就，而是需要一个长期的过程。现实中一些事实放在我们的面前，物业市场不规范、经营机制不健全、完善的法律法规不具备等因素已经成为企业走向品牌化的约束"瓶颈"，尤其是北方地区，在总体水平低的情况下，对于一些中小城市做成物业品牌更是难上加难。

××虽然是位于沿海的港口城市，但就经济发展、人口规模来说还是一个中小城市。于是在这样的情况下要做成一个物业品牌，除了要克服大的环境困难，还要最大程度上优化企业的内部结构和人员配置。对此，笔者在公司的四个项目物业实习的近一个月时间里感受颇深。以下笔者就在工作中亲身感受的问题予以陈述。

（1）物业人员的形象不规范。其包括物业人员的仪表、语言、行为形象。物业人员是第一时间与业主打交道的，因此，他们给广大客户留下的形象则代表了公司的精神面貌。

（2）规章制度不健全。其主要包括对内（员工规范、岗位职责、奖罚机制）和对外（管理制度、业主公约、处理程序等）。

（3）物业管理工作宣传不到位。比如说维修基金的收取，在没有全部收缴齐之前，不要存在时间上的停滞，要时刻向业主宣传到位，其中包括采用传单、报纸、宣传栏的形式。

（4）物业人员的人性化意识不强。物业人员对待业主不够周到热情，有时甚至与业主发生口角。在实践的接触中，物业人员对答允业主的事情不能及时地处理，比如说报修，一拖再拖使公司的诚信产生了严重的危机。

（5）物业经营收入单一，难以摆脱亏损的局面。举例说××物业的建成已有十几年的时间，大多数的公共设施已经老化，光靠 $0.1 元/m^2$ 的服务费，亏损是在所难免的。

通过在实习中理论的研究和实践的磨合，笔者认为这些基本的问题已经成为××物业走向品牌化、从分散型经营到集约化发展的制约因素。如何解决这些问题，规范物业项目的运作，树立××物业的品牌形象。通过近段时间的实习，笔者提出自己的几点建议和方法。

（1）建立规范、高效、专业化的队伍，做好基础管理是关键。

优秀的基础管理是做好物业工作的基点，而员工素质则是优质服务的决定性因素，也是一个物业企业能否持续发展壮大的关键。

① 规范物业人员形象，加大企业宣传力度。形象包括仪表、语言、行为三个方面。仪表规范要求我们的物业人员持证上岗，统一着装，佩戴明显的标志，所使用的工具要印有企业的标识。语言规范要求物业人员讲普通话，由于在公司的项目中买房的大多是外地人，因此这一点很重要。比如说在物业人员的电话接待中要首问"××物业，可以为您做什么"，语言要尽量热情委婉，包括在与业主产生矛盾的时候，"××物业"应该成为每一个员工的口头禅，这样也有利于企业的形象宣传。行为规范要求每一个岗位的职工工作规范，尽显专业风采。这一点对我们的保安人员显得十分重要，在小区里保安人员担任着维持公共秩序的职务，所以在工作中要尽量达到军事化的标准，例如不要出现走路吸烟、打闹的场面，以免给业主造成不良的影响。物业是一种服务行业，其行为其实就是一个服务的过程，即服务传递过程。表情愉悦的物业人员可以平息由于服务欠缺给业主带来的不满和怨言。此外，物业人员的形象也是公司服务的一个有形展示，向用户传递公司的良好

形象。

② 健全与物业有关的规范规章及各种档案保存制度。完善的规范规章可以规范员工的行为，有利于整个服务流程的再造，有利于提升企业的外部形象，其更是以后创优、ISO 9000 认证必不可少的环节。所以，对内要建立员工的岗位责任制、工作内容要求并且要确保能落实下去。内部制度的设立要每时每刻都表现出一个绝对的服务者的形象——以业主为中心，辐射每一个员工的行为。在实习中，××花园的首问责任制就值得为其他的物业项目所借鉴，即每一个与业主接触的物业人员都要成为服务流程上的一个点，实现服务无缝隙。对外，我们要建立装修制度、房屋巡查制度、设备档案管理制度等齐全的公众制度。值得注意的是我们每一个公众制度的建立都要依据国家的法律法规，措辞要尽可能的人性化。这样有利于建立清晰合理的服务流程，真正做到"事事有人管、人人都管事"，使每一个责任事故的发生都能找出相应的责任人，并能配合相应的奖罚激励措施。

③ 充分重视业主大会和业主委员会的作用，使之成为物业与业主沟通的桥梁。全体业主是整个小区物业的所有权人，而业主大会和业主委员会则是他们的代表，也是小区重大决策的决定者，所以物业管理人员要充分重视其作用，处理好与他们的关系。业主委员会是业主大会的执行机构，同时也是物业企业的监督者和协助者。一些重大的物业事项（公共维修基金的使用、年度预算、物业公用部位的经营等）必须经过业主委员会审批，否则有时物业好的想法，可能会变成违法的行为。鉴于现今××项目和××花园的业主委员会还不是很健全，重大的事情尽可能要经过多数业主的同意。此外，在日常的管理服务中，要定期或不定期地召开与业主委员会的座谈会，以征询在平时管理中的不足和缺陷，来完善自己。同时也要把业主的合理要求和个别业主的不配合现象对业主委员会给予明示，请求其协助解决，做到双方心中有数，必要时可达成书面协议。

（2）服务管理要以专业化为方向、寓法治化于其中，走程序化的道路。

① 以专业化为方向。

首先要打好它的专业基础，即让大多数的员工掌握丰富的专业知识和专业技能，因此企业要建立气氛活泼、富有弹性的学习型网络。比如说公司内部要定制各种及时、快捷、方便的书籍、报纸等学习媒介，配置现代的信息网络，使各个项目的先进观点成为公司的共享信息，通过学习让广大员工的思想"站在××，跳出××"，以一个领先行业的思想和心态去做好工作中的每一件事。

其次，公司还应定期或不定期地组织培训班、外出学习，特别值得一提的是对于外出学来的东西，不能搞纯粹的"拿来主义"，一定要适时而变、因地制宜。主要是要符合本公司和本小区的实际情况，偏离实际的，再先进的思想方法也要忍痛割爱，否则只会浪费大量的人力、物力。在实习期间，笔者接触到的项目很少有专业的报刊和书籍，因此这一点显得特别重要。专业技能是服务质量的基础，所以我们要鼓励员工提出改革技能的办法，参加国家的技能考试，对取得一定成绩的员工要给予奖赏，由此形成一个"学以为用、从用中学"的良性循环。

最后，专业化还要求明确部门结构、完善专业化重组。举例来说，××项目由于人员配置少，一个人要负责几个部门的事情，所以在一些档案的管理上出现了些许的混乱。因此，对于部门结构要有明确的划分，包括办公室、服务中心、保安部、绿化保洁部、经营拓展部等，并且各部门要形成自己的责任和岗位规范，且有相应的配套设施。

专业化重组就是要针对各个部门所使用专业的特色，展开专业知识的整合，使每一个员工都具备"一专多能"的素质，比如说保安、工程部门在部门明确的基础上可以做到"人人都要学、事事都能懂"，在负责人员不到位的情况下，可以处理应急情况。

② 寓法治化于其中，就是要求公司的每一个行为都要与法律政策有直接或间接的联系，这也是我们在工作中始终都能占据主动地位的关键，尤其在处理不可协调的纠纷中其作用更是可见一斑。物业企业每时每刻都要有法律自我保护意识，即在每一个潜在的法律纠纷中我们都要有作为。举例说在××花园，笔者看到一些复式楼层的楼梯都是毛坯的而且比较狭窄，如果业主在看房或验收时，就存在一个潜在的跌伤危险，而我们的物业没有给予任何的警告，那这就是我们的不作为，一旦发生事故我们就要承担责任。如果我们给予醒目的警告，那我们可能不承担责任或是只承担连带责任。同样的情况，比如在我们的清洁员刚刚清洁完的湿地上、冬季结冰的小区路上等，我们都应该对潜在的事故有作为。所以法律上的自我保护意识应该被我们的每一个员工牢记在心，以避免麻烦。

（3）首打营销牌，要走多条路。

品牌的创建说到底就是营销的结果，当然这包括了企业的市场、文化、行为营销等各个方面。通过营销，企业可以提高自己的知名度，扩大市场份额，使××物业形成一种口碑效应，在不断增加客户的基础上形成自己的规模效益。在品牌营销的同时，我们还要学会多条腿走路，目前××物业的四个项目部（××家园、××茗城、××小区、××花园）大多处在亏损状态，这是因为业主入住率低、公共设施老化等，所以在企业的运作中光靠单一的服务费为生存来源是不可行的。

通过实习，笔者认为××物业工程部的做法值得借鉴，那就是做完本小区工作的同时，充分利用人力资源承接企业外的维修等工作，为企业创收，在最大程度上减小了亏损。由此可以想到一些其他的做法，比如房屋中介、广告位出租、家政及其他的特约服务，这些都可以成为企业的收入来源。当然一些不乐观的事实也摆在我们的面前，在企业多面经营的同时，肯定会遭遇来自市场、政府各个方面的阻力，这就需要我们的管理人员展开积极的公关工作，为企业的发展营造一个宽松、稳定的空间。

（4）针对小区的特点，因地制宜，建立各有特色的物业管理区域。

如果说把公司现有和未来项目的物业收敛到一面旗帜下塑造××物业品牌的话，那么我们就不能搞"一刀切"的形式，要采用"牵牛鼻子"的方法论去管理。通过实践，笔者有自己的一点体会。

① ××家园项目，其购买者大都是为投资而来的，因此使业主的房屋升值就成为了关键，具体说就是空房和环境管理成了重中之重。在实习中，笔者看到小区的有些草地已经荒芜，这可能是由于前期开发遗留，也可能是由于管理不善，但是这肯定会令业主不满，由此就给物业收费带来了难度。因此，我们的重点应该放在房屋的环境管理上。

② ××花园项目，物业刚刚建成，前期投入较大，硬软件健全。为创优、ISO 9000 认证提供了良好的条件，如果在取得成功的基础上，合理提高服务费，那么也会让广大业主心服口服。因此，××花园创建一个全功能的优秀社区，应该成为可能。

③ ××小区项目，业主入住率较高，物业历史长，因此怎样和业主处好关系是一个

关键问题。这就要求我们的物业人员以社区文化为中心，积极转变服务态度，处处为业主着想，活跃小区氛围。对于一些经常外出的业主，我们要加大物业管理工作的宣传，见缝插针，避免因管理空白带来的误会。

综上所述，以各个小区的特点为工作基点，才能丰富我们的服务体系，树立企业品牌形象。

（5）区域发展，近学青岛，远学深圳。

青岛和××同为黄海沿岸的港口城市，虽然在经济发展、人口数量上有不小的差异，但在人文环境、地理位置、气候条件上却有着一定的相似性，因此物业的生存年限、植被的生长等各个方面也大致相同，所以说在物业的管理上应该有着一定的地缘关系。青岛近几年来，物业管理的发展可谓日新月异，每年都有数个小区被评为省级、国家级示范单位，而且其物业行业从企业、政府到学校已经能够形成一个整体运作机制。完善的法规政策、健全的运作机制为青岛物业的发展，提供了舒适的"温床"。

因此，在地域上首先瞄准青岛，引进其先进的管理模式、经营理念，在经过可行性分析后为我所用，对我们来说还是有很大裨益的。其次，远学深圳。1981年，深圳第一家物业公司的建立标志着深圳已成为中国物业的先河之地，经过二十几年的发展，造就了深圳万科、金地、中海等一批中国物业的巨头，源远流长的发展历史、丰富的管理经验、与国际接轨的管理模式使之成为中国物业的学习榜样。近几年来，深圳物业的"挥军北上"应该说为我们的学习提供了良好的机会，因此我们要积极学习深圳物业在治理北方物业方面的经验和教训，加强企业间的交流，形成共享网络，为我们品牌的创建引他山之玉。

在××四个项目物业实习近一个月的时间里，笔者学到了一些书本上没有的东西，增加了实践经验，为走向工作岗位奠定了坚实的基础，以上是笔者的一些体验心得和建议。在企业变革和结构重组后，经过全体员工长期不懈的努力，笔者坚信××物业定能走出××乃至全国，树立自己的企业品牌。扬帆激进，终就辉煌，××物业人定能托起灿烂的明天。

13.3　建筑工程设计说明书

13.3.1　建筑工程设计说明书的性质与作用

建筑工程的设计是由规划、建筑、结构、设备等工种的设计人员共同完成的。各工种的设计人员在绘制图纸时，一般都附有设计说明书，以便完整地表达出设计意图。可以说，建筑工程设计说明书是对建筑工程设计各方面图纸进行说明的文书，它与工程图纸互为补充，是整个设计文件的重要组成部分。

通过阅读设计说明书，人们可以对设计的依据、范围、指导思想、主要技术经济指标，以及施工中应注意的问题等情况，有个整体的、综合性的了解。

13.3.2 建筑工程设计说明书的特点

建筑工程设计说明书主要有以下特点。

1) 整体性

设计图纸与说明文字是密不可分的,设计图纸如没有说明文字,则很难表现设计人员或建设单位的制作意图;说明文字离开了设计图纸,则说明文字就成了无本之木,施工人员很难从整体上把握建筑工程的各个环节和细节。说明文字是依附于设计图纸的。所以,在写作设计说明书时,要求以设计图纸的数据利用、制作目的、关键环节、注意事项为说明中心,注意设计说明书的整体性。

2) 实用性

设计说明书的实用性极强。每一张图纸的设计都或是下一道图纸设计工序的基础,或是建筑施工工序的依据,对于下一道工序的工作或施工具有指导意义。所以,在写作设计说明书时,要注重说明性,综合运用多种说明方法(除比喻说明以外),以确保绘图人员正确使用各种设计数据,施工人员正确使用设计图纸。

3) 客观性

设计图纸来源于客观勘察的各种数据及已经实践检验的科学数据,尽管设计图纸是主观的,但其根据是客观的,设计说明书反映了图纸的这种客观性。所以在写作设计说明书时,首先要做到全面,要反映该项目设计的全貌,即设计的长处与不足均应写出;其次要做到用语准确,不采用不规范的术语,忌模棱两可、含糊不清。

13.3.3 建筑工程设计说明书的格式

建筑工程设计说明书一般采用条文式,有的内容也可以列成表格。由于图纸的用途不同,各种说明书的格式也略有不同,但一般来说,建筑工程设计说明书包括以下内容。

(1) 设计的依据、范围和指导思想。

(2) 设计的主要技术经济指标(也可列成表格)。

(3) 设计图纸的补充说明,如某种构造设计适用于哪些部位,装修材料的色彩和质地要求等。

(4) 施工中应注意的问题,如工种如何配合,设备选择应注意哪些问题等。

(5) 阅读本套图纸应注意的问题,如本图采用的尺寸单位、设计中引用的标准图集种类等。

13.3.4 建筑工程设计说明书的写作要求

写作建筑工程设计说明书有如下要求。

(1) 要熟悉业务。建筑工程设计说明书的专业性很强。撰写者必须对设计对象的各方面知识了如指掌,使说明书能表达得更为全面、准确。

(2) 内容全面具体，数据确凿，专门术语的含义精确单一，语言简明扼要。
(3) 字体清晰工整，最好写仿宋字。

【例文三】

建筑设计总说明

(1) 本工程系根据有关规划部门批准的方案进行设计的。

(2) 本工程为某企业职工宿舍楼，总建筑面积为 600m²。

(3) 本工程±0.000 标高相当于绝对标高 152.450m。

(4) 墙体：本工程采用混合结构。墙体采用 ϕ6@150 双向配筋，MU10 黏土砖，M7.5 混合砂浆砌筑。

① 外墙厚度 370mm，内墙厚度 240mm，非承重内墙厚度 120mm。

② 墙体防潮层位于标高－0.060m 和－0.510m 处。在两道防潮层变化交换处，墙身与填土接触一面均需做防水砂浆防潮，与墙身水平防潮层交圈。防潮层采用 20mm 厚防水砂浆（1∶2 水泥砂浆加 5% 防水剂）。

③ 基础及砖墙上，穿墙管线之预留洞在管线安装完毕后，用 C15 细石混凝土填实。砖墙上小于 200mm×200mm 的孔洞不预留。

④ 砖墙的门窗洞口或较大的预留洞，洞顶标高与圈梁底标高重合时以圈梁代替过梁，不重合时采用预制钢筋混凝土过梁，详见过梁表。

⑤ 玻璃幕墙：屋顶日光室采用玻璃幕墙较多，幕墙的设计及制作安装由生产制造厂商承担，土建设计和安装部门配合设计施工。颜色同门窗。

⑥ 女儿墙墙身压顶采用 C15 混凝土，压顶高度 180mm。

(5) 室外装修：室外装修材料做法参考《××××图集》。

① 外墙面：采用喷涂料墙面，外墙涂料选用丙烯酸高级涂料，白色，施工前由厂家、施工单位现场做样板后由甲方及设计单位现场商定。

② 勒脚：在－0.500m 和－0.950m 标高以下选用粗凿蘑菇石勒脚。两道标高之间应均匀过渡。分格现场商定。

③ 散水：宽为 800mm，每 5m 左右留缝，缝宽 10mm，沥青砂子嵌缝。

④ 平台及台阶：采用铺砌石料。

⑤ 屋面：采用上人屋面（保温层 45mm 厚，三元乙丙防水卷材）。面层采用 15mm×150mm×150mm 红色地砖，嵌缝 8~12mm。

⑥ 檐口及墙头局部采用泰山瓦（喷黄色涂料，具体颜色现场确定）。做法参见建施 9 的补充外装修做法。

(6) 门窗：详见施工图。

① 门窗立樘：外门窗除注明外一律立樘于墙厚居中。内门一般与开启方向平，开启一侧留有门垛，尺寸为 240mm。

② 铅合金门窗为茶色，外门窗玻璃亦为茶色。

(7) 室内装修：详见房间用料表。

① 室内装修工程凡有水的房间（卫生间、厕所及淋浴）地面、楼面施工必须注意做

好排水坡。不得出现倒坡或局部积水，泛水坡度不小于1‰，一般从门口坡向地漏。
② 内装修的选材、颜色均需现场做出样板或色样后再定。
③ 室内吊顶的选材和颜色参照本企业综合楼之室内吊顶做法。
(8) 其他未详事宜施工中均应遵照现行的有关施工验收规范进行。

【例文四】

结构设计总说明

1. 自然条件
(1) 地震设计烈度为7度。
(2) 场地处的标准冻土深度为1m。
(3) 工程地质与水文地质条件。
根据某工程地质勘察院提供的某企业职工宿舍楼工程地质勘察报告确定的工程地质情况如下。
自然地面至0.5～0.8m为耕植土。
0.5～3.0m为黏质粉土（未穿透土层）。
本工程持力层为黏质粉土，其容许承载力$[R]=160$kPa（16t/m^2）。基础埋置深度为自然地面下1.0m。基槽开挖后应全面钎探，并组织验槽，如发现与设计不符，应通知有关部门协商解决。
钻孔内未发现地下水，不考虑地下水的影响。
本工程±0.000标高相当于绝对标高152.450m。

2. 基础
本工程承重墙采用条形基础，局部为扩大基础（配筋）。

3. 依据
本工程应遵守有关的国家现行施工验收规范和规程。

4. 设计活荷载标准值
(1) 屋面：1.5kN/m^2（上人）。
(2) 宿舍：2.0kN/m^2。
(3) 走廊、楼梯间：2.0kN/m^2。
(4) 卫生间：2.0kN/m^2。

5. 材料
(1) 混凝土。
基础垫层及素混凝土：C15。
基础：C20。
除注明外，构造柱及圈梁、梁、楼板、楼梯混凝土均为C25。
(2) 钢筋。
略。
(3) 砖砌体。
实心黏土砖为MU10，砂浆为M7.5混合砂浆。

6. 构造措施

(1) 构件主筋混凝土净保护层厚度：基础为 35mm，梁为 25mm，板为 10mm（板厚 100mm）、15mm（板厚 150mm）。

(2) 楼板：板的分布筋除注明者外均为 5ϕ6@200，板上孔洞应预留，孔洞≤300mm×300mm 时板的主筋绕过洞边，不要切断。设备管板后浇，板筋不断。施工图中小于 200mm×200mm 的孔洞均未表示，施工时应与其他工种密切配合，认真核对，以免遗漏。

(3) 梁：梁内钢筋采用封闭式。梁上集中荷载处加附加箍筋的形状及肢数，均与梁内箍筋相同，未注明时，在次梁每侧另加两组。主、次梁高度相同时，次梁底钢筋应置于主梁主钢筋之上。当梁净跨度≥4m 时，模板应按跨度的 3‰ 起拱，悬臂构件均应按跨度的 5‰ 起拱，且起拱高度不少于 20mm。

(4) 构造柱、圈梁与墙体：构造柱的施工应先砌墙预留马牙槎，后浇混凝土；圈梁兼作过梁使用时，梁下主筋不得在洞口处截断；承重墙厚为 360mm 和 240mm，除墙体的门窗洞口外，不得随意开洞。

(5) 女儿墙构造柱：女儿墙应设构造柱并与女儿墙的钢筋混凝土压顶连接，女儿墙构造柱除从底层构造柱升起外，应每隔不大于 4m 设置，其主筋可在屋面圈梁中预留。

7. 回填土

回填土应分层夯实，夯实后的干密度不小于××g/cm³，填土内有机物含量不超过 5%。

8. 单位

本施工图所注尺寸以毫米（mm）计，标高以米（m）计。

【例文五】

给排水设计说明

1. 设计范围

本设计包括给水系统、排水系统、消火栓系统。由于业主没有提供室外给水及排水的有关资料，因此本设计给水管道做到室外水表井处，水表井由业主负责，排水管道做到室外 1m 处，今后作室外总图时，室外市政给水水压、管径应满足本楼的给水水压及管径要求。供给消防管道的给水管应满足本楼的消防水压及消防水量要求，如果室外给水管水压及水量不能满足室内消防要求，室外应设增压泵房。室外消防由甲方负责，并且按消防规范设置室外消火栓。

2. 设计说明和图纸

本设计说明和图纸有同等法律效力，凡载于此而未载于彼者，均应遵照执行。若两者有矛盾时，应以设计人解释为准。

3. 设备和材料

设计选用的设备和材料均为全新产品，并应有符合国家或部颁现行标准要求的技术质量鉴定文件或产品合格证。消火栓采用飞达金属制品厂产品，消火栓箱内配有水龙带一条、水枪一支。

4. 管材与接口

(1) 给水管、消火栓管均采用镀锌钢管、丝扣连接。

(2) 排水管。室内 $DN \leqslant 50\text{mm}$ 者，采用镀锌钢管、丝扣连接；$DN > 50\text{mm}$ 者，采用排水铸铁管，石棉水泥捻口。

5. 阀门

$DN \leqslant 50\text{mm}$ 者为截止阀，$DN > 50\text{mm}$ 者采用闸阀。

6. 管道防腐

(1) 给水管外刷银粉二道，埋地管外刷热沥青二道。

(2) 消火栓管先刷樟丹二道，再刷调和漆二道（红色）。

(3) 排水铸铁管外刷樟丹一道，银粉二道。

(4) 所有管道在进行防腐前均应进行除锈。

7. 尺寸和标高

(1) 所注尺寸除标高和管长以 m 计外，其余均以 mm 计。

(2) 管道标高：给水管、消火栓管均指管中心，污水管指管内底。

8. 相关标准

除本说明外均应遵照施工验收规范要求施工。

9. 管道穿混凝土楼板及墙

应在浇筑前与土建配合，留出必要的孔洞以利管道安装，尽可能避免事后打洞而损伤钢筋。

【例文六】

电气设计说明

1. 设计依据及范围

(1) 设计依据略。

(2) 设计范围：配电、照明、共用电视天线、防雷接地、电话系统。

2. 供电电源

本工程按三级负荷考虑，由室外交电所引来一路 380/220V 电源，在一层配电室设电容器柜做集中补偿，在大堂、走廊及主要出入口设充电式应急照明灯。

设备容量：$P_e = 37.08\text{kW}$；功率因数 $\cos\varphi \geqslant 0.9$。

3. 设备安装及电缆敷设

(1) 配电室选用 PGL－1 型配电柜及 PG 补偿柜，下设电缆沟 500mm×600mm（宽×深）。

(2) 照明配电箱、事故照明配电箱均为暗装，底边距地 1.4m。

(3) 照明开关、插座选用××系列产品，除注明者外，开关选用 10A、250V，暗装，中心距地 1.4m，距门框 0.2m；插座 10A、250V，暗装，中心距地 0.3m。

(4) 照明灯具由甲方自定，安装方式按注明定。

(5) 电源进线选用 VV29－1kV 电力电缆埋地引入，一般电线选用 BV－500V，除注明者外，照明回路为 BV－2.5mm^2，SC15，PA；插座回路为 BV－4mm^2，SC20，DA，所有管线均穿钢管暗敷设。

(6) 穿管规格参见相关图集。

(7) 管线凡遇建筑伸缩缝、沉降缝、变形缝时，应按图集施工。

4. 共用电视天线系统

本工程设独立的共用电视天线系统，能接收2、6、8、15、17、21等频道电视节目，电视电缆为SBYFV-75-9，SC25，暗敷，电视前端箱暗装，底边距地1.4m，电视出线口中心距地0.3m，暗装。

5. 电话系统

(1) 由市电话局直接引来20对电话电缆，配线架至各层电话分线箱。

(2) 电话电缆为HYV-20（2mm×0.5mm），SC40。分支线为RVB-2×0.2，穿钢管暗敷，1～5对SC15，6～10对SC20。

(3) 电话分线箱为暗装，底边距地0.3m，电话出线口暗装，中心距地0.3m。

(4) 电话机房接地装置采用40mm×4mm镀锌扁钢沿机房四周明敷，凡遇门口等处无法明敷，则埋地敷设，安装高度0.3m，接地装置做法参见图集。室外单独设接地板，接地电阻小于4Ω。

6. 防雷接地系统

(1) 本工程防雷接地等级为三级。电源进线处做重复接地，接地电阻≤4Ω。

(2) 在屋顶女儿墙上用φ8镀锌圆钢作避雷带，与柱内两根φ20以下钢筋通长焊接作防雷引下线，并利用基础梁内两根φ20以上钢筋通长焊接作接地，形成环形接地网。

(3) 接地电阻要求小于4Ω，当实测结果不满足要求时，增设接地板，预留测试卡子，-0.8m处引40mm×4mm镀锌扁钢作接地预留。

(4) 凡凸出屋面的金属管道、构件等均应与避雷带可靠焊接。

(5) 本工程为接零保护，正常不带电而当绝缘损坏有可能带电的金属管材，其箱体外壳均应可靠接地。

7. 其他

其他未尽事宜，请参见图集进行施工与交验。

13.4 建筑工程经济活动分析

13.4.1 建筑工程经济活动分析的性质和作用

建筑工程经济活动分析是依据党和国家的方针、政策，利用会计核算、统计资料及调查了解的实际情况，对企业的生产及资金流通、分配、使用等经济活动过程及其结果进行比较、分析研究的一种陈述性的书面报告，是建筑企业常用的应用文体。

建筑工程经济活动分析的书面形式常称为"经济活动分析报告""情况汇报""总评"等，属于企业总结性文书，其与总结的意义、作用和方法在本质上是一致的，是对企业的实际经营情况进行回顾分析和评价，肯定成绩，找出差距，查清原因，总结经验教训，为今后的工作提出措施。因为企业的经济活动,从计划的制订、实施到最后的实践效果,都主要体现在数据指标上,所以企业的经济活动分析主要是围绕数据指标来进行的。通过分析来揭示数据指标的变化规律、剖析影响数据指标变化的因素及影响程度的大小,从而总结出经济活动在企业中的发展趋势,拟定改进企业经营措施,挖掘企业潜力,全面实现企业的经营目标。

建筑工程经济活动分析与调查报告、总结所述的内容,都是客观上已经发生过的行为,其通过对以往的实践过程进行分析研究,可找出规律,用以指导今后的实践,这是它们的相同点。它们的不同点如下。

(1) 内容不同。建筑工程经济活动分析只限于经济领域,而调查报告和总结,则不受领域的限制。

(2) 解说方法不同。建筑工程经济活动分析专业性强,有一系列科学的专门的数学分析方法,如比较分析法、因素分析法等。其一般通过对大量数字的分析,得出结论,指导以后的经济活动;而调查报告和总结,主要以事实和理论作为依据,说明某种观点,整理出某些规律性的认识,以指导以后的工作。

(3) 写作目的不同。建筑工程经济活动分析是在对经济活动进行分析之后,水到渠成地"建议"今后该怎样做,具有相当的预测性;而调查报告和总结则往往要从理论的高度有理有据地告诉人们为什么要这样做,为什么不能那样做。

建筑工程经济活动分析是社会主义经济管理的重要方法之一。其主要作用如下所述。

(1) 有利于制订符合客观经济规律的切实可行的计划。建筑工程经济活动分析是企业制订计划的重要手段,通过建筑工程经济活动分析,能考察了解经济现状,找出存在的问题,预测未来趋势,为日后的经济发展指明方向。

(2) 有利于检查和监督计划的执行。通过建筑工程经济活动分析,能检查和评价计划的执行情况,可观察计划本身与客观经济规律是否相符,以便进一步修正,使计划日趋完善,以达到新的高度。

(3) 有利于企业端正经营思想,提高管理水平。建筑工程经济活动分析是企业管理的重要组成部分,贯穿企业经济活动全过程。建筑工程经济活动分析主要是分析企业经济活动是否符合方针、政策的要求,是否坚持企业经营方向,使领导看了心中有数,及时作出指导和安排,并修正计划,改善经营管理;使群众看了明确方向,挖掘潜力,发挥最大积极性,以达到提高服务质量和增加经济效益的目的。

(4) 有利于了解市场动态,不失时机地采取相应的对策。建筑工程经济活动分析是预测市场变化趋势的前提,通过分析,可改变产品结构,调整市场布局,调节商品流通,保证市场的供应。

13.4.2 建筑工程经济活动分析的种类

建筑工程经济活动分析,按照分析目的和涉及范围,通常有下列三类。

1. 经济活动综合分析

这是对某一个经济部门或某一个企业的经济活动,进行全面分析后而写成的书面材料。经济活动综合分析不是各部分分析的简单汇总，而是抓住对各项主要指标完成情况的分析，查明影响指标完成的各种主观和客观原因，找出优点和缺点、有利因素和不利因素，全面评价经济管理工作，提出改进方案。根据分析结果写成的综合分析材料，不仅可以总结这一阶段的工作，而且还可以作为下半年或下年度改进管理的参考方案。

2. 经济活动专题分析

这是抓住经济活动中某一个专门问题，进行比较深入细致分析后而写成的书面材料，如经济管理中的决策分析、施工计划完成情况分析、工程质量分析等，经济活动专题分析的特点是主题比较突出，内容比较集中，分析比较透彻。它既适用于集中分析经济管理中带有关键性的重大问题，也可以一事一议反映经济活动过程中出现的问题；通过分析研究这些问题产生的原因、造成的影响及发展的趋势，提出改进意见，使领导重视，以便及时采取对策，加强经济管理工作，提高经济效果。

3. 经济活动进度分析

这是对执行计划的进度进行分析后写成的书面材料。这种书面材料是通过对生产或施工进度的分析、检查计划执行情况，从中发现执行过程中的新情况、新问题，以便采取措施保证计划的完成。因此经济活动进度分析，具有内容鲜明、篇幅短小和时间性强的特点。

13.4.3 建筑工程经济活动分析的方法

建筑工程经济活动分析的一般程序是：①确定课题，提出分析对象；②搜集资料；③对比分析，发现问题；④找出原因，抓住关键；⑤提出措施，改进管理。

常用的建筑工程经济活动分析方法有对比法、连环代替法、差额计算法等。

（1）对比法。通过有可比性指标的对比，找出差异，进一步分析存在差异的原因，以数字资料为依据。对比可以从以下几个方面进行。

① 实际完成定额与计划定额的比较，说明计划完成的程度和定额水平。

② 本期实际完成数和前期实际完成数的比较，说明发展的趋势和经营管理的情况。

③ 单位之间的比较，包括企业内部各单位之间、本企业与外企业之间的比较，并找出差距，说明企业的管理水平和市场的竞争能力。

④ 项目之间的比较，如企业施工的各个工程项目之间的比较，说明工程项目的质量、消耗、劳动效率等情况。

（2）连环代替法。其又称因素分析法，它是将影响某项指标的几个相互有联系的因素进行排列并列出计算式，计算式中的各项指标计划数按顺序逐个以实际数代替，然后用代替后得出的数值与代替前的数值进行比较，计算出每一因素对指标的影响程度。

（3）差额计算法。其又称价差分析法。此法是计算出各种因素的实际数和计算数之间的差额，确定其对指标的影响程度。

13.4.4 建筑工程经济活动分析的格式

建筑工程经济活动分析的材料各有不同的特点和要求，因此其没有固定的格式，通常包括标题、正文、具名和日期这四个部分。

（1）标题。标题一般要写单位名称、时间和种类。

（2）正文。正文可分为以下三部分。

① 开头部分。其一般运用数据，简明地点一下形势，扼要地介绍所要分析问题的基本情况，列举各种指标。这是展开分析的依据，有提出问题、引导分析方向的作用。

② 中间部分。这是分析的主体。一般应从分析的目的要求出发，紧扣主题，运用资料和数据结合具体情况，进行具体分析，得出明确的结论。在分析时，既要分析经济活动的成效，总结经验，又要揭露矛盾，分析原因。当然，一篇书面材料应有所侧重，或以分析成绩为主，或以分析问题为主。

③ 结尾部分。一般根据分析中所反映出来的问题，提出改进的意见、建议或措施。

（3）具名。单位名称如已在标题中出现，就不要再具名；如未在标题中出现，则应在正文的右下方具名（或在标题下面具名）。

（4）日期。日期写在正文右下方。

13.4.5　写建筑工程经济活动分析的要求

1. 敢于揭露问题、写明年月日

写作分析时必须坚持原则、实事求是、肯定成绩、不回避矛盾，要有科学的态度，全面看待问题，分析各种指标。掩盖差距矛盾的分析是不足取的。

2. 突出重点

建筑工程经济活动分析不能不分主次，写得面面俱到，要抓住关键问题、突出重点、深入分析，揭示潜在的问题，提出有预见性的意见。

3. 防止单纯罗列数据

建筑工程经济活动分析是用数据指标来分析问题的，因此数据指标十分重要，在书面材料中占有重要地位。但是数据指标分析必须与因素、情况分析相结合，才能反映经济活动过程中问题的本质。所以，要求在书面材料中切勿单纯罗列数据，使人不得要领。

4. 加强科学性

写书面材料要客观全面，既肯定成绩，又要找出差距；既要摆明有利因素，又要说清不利因素；既要分析客观因素，又要分析管理上的主观因素等，切忌片面性。

【例文七】

××市混凝土振荡机制造厂（简称××厂）
流动资金使用情况分析

××厂是生产混凝土振荡机的专业厂，近几年来，该厂生产连年发展，品种不断扩大，销量大幅度上升，为国家提供了大量的税收和外汇收入。

该厂产品不仅畅销全国，还远销欧美和东南亚，近三年，出口振荡机共达××万台，创汇××万美元，税利总额达××万元。

但从资金使用分析，该厂还存在一定的不足。定额流动资金周转天数20××年为

××天，比20××年××天缓慢×天，相对多占用流动资金××万元。

1. 流动资金周转缓慢

（1）产品降价，销售收入减少，影响流动资金周转××天。

（2）产品直接出口后，资金结算方式改变，使流动资金周转缓慢×天。

该厂的出口产品原由外贸公司经销，产品完工后，双方立即结算，付款周期最长×天。去年，工厂直接出口产品，外贸公司代理发运和外汇结算，要等产品上船6个月后，外商将贷款汇入，再由外贸公司按月结算，贷款回笼期大大延长。

2. 定额资产占用额上升

（1）由于出口产品品种增加，国外进口轴承、出口包装物等储备增多，而使资金多占用××万元。

（2）库存材料安排不合理，主要材料储备偏低，辅料储备偏高。

（3）产品单位成本增加。

（4）产销率降低，成品库存上升。

3. 几点建议

为进一步挖掘资金潜力，提出如下设想。

（1）抓采购供应计划的管理，特别是在制订一般辅料采购计划时，优先考虑现有库存，逐步使库存偏高的材料资金压下来。

（2）抓产销率的提高。实现这项目标，应着重抓生产均衡率，同时，抓产品验收、装箱、发运、托收、结算各道环节的协调工作。

（3）通过外销贸易谈判，争取缩短贷款回笼结算期限。

13.5 毕业论文

13.5.1 毕业论文的性质和作用

毕业论文是学生在完成教学大纲规定的全部专业课程的基础上，由学校统一组织、教师具体指导、自己独立完成的一种应用文体。毕业论文从资料准备到选题撰写是集实习、论文写作和答辩于一体，三者相辅相成的教学过程，是以学生为主体的实践性极强的教学环节。现代社会需要的专业人才，其所具有的科研、创新、管理、公关等多种能力，都能从毕业论文的撰写过程中得到训练和提高。毕业论文的作用表现为以下几点。

1. 是教学目标完善和深化的必要环节

一切知识和经验，都是在"实践—认识—再实践—再认识"的多次反复过程中得到验证和应用的。毕业论文通过实习、写作和答辩而最终形成，使学生得到知、能、行三者的锻炼。对学生来说，虽然已经过专业课程的系统学习，但学习是在课堂中分门别类进行的，因而毕业论文的撰写对学生来说是一个重温、整理、巩固和深化的过程。

从学校角度说，毕业论文则是对学生进行完善和深化培养的过程，客观上保证了人才培养与社会需要相适应。因此，可以说，毕业论文是教学目标完善和深化的必要环节。

2. 是人才素质结构中知识和技能相长的重要因素

现代知识总量的激增和知识更新的迅速，要求人们掌握和运用知识的能力必须强化。毕业论文写作的全过程就孕育着上述要求，成为知识和技能结构相辅相成的重要手段。在专业理论教学中，学生在知识掌握和技能运用之间往往缺乏结合点，毕业论文与实验室、实习工厂一样，在一定程度上架起了知识和技能相互沟通的桥梁。由于毕业论文主要是针对专业中某一专题进行观察、分析，作出针对性论述的，其中必然面临如何选择论题、提出论点、考证考据、解答问题，以及作出设想等一系列兼具模拟和实效两种作用的自我锻炼，而这绝非课堂教学所能替代。另外，学校要实现培养有较强实际工作能力的专业人才的教学目标，已不是单纯的应知应会运作，而是要强化学生进行调查研究、编拟计划、组织施工和社交往来等实际工作的多项能力。毕业论文的写作过程就是为教学目标的实现提供超前设想和超前举措的实践场合。

3. 是教学质量综合评价的有效手段

毕业论文是知识和技能综合性的训练和运用，其中既有反映学校专业教学基本要求的内容，又有显示学生掌握知识深度和驾驭知识能力的自我评价；既有体现学校培养目标的全面考核内容，又有表明学生社会实践效果的社会反馈信息。总之，学生学得怎样，教师教得怎样，学校教学目标和培养目标实现程度如何，在毕业论文中都有所体现。因此，在教学管理中，往往将毕业论文作为考评教师的教学质量和教学管理水平，检测学生的学习质量的有效手段和重要参数。

13.5.2　毕业论文撰写的特点

1. 完成论文的独立性

毕业论文是学生论证所学理论知识并培养分析和解决问题能力的过程。坚持独立思考和自己动手是贯穿毕业论文全过程的首要前提。学生完成毕业论文的独立性大致表现为以下几点。

（1）独立地调研、整理、消化和运用所学的理论和实践知识。

（2）独立地在统一课程中选定课题、搜集和利用有关材料，进行独立性的立论、构思、拟纲。

（3）独立地起草、修改、定稿，并做好答辩准备。

2. 运用知识的综合性

毕业论文选定课题后虽然不可能将所学理论知识全部用上，更不可能分析和解决该专业在实践中的全部问题，但就毕业论文撰写过程和内容而言，必然在一定程度上体现知识和能力的组合。其综合性大致表现为以下几点。

（1）在运用论据论证论点时需要综合运用分析归纳、论述表达等能力，以及综合应用所学的专业理论知识。

(2) 在毕业论文的内容里，必须综合反映学生本人认识客观事物、改造客观事物的能力，综合反映运用专业知识解决实际问题的能力，综合反映学校教学的基本要求和学生本人的学习水平。

3. 讲求论文的价值性

同学们在撰写毕业论文时，都有一定的价值取向，即在论文中表现什么、反映什么、解决什么、说明什么等都要有自己的思想倾向。这些思想倾向表现在论文中，就形成了论文的价值性。我们讲求论文的价值性主要指以下几点。

(1) 讲求论文内容的价值性。毕业论文的内容首先要反映出符合市场需求，能为经济建设服务的价值；其次要有一定的学术价值，给人以知识。

(2) 讲求反映教师教学的价值性。一篇毕业论文所反映出的学业水平，本身就是学生主观努力与教师心血汗水的结晶，在论文中，运用或涵盖教师的教学成果是十分必要的，教师教学的价值也能得以体现。

(3) 讲求促进学校教育教学的价值性。在学校组织的毕业答辩过程中，就是毕业论文发挥其促进学校教育教学价值的过程。一篇好的毕业论文，往往能综合反映出社会对学校教育教学的需求，往往能从市场、实习单位等方面提供学校在专业设置、知识结构、教学质量等对人才培养作用的信息反馈，从而使论文具有促进学校教育教学的价值。

13.5.3 毕业论文的写作

毕业论文的完成具体分为选题、准备和撰写三个步骤。

1. 毕业论文的选题

一般来说，选题有全面性课题选题、局部性课题选题、具体性课题选题和争议性课题选题四种类型。根据学生的特点，选题主要以局部性课题选题和具体性课题选题为宜。选题的具体要求有以下几点。

(1) 选题要有意义。要求选题有实用价值和学术价值、要能反映社会发展和市场经济的需求，反映专业性和知识性。

(2) 选题要有新意。要求选题在一定范围内具有典型性、代表性和新颖性。一方面要求能够反映事物的发展趋势，要有时代气息；另一方面要求解放思想，具有一定的开拓求实精神，论述别人没有论述或不愿论述的新课题。

(3) 选题要切实可行。要求选题从实际出发，量力而行。具体表现为以下几点。

① 紧扣专业，学用结合，选题要在本专业的知识范围内进行。由于要求联系实际，故选题还要求在与实习过程中所接触的专业实践经验的范围内进行，只有这样，才能学用结合，达到提高解决实际问题的能力的目的。

② 宁小勿大，宁专勿泛。选题既要符合教学要求，又要考虑自身的知识水平，还要考虑学校教学条件的限制（主要指资料与实习设备的缺乏与否），所以选题涉及范围过大，往往会因能力或条件的制约，致使论据缺乏，论证无力而难以落到实处。

2. 毕业论文的准备

(1) 有针对性地搜集材料。搜集材料不是博览群书，而是在有限的时间内有针对性、有重点地重温已经学过的专业理论知识，查阅与选题有关的材料，掌握实习或调研单位的有关情况。

（2）有目的地加工材料。论文材料的加工，指在材料收集整理分类后，根据论文的主题，对材料进行综合分析和归纳比较，从中选出带有典型意义并具有说服力的材料作为毕业论文的论据。

（3）材料准备的基本要求如下。

① 真实性。其是指毕业论文中理论和事实材料的真实，主要包括材料确实可靠无误，材料反映问题本质，材料经过认真考证，无逻辑错误。

② 具体性。毕业论文所引材料，要具体、充分、完整，太简单太笼统就缺乏说服力。要求学用结合，材料须是具体实践具体分析的结果。

③ 新颖性。材料是一定的，只有经过创造性思维才能有独到的见解，材料才能有其新颖性。

3. 毕业论文的撰写

1) 毕业论文的组成要素

（1）论点。论点是写作者确定选题后所需论证的观点和主张。论点又分中心论点和分论点。中心论点就是毕业论文的根本论点，是全文的主旨。分论点是从不同角度、层次来论证中心论点的小观点，受中心论点的限制，为中心论点服务。论点必须正确、鲜明、集中、新颖和深刻。

（2）论据。论据是证明论点的理由和依据，也就是经过分析整理过的材料。论据必须真实、可靠、准确和典型，一般要求是：论据不能游离论点，两者必须统一；事实论据要集中和浓缩；理论论据要精练扼要，起画龙点睛的作用。

（3）论证。论证是指分析、论述、说明论点和论据两者间内在联系的方法和过程。毕业论文论点和论据的有机结合有赖于论证方法的正确运用，论文的说服力也来源于论证过程中的逻辑力量。

2) 毕业论文的格式

毕业论文的条理一般采用提出问题—分析问题—解决问题的方式。其文章的格式没有一定规定，但一般要求包括标题、导言、正文和结尾四个部分。

（1）标题。标题是论文重要的、具有特定内容的逻辑组合，一定要醒目。字数以不超过20字为宜，必要时可加副标题。

（2）导言。导言主要是明确、具体地提出问题，介绍选题内容、理由和意义，揭示主要观点，以引领全文。

（3）正文。正文主要是对中心论点展开分析论证，是分析问题的过程。这是论文的主体，决定着论文的成败。

（4）结尾。结尾是解决问题的过程，或经验体会，或建议意见。结尾要求顺理成章，总之，要求全文环绕主题，观点明确，论证有据，层次分明。

13.6　工科毕业设计报告

13.6.1　工科毕业设计报告的概念

工科毕业设计报告，又叫工科毕业设计说明书，是工科大学生综合运用所学知识对其工程设计进行解释和说明的科技文书，它是对学生的工程设计初步能力进行考核的主要方式。它主要考查学生运用原理（机械、汽车、材料、电子、通信、建筑、环境、计算机等方面）、查阅资料及工程手册、绘制图样、分析模型数据和实验工作的能力。

13.6.2　工科毕业设计报告的特点

1) 应用科技性
应用所学过的科技知识，进行工程设计或解决工程难题。
2) 解释说明性
解释说明成果的原理、应用范围、技术参数、工作流程等。

13.6.3　工科毕业设计报告的类型

工科专业类型多，毕业设计报告类型也多。比较常见的类型有下列两种。
1) 发明型毕业设计报告
发明型毕业设计报告即毕业设计产品或成果乃现实生活中的首创。
2) 改革（造）型毕业设计报告
改革（造）型毕业设计报告即毕业设计产品或成果的类型在现实中已经存在。

13.6.4　工科毕业设计报告的格式

工科毕业设计报告类型多，与其他文种相比，较难有比较统一的结构和写作模式。以下是多数工科毕业设计报告的格式。
1) 标题
标题由设计项目加"设计"或"毕业设计说明书"构成，如《××商业大厦空调系统毕业设计说明书》。
2) 前言（导言）
前言一般简要介绍设计项目的性质、目的、效益、原理和设计过程等内容。
3) 主体
主体内容主要涉及以下方面。

（1）设计原理与设计方案的论证。利用什么原理进行工程或产品设计；设计方案是怎样的，是否可行；利用图示和文字解释相结合的方式。

（2）主要技术参数。选择何种技术参数，技术参数的计算公式与结果。如大厦空调系统设计，技术参数有年气温、相对湿度、太阳辐射负荷强度等。

（3）工作流程。工作流程即工作过程。

（4）工程的特点或产品的性能表述。

① 技术或性能的科学性和先进性。优秀的设计总要体现科学性和先进性。对此可采取以下说明方式。

a. 同类工程或产品的可比性。采用比较的方法来说明设计的科学性和先进性，包括性能、质量、成本等方面的优越性。

b. 最新技术说明。采用何种最新技术，工程或产品的性能有何提高、质量有何提高，这都是需要说明的地方。

② 技术和质量标准的说明。技术和质量标准一般采用国家标准或国际标准，应按照各类标准进行说明。

（5）适用范围。其一般以文字作出说明。如涉及安装等问题时，则需以图文结合的方式说明。

4) 结尾

结尾通常综述上述设计报告的内容或对有关技术问题作出补充。有些前言部分内容较完备的工科毕业设计报告，可不写结尾。

5) 致谢

感谢指导和帮助过自己的老师、有关单位及个人。

6) 注释及参考文献

列出主要的参考文献。

13.6.5 撰写工科毕业设计报告应注意的事项

（1）写作重点应放在技术性强的部分或设计的关键部分，切忌平均用力。
（2）注重解释说明的技巧，充分利用图形说明和图文结合式说明。
（3）工科毕业设计报告应加上封面，装订成册，注意装帧设计的质量。

【例文八】

毕业设计报告

米兰香洲（二期）设备安装与调试工程施工临时用电施工组织设计

一、工程概况及特点

§1.1 工程概况

该项目位于成都市西三环路外侧。根据业主的招标文件，整个工程分为Ⅰ、Ⅱ两个标段（其中1号楼为Ⅰ标段，地下室及2、3、4号楼为Ⅱ标段），建筑总面积约为117000m^2。我公司主要进行电气、管道的安装及调试。

§1.2 工程特点

工程施工作业面广,作业点分散,工程时间紧。工程施工阶段性用电需求变化大。

二、编制说明和编制依据

§2.1 编制说明

本工程施工临时用电方案按照规范中的规定,根据施工高峰时期用电需要来设计,以保证安全用电,并结合本工程的实际情况(工程特点、施工用电负荷分布、近/远期工程需要等)编写。

§2.2 编制依据

《建设工程施工现场供用电安全规范》(GB 50194—××××)。

《建筑施工安全检查标准》(JGJ 59—××××)。

《建筑电气工程施工质量验收规范》(GB 50303—××××)。

……

三、负荷计算

Ⅰ、Ⅱ标段分别处于不同地理位置,其各配电箱均不同,为表示方便同级配电箱采用相同符号表示,如地下室主配电箱位于地下室,表示符号为DX1。

Ⅰ、Ⅱ标段施工高峰期主要用电机具见表13-3。

表13-3　Ⅰ、Ⅱ标段施工高峰期主要用电机具

序号	用电设备名称	功率/kW	数量	备注
1	电动试压泵	3	6	管道试压
2	电动套丝机	2	2	加工制作
3	电动套丝机	1	1	加工制作
4	台钻	0.37	1	加工制作
5	砂轮切割机	2.2	4	加工制作
6	台式砂轮机	1.5	2	加工制作
7	电锤、电钻、热熔机、石材切割机等	0.3	80	
8	电焊机(单相)	22.5	4	加工制作
9	电焊机(单相)	7.5	1	加工制作
10	滚槽机	2.5	1	
11	潜水泵	2	2	

§3.1 临时用电方案

§3.1.1 临时线路总体设置

Ⅱ标段分为地下室和2、3、4号楼,采用一路进线,进线取电于A施工单位配电房,引至主配电箱DX1。Ⅰ标段设置一台一级配电箱,进线取电于B施工单位配电房,引至配电箱DXL5。

§3.1.2 各配电箱用电负荷计算

Ⅱ标段各施工现场配电箱(DXL1、DXL2、DXL3、DXL4)为二级配电箱,均由

DX1引来。

（1）考虑DXL1用电负荷为：电动试压泵1台（3kW）、电动套丝机1台（2kW）、台钻1台（0.37kW）、砂轮切割机1台（2.2kW）、台式砂轮机1台（1.5kW）、电锤等小型机具10把（0.3kW）、电焊机1台（22.5kW）、滚槽机1台（2.5kW）、潜水泵2台（2kW）。

（2）考虑DXL2用电负荷为：电动试压泵1台（3kW）、电动套丝机1台（1kW）、砂轮切割机1台（2.2kW）、电锤等小型机具15把（0.3kW）、电焊机1台（22.5kW）。

（3）考虑DXL3用电负荷为：电动试压泵1台（3kW）、砂轮切割机1台（2.2kW）、电锤等小型机具15把（0.3kW）、电焊机1台（7.5kW）。

（4）考虑DXL4用电负荷为：电动试压泵1台（3kW）、电锤等小型机具15把（0.3kW）、电焊机1台（22.5kW）。

图13.1所示为Ⅱ标段施工用电总配电箱系统。

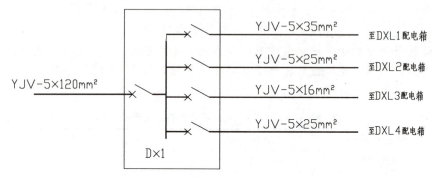

图13.1　Ⅱ标段施工用电总配电箱系统

（5）DXL5配置于Ⅰ标段，为Ⅰ标段一级配电箱。考虑DXL5用电负荷为：电动试压泵2台（3kW）、电动套丝机1台（2kW）、砂轮切割机1台（2.2kW）、台式砂轮机1台（1.5kW）、电锤等小型机具25把（0.3kW）、电焊机1台（22.5kW）。

§3.2　临时用电布置图（略）

材料库房配电箱DX2系统如图13.2所示。

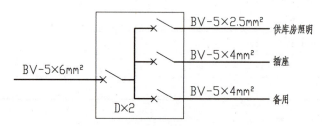

图13.2　材料库房配电箱DX2系统

四、接地

为满足施工现场用电的实际需要和用电安全要求，本工程临时用电均采用TN-S系统。接地体、接地线均采用人工接地体和人工接地线，接地体采用长2.5m、50mm×50mm×5mm的角钢垂直打入地下，直至测试其电阻值小于4Ω，保护零线采用黄绿双色多股铜线，重复接地点不少于3处，接地体与接地线的连接采用焊接。

五、临时用电注意事项

（1）施工现场临时配电线路按规范要求整齐架设，架设线路必须采用绝缘导线。

（2）配电箱系统采取分段配电，各类配电箱、盘外均应统一编号，停止使用的箱、盘应立即切断电源，箱门上锁。

（3）各种用电设备、机具的金属外壳和金属支架均应采用专用的接地导线进行可靠接地。照明、动力分支电源应装设漏电保护装置，临设室内照明线路按规范布线和装设灯具，特殊场所应按规范使用安全照明电源。

（4）实行"一机一闸"制，施工现场使用的配电箱及移动式电源箱，必须设置漏电保护器。

（5）电焊机一次线长度不得超过5m，二次线长度不得超过30m，进出线端子应压接牢固，并安装防护罩，电焊机二次线不到位时，不得借用钢管或其他结构钢筋作回路地线。

（6）开关箱应严密、完整、无损，有明显的保护零线。

室内灯头距地面不低于2m，移动式行灯的电压不超过36V。手持电动工具的外壳、手柄、开关、电源插头等必须做定期检查，以保证安全可靠。

上班合闸后必须锁上配电箱，并挂标志牌"当心触电"，下班后必须关掉电源，配电箱上好锁。

（7）当断电维修时必须有专人看护，并挂标志牌"严禁合闸"。每天派专人检查配电箱、各用电设备及供电线路，防止触电事故的发生，并做好检查记录。

指导老师：××
班　　级：××
学　　号：××
姓　　名：××
日　　期：20××年××月

13.7　建筑工程类学术论文

13.7.1　建筑工程类学术论文的性质和作用

建筑工程类学术论文是研究建筑领域理论问题和建筑实践活动的学术文章，是建筑领域理论问题和建筑实践活动研究成果的记录和总结，可供人们学习和借鉴，对促进学术交流、考核建筑工作人员建筑研究水平、发现人才、培养人才、推动建筑事业的发展有重要作用。

13.7.2　建筑工程类学术论文的特点

1）科学性

建筑工程类学术论文要讲科学性，不能主观臆造，论据要充分确凿。

2）理论性

建筑工程类学术论文要求作者实事求是，正确地反映客观事物和客观规律，论证要严谨周密。建筑工程类学术论文要求运用科学的原理和方法去阐述建筑领域的问题，它要求站在一定的理论高度观察和分析问题，探讨建筑活动规律，具有较浓的理论色彩。

3）创见性

建筑工程类学术论文要求作者有自己的见解，不能人云亦云。它是作者新思想、新理论的体现，是为发表新理论、新设想、交流学术新成就而写的。新颖、独到的见解是建筑工程类学术论文的主要特点，也是建筑工程类学术论文的价值所在。

4）专业性

建筑工程类学术论文的材料、语言须具有专业特点，多运用建筑专业术语和专用名词。

13.7.3 建筑工程类学术论文的写作

1. 材料多运用数字、计算和图表

选题是论文撰写的起始，也是论文成败的关键。它不仅对论文的价值有重大意义，而且对文章的整个写作过程具有统率作用。选题一旦确定，材料的搜集、整理、分析，论点的确立，提纲的草拟等都要围绕它来进行。选题如果选得好，那么下面一系列工作就可能进行得比较顺利，否则，下面的工作就可能受阻。

选题一般应遵循以下原则进行确定。

（1）选题应在认真调查研究、刻苦钻研的基础上产生。建筑工程类学术论文具有与建筑实践活动联系紧密的特点，所以在选择时必须对某一方面的问题做深入细致的调查研究，查阅大量有关资料，进行反复思考，这样才会有所发现，感到确有东西可写，选题就自然而然地产生了。

（2）选题的大小要恰当，难易要适度。如果选题过于宽泛，大而无当，难以深入地进行研究，结果只能是在表面上做文章，写不出独到的东西，就不容易出成果。选题太小，难以展开，揭示不出带有普遍性、规律性的东西，就达不到论文的要求。

（3）选题要有实用价值和研究价值。选题应能解决或回答建筑实践活动中或建筑理论研究中的实际问题。所谓研究价值，即选题应有一定的学术意义，值得探讨研究。

（4）选题应有新意。文章求新，有新意是指要有新观点，有了新观点，文章就有了存在的价值。有新意，还包括对题目、内容、表现方式、语言等多方面的要求。

2. 材料的搜集、整理

占有材料是撰写建筑工程类学术论文的基础，只有对大量材料进行认真地分析、比较、研究，才有可能发现新问题，获得新观点。因此，写建筑工程类学术论文，必须占有充实的材料。搜集材料的原则如下。

（1）全面性。全面性就是尽可能多地搜集与选题有关的各种材料。应占有与选题相关的历史和现实材料；应占有与选题相关的正面和反面材料；应占有与选题相关的具体和概括材料。一句话，要广采博收。

(2) 指向性。指向性是指材料的搜集要紧紧围绕选题来进行，要根据选题需要搜集有用的材料，切不可盲目地搜罗。

(3) 求新性。求新性是指搜集的材料要尽可能反映选题涉及学术研究领域的新动向、新信息。不然，即使选题是新颖的，也会因材料的陈旧而不能达到预期目的。

搜集一定材料后，就应对材料进行整理、分析和选择，初步形成观点，为论文写作做好准备。

3. 建筑工程类学术论文的格式

(1) 标题。建筑工程类学术论文的标题要求直接、明确、醒目，能给读者新鲜的感受和深刻的印象。

(2) 署名。论文作者的名字写在标题的正下方。

(3) 目录。篇幅较长，分章、节并加有小标题的建筑工程类学术论文，要写出目录。

(4) 内容提要。较长的建筑工程类学术论文一般要写内容提要。内容提要要求用高度概括的语言把论文的主要观点提示出来，以便读者在阅读正文前，从中了解论文的内容要点。

目录和内容提要，并非每篇建筑工程类学术论文都必须具备。篇幅短小的就不必有这两项内容。

(5) 正文。正文包括绪论、本论和结论三个部分。

① 绪论是论文的开头部分，一般包括：选题的缘起、目的及背景；他人对这一选题的结论及看法（观点）；作者的观点及其论证的实践或理论上的意义。绪论的目的在于提出论题，引出本论。

② 本论是建筑工程类学术论文的主体，是反映论文质量与学术水平的关键，因此，写作时，在形式上要求层次分明，脉络清晰。通常采用以下方法划分层次。

a. 以小标题为手段，把文章划分为几个相对独立而又有紧密联系的部分。小标题一般应该是作者围绕中心论点展开论证的分论点，或者是标明文章各部分的内容提要。

b. 以序码或空行为标记，来表示文章不同的层次部分。

c. 以醒目的字体来显示文章不同的层次部分。文章每个部分开头的粗字体，往往明确地显示出这一部分的主旨，即内容提要。

在内容上，要求逻辑严密、论证充分深刻，应做到以下几点。

a. 论文的各个部分，都要分别完整地表达一个意思，要用一个中心句明确地概括出分论点。

b. 论文的各个部分，都要围绕中心论点，从不同侧面、不同角度触及论文的中心，起到说明、证明、支持中心论点的作用。

c. 要恰当运用不同的论证方法，充分论证自己的观点。常用的论证方法有：举例法、引证法、对比法、反证法、归谬法、因果论证法等。

③ 结论是论文的收尾部分，结论的内容应与绪论相关，同时又是本论部分的集中归纳。这部分可以写以下内容。

a. 对所研究课题的结论性看法。

b. 对所研究课题的探讨性意见。

c. 对所研究课题尚未解决问题的展望。

以上所述，只是建筑工程类学术论文的一般格式，并不是一成不变的死板公式，作者可根据实际情况加以变通，只要能达到论文写作的目的即可。如果结论部分内容已在本论部分中阐述清楚，也可没有结论。

【例文九】

我国高校近现代建筑的异地重建模式的研究
——以成都工业学院红楼为例

摘要：文章介绍了我国高校近现代建筑的异地重建的建设背景，提出了异地重建的保护思路和对策，研究了异地重建模式及建设程序，并以成都工业学院红楼为例，具体分析和阐述了高校近现代建筑异地重建模式的研究成果，最后总结出异地重建的现实意义。

关键词：近现代建筑；异地重建；模式

一、研究背景

随着我国近年来高校扩招后学生人数急剧增加，各高校无法达到教育部规定的生均占地面积、建筑面积、图书资料数量等教育资源的下限标准；另外，高校的教室、宿舍、图书等教育资源相对陈旧匮乏，无法满足广大学生的要求。因此高校大量建设新校区。同时地方政府热衷于把多所大学的新校区集中在一个区域，建设大学城或者高校园区。这样做一方面可以实现各高校基础设施的共建和共享；另一方面大规模的大学城建设又能给地方政府带来很多外部效益，如拉动内需、扩大就业、带动地方经济增长、提升大学城周边的土地商业价值、带动城市人气等。

因此，为了解决高校新校区建设资金问题，很多高校采用了土地置换模式，即将市区的老校区土地置换，在郊区建设新校区。新校区可以分担原来老校区的部分职能，可以更好地完善学校设施，扩大学校的影响，分担老校区的接纳能力。可以更加方便地划分各校区的职能，土地置换在高校中的应用盘活了教育存量资源，实现了高校的规模扩张，满足了教育大众化进程的需要。

而我国高校的老校区有很多近现代有特色的建筑，如何保留这些有特色的建筑，在老校区土地置换拆除后如何在新校区重建就成为了一个新的课题，因此高校近现代建筑的异地重建模式的研究就有着很强的必要性和可行性。

二、高校近现代建筑的异地重建保护思路和对策

1. 优秀近现代建筑保护思路

（1）原址保护。对已经公布的优秀近现代建筑原则上原址原风貌保护，对暂时不可移动近期又不在拆迁范围内的建筑，由政府和高校共同出资对优秀近现代建筑进行修缮。

（2）异地原貌重建。对在高校老校区确需拆迁的个别优秀近现代建筑，经规划论证后，由政府和高校出资在新校区内进行原貌重建。

2. 优秀近现代建筑保护对策

（1）加强宣传与教育，提高公众的保护意识。进一步加强优秀近现代建筑保护的宣传力度，大力宣扬优秀近现代建筑保护的重要性和必要性，加大政府和高校对优秀近现代建筑保护的力度，增强公众的保护意识，确保我国高校优秀近现代建筑保护工作顺利实施。

（2）采取多种形式，加大资金投入力度。高校优秀近现代建筑保护工作是城市保护工

作中的难点，需要研究出台保护、修缮的具体实施方案，针对不同的保护对象，采取不同的保护措施和政策，并形成切实可行的政府安排资金为主，社会捐赠、公有建筑合法转让、出租收益、个人、投资实体参与投资的运作模式，确保保护工作资金有保障，可喜的是我国已经有一些建设投资公司（如开封、西安、南京等地）已经开始对有价值的优秀近现代建筑及一些特殊地段片区的老房子进行产权收购。

（3）制定切实可行的保护政策，加大对优秀近现代建筑保护力度。按照保护要求，制定相应的保护政策，设立专项资金，有计划有步骤地对高校优秀近现代建筑进行维护、修缮，同时严格审批，确保高校优秀近现代建筑不受人为破坏。

三、高校近现代建筑的异地重建模式的构建

建立一种科学有效的高校近现代建筑的异地重建模式，是一个比较复杂的课题。笔者根据实际调研和工程实例[调研对象：业主、设计院、建筑历史学家、施工单位、政府相关的历史建筑保护管理机构（规划局和文化局）、古建筑手工艺匠人]，咨询建筑历史的专家（建筑设计研究院、建筑学院等从事建筑设计、建筑历史研究的专家等），通过总结归纳的方法，并根据高校近现代建筑的异地重建的建设程序，建立了一种科学有效的高校近现代建筑的异地重建模式，见表13-4。

表13-4 高校近现代建筑的异地重建模式及建设程序

工种	前期调研阶段					设计阶段				施工阶段					资料汇编与归档
	1.1 历史调研	1.2 照片汇编	1.3 建筑测绘	1.4 建筑检测	1.5 专项鉴定	2.1 概念设计	2.2 方案设计	2.3 扩初设计	2.4 施工图设计	3.1 施工准备	3.2 施工协作	3.3 施工管理	3.4 施工实施	3.5 文化建设	
业主	✓	✓				✓	✓	✓	✓	✓	✓	✓		✓	✓
考古学家	✓	✓													
建筑师	✓	✓	✓	✓	✓	✓	✓	✓	✓						✓
建筑历史学家	✓	✓	✓												
承包商										✓	✓	✓	✓		
历史建筑保护部门官员	✓	✓	✓	✓	✓	✓	✓	✓	✓						✓
历史建筑修复师	✓	✓	✓	✓	✓										✓
结构工程师	✓	✓	✓	✓	✓										✓
环境工程师							✓						✓	✓	
景观建筑师	✓	✓													
手工艺匠人	✓	✓									✓		✓	✓	

续表

工种	前期调研阶段					设计阶段				施工阶段					资料汇编与归档
	1.1 历史调研	1.2 照片汇编	1.3 建筑测绘	1.4 建筑检测	1.5 专项鉴定	2.1 概念设计	2.2 方案设计	2.3 扩初设计	2.4 施工图设计	3.1 施工准备	3.2 施工协作	3.3 施工管理	3.4 施工实施	3.5 文化建设	
材料学家	√	√				√	√			√	√	√			
造价工程师								√	√	√	√	√	√	√	√
专业测量人员	√	√	√							√					√
城市规划师						√	√								√

注：划√者表示该工种应在该阶段中参与工作。

四、高校近现代建筑的异地重建模式应用研究

1. 建筑概况

成都工业学院红楼原为花牌坊校区第二教学楼，现为郫县校区办公楼。该楼1954年底开工建设，建筑面积6000m²，1956年6月建成，属20世纪50年代苏联援建中国161个项目中在成都的配套教育项目，其形状似苏联"安二"型双翼飞机，俗称"工字楼"。

2005年该楼被确定为成都市优秀近现代保护建筑，对其描述为建筑布局为工字形，平面中间围合有庭院。结构类型为砖木结构，小青瓦屋面，外墙为清水红砖，木质门窗，整个建筑简洁大方，尺度适宜，为中国早期现代公共建筑的典型代表（图13.3）。

2007年学校置换花牌坊90亩土地时报经成都市规划局同意，在郫县校区异地重建。2008年搬迁将全部70余万匹红砖拆往此地，按原图复建，建筑面积8610m²，含地下停车场，外墙面仍保持清水红砖本色，故称其"红楼"（图13.4和图13.5）。

图13.3 原红楼正立面照片

图 13.4　异地重建红楼正立面照片

图 13.5　异地重建红楼侧立面照片

2. 红楼异地重建模式中经历的四个阶段

第一阶段：前期调研阶段。

（1）历史调研：2007 年 4—7 月，成都市规划局、成都市文化局根据学校花牌坊校区拆迁安排，对红楼进行了实地考察，掌握了红楼这幢建筑的起源、建造及使用的经过与现状。

（2）照片汇编：2007 年 8 月，学校建筑专业教师对红楼的外部、内部、细部做法等全方位进行实地拍照，然后按一定系统将照片汇编成册。

（3）建筑测绘：2007 年 8—9 月，建筑专业教师查阅了 1956 年的红楼竣工图，组织建筑专业学生实地测绘，完成现状图纸的绘制，完成了红楼建筑的"测量"与"绘图"工作。

（4）建筑检测：2007 年 10 月，学校委托四川省建筑科学研究院等相关专业机构通过无损观测、开"窗口"法、"打洞"法、切片样本观测等方法，对建筑进行系统的检测。

(5) 专项鉴定：2007 年 10—11 月，在四川省建筑科学研究院的协助下进行更多专项的鉴定，如砖瓦、木材、建材成分、损毁状况、门窗、地板、潮气、有毒物质、消防、电力设备、防水系统、保温性能等，其中红砖经过试验检测，抗压强度为 M10，仍满足设计和使用要求。

第二阶段：设计阶段。

(1) 概念设计：2007 年 11 月，根据成都市规划局和文化局的要求和推荐，学校委托四川华胜建筑设计有限公司进行规划选址、概念设计，完成了红楼的总平面定位图和概念设计方案图，确定异地重建地址，体现了红楼的文化传承，解决了建筑设计中的主要问题，并尝试多种设计方案。

(2) 方案设计：2007 年 12 月，四川华胜建筑设计有限公司完成了最终设计方案，并通过郫县规划局审核。

(3) 扩大初步设计：2007 年 12 月，经过四川华胜建筑设计有限公司的建筑师与结构工程师、水电设备安装工程师、环境工程师等共同努力，完成了扩大初步设计。

(4) 施工图设计：2008 年 1—3 月，四川华胜建筑设计有限公司完成了施工图设计，保持原建筑风格风貌和体量的基础上，尽量利用原建筑材料（红砖）和绿色环保材料（红色通体塑钢节能中空玻璃窗等），并通过四川省施工图审图中心审查，解决了施工阶段可能碰到的设计问题，并用图纸表达出来。

第三阶段：施工阶段。

(1) 施工准备：2008 年 5 月，经过在四川省政务中心公开开标，四川仁杰建筑公司中标，承包商编制了新红楼工程的施工组织设计，拟定了施工表格，确定各工种的种类与数量。

(2) 施工协助：2008 年 6 月，学校、承包商、建筑设计公司、监理公司、地勘公司、跟踪审计等参建单位举行图纸会审，承包商内部进行施工交底，明确各工种的费用和施工范围。

(3) 施工管理：学校的基建处、监察审计处、计划财务处等职能部门进行全过程的监督与管理施工的过程。

(4) 施工实施：该工程于 2008 年 6 月底开工，由承包商、历史建筑修复师与手工艺匠人等工种负责红楼异地重建工程的施工实施。在施工过程中，学校、监理公司、设计单位和施工单位等单位严格按照现行施工规范标准，做好建筑节能，保持原建筑特色（表 13-5），红楼于 2009 年 9 月顺利竣工验收合格。

表 13-5　原红楼与异地重建新红楼的施工工艺对比表

序号	部位	原建筑	异地重建建筑
1	建筑面积	6000 m² （无地下室）	8610 m² （含地下停车场）
2	建筑层数	地上 3 层	地上 3 层，地下 1 层
3	结构类型	砖木混合结构	地上框架结构，地下箱形基础
4	外墙	黏土实心红砖	黏土实心红砖和页岩空心砖，外墙面粘贴红色劈离砖
5	屋面	木屋架、小青瓦	钢筋混凝土坡屋面、水泥机制灰瓦

续表

序号	部位	原建筑	异地重建建筑
6	门窗	实木门窗、刷红色油漆	红色塑钢中空窗、金属防盗门
7	楼地面	水磨石、水泥地坪	花岗石地面
8	保温	无	屋面挤塑板保温层、外墙塑钢中空窗
9	防水	油毡	屋面SBS沥青防水卷材，卫生间防水涂料

（5）文化建设：2009年10月—2010年2月，学校将利用余下红砖（原红楼所拆除砖部分已用于新红楼墙体内）在红楼西侧建一面文化墙以作纪念（图13.6和图13.7），并将旧照片陈列在走道内，在会议室和学校档案室内陈列原红楼内的家具设备等。红楼于2010年2月正式投入使用。

图13.6 异地重建红楼文化墙照片

图13.7 异地重建红楼会议室照片

第四阶段：资料汇编与归档。

工程竣工验收合格以后，学校、承包商、建筑设计公司、监理公司等单位将所有资料进行汇编与归档，完成资料汇编与归档工作。至此红楼异地重建的工作才全部完成。

五、结语

20世纪90年代以来，随着我国高等教育事业的快速发展，学生扩招人数连年递增，原来的大学校园远远不能适应高等教育发展的形式，全国各地兴建了许多大学城，不少高校还开辟了大规模的新校区。随之而来，一个在相对陌生的社会环境中建立起来的新校园，应如何传承原有老校区的办学精神，保留原有的老校园建筑特色，进一步提升校园历史文化品位，构建和创造有自身特色的整体的校园文化，已成为当前高等教育发展中值得探索的重要问题。

高校在建设新校区时应结合本校的历史，大力挖掘学校的历史文化内涵，利用历史遗留下来的建筑、名胜古迹、重大历史事件等，从教育的视角，精心设计一些富有文化特征的人文历史景观，使之在潜移默化中转化为校园内特有的内在气质。新建的新校区往往在空间上占有优势，所以可以充分利用这种优势大力进行校园物质文化和精神文化的创新。因此需要我们对高校近现代建筑的异地重建模式做进一步的研究和推广，传承和发扬高校的历史文化。

小　结

建筑工程学业类应用文是建筑类专业同学在学习、工作中经常使用的应用文。撰写建筑工程学业类应用文，首先要熟悉应用文各文种的格式，做到格式符合标准。语言要准确、简明、得体。

建筑工程设计说明书、建筑工程实验报告、建筑工程实习报告、工科毕业设计报告、建筑工程经济活动分析等应严格按照行业规范和规定执行。毕业论文、建筑工程类学术论文要内容严谨、语言准确、观点明确并有前瞻性。

习　题

1. 结合自己的毕业设计，拟写一份工科毕业设计报告。
2. 结合自己在建筑施工工地的毕业实习内容，拟写一份建筑工程实习报告。
3. 根据自己在建筑企业的专业实习情况，写一篇运用所学理论知识解决实习中问题的论文。
4. 在你专业范围内，就你所熟悉的情况写一篇有关急待解决问题的学术论文。
5. 收集和选择材料对毕业论文的写作有哪些帮助？
6. 你最喜欢哪种专业期刊？该期刊你最喜欢什么栏目？为什么？
7. 结合本学期学习的内容，拟写一篇建筑工程实验报告或实习报告。

第14章 建筑工程技术资料类应用文

教学目标

通过学习本章内容,掌握建筑工程技术资料的组成内容。本章将从建筑工程参与主体的角度入手,分别介绍如何进行建筑工程技术资料的编制。

教学要求

能力目标	知识要点	权重	自测分数
掌握建筑工程技术资料的组成	概述	10%	
掌握建筑工程各个参与主体技术资料的编制方法	建设单位技术资料编制	10%	
	勘察、设计单位技术资料编制	10%	
	施工单位技术资料编制	30%	
	监理单位技术资料编制	20%	
	检测单位技术资料编制	10%	
	监督单位技术资料编制	10%	

章节导读

在工程建设过程中形成的各种形式的信息记录,包括工程准备阶段文件、监理文件、施工文件、竣工图和竣工验收文件,统称为建筑工程资料,简称工程资料。建筑工程资料包括工程技术资料和工程管理资料。

建筑工程技术资料是建筑工程产品的重要组成部分,它能全面地反映整个建筑产品的形成过程,以及各个环节的处理事宜。它是保证工程竣工验收的需要,建筑工程在进行竣工验收时,不但要控制建筑工程实体质量,还必须对其施工技术资料同时进行验收。未经档案验收或者档案验收不合格的项目,不得进行项目竣工验收、鉴定。它是维护企业经济效益和社会信誉的需要,是现场组织生产活动的真实记录,直接或间接地记录了与工程施工效益紧密相关的各种参数。它是建设方与承包方双方进行合同结算的重要依据,也是企业维护自身利益的依据。

因此,建筑工程技术资料的编制显得尤为重要。本书加入此章节,旨在让更多的人能规范建筑工程技术资料的形成过程,减少麻烦。

引例

我们先来看一个《××大厦工程变更单》的格式，通过此工程变更单来对建筑工程技术资料类应用文写作进行初步的了解。

××大厦工程变更单

工程名称：××大厦　　　　　　　　　　　编号：××—×××

致××工程建设监理公司（监理单位）：
由于××投资开发公司发出《0801号通知》，兹提出取消保姆房卫生间的隔墙、上下水管、照明管线与灯具等工程变更（内容见附件），请予以审批。

附件：
1. ××投资开发公司发出的《0801号通知》。
2. 取消保姆房卫生间的有关工程内容。

提出单位（公章）：　　　项目负责人（签字）：×××　　　×年×月×日

一致意见：
该变更不影响结构安全和使用功能，同意变更。

建设单位代表	设计单位代表	项目监理机构	承包单位代表
（签字）：××	（签字）：××	（签字）：××	（签字）：××
×年×月×日	×年×月×日	×年×月×日	×年×月×日

引例小结

该工程变更单明确指出工程设计变更的原因是××投资开发公司发出《0801号通知》，变更的内容是取消保姆房卫生间的隔墙、上下水管、照明管线与灯具等，同时列出相关附件，语言简洁、准确，符合格式要求。

14.1　概　　述

14.1.1　建筑工程资料编制的意义

建筑工程资料是参与工程建设的各方责任主体和职能部门随着建设项目的进行而依序在实施过程中形成的，是建设项目实施过程中各个环节工程质量状况的基础数据和原始记录。它既是工程质量的客观见证和评价工程质量的主要依据，又是工程的"合格证"和技术说明书，同时还是工程竣工后使用、维修、改建、扩建的重要依据。因此，建筑工程资料的编制对建设项目的竣工验收、维护、使用，以及日后可能的项目改造都有着十分重要的意义。

14.1.2 建筑工程资料编制的总体要求

所谓建筑工程资料的编制是指与建筑工程相关的各种资料的收集、整理、数据采集、编制、汇总的过程，并不是指"编制"所有与建筑工程相关的各种资料。如有关行政主管部门（人防、环保、消防、交通、园林、市政、文物、保密、河湖等）的批准文件、产品的出厂合格证等，只需要收集、整理、汇总即可；检测单位出具的各种检测报告等，只需要收集、整理、数据采集、汇总即可；而诸如技术交底、检验批验收资料等，要根据工程实体和工程实际进展情况进行编制。

建筑工程资料编制的总体要求如下。

（1）资料的收集、整理必须及时，资料来源必须真实、可信，并坚持同步收集、整理，不得后补。资料填报必须子项齐全，应填子项不得缺漏，完工后按规定归档保存。

（2）检查验收资料应在按要求内容进行自检的基础上，按规定程序经有关单位审核签章。

（3）标准规定的检查项目，应逐一进行检查，记录应真实、齐全，原始记录上应有检查人签字，并作为原始资料保存、备查。

（4）材料和工程实体的检验应符合以下规定：材料必须先试后用，工程实体必须先验后交。违背此规定须对已用材料、已交工程进行重新检测，确定是否满足设计要求，否则应视为资料不符合要求。

（5）国家标准或地方法规规定，实行见证取样的材料、构配件、工程实体检验等均必须实行见证取样送检并签章。

（6）专业标准或规范对某项试验提出的试验要求，其试验方法必须按专业标准或规范的规定进行，否则该项试验应为无效试验。

（7）归档的工程资料，检验批质量验收记录，分项、分部（子分部）、单位（子单位）工程验收记录，其表格均应采用印刷表格或电子表格，内容用碳素墨水、蓝黑墨水书写或计算机打印，每种资料表格的填写数量不得少于规定的份数。复印表格不得作为归档资料。检测单位出具的检测报告、试验报告，文字部分应为正式打印文字，表格应采用印刷表格或电子表格，内容用碳素墨水、蓝黑墨水书写或计算机打印，数量不得少于两份。需长期、永久保存的工程资料一律用碳素墨水、蓝黑墨水书写或光盘保存。

（8）各种材料合格证或质量证明文件，一般应为原件；如果是复印件或抄件，应符合以下要求。

① 复印件。供货商提供的复印件，应加盖供货商单位公章（鲜章）及标明品种、规格、供货日期和数量等，并注明原件存放地点；施工单位提供的复印件，应加盖施工单位公章（鲜章），并注明原件存放地点。

② 抄件。供货商提供的抄件，应有供货商单位公章（鲜章）及标明品种、规格、供货日期和数量、抄件人姓名，并注明原件存放地点。

（9）资料表格样式中规定的责任制度，必须按规定要求加盖公章和签字。签字一律不准代签，否则为虚假资料、无效资料。

14.1.3　建筑工程资料的编制系统

建筑工程资料繁多，不仅涵盖一个建设项目要依次经过的项目可行性研究、立项报批、建设用地和城市规划许可、工程勘察、工程设计、工程施工、竣工验收、交付使用等不同阶段，而且也涉及与建设项目相关的建设单位、勘察单位、设计单位、施工单位、监理单位、检测单位、监督单位等不同责任主体和职能部门。因此，建筑工程资料编制是一个十分复杂的系统工程。建筑工程资料编制的复杂程度与工程本身的规模、性质等也有密切的关系。

施工单位是建设项目施工任务的最终完成者，工程施工是使工程设计意图最终实现并形成工程实体的阶段，也是最终完成工程质量、工程产品功能和使用价值的关键阶段。因此，施工单位的技术资料是整个工程资料的主体，必须完整、准确地记录建设项目施工过程中各个环节工程质量状况的原始数据。

由于与建设项目相关的各责任主体和职能部门本身性质不同，在建设项目施工过程中的地位与作用也不同，因此各自工程资料的范围、性质、表格样式及编制方法都有很大不同。限于篇幅，本章着重选取施工单位和监理单位常用的、有代表性的一些表格样式，介绍其编制方法和填报要求等。其他单位的工程资料，仅限于对工程项目施工阶段的资料作简要介绍，具体编制方法参见相关资料。

14.2　建设单位技术资料编制

14.2.1　建设工程质量监督报监登记书

建设工程质量监督报监登记书是建设单位在领取施工许可证前持有关手续向当地建设行政主管部门委托的工程质量监督部门申报监督备案的登记资料。其内容包括：工程概况、建设单位质量管理人员情况、勘察和设计单位质量管理人员情况、监理单位派驻现场人员情况、施工单位质量管理人员情况、预缴监督费金额及建设单位、勘察单位、设计单位、监理单位、施工单位和监督单位联系人电话等。

工程质量监督部门对呈报的资料进行审查，并应查看施工总呈报单位项目负责人、项目总监理工程师及主要工程技术人员的资质证书，经审查合格后，按有关规定收取监督费用，办理建设工程质量监督报监登记书，对工程实施质量监督。

14.2.2　见证取样送检见证人授权书

见证取样送检见证人授权书是建设单位授权某人为某工程见证人的书面授权资料。

见证取样送检见证人应由建设单位或监理单位具备建筑施工知识，并经过见证取样送检培训合格的专业技术人员担任。见证取样送检见证人应由建设单位以书面形式通知施工单位、检测单位和负责该工程的工程质量监督部门。

见证取样必须采取相应措施以保证其具有公正性和真实性。施工过程中，见证取样人员应按照见证取样送检计划，对施工现场进行的各种取样送检进行见证，并由见证人、取样人签字。见证人应制作见证记录，并归入工程档案。

14.2.3　工程竣工验收告知单

工程竣工验收告知单是建设单位告知有关部门和工程质量监督部门，申请竣工验收及备案的资料。其内容包括：工程概况（工程名称、结构类型、层数、工程地点、验收部位、验收时间等）、项目内容（完成工程设计和合同约定的情况、技术档案和施工管理资料、消防验收合格手续、工程施工安全评价、监督机构责令整改问题的执行情况）、施工单位意见、监理单位意见、建设单位意见等。

填写工程竣工验收告知单前，建设单位应组织勘察、设计、施工、监理、消防等单位对工程进行预验收，确认已完成所有设计文件和合同约定的各项工程内容，工程质量技术管理资料完整。

工程预验收合格后，填写工程竣工验收告知单，并提前5个工作日告知有关部门和工程质量监督部门，申请竣工验收及备案。

14.2.4　建设工程竣工验收报告

建设工程竣工验收报告是建设单位竣工验收的综合资料。其内容包括：工程概况、竣工验收内容、竣工验收组织形式和程序、竣工验收条件及检查情况、工程验收结论、验收组人员组成情况等。

填写建设工程竣工验收报告前，建设单位应组织勘察、设计、施工、监理、消防等单位的相关人员组成工程验收小组对工程资料及实体进行检查验收。

工程质量监督部门对验收工作中的组织形式、程序、标准的执行情况及评定结果进行监督。

参加验收的各方形成统一的工程质量验收结论后，由建设单位组织填写"建设工程竣工验收报告"，要求内容翔实、准确，验收结论明确，相关资料完整。

建设工程竣工验收报告须经建设、勘察、设计、施工、监理等单位负责人签字，并加盖单位公章后方为有效。

14.2.5　建设工程竣工验收备案书

建设工程竣工验收备案书是建设工程质量备案部门出具的建设工程竣工验收备案认可文件。其内容包括：工程基本情况、竣工验收备案文件清单、竣工验收备案部门处理意见等。

填写建设工程竣工验收备案书前，建设工程质量备案部门需核实工程基本情况，核查竣工验收备案文件清单。无误后，填写明确备案处理意见并签发本备案书。

建设工程竣工验收备案书须加盖工程备案专用章后方为有效。

> **特别提示**
>
> 党的二十大报告提出，完善和加强备案审查制度。工程项目在建设过程中的多个环节涉及备案审查内容，工程人员一定要仔细认真准备文件和核对内容，确保各项需备案审查的手续符合要求，以达到建筑工程质量标准。

14.3　勘察、设计单位技术资料编制

14.3.1　勘察质量检查报告

勘察质量检查报告是勘察单位对建设工程（地基基础部分）的质量做出的检查报告。其内容包括：工程概况、勘察文件检查情况、工程建设过程中质量控制情况（勘察文件是否与实际情况相符、勘察文件变更情况、发现问题的处理情况、履行责任情况、参与现场检查人员的执业资格及质量文件的签署情况等）、其他需要说明的问题、验收结论等。

验收结论中，需对勘察文件是否资料完整、内容齐全，是否与场地条件吻合，是否满足上部结构要求等方面给出明确的结论。

勘察质量检查报告应有相关专业负责人签字，并加盖单位公章方为有效。

14.3.2　设计质量检查报告

设计质量检查报告是设计单位对建设工程的质量做出的检查报告。其内容包括：工程概况、设计文件检查情况、工程建设过程中质量控制情况（涉及重大变更的设计文件是否重新报审、发现问题的处理情况、履行责任情况、参与现场检查人员的执业资格及质量文件的签署情况等）、其他需要说明的问题、验收结论等。

验收结论中，需对设计文件的设计深度是否符合国家规范的要求，有无违反强制性条文的情况，是否满足设计要求，设计单位是否参与建设工程质量事故的分析等方面给出明确的结论。

设计质量检查报告应有相关专业负责人签字，并加盖单位公章方为有效。

14.4　施工单位技术资料编制

14.4.1　施工质量管理资料

1. 单位工程开工报告

单位工程开工报告用于核查建设项目开工前各种文件资料的准备情况及各种手续的完

善情况。

（1）本报告应与"工程开工报审表"配套使用。

（2）承包单位应在建设项目所需的各种文件资料已备齐及各种手续已完善后提出此报告。

（3）"资料与文件"栏中的相关文件资料均应有原件，以备检查。

（4）对"准备情况"栏所填内容核查无误后，由表列部门负责人签字，并加盖公章方为有效。

单位工程开工报告例文

单位工程开工报告见表 14-1。

表 14-1 单位工程开工报告

工程名称	××商住楼			工程地址	成都市金沙路	
建设单位	××××房地产开发公司			施工单位	××建筑工程公司	
工程类别	二类			结构类型	框架-剪力墙	
预算造价	800 万元			计划总投资	800 万元	
建筑面积	7600m²		开工日期	×年×月×日	竣工日期	×年×月×日
主要工程量	工程名称	单位	数量	工程名称	单位	数量
	土方工程	m³	×××	门窗制安工程	m²	×××
	基础混凝土工程	m³	×××	屋面防水工程	m²	×××
	主体钢筋安装	t	×××	内墙壁抹灰工程	m²	×××
	主体现浇混凝土	m³	×××	楼地面工程	m²	×××
	围护墙内隔墙砌筑	m³	×××	外墙面砖工程	m²	×××
资料与文件				准备情况		
准备批准的建设立项文件或年度计划				建设文件已立项，年度计划已制订		
征用土地批准文件及红线图				已备齐		
投标、议标、中标文件				中标通知书		
施工合同或协议书				已具备		
资金落实				已落实		
三通一平的文件材料				已具备		
施工方案及现场平面布置图				已编制		
设计文件、施工图及其审查意见				设计文件、施工图已经相关审查机关审查合格，见审批意见		
主要材料、设备落实情况				正在落实		
施工许可证				已办理，证书编号×××××××		
质量、安全监督手续				已完善		

续表

建设单位（公章）	监理单位（公章）	施工单位（公章）	主管部门意见（公章）
项目负责人：××× ×年×月×日	总监理工程师：××× ×年×月×日	项目负责人：××× ×年×月×日	主要负责人：××× ×年×月×日

注：本表一式五份，建设单位、监理单位、施工单位、主管部门、城建档案馆各一份。

2. 技术交底

技术交底就施工中涉及某些工作内容（包括组织、操作、质量、安全等）的要求、标准、方法、计划、措施等，向参与建设项目的施工人员进行讲解和交代，使其熟悉所承担工程项目的特点、设计意图、技术要求、施工工艺及应注意的问题。

（1）技术交底有两种情况：一是由设计人员向施工人员进行，二是由施工单位的上级向下级进行。

（2）技术交底一般是按照工程施工的难易程度、建筑物的规模、结构复杂程度等，在不同层次的施工人员范围内进行。

（3）技术交底应按设计图纸、标准图集、现行施工质量验收规范、施工组织设计等的要求进行。

（4）技术交底的主要内容是：施工方法、关键性的施工技术及对实施中存在问题的解决方法；特殊工程部位的技术处理细节及其注意事项；采用的新技术、新工艺、新材料、新结构；施工方案及其实施注意事项；进度要求、施工部署、施工机械、劳动力安排与组织；总包与分包单位之间相互协作配合关系、施工质量标准和安全技术要求等。

（5）技术交底的内容与深度要有针对性，力求全面、明确、及时，并突出重点。重点工程、大型工程、技术复杂的工程，应由企业技术负责人对有关科室工程技术负责人进行技术交底；工程技术负责人对项目经理部技术负责人进行技术交底；技术负责人对专业工长进行技术交底；专业工长对班组长按工种进行分部、分项工程技术交底；班组长对工人进行技术交底。这样技术交底就会得到层层贯彻落实，具有针对性。

技术交底见表14－2。

表14－2 技术交底

工程名称	××商住楼	建设单位	××××房地产开发公司
监理单位	××××建设监理公司	施工单位	××××建筑工程公司
交底部位	一层构造柱、圈梁	交底日期	×年×月×日
交底人签字	×××	接收人签字	×××

续表

交底内容
1. 工程用材料
（1）水泥：用强度等级为 42.5 级的普通硅酸盐水泥。
（2）砂：中砂。
（3）石：20～40mm 卵石。
2. 混凝土试配及施工检查
（1）试配：按试配单×××号执行。
（2）施工检查：包括模板、钢筋等相关检查内容。
3. 混凝土搅拌
（1）测定砂石实际含水率，并调整施工配合比，由工程技术负责人确认后执行。
（2）严格计量搅拌。
（3）严格控制搅拌时间，每台班抽查两次坍落度。
4. 混凝土运输
（1）避免混凝土运输过程中分层离析，否则入模前必须进行二次人工拌和。
（2）保证混凝土初凝前入模。
5. 混凝土浇筑与振捣
（1）构造柱混凝土浇筑前，应在构造柱底预先铺与混凝土内砂浆成分相同的砂浆 30～50mm 厚。
（2）严格分层浇筑与振捣。
（3）浇筑时，应有钢筋工、木工配合。
6. 混凝土养护
（1）混凝土浇筑完成 12h 以内进行洒水养护，养护时间不少于 7d。
（2）混凝土强度达到 1.2MPa 前，不得在其上踩踏或作业。
7. 混凝土质量标准
8. 安全措施
9. 文明施工措施

参加单位及人员	×××、×××、×××（参加的所有人员签字）

注：本表一式四份，建设单位、监理单位、施工单位、城建档案馆各一份。

3. 施工日志

施工日志是对施工过程中有关技术管理、质量管理及施工活动的原始记录。

（1）施工日志由施工单位项目部资料员或施工员填写。

（2）由于施工日志是每个施工日的原始记录，因此必须及时、准确、完整地记录当日施工活动的情况（包括写明当日施工部位、施工内容、施工进度、作业动态、隐蔽工程验收情况、材料进出场情况、取样情况、设计变更、技术经济签证情况、交底情况、质量和安全施工情况、材料检验和试验情况、上级单位或政府有关职能部门现场检查施工生产情况、劳动力安排情况等）。

（3）施工日志具有连续性和可追溯性。连续性是指从工程开工到竣工之间所有活动的记录不得间断，如"下雨停工""春节放假"等均应有所表述，而不应出现日期的间断。

可追溯性是指对于日志中由于条件或技术原因当天不能解决或遗留的问题，后面的记录中应有交代，而不能出现悬而不决的情况。

施工日志见表14-3。

表14-3 施工日志

日期	×年×月×日	星期	星期×	平均气温	气象	
					上午	下午
施工部位	×××	出勤人数	操作负责人	×	×	×
		×××	×××			

（写明当日施工部位、施工内容、施工进度、作业动态、隐蔽工程验收情况、材料进出场情况、取样情况、设计变更、技术经济签证情况、交底情况、质量和安全施工情况、材料检验和试验情况、上级单位或政府有关职能部门现场检查施工生产情况、劳动力安排情况等）

例如：

1. 今天施工部位为主体施工第12层（可写明标高）Ⓐ～Ⓑ轴线间的①～⑨轴线。
2. 今天购进江油42.5级普通硅酸盐水泥150t，由现场监理人员按规范进行了见证取样，并立即送到实验室进行检测。下午进场支模钢管20t。
3. 今天由现场总监理工程师转发了"关于地下室部分墙体设计变更"的通知。变更通知号为×年×月×日第×号，具体内容详见该设计变更。目前该部分墙体未施工。
4. 上午由现场钢筋工长和模板工长分别对钢筋班和模板班进行了质量、安全技术交底。主要就前期出现的一些影响质量的因素进行了分析并提出了具体控制措施。
5. 下午在实验室取回了5层混凝土试压报告6份，经查混凝土强度等级均达到了设计要求，已将报告送达监理部。
6. 公司质量安全部对工地进行了全面检查，主要针对目前现场材料堆放、主体混凝土质量提出了具体要求。详细内容见会议纪要。
7. 劳动力安排情况。

34名钢筋工安装柱和剪力墙钢筋。
53名模板工搭设满堂脚手架。
10名钢筋车间人员加工12层板钢筋。
15名普工转运材料，5名普工清扫楼层。

工长	×××	记录员	×××

注：本表由施工单位留存，规范有要求的检验批应将该记录存档。

4. 工程质量事故报告

工程质量事故报告是当工程出现质量事故（如质量不符合规定的质量标准、影响使用功能或达不到设计要求等）时，向相关部门及时报告的汇报文件。

（1）施工单位发生工程质量事故后应及时填写工程质量事故报告，向建设、监理、质量监督机构等报告，不得隐瞒，并采取必要措施，防止事故进一步扩大。

（2）事故发生时间及部位应详细准确，估计经济损失为初步估计的直接经济损失。

（3）发生人员伤亡，应按轻伤、重伤、死亡人数分别填写，还应按安全事故相关程序进行报告。

工程质量事故报告见表14-4。

表14-4 工程质量事故报告

工程名称		光明大厦	工程地点	××××
结构类型		框架-剪力墙	面积/高度	15000m² /50m
建设单位		××房地产开发公司		
施工单位		××建筑公司	资质等级	一级
项目负责人		×××	职称	××
事故发生时间及部位		发生时间：××××年3月1日下午3：45 发生部位：15层①～⑧轴线框架梁		
估计经济损失		35000元	伤亡人员	无
事故情况及初步原因分析		事故情况： 下午3：45，在检查15层①～⑧轴线现浇混凝土质量时发现每根框架梁均存在纵向受力钢筋露筋现象，其中①轴线上的Ⓐ～Ⓑ轴线框架中部有近2m长混凝土疏松和少量孔洞		
		初步原因分析： 经现场检查，产生大量露筋和混凝土疏松的原因可能是模板夹具过松和漏振，故跑模和漏浆现象严重		
应急措施及事故处理情况		事故发生后，公司质量安全部要求①～⑧轴线上部的屋面施工，予以停工，以避免上部加荷对结构产生不良影响，同时成立了以公司副总监理工程师为首的事故调查处理小组，对此事故开展调查和处理。事故详细情况待查清后，按有关规定分别向有关部门报告		

施工单位（盖章）：　　　　　　　　　　　项目负责人：×××　　　××××年×月×日

注：本表一式五份，建设单位、监理单位、施工单位、质量监督机构、城建档案馆各一份。

14.4.2 施工质量控制资料

1. 图纸会审记录

图纸会审就是参与工程建设的各方对设计图纸进行审查，由设计单位对提出的问题进行澄清。

图纸会审记录是图纸会审过程中各方达成一致意见、决定、标准、变更等的原始记录。经各方签字认可的图纸会审记录应视为设计文件的一部分或补充，与正式设计文件具有同等法律效力。

（1）图纸会审会议应在工程正式开工前，由建设单位组织，设计、监理、施工、监督等单位参加。

(2) 图纸会审的目的：一是通过事先熟悉设计图纸，以领会设计意图、工程质量标准，以及新结构、新技术、新材料、新工艺的技术要求，了解图纸间的尺寸关系、相互要求及内在配合联系，以便使用正确的施工方法去实现设计意图；二是在熟悉设计图纸的基础上，通过设计、建设、监理、施工等单位土建、安装专业人员的会审，将有关问题在施工之前解决，给施工创造良好的条件。

(3) 图纸会审之前，各方（特别是施工、监理单位）应先进行内部预审：一是熟悉设计图纸；二是将提出的问题整理归类，以便会审时一并提出。

(4) 图纸会审一般先由设计单位进行设计交底，然后各单位相关技术人员按工种分组进行图纸会审，对提出的问题应准确、详细记录，分组会审后再进行各工种间的综合协调，避免出现矛盾与遗漏的问题。

(5) 图纸会审记录应由专人负责协调整理，并打印成文，经参与会审的各方确认无误后，签字、盖章方为有效。

(6) 图纸会审后，发生的一系列需修改设计图的问题，可采用技术核定单或工程变更单的形式进行。

图纸会审记录见表 14-5。

表 14-5 图纸会审记录

工程名称		××××商住楼	会审日期	×年×月×日
参加人员	建设单位	×××、×××		
	设计单位	×××、×××、×××、×××、×××		
	施工单位	×××、×××、×××、×××、×××		
	监理单位	×××、×××、×××		
	监督部门	×××、×××		
主持人		×××	记录人	×××
记录内容	一、建筑部分 1. 建施—××：M5 门宽改为 1.8m，高度不变。 2. 建施—××：卫生间防水选用聚氨酯三遍涂膜防水层。 3. 建施—××：散水宽度改为 900。 二、结构部分 结施—××：②轴线与Ⓒ轴线交叉处构造柱取消。 三、安装部分			

续表

施工单位：（章）	设计单位：（章）	监理单位：（章）	建设单位：（章）
代表：××× ××××年×月×日	代表：××× ××××年×月×日	（监理工程师注册方章） ××××年×月×日	代表：××× ××××年×月×日

注：本表一式六份，建设单位、设计单位、监理单位、施工单位、监督部门、城建档案馆各一份，记录内容可加页，附后。

2. 技术核定单、工程变更单

技术核定单、工程变更单都是在图纸会审后，由于各种原因需要对设计文件部分内容进行修改而办理的变更设计文件。

（1）图纸会审后对设计文件的变更要求，可能来自建设单位（如在建筑构造、细部做法、使用功能等方面提出的修改）、设计单位（如原设计有错误、做法改变、尺寸矛盾、结构变更等）或施工单位（如钢筋代换、发现图纸有差错、做法或尺寸矛盾、合理化建议等）。

（2）不同情况下工程变更的实施，具有不同的工作程序。

① 设计单位对原设计存在的缺陷提出的工程变更，应编制设计变更文件。建设单位或施工单位提出的工程变更，应提交总监理工程师，由总监理工程师组织专业监理工程师进行审查，审查同意后，应由建设单位转交原设计单位并由原设计单位编制设计变更文件。当工程变更涉及安全、环保等内容时，应按规定经有关部门审定。

② 一般地，由施工单位提出的技术修改或工程变更，采用"技术核定单"；由设计单位或建设单位提出的技术修改或工程变更，采用"工程变更单"。

（3）凡涉及工程变更后的变更价款，施工单位必须在变更确定后14日内提交工程变更费用申请表给项目监理机构，项目监理机构在收到后14日内必须审查完变更费用申请，并确认变更价款。当项目监理机构不同意施工单位提出的变更费用要求时，按合同争议的方式解决。

（4）工程变更特殊情况应先征得设计单位的口头同意，施工后，再及时补办书面变更手续。

（5）工程变更，必须有设计单位盖章方为有效。

技术核定单见表14-6。

表14-6 技术核定单

提出单位	×××建筑工程公司	施工图号	×××
工程名称	×××	核定性质	×××
核定内容	（对于设计图纸未明确、图纸相互有不吻合的地方或按设计施工有难度，需要对原设计内容进行补充或修改等问题，要写明修改的原因和具体内容） 底层车库地面未标明做法，现明确这部分做法详见图集		

续表

监理（建设）单位意见	同意以上核定内容	
		签字：××× 日期：×××
设计单位意见	同意以上核定内容	
		签字：××× 日期：×××
×××执行结果	已经按照以上核定内容于××××年×月×日执行	
		签字：××× 日期：×××
提出单位	核定单位	
技术负责人（签字）：××× ××××年×月×日	（公章） 核定人（签字）：×××　　××××年×月×日	

注：本表一式五份，建设单位、监理单位、设计单位、施工单位、城建档案馆各一份。

工程变更单形式可见引例。

3. 建筑物（构筑物）定位（放线）测量记录

建筑物（构筑物）定位（放线）测量记录是施工单位进行定位（放线）测量的原始记录资料。

工程测量包括工程定位测量和工程施工测量。

工程定位测量是指根据当地建设行政主管部门给定总图范围内建筑物（构筑物）的位置、标高进行测量与复测，以保证建筑物（构筑物）等的位置、标高正确。

工程施工测量贯穿于施工各个阶段，包括场地平整、土方开挖、基础及墙体砌筑、构件安装、道路铺设、管道敷设、沉降观测等。

鉴于工程测量的重要性，规定凡工程测量均必须进行复测，以确保工程测量正确无误。

下面重点介绍下工程定位测量的要求和内容。

（1）工程定位测量要求。

① 建设单位应提供测量定位基点的依据点、位置、数据，并应现场交底，如导线点、三角点、水准点和水准点的级别。

② 测量操作、闭合差精度等符合工程测量规范要求。

③ 定向应取两个以上后视点（避免算错、测错）。

④ 定位量距离时，量往返距离误差一般在万分之一以内，或符合设计要求。
⑤ 应符合设计对坐标、标高等精度的要求。
⑥ 重点工程或大型工业厂房应有测量原始记录。
⑦ 建设单位（甲方）定的相对标高应和城市绝对标高相一致，由建设单位（甲方）认证盖章。
⑧ 无建设单位（甲方）提供的定位放线手续证明，不符合要求。
⑨ 无城建部门核准签字的验线、定位、±0.000标高等文件资料，不符合要求。
（2）工程定位测量内容。其包括平面位置定位测量、标高定位测量、测设点位和提供竣工技术资料。

4. 隐蔽工程验收记录

隐蔽工程项目是指本工序操作完毕，将被下道工序所掩盖、包裹而完工后无法检查的工序项目。

隐蔽工程验收记录是对隐蔽工程项目，特别是关系到结构安全和使用功能的重要部位或项目在隐蔽前进行检查，确认其是否达到隐蔽条件而做出的记录资料。

（1）所有隐蔽工程项目在隐蔽前都必须进行隐蔽工程验收。
（2）隐蔽工程验收需按相应专业规范规定执行，隐蔽内容应符合设计图纸及规范要求。
（3）隐蔽工程验收由施工项目部的技术负责人提出，并提前向项目监理部报验。验收后参验人员签字盖章方为有效。
（4）常见隐蔽工程项目如下。
① 土方工程。
② 地基基础工程。
③ 砖石工程。
④ 钢筋混凝土工程。
⑤ 屋面工程。
⑥ 防水工程。
⑦ 地面工程。
⑧ 装饰工程。
⑨ 保温隔热工程。
⑩ 门窗工程。
⑪ 幕墙工程。
⑫ 建筑电气工程。
⑬ 通风与空调工程。
⑭ 电梯工程。

5. 地基验槽记录

地基验槽记录是现场确认地基持力层的各项物理力学指标是否满足勘察、设计要求，并对不符合要求的部位提出处理意见的原始记录资料。

（1）地基验槽应当由勘察单位、设计单位、施工单位、监理单位、建设单位参加（有地基处理的，检测单位也应当参加），工程质量监督机构现场监督。

（2）记录表中"基壁土层分布情况及走向"栏由施工单位填写，并应有附图，标明具体部位和尺寸；"槽底土质或岩层情况"栏由勘察单位填写，应对槽底土质或岩层进行简单描述，如土质或岩层名称、特征，有无影响地基承载力的因素，基土是否被扰动等；"地基处理后的情况"栏由施工单位填写，应写明处理的部位、方法、主要参数，并附检测报告。

（3）"验收情况及结论意见"栏，勘察单位应对地基承载力做出明确的结论，对异常情况或不符合要求的部位提出处理意见或调整建议等；设计单位应根据现场验槽情况和勘察单位签署的验收情况及结论意见对地基土质能否达到设计要求做出明确结论。

（4）地基验槽记录应由参加验槽的相关单位技术人员签字盖章方为有效。

6. 砌筑砂浆强度评定

砌筑砂浆强度评定是对单位工程砌筑砂浆强度进行综合核查的评定用表。

（1）砌筑砂浆强度评定应按不同设计强度等级、不同部位（如地基基础、主体工程等）分别统计（全部汇总，不得缺漏）和评定。

（2）砂浆的品种、强度等级、规格应满足设计要求。

（3）砂浆强度必须符合下列规定。

① 同一验收批砂浆试块抗压强度平均值必须大于或等于设计强度等级所对应的立方体抗压强度。

② 同一验收批砂浆试块抗压强度的最小一组平均值必须大于或等于设计强度等级所对应的立方体抗压强度的 0.75 倍。

14.4.3　安全及主要功能检验资料

1. 沉降观测记录

沉降观测记录是为保证建筑物、构筑物的质量满足设计对建筑使用年限的要求而对该建筑物、构筑物进行沉降观测的记录资料。

1）沉降观测点的设置

（1）水准基点应引自城市固定水准点。水准基点的位置设置以保证其稳定、可靠、方便观测为原则。对于安全等级为一级的建筑物，其宜设置在基岩上。对于安全等级为二级的建筑物，其可设在压缩性较低的土层上。

（2）水准基点的位置应靠近观测对象，但必须在建筑物、构筑物的地基变形影响范围以外，并避免交通车辆等因素对水准基点的影响。在一个观测区内，水准基点一般不少于3个。

（3）观测水准点是沉降观测的基本依据，应设置在沉降或振动影响范围之外，并符合工程测量规范的规定。

（4）沉降观测点的布设应根据建筑物、构筑物的体型、结构、工程地质条件、沉降规律等因素综合考虑（单座建筑的端部及建筑平面变化处，观测点宜适当加密）。沉降观测点应避开障碍物，便于观测和长期保存，不易遭到损坏。标志应稳固、明显、结构合理，不影响建筑物、构筑物的美观和使用。沉降观测点一般可设在下列各处。

① 建筑物的角点、中点及沿周边每隔 6～12m 设一点，建筑物宽度大于 15m 的内隔承重墙（柱）上，圆形、多边形的构筑物宜沿纵横轴线对称布点。

② 基础类型、埋深和荷载有明显不同处及沉降缝、新老建筑物连接处的两侧，伸缩缝的任意一侧。

③ 工业厂房各轴线的独立柱基上。

④ 箱形基础底板，除四角外还宜在中部设点。

⑤ 基础下有暗沟处或地基局部加固处。

⑥ 重型设计基础和动力基础的四角。

2）一般需进行沉降观测的建筑物、构筑物

(1) 重要的工业与民用建筑物。

(2) 高层建筑物和高耸构筑物。

(3) 湿陷性黄土地基上的建筑物、构筑物。

(4) 对地基变形有特殊要求的建筑物。

(5) 地下水位较高地基上的建筑物、构筑物。

(6) 三类土地基上较重要的建筑物、构筑物。

(7) 不允许沉降的特殊设备基础。

(8) 因地基变形或局部失稳使结构产生裂缝或损坏而需要研究处理的建筑物。

(9) 单桩承受荷载在 400kN 以上的建筑物。

(10) 使用灌注桩基础设计与施工人员经验不足的建筑物。

(11) 因施工、使用或科研要求而进行沉降观测的建筑物。

2. 防水工程抗渗试验记录

防水工程抗渗试验记录是对屋面及有防水要求的地面等进行蓄水、防水等试验的记录资料。

1）防水工程试水前应检查的施工技术资料

(1) 原材料、半成品和成品的质量证明文件，分项工程质量验收资料及试验报告和现场检验记录。

(2) 沥青、卷材等防水材料、保温材料的现场检查记录。

(3) 混凝土自防水工程应检查混凝土试配、实际配合比、防水等级、试验结果等。

(4) 施工过程中重大技术问题的处理记录和工程变更记录。

2）蓄水、浇水或淋水试验

就建筑工程而言，浴室、厕所等凡有防水要求的房间必须做蓄水试验；屋面防水工程均应进行浇水试验，对凸出屋面部分（管道根部、烟囱根部等）应重点进行检查；设计对混凝土有抗渗要求时，应提供混凝土抗渗试验报告单。

(1) 蓄水试验。同一房间应做两次蓄水试验，分别在室内防水完成及单位工程竣工后做。

做蓄水试验时，蓄水高度应能覆盖整个防水层，一般为 100mm 左右（最浅处不得低于 20mm），蓄水时间不得小于 24h，检查无渗漏为合格。检查范围应为全部此类房间。

有女儿墙的屋面防水工程，能做蓄水试验的宜做蓄水试验。

（2）浇水试验。屋面工程一般均应有全部屋面的浇水试验，浇水试验应全面地同时浇水，可在屋脊处设干管向两边喷淋至少2h，浇水试验后应检验屋面是否渗漏。检查的重点是管道根部、烟囱根部、女儿墙根等凸出屋面部分的泛水及下水口等细部节点。浇水试验的方法和试验后的检验都必须做详细的记录。

（3）淋水试验。空腔防水外墙板竣工后都应做淋水试验。淋水试验是用花管在所有外墙上喷淋，淋水时间不得小于2h，淋水后检查外墙壁有无渗漏现象。

14.4.4 检验批质量验收记录

检验批是指按统一的生产条件或按规定的方式汇总起来供检验用的、由一定数量样本组成的检验体。它是工程验收的最小单位，也是分项工程乃至整个建筑工程质量验收的基础。

检验批质量验收记录是在分项工程划分确定的原则下，根据施工及质量控制和专业验收需要，按楼层、施工段、变形缝等划分施工的子项，并以此进行工程质量验收的记录资料。

（1）分项工程可由一个或若干个检验批组成。

（2）检验批的质量验收，其合格质量应符合标准的规定。

（3）检验批的质量验收应由监理工程师（或建设单位项目负责人）组织项目专业质量检查员进行验收。

14.4.5 分项工程质量验收记录

分项工程质量验收记录是对该分项所包含检验批（一个或若干个）的质量验收记录进行汇总、核查的记录资料。

（1）分项工程质量验收由监理工程师组织项目专业技术负责人在检验批验收合格的基础上进行。

一般情况下，检验批和分项工程两者具有相同或相近的性质，只是批量的大小不同而已。因此，分项工程质量验收主要起一个归纳整理的作用，是一个统计，没有实质性的验收内容，只需先将相关的检验批汇集成一个分项工程，再行验收即可。

（2）检验批部位、区段按相应的检验批质量验收记录汇总。

（3）分项工程合格质量应符合标准的规定。

（4）分项工程质量验收记录由施工项目专业技术员填写检查结论，监理工程师填写验收结论。

14.4.6 分部工程质量验收记录

1. 地基基础分部工程质量验收报告

地基基础分部工程质量验收报告是对已完成的地基基础分部工程的质量进行检查验

收,并确认是否可以继续下一步施工的记录资料。

(1) 实体质量检查情况。总监理工程师组织相关责任主体单位对地基基础分部工程所涉及的分项工程实体质量进行检查验收,形成统一意见后由总监理工程师填写,填写内容包括该分部所涉及的相关分项观感质量、主控项目、一般项目的检查情况。若曾经对某分项工程存在的安全隐患或质量缺陷进行过处理,也应写明。

(2) 质量文件核查情况。相关责任主体单位对地基基础分部工程质量文件汇总表所涉及的、应该有的内容逐一进行检查核对,项数为相关序号项数的累计,由总监理工程师填写。

(3) 各相关责任主体单位的验收意见除施工单位评定意见由项目负责人填写外,其余均由相关签字人填写。填写内容应根据各自单位职责,写明验收的结论性意见,并签字盖章。

(4) 质量监督机构在对地基基础分部工程进行监督检查后应签署监督意见,填明各责任主体单位是否参与相关检查验收,程序是否合法,是否同意验收。

2. 主体结构分部工程质量验收报告

主体结构分部工程质量验收报告是对已完成的主体结构分部工程的质量进行检查验收,并确认是否可以继续下一步施工的记录资料。

(1) 实体质量检查情况。总监理工程师组织相关责任主体单位对主体结构分部工程所涉及的分项工程实体质量进行检查验收,形成统一意见后由总监理工程师填写,填写内容包括该分部所涉及的相关分项观感质量、主控项目、一般项目的检查情况。若曾经对某分项工程存在的安全隐患或质量缺陷进行过处理,也应写明。

(2) 质量文件核查情况。相关责任主体单位对主体结构分部工程质量文件汇总表所涉及的、应该有的内容逐一进行检查核对,项数为相关序号项数的累计,由总监理工程师填写。

(3) 各相关责任主体单位的验收意见除施工单位评定意见由项目负责人填写外,其余均由相关签字人填写。填写内容应根据各自单位职责,写明验收的结论性意见,并签字盖章。

(4) 质量监督机构在对主体结构分部工程进行监督检查后应签署监督意见,填明各责任主体单位是否参与相关检查验收,程序是否合法,是否同意验收。

3. 分部(子分部)工程质量验收记录

分部(子分部)工程质量验收记录是对该分部(子分部)工程所有分项工程的质量验收记录进行汇总、核查,并查验质量控制资料、安全和功能检验(检测)报告、观感质量验收是否满足要求的记录资料。

由于各分项工程的性质不尽相同,因此分部(子分部)工程质量验收记录,不是将其所包含的各分项工程简单地加以组合,而是进行综合验收。

1) 分项工程

按分项工程检验批施工先后的顺序,将分项工程名称填写上,在第二格栏内分别填写各分项工程实际检验批数量,即分项工程质量验收记录上的检验批数量,并将各分项工程质量验收记录按顺序附在记录后。

2) 质量控制资料

逐项核查单位工程的质量控制资料,能基本反映工程质量情况,达到保证结构安全和使用功能的要求,即可通过验收。

质量控制资料,根据工程不同可按子分部工程进行资料验收,也可按分部工程进行资料验收,不强求统一。

3) 安全和功能检验(检测)报告

安全和功能检验(检测)报告包括屋面淋水试验、给水管道通水试验、通电试验、排水立管通球试验、泼水试验、接地电阻测试等报告。这部分报告主要涉及竣工抽样检测的项目,但能在分部(子分部)工程检测的,尽量放在分部(子分部)工程中检测。涉及结构安全和使用功能的地基基础、主体结构分部工程和有关安全及重要使用功能的安装分部工程应进行有关见证取样、送样试验或抽样检测。

4) 观感质量验收

关于观感质量验收,这类检查往往难以定量,只能以观察、触摸或简单量测的方式进行,并由个人的主观印象判断,检查结果并不给出"合格""不合格"的结论,而是综合给出"好""一般""差"的质量评价。对于"差"的检查点一般应通过返修处理等措施补救。对不影响结构安全和使用功能的,也可采用协商解决的方法进行验收,并在验收记录上注明。

4. 单位(子单位)工程质量验收记录

1) 单位(子单位)工程质量控制资料核查记录

单位(子单位)工程质量控制资料核查记录是进一步核查即将竣工交付使用的建筑工程的各种质量控制资料是否完整的记录资料。

单位(子单位)工程质量控制资料核查记录中的各项内容,已全部在分部(子分部)工程中审查,通常单位(子单位)工程质量控制资料核查,也是按分部(子分部)工程逐项检查和审核的。

(1) "核查意见"栏由施工单位项目(技术)负责人对各种质量控制资料进行检查后,填写是否完整的核查意见。

"完整"含义为资料项目和数量齐全,无漏检缺项,个别项目内容虽有欠缺,但不影响结构安全和使用功能要求。

(2) "结论"栏由总监理工程师根据检查情况和抽查情况给出明确结论。

2) 单位(子单位)工程安全和功能检验资料核查及主要功能抽查记录

单位(子单位)工程安全和功能检验资料核查及主要功能抽查记录是对影响建筑工程安全和功能的各种检测(查)、试验记录进行复查,对主要使用功能进行最终综合检验的记录资料。

(1) 本记录包括两个方面的内容:一是分部(子分部)进行的安全和功能检测项目必须核查其检测报告结论是否符合设计要求;二是单位工程进行的安全和功能检测项目必须核查其项目是否与设计内容一致,抽查顺序、方法是否符合有关规定,抽测报告的结论是否达到设计要求与规范的规定。

(2) "核查意见"栏由施工单位项目(技术)负责人对涉及结构安全和使用功能的检

测资料逐项进行检查后，填写是否完整的核查意见。

（3）"抽查结果"栏由监理工程师根据抽查内容填写是否完整的抽查意见。抽查项目由验收小组协商确定。

（4）安全和功能检验资料应全面检查其完整性，不得有漏检缺项。

（5）"结论"栏由总监理工程师根据资料检查和抽查结果给出明确结论。

3）单位（子单位）工程质量观感质量检查记录

单位（子单位）工程质量观感质量检查记录是对即将竣工交付使用的建筑工程进行全面、综合观感质量评价的记录资料。

观感质量验收在分部（子分部）工程质量验收时已进行，只是涉及的项目少，没有形成独立的检查记录，而只在分部（子分部）工程质量验收记录中作为表内一个栏目加以评定。单位（子单位）工程质量验收时则不同，除了分部（子分部）工程质量验收时的项目，又增加了在分部（子分部）工程质量验收时还未形成的项目。

（1）单位（子单位）工程质量观感质量检查的方法与分部（子分部）工程质量观感质量检查方法相同，只不过涉及的内容更多、范围更广而已。

（2）观感质量抽查的项目力求齐全，每个项目的抽查点应具有代表性，具体抽查项目及数量应由参与验收各方共同商定。

（3）"抽查状况"栏，一般每个子项抽查 10 个点左右。检查时，为了记录方便，可以自行设定一个代号表示某点的质量状况。

①"质量评价"栏按抽查质量状况的梳理统计结果，权衡给出好、一般或差的评价。

②"观感质量综合评价"栏由参加观感质量检查的人员根据项目质量评价情况，综合权衡得出。

③"检查结论"栏根据参加人员的综合评价结果填写，并由施工单位项目经理和总监理工程师等签字方为有效。

4）单位（子单位）工程质量竣工验收记录

单位（子单位）工程质量竣工验收记录是对已完工的单位（子单位）工程质量进行综合验收，确认其是否满足各项功能要求，能否交付使用的记录资料。

（1）单位（子单位）工程完成后，施工单位应自行组织人员进行检查验收，质量等级达到合格标准，并经项目监理机构复查认定质量等级合格后，向建设单位提交工程竣工验收报告及相关资料，由建设单位组织单位工程竣工验收。

（2）验收记录由施工单位项目（技术）负责人填写。

（3）"验收结论"栏由总监理工程师（或建设单位项目负责人）填写，"观感质量验收"栏填写"符合/不符合要求"，其余栏填写"验收合格/不合格"。

（4）综合验收结论由参加验收各方共同商定后由建设单位填写，应对工程是否符合设计和规范要求及工程总体质量是否合格做出评价，验收时检查出的工程（资料）问题应作为附件附于后面，以便监理单位责成施工单位进一步改善或处理。

（5）当建筑工程质量不符合要求时，应按规定处理。

（6）参加验收的各相关单位应给出明确结论，并签字盖章方为有效。

5. 竣工图

竣工图是建筑工程完成后，反映建筑工程竣工实貌的工程图纸。竣工图是真实记录各种地上、地下建筑物、构筑物等情况的技术文件，是对工程进行竣工验收、维护、改造、扩建的依据，是建筑工程重要的技术档案。竣工图的编制由施工单位负责，工程承发包合同或施工协议中要根据国家对竣工图的编制要求，明确规定竣工图的编制、整理、审核、交接、验收方法。

1）竣工图的编制依据

竣工图的编制依据包括施工图、图纸会审记录、设计变更通知、技术核定单、隐蔽工程验收记录等。

2）竣工图的编制要求

（1）竣工图均按单位工程进行整理。

（2）编制竣工图，必须采用不褪色的黑色、绘图墨水。

（3）竣工图文字应采用仿宋字体，大小应协调，字迹应工整、清晰，严禁有错、别、草、漏字。

（4）竣工图图面应整洁、反差明显、内容完整无缺。

（5）专业竣工图应包括各部位、各专业（二次）设计的相关内容，不得缺漏项、重复。

3）竣工图的编制方法

（1）凡按图施工没有变动的，由施工单位（包括分包施工单位）在原施工图（必须是新蓝图）上加盖"竣工图"标志后，即可作为竣工图。

（2）虽有一般性设计变更，但能在原施工图上加以修改补充作为施工图的，可不重新绘制竣工图，由施工单位负责在原施工图（必须是新蓝图）上注明修改的部分，并附加设计变更或洽商记录及施工说明，加盖"竣工图"标志后作为竣工图。

（3）凡结构形式改变、工艺改变、平面布置改变、项目改变以及其他重大改变，不宜在原施工图上修改、补充者；或者在一张图纸上改动部分超过40%者；或者在一张图纸上虽然改动部分未超过40%，但修改后图面混乱、分辨不清者，均应重新绘制竣工图。由设计原因造成的，由设计单位负责绘制；由施工原因造成的，由施工单位负责绘制；由其他原因造成的，由建设单位负责绘制或委托设计单位绘制。新绘制的竣工图由施工单位负责在新图上加盖"竣工图"标志后作为竣工图。

4）竣工图的改绘要求

它的改绘方法可视图面、改动范围和位置、繁简程度等实际情况而定。

（1）当需要取消内容时，可采用杠改法或叉改法。即在施工图上将需要修改的地方用"×"或"—"划掉（不得涂抹），从修改的位置引出索引线（斜线45°引出），在索引线上注明修改依据，如"见图纸会审记录"或"见技术核定（洽商）"。

（2）当需要增加内容时，可采取以下方法。

① 在原施工图的实际位置，按正规绘图方法绘制，并注明修改依据。

② 如果增加的内容在原位置绘制不清楚时，应在本图适当位置的空白处绘制，以示准确、清楚，并注明修改依据。

③ 如在本图上无位置可绘时，可按绘图要求绘制在另一张图上，附在本专业图纸之后，并注明修改依据。

5）加写说明

凡设计变更、洽商的内容应当在竣工图上修改的，均应用绘图方法改绘在图纸上，一律不再加写说明。如果修改后的图纸有些内容仍然没有表示清楚，可用精练的语言适当加以说明。

（1）一张图上某一种设备、门窗等型号的改变，涉及多处，修改时要对所有涉及的地方全部加以改绘，其修改依据可标注在一个修改处，但需在此处加以简单说明。

（2）钢筋的代换，混凝土强度等级改变，墙、板、内外装修材料的变化，由建设单位自理的部分等，在图上修改难以用作图方法表达清楚时，可加注或用索引的形式加以说明。

（3）凡涉及说明类型的洽商，应在相应的图纸上使用设计规范用语反映洽商内容。

6）修改时应注意的问题

（1）原施工目录必须加盖竣工图章，作为竣工图归档。凡有作废的图纸、补充的图纸、增加的图纸、修改的图纸，均要在原施工目录上标注清楚。即作废的图纸在目录上扛掉，补充的图纸在目录上列出图页、图号。

（2）按施工图施工而没有任何变更的图纸，在原施工图上加盖竣工图章，作为竣工图。

（3）如某一张施工图由于改变大，设计单位重新绘制了修改图的，应以修改图代替原施工图，原施工图不再归档。

（4）凡以洽商图作为竣工图，必须进行必要的制作。

如洽商图按正规设计图纸要求进行绘制则其可直接作为竣工图，但需统一编写图名、图号，并加盖竣工图章作为补图，在说明中应注明此图是哪张图哪个部位的修改图，还要在原施工图修改部位标注修改范围，标明见补图的图号。

如洽商图未按正规设计图纸要求进行绘制，均应按制图规定另行绘制竣工图，其余要求同上。

（5）当某一条洽商可能涉及两张或两张以上图纸，某一局部变化可能引起系统变化时，凡涉及的图纸和部位均应按规定进行修改，不能只改其一，不改其二。

（6）不允许将洽商的附图原封不动地贴在或附在竣工图上作为修改，也不允许将洽商的内容抄在图纸上作为修改。凡修改的内容均应改绘在图纸上，用作补图的办法附在本专业图纸之后。

（7）当某一张图纸需要重新绘制竣工图时，应按绘制竣工图的要求制图。

6. 竣工图章（签）

（1）所有竣工图均应加盖竣工图章（签），用不易褪色的红印泥加盖。

（2）竣工图章（签）的位置。

用原施工图改绘的竣工图，竣工图章（签）加盖在原图签右上方，或周围不压盖图形文字的地方。

（3）竣工图章（签）是竣工图的标志和依据，要按规定填写图章（签）上各项内容。

加盖竣工图章（签）后，原施工图转化为竣工图，相关人员必须在审核后签字确认。

（4）原施工图的封面、图纸目录也要加盖竣工图章，置于各专业图纸之前。

14.5 监理单位技术资料编制

14.5.1 施工组织设计（方案）报审表

施工组织设计（方案）是承包单位根据承接工程特点编制的指导施工的纲领性技术文件。

施工组织设计（方案）报审表是施工单位提请项目监理机构对施工组织设计（方案）进行批复的文件资料。

（1）施工组织设计（方案）报审表经施工单位项目负责人和技术负责人（或总工程师）审查批准后填写，并随同施工组织设计（方案）一起呈报给项目监理机构。

（2）项目监理机构应在熟悉设计文件的基础上，按监理合同中业主的委托范围和所授权限，依据现行建设管理相关法规，并结合工程的具体情况有针对性地进行审查。

（3）各专业监理工程师着重审查相关专业的技术措施是否得当；施工方案、施工程序的安排是否合理；配备的施工机械能否保证工程质量和进度的要求；采用新工艺、新材料的技术资料是否完备；承包单位是否有实际施工经验等，并由此提出审查意见。

（4）总监理工程师着重审查施工项目部的组织机构、管理制度和技术措施能否满足施工的需要；质量保证体系是否完善并能正常运行；项目管理机构人员是否到位且能保证施工的需要；施工进度计划是否可行，能否满足合同工期要求；进度计划的检查是否有可操作性；施工机具、劳动力能否满足进度安排的要求；网络计划中的关键线路是否正确；施工流水段划分是否合理；施工安全、环保、消防、文明施工措施是否得当等，并由此提出审查意见。

（5）对规模大、结构复杂或新结构、特种结构的工程，项目监理机构应将审查后的施工组织设计（方案）报送监理单位技术负责人，并由其审查或组织有关专家进行会审。

（6）当发现施工组织设计（方案）中存在问题需要修改时，应由总监理工程师签署书面修改意见，退回承包单位修改后，再重新报审。

（7）经总监理工程师审查同意后的施工组织设计（方案）应报送建设单位确认。

（8）施工组织设计（方案）审查必须在工程项目开工前完成。

（9）承包单位应按审定的施工组织设计（方案）组织施工，在施工过程中，如需对其进行调整、补充或做较大变更时，应在实施前将内容书面报送项目监理机构，按程序重新审定。

施工组织设计（方案）报审表见表14-7。

表 14-7 施工组织设计（方案）报审表

工程名称：××××　　　　　　　　　　　　　　　　　　　　　编号：××-×××

致×××工程监理公司(监理单位)：
　　现报上××××施工组织设计(方案)(全套、部分)，已经我单位上级技术负责人审查批准，请予审查。
　　附：施工组织设计(方案)

承包单位项目部(公章)：_____　　　　项目负责人(签字)：×××
技术负责人(签字)：_____　　　　　　　　　　　　××××年×月×日

专业监理工程师审查意见：
1. 同意　2. 不同意　3. 按以下主要内容修改补充
原则上同意按该施工组织设计组织施工，但对该施工组织设计中"后浇带的施工"及"筏板大体积混凝土施工"，应编制详细可行的专项质量技术措施和施工方案，以确保工程施工质量和安全

专业监理工程师(签字)：　×××　　　　　　　　　　　　　　××××年×月×日

总监理工程师审查意见：
1. 同意　2. 不同意　3. 按以下内容修改补充
同意专业监理工程师的意见，应将补充的专项质量技术措施和施工方案报送批准后方可施工，并于××月××日前报来

　　　　　　　　　　　　　　　　　　　　　　　　　项目监理机构(公章)：
总监理工程师(签字)：×××　　　　　　　　　　　　　　　　　××××年×月×日

注：本表由施工单位填写，一式三份，连同施工组织设计（方案）一并送项目监理机构审查。建设、监理、施工单位各一份。

14.5.2　工程开工报审表

工程开工报审表是项目监理机构对承包单位施工的工程，经审核已满足开工条件，提出申请开工后的批复文件。

（1）本表在报送审查时，承包单位应在表中加盖公章，并由项目负责人签字。"工程开工报告"作为附件，一并呈报。

（2）承包单位提请开工报审时，提供的附件应满足以下条件。

① 施工许可证已获政府主管部门批准。
② 征地拆迁工作能够满足工程施工进度的需要。
③ 施工图纸及有关设计文件已备齐。
④ 施工组织设计（方案）已经监理机构审定，总监理工程师批准。
⑤ 施工现场的场地、道路、水、电、通信和临时设计已满足开工要求，地下障碍已清除或查明。
⑥ 测量控制桩已经项目监理机构复查合格。

⑦ 施工、管理人员已按计划到位，相应的组织机构和制度已经建立，施工设备、料具已按需要到场，主要材料供应已落实。

（3）总监理工程师应对承包单位报送的资料进行认真核实，根据国家现行建筑法规和当地政府主管部门的要求，确认应当具备的各种报建手续是否完善，施工图是否已经法定图纸审查机构审查通过，检查承包单位劳动力是否已按计划就绪，机械设备是否安装到位且处于良好状态，各岗位的管理人员是否已全部到位，质量管理、技术管理和质量保证的组织机构、制度是否建立、健全等。

对可以在开工后再完善才能满足上述要求且又需要先开工时，应要求承包单位在指定的期限内完善。对不能按期完善开工条件的，可下令停工直至具备条件。

（4）对涉及结构安全或对工程质量产生较大影响的施工工艺，分包单位应填此表并经总承包单位签署意见报总监理工程师批准。

工程开工报审表见表14-8。

表14-8　工程开工报审表

工程名称：××××　　　　　　　　　　　　　　　编号：××-×××

致四川省×××监理公司（监理单位）：
我方承担的××××工程，已完成了以下各项工作。
1. 施工组织设计（方案）已审批。
2. 劳动力按计划已就绪。
3. 机械设备已就绪。
4. 管理人员全部到位。
5. 开工前各种手续已办妥（见附件）。
6. 质量管理、技术管理制度已制定。

附：开工报告
特申报开工，请批准。

承包单位（公章）：_____　　项目负责人（签字）：_____　　××××年×月×日

总监理工程师审查意见：
经检查验收，以上各项准备工作已基本就绪，具备施工条件，满足开工要求，同意开工。同时，在×月×日施工联系会上决定×月×日为本工程正式开工日

项目监理机构（公章）：_____　　总监理工程师（签字）：_____　　××××年×月×日

注：本表由施工单位填写，一式三份，建设、监理、施工单位各一份。

14.5.3　分包单位资格报审表

分包单位资格报审表是总承包单位实施施工分包时，提请项目监理机构对其分包单位资质进行审查的批复文件。

（1）本表应根据合同条款，填写分包工程的名称、工程量、部位、造价及其占总造价的百分比；主要应审查分包单位的资质文件是否齐全、合格、有效，必要时，项目监理机构（或建设单位）可会同总承包单位对分包单位进行实地考察，以验证分包单位有关资料的真实性。同时还应核查分包单位专职管理人员是否落实到位，特种作业人员是否具有合法的资格证、上岗证等。在此基础上，由专业监理工程师填写"符合分包要求"或者"不符合分包要求"的结论。

（2）在审查时，专业监理工程师应严格区分发包工程是属于合法分包，还是属于转包、肢解分包、层层分包等，对转包及违法分包行为一律不予认可。

（3）本表由总承包单位填报，加盖项目部公章，项目经理签字，经项目监理机构专业监理工程师初审符合要求后签字，由总监理工程师最终审查加盖项目监理机构章，经总监理工程师签字后作为有效资料。

14.5.4　施工现场质量管理检查记录表

施工现场质量管理检查记录表是在工程项目开工之前对施工单位的质量管理体系进行检查的记录表格。

（1）现场质量管理制度。其主要包括图纸会审、设计交底、技术交底、施工组织设计编制审批程序、工序交接、质量检查、评定制度。

（2）质量责任制。其包括质量责任制名称、质量负责人分工、各项质量责任制的落实规定、定期检查及奖罚制度。

（3）专业工种操作上岗证。其包括测量工，起重等垂直运输司机，钢筋工、混凝土工、机械工、焊接工、电工、瓦工等特殊工种的上岗证（以当地建设行政主管部门的规定为准）。

（4）分包单位资质及对分包单位的管理。专业承包单位应在其承包业务的范围内承接工程，如超出范围应办理特许证书，否则不能承包工程。在有分包的情况下，总承包单位应有管理分包单位的制度，主要是质量管理制度。

（5）施工图审查情况。重点审查建设行政主管部门出具的施工图审查批准书及审图机构（单位）的审图章。

（6）地质勘察资料。核查是否有勘察单位出具的正式地质勘察报告。

（7）施工组织设计（方案）及其审批。检查其编写内容，应有针对性的具体措施，以及编制单位、审核单位、批准单位，并有贯彻执行的措施。

（8）施工技术标准。施工技术标准是操作的依据和保证工程质量的基础，承建企业应编制不低于国家质量验收规范的操作规程等企业标准。其要有批准程序，由企业的总工程师、技术委员会负责人审查批准,还要有批准日期、执行日期、企业标准编号及标准名称。企业应建立技术标准档案。施工现场应有的施工技术标准都要有。其可作为培训工作、技术交底和施工操作的主要依据,也是质量检查评定的标准。

(9) 工程质量检验制度。其包括三个方面的检查,一是原材料、设备进场检验制度;二是施工过程的试验报告;三是竣工后的抽查检测。

(10) 搅拌站及计量设施设置。其主要是说明设置在工地搅拌站的计量设施的精确度、管理制度等内容。预拌混凝土或安装专业无此项内容。

(11) 现场材料、设备存放与管理。为了保证材料、设备的质量,要根据材料、设备性能制定管理制度,建立相应的库房等。

施工现场质量管理检查记录表由施工单位现场技术负责人填写,监理单位的总监理工程师(建设单位项目负责人)进行验收。验收合格后作出结论,将原件或复印件返还施工单位。不合格的,施工单位必须限期改正,否则不许开工。

施工现场质量管理检查记录表见表14-9。

表 14-9 施工现场质量管理检查记录表

编号:××—××

工程名称	成都×××信息学院行政楼	施工许可证		×××××××	
建设单位	成都市×××工程学院	项目负责人		×××	
设计单位	×××建筑设计院	项目负责人		×××	
监理单位	××工程监理有限公司	总监理工程师		×××	
施工单位	×××建筑公司	项目负责人	×××	项目负责人	×××

序号	项 目	内 容
1	现场质量管理制度	质量例会制度;三检制度
2	质量责任制	岗位责任制度
3	专业工种操作上岗证	测量工、电工、架子工、机械操作工有证
4	分包单位资质及对分包单位的管理	
5	施工图审查情况	施工图审查批准书
6	地质勘察资料	地质勘察报告
7	施工组织设计(方案)及其审批	施工组织设计编制、审核、批准程序齐全
8	施工技术标准	有模板、钢筋、混凝土、砌体等28种
9	工程质量检验制度	原材料、设备进场检验制度;测量复核制度
10	搅拌站及计量设施设置	有管理制度,计量设施已检验,有控制措施
11	现场材料、设备存放与管理	钢材、水泥、地面砖、玻璃等管理办法
12		

续表

检查结论：
所提供的资料真实、完整

项目负责人：×××　　　　　　××××年×月×日

审查结论：
现场质量管理制度基本完整

总监理工程师(建设单位项目负责人)：×××　　　　　　××××年×月×日

注：本表一式三份，连同工程开工报审表一并报送项目监理机构审查。建设、监理、承包单位各一份。

14.5.5 工程施工进度计划（调整计划）报审表

工程施工进度计划（调整计划）报审表是项目监理机构对承包单位报送的工程施工进度计划（调整计划）进行审查的批复文件。

（1）本表应由承包单位填写，并由编制人、项目负责人签字。

（2）专业监理工程师应对以下几方面内容进行重点审核。

① 进度安排是否符合工程项目施工总进度计划中总目标和分目标的要求，是否符合施工合同中开工、竣工日期的要求。

② 施工总进度计划中项目是否有遗漏，施工顺序的安排是否符合施工工艺的要求。

③ 承包单位在施工进度计划中提出的、应由建设单位保证的施工条件（资金、施工图纸、施工场地、采供的物资设备等），其供应时间和数量是否准确、合理，是否有造成建设单位违约而导致工程延期和费用索赔的可能性存在。

④ 总承包、分包单位分别编制的各单项工程施工进度计划之间是否协调，专业分工与计划衔接是否明确、合理。

⑤ 工程的工期是否进行了合理优化。

（3）专业监理工程师根据工程施工进度计划的审查结果填写"同意""不同意""应补充"的意见，或在审查意见栏相应位置中画"√"表示。

（4）专业监理工程师审查并同意后，应由总监理工程师审核签字。

调整计划是在原有计划已不适应实际情况，为确保进度控制目标的实现，需要确定新的计划目标时对原有进度计划的调整。进度计划的调整方法一般通过压缩关键工作的持续时间或组织搭接作业、平行作业来缩短工期。对于调整计划，不管采取哪种调整方法，都会增加费用或延长工期，专业监理工程师应慎重对待，尽量减少变更计划的调整。

14.5.6 施工测量放线报审表

施工测量放线报审表是项目监理机构对承包单位实施的建筑物（构筑物）定位（放线）进行核查和确认的批复文件。

（1）本表在报送审查时，应将"建筑物（构筑物）定位（放线）测量记录"作为附件，一并呈报。

（2）承包单位应根据甲方提供的坐标点、施工总平面图、设计要求，组织有工程测量放线经验的人员从事测量放线工作。在反复检查、核对无误后，填表报监理工程师审查。

（3）专业监理工程师应详细查阅、核对相关资料，并实地查验放线精度是否符合规范及标准要求，施工轴线控制桩的位置、轴线和高程的控制标志是否牢固、明显等。

14.5.7 建筑材料报审表

建筑材料报审表是项目监理机构对承包单位提请的工程项目进场材料进行审查、确认的批复文件。

进场的原材料、构配件、设备，施工单位首先要组织自检，并按有关规定进行抽样测试，确认合格后填写工程材料、构配件、设备报验单，连同出厂合格证、质量保证书、复试报告等一并报驻地监理工程师进行质量认可。

14.5.8 工程质量事故处理方案报审表

工程质量事故处理方案报审表是设计单位、项目监理机构对承包单位发生质量事故后，提交的工程质量事故处理方案进行综合审查的批复文件，其应技术可行、经济合理。

（1）本表应与"工程质量事故报告"对应使用。

（2）质量事故的处理方案应由原设计单位提出，或由设计单位书面委托的承包单位或其他单位提出，设计单位签字确认。无论由哪方提出处理方案，涉及单位均应签署是否同意的意见。

（3）总监理工程师针对承包单位提交的"工程质量事故报告"及"工程质量事故处理方案"，应组织设计、施工、建设等单位进行充分论证后，签署意见，处理方案应安全可靠、不留隐患，满足建筑物的功能和使用要求。如不同意或部分不同意，应令承包单位另行呈报。

（4）对需要返工处理或加固补强的质量事故，项目监理机构应对处理过程及处理结果进行跟踪检查和验收。

（5）重大质量事故应按规定程序申报，处理方案应由专家进行评议和确认。

14.5.9　工程暂停令

工程暂停令是为了消除施工现场（或部位）存在的可能给建设项目带来重大影响的质量或安全隐患，或因其他意外事件使工程施工不能继续进行，由项目监理机构发出的必须暂时停止施工的指令性文件。

（1）承包单位在收到工程暂停令后，必须在要求的时间内，对施工现场（或指定的部位）停工。

（2）施工中出现下列情况之一者，总监理工程师有权下达工程暂停令。

① 未经监理工程师审查同意，擅自变更设计或修改施工方案进行施工。

② 未通过监理工程师审查的施工人员或经审查不合格的施工人员进入现场施工。

③ 擅自使用未经监理工程师审查认可的分包单位。

④ 使用不合格的或未经监理工程师检查验收的材料、构配件、设备，或擅自使用未经审查认可的代用材料。

⑤ 工序施工完成后，未经监理工程师验收或验收不合格而擅自进行下一道工序施工。

⑥ 隐蔽工程未经监理工程师验收确认合格而擅自隐蔽。

⑦ 施工中出现质量异常情况，经监理工程师指出后，承包单位未采取有效改正措施或措施不力、效果不好仍继续作业。

⑧ 已发生质量事故迟迟不按监理工程师要求进行处理；或发生质量隐患、质量事故，若不停工则质量隐患、质量事故将继续发展；或已发生质量事故，承包单位隐蔽不报，私自处理。

⑨ 已发生安全事故或有重大安全隐患。

⑩ 其他意外事件使工程施工不能继续进行。

（3）项目监理机构在下达工程暂停令前应向建设单位说明情况，取得一致意见；在下达工程暂停令时，应有充分的理由，并充分考虑由于停工可能带来的索赔事件。

（4）当工程暂停是由非承包单位的原因造成时（包括因建设单位的原因和应由建设单位承担的责任风险或其他事件），总监理工程师应在签发工程暂停令和签署复工申请表期间内，主动就因工程暂停引起的工期和费用补偿问题与承包单位、建设单位进行协商和处理，以免日后再来处理索赔。

（5）本表应由项目监理机构填写。下达工程暂停令的理由（原因）和承包单位在接到工程暂停令后应完成的各项工作应详细明确。

（6）本表应加盖项目监理机构印章，并由总监理工程师签发。

工程暂停令见表14－10。

表14－10　工程暂停令

工程名称：×××大厦	编号：××－×××

致×××工程公司××项目部(承包单位项目部)：
由于设计单位提出工程变更：Ⅰ区二层吊顶内水电管线安装交叉抵触(《工程变更单》××—××号)，现通知你方必须于 ××××年×月×日×时起，对本工程的Ⅰ区二层吊顶内水电管线安装部位(工序)实施暂停施工，并按下述要求做好各项工作。

续表

1. 由监理工程师和承包单位有关人员共同对Ⅰ区二层吊顶内水电管线安装施工进度进行记录。
2. 按设计变更及附图要求降低吊顶标高,调整管线安装平面布置,对相应专业有关施工人员进行技术交底。
3. 组织施工班组按设计变更及附图要求,对Ⅰ区二层吊顶内水电管线进行整改,安装处理完成后,项目部组织自检并报项目监理机构重新验收。

项目监理机构(公章):　　　　　总监理工程师(签字):　　　　　　　××××年×月×日

注:本表一式三份,建设单位、承包单位、监理单位各一份。

14.5.10 复工申请表

复工申请表是核查造成工程停工的因素是否已经消除,或工程存在的质量或安全隐患经过返工、整改是否已具备复工条件的批复文件。

(1) 本表由承包单位填写,并提出已具备复工条件的相关证明资料。

① 工程暂停是由非承包单位的原因引起的(如业主的资金问题,拆迁问题等),此时应说明引起停工的这些因素已经消除,具备复工条件。

② 工程暂停是由承包单位的原因引起的(如因承包单位管理不到位,质量或安全出现问题或存在重大隐患等),此时应说明承包单位已针对这些问题提出整改措施并进行整改,证明引起停工的原因已经消除。

(2) 总监理工程师应审查以下内容。

① 工程暂停是由非承包单位的原因引起的,总监理工程师只需审查确认引起停工的这些因素已经消除,便可签发本表。

② 工程暂停是由承包单位的原因引起的,总监理工程师应重点审查整改措施是否正确有效,还应确认承包单位在采取这些措施后不会再发生类似的问题,方可签发本表。

(3) 项目监理机构应注意合同规定的时限。

总监理工程师应在48h内答复承包单位以书面形式提出的复工要求。总监理工程师未能在规定的时间内提出处理意见，或收到承包单位的复工要求后48h内未给予答复，承包单位可自行复工。

14.5.11 监理工程师通知单

监理工程师通知单是为了及时消除施工现场（或部位）存在的质量或安全隐患（未构成暂停施工条件），向相关单位（或部门）告知应知事件（或事项）的传达（或协调）文件。

（1）"事由"栏应简要写明存在的问题，或告知的主题。

（2）"内容"栏应尽可能详细写明存在问题的部位、程度，或告知的具体内容。

（3）"要求"栏应写明整改建议、措施、要求，或执行要求。

（4）监理工程师通知单由专业监理工程师签发，重要的监理工程师通知单应由总监理工程师签发。

监理工程师通知单见表14-11。

监理工程师通知单写法例文

表14-11 监理工程师通知单

工程名称：×××商业大楼　　　　　　　　　　　　　　编号：××-×××

致×××建筑工程公司直属项目部（承包单位项目部）：
事由： 室内回填土土质和夯实问题。 内容： 商业大楼主楼基础施工已达到±0.000，今日9:00起已开始用自卸汽车运土回填，现已在主楼东段堆土近百立方米，存在以下问题。
1. 运来的土中，含有较多的淤泥质土和草皮等有机杂质（这些不合格土，在土堆中有多处且比较集中，说明在取土时是可以把它们分开的）。 2. 汽车运来的土，一次填土深度超过2m，没有按施工规范分层填筑，难以夯实。 要求： 1. 暂停运土入场，把已运来的土先行分散，同时，清除淤泥质土和草皮等有机杂质，再按设计和施工规范要求分层进行回填、夯实，并做好填土压实度的试验记录。 2. 注意在回填管沟时，用人工先从管边两侧对称填土夯实，至管顶0.5m以上，再用打夯机夯实。 3. 再次运土入场时，要注意区分土质，防止不合格土混杂入场。
项目监理机构（公章）：　　　总/专业监理工程师（签字）：×××　　　××××年×月×日

注：本表一式三份，建设单位、承包单位、监理单位各一份。

14.5.12 整改复查报审表

整改复查报审表是核查承包单位的整改工作是否已按时达到整改要求的批复文件。

(1) 要求承包单位对存在的问题整改完毕，并自检全部合格后，填写本表报项目监理机构。

(2) 项目监理机构在审查确认该表时，要深入现场检查，掌握承包单位整改情况，承包单位是否在要求整改的时限内将整改的内容完成；整改结果是否符合相关规范、标准或图纸要求。经确认后，签署监理复查意见。

14.5.13 旁站监理记录表

旁站监理记录表是对施工过程中的关键部位或关键工序进行连续不间断地现场监督的记录资料。

(1) 实施旁站监理的范围。

① 地基基础工程。如地基处理、基坑支护、基础混凝土浇筑、土方回填等。

② 主体结构工程。如梁柱节点钢筋隐蔽过程、结构混凝土浇筑等。

③ 水电安装工程。如管道预埋、系统调试、参数测试等。

④ 见证取样。如主要原材料的试（化）验见证取样、封存及送样。

⑤ 新工艺、新技术、新材料、新设备的试验。

⑥ 严重施工质量问题、质量事故处理过程。

⑦ 基础、结构加固过程。

⑧ 根据工程实际情况确定的旁站监理项目。

(2) 旁站监理的工作内容。

① 是否按照技术标准、规范、规程和批准的设计文件组织施工。

② 是否使用合格的材料、构配件和设备；施工机械数量和性能是否满足施工需要。

③ 施工单位有关现场管理人员、质检人员是否在岗。

④ 施工操作人员的技术水平、操作条件是否满足施工工艺要求，特殊工种操作人员是否持证上岗。

⑤ 施工环境是否对工程质量产生不利影响。

⑥ 施工过程是否存在质量和安全隐患。对于施工过程中出现的较大质量问题或质量隐患，旁站监理人员应采用照相、录像等手段予以记录。

(3) 承包单位应根据项目监理机构制定的旁站监理方案，在需要实施旁站监理的关键部位、关键工序施工 24h 前，通知项目监理机构安排旁站监理人员进行旁站监督。

(4) 填表要求。

① 本表中旁站监理的部位、工序和起止时间必须准确。

② 本表在旁站监理工程结束时必须及时填写，旁站监理人员和施工企业现场质检人员应在本表相关栏上签字，凡未签字的，不得进入下一道工序施工。

旁站监理记录表见表 14-12。

表 14-12 旁站监理记录表

工程名称：××园商住小区				编号：××-×××	
日期	××××年×月×日	气象	晴	工程地点	×××
旁站监理的部位或工序	7号楼3层①~④轴线楼板现浇				
旁站监理开始时间	××××年×月×日 14:00		旁站监理结束时间	××××年×月×日 16:32	
施工情况： 14:00 泵送混凝土开始浇筑3层①~④轴线楼板，期间一切正常，至16:32混凝土浇筑完成					
监理情况： 1. 14:00 开始浇筑3层①~④轴线楼板，期间一切正常，至16:32混凝土浇筑完成。 2. 施工单位混凝土工长×××、质检人员×××到场，混凝土浇筑为×××班组。 3. 施工单位按照规范施工					
发现问题： 浇筑到②轴线时，发现板端负弯矩筋局部被踩踏变形移位					
处理问题： 已督促施工人员及时处理					
备注：					
施工单位：×××建筑公司 项目部：××园商住小区项目部 质检人员(签字)：××× ××××年×月×日			监理单位：×××监理公司 项目监理机构：××园商住小区项目监理部 旁站监理人员(签字)：××× ××××年×月×日		

注：本表一式两份，施工单位、监理单位各一份。

14.5.14 监理日志

监理日志是对施工过程中有关技术管理、质量管理及施工活动效果进行监督管理的原始记录。

监理日志是现场监理人员的工作日记，也是工程施工过程中重要的工作证据之一。监理日志可为今后追溯问题、分清责任提供资料依据，并为撰写监理月报、监理工作总结积累素材；同时，也是考核项目监理机构和监理人员工作的重要材料。

（1）监理日志由专业监理工程师填写，由项目总监理工程师签阅（一般应每日签阅，特殊情况也可每周集中签阅一次）。

（2）内容应真实、准确、全面、力求详细、书写工整、规范用语、简洁明了。

（3）准确记录时间和天气情况，时间是构成事件的重要因素，而天气对施工质量有直接影响，因此必须记录准确，不可忽视。

（4）准确记录施工情况，包括当天施工内容，工地会议，主要材料、机械、劳动力出场情况等。

（5）准确记录存在的问题，对工程质量和工程进度方面存在的问题及影响质量和进度的因素如实、详细地记录。

（6）准确记录问题处理情况，包括对问题的处理情况及其结果，签收、签发的文件（备忘录、监理工程师通知单等），现场协调等内容。

监理日志写法例文

（7）监理日志应具有连续性和可追溯性。连续性是指从工程开工到竣工之间所有活动的记录不得间断，如"下雨停工""春节放假"等均应有所表述，而不应出现日期的间断。可追溯性是指对于日志中由于条件或技术原因当天不能解决或遗留的问题，后面的记录中应有交代，而不能出现悬而不决的情况。

（8）其他。其他包括安全、停工情况及合理化建议等。

监理日志见表 14－13。

表 14－13　监理日志

施工部位或工作内容	×××			日　期	××××年×月×日
					星期×
最高气温	上午×	气候	上午　×	旁站监理人员	×××
最低气温	下午×		下午　×		

施工情况：

1. Z×7-1 终孔，上午开始浇筑混凝土，孔深 15.5m。
2. A 区道 A-8 终孔 17.0m。
3. 经与干道指挥部×工、×工，市政质检站×工电话联系，决定三环路立交桥桩基不做无破损检验（书面指令后补）。
4. Z×9-3、A-10 墩柱准备浇筑 C30 混凝土

存在问题及处理意见：
巡视检查发现 Z×0-2 承台桩顶凿毛不够，要求施工单位督促施工人员再补做凿毛冲洗工作，并经监理检查后才能浇筑混凝土

处理情况：
已按监理要求处理

续表

备注：

监理人员（签字）：×××　　　　　　　　　　　　总监理工程师（签字）：×××

14.5.15 单位工程质量评估报告

单位工程质量评估报告是对单位（子单位）工程的施工过程和施工质量进行综合评价的文件资料。

（1）单位工程质量评估报告的编写依据。

① 坚持独立、公正、科学的准则。

② 经各方签字确认的质量验收记录。

③ 建设、监理、施工单位竣工预验收汇总整理的单位（子单位）工程质量验收记录。

（2）单位工程质量评估报告应在项目监理机构签字确认单位（子单位）工程预验收后，由总监理工程师组织专业监理工程师编写。

（3）经项目监理机构对竣工资料及实物进行全面检查、验收合格后，由总监理工程师签署工程竣工报验单，并向建设单位提交单位工程质量评估报告。

（4）单位工程质量评估报告由总监理工程师和监理单位技术负责人签字，并加盖监理单位公章。

（5）"单位工程质量评估报告"仅作为"建筑工程竣工验收报告"和"建筑工程竣工验收备案表"的附件。

14.6 检测单位技术资料编制

14.6.1 材料性能检验（检测）报告

材料性能检验（检测）报告是检测机构受委托单位委托，对材料的有关技术参数进行检测后，用以确定所检参数是否符合相关标准的报告。

建设工程所用材料的品种、规格繁多，就材料本身而言，有的常用，有的不常用。

对常用材料的检验（检测）报告，检测单位都有相对固定的表格样式，检验（检测）报告内容包括：检测概况（委托单位、委托日期、委托编号、工程名称、工程部位、产品名称、规格、生产厂家或产地，依据标准，报告日期等），检测项目，检测结果，结论，备注等。

对不常用材料的检验（检测）报告，一般没有特定的表格样式，检测单位可根据委托单位的要求和相关技术标准要求，对材料的有关技术参数进行检测后，出具检验（检测）报告。

14.6.2 堆积材料检测报告

堆积材料检测报告是检测机构受委托单位委托，对堆积材料的有关技术参数进行检测后，用以确定所检参数是否符合相关标准的报告。

建设工程所用堆积材料（如砂、卵石、碎石等），往往用量较大，且无固定生产厂家，多为地方材料。

这类材料的检测报告内容包括：检测概况（委托单位、委托日期、委托编号，工程名称，样品名称、产地，依据标准，报告日期等），检测项目，检测结果，筛分结果，结论，备注等。

14.6.3 配合比设计报告

配合比设计报告是检测机构受委托单位委托，出具的配合比报告。

一般建设工程，需要砌筑砂浆配合比和普通混凝土配合比，配合比设计报告内容包括：设计概况（委托单位、委托日期、委托编号，工程名称，设计等级，试验内容，依据标准，报告日期等），原材料（水泥、骨料、外加剂、掺合料等）性能，施工要求，配合比，备注等。

14.6.4 立方体抗压强度检测报告

立方体抗压强度检测报告是检测机构受委托单位委托，对立方体抗压强度进行检测后，用以确定其是否达到设计要求的报告。

一般建设工程，需要对砌筑砂浆立方体抗压强度和普通混凝土立方体抗压强度进行检测，立方体抗压强度检测报告内容包括：检测概况（委托单位、委托日期、委托编号，工程名称、工程部位，设计强度等级，试压龄期，依据标准，报告日期等），检测结果，抗压强度代表值，结论，备注等。

14.7　监督单位技术资料编制

14.7.1 建设工程质量监督工作方案

建设工程质量监督工作方案是当地建设行政主管部门委托的工程质量监督部门对建设

工程过程和参与建设的各方责任主体及有关机构的行为进行质量监督的工作方案。其内容包括：工程概况、计划编制依据、监督组织、质量控制点部位等。

建设工程质量监督工作方案需根据工程项目的规模、特点、投资形式、责任主体和有关机构的信誉及质量保证能力制定。方案中应明确监督重点和监督方式，并根据监督检查中发现问题的情况及时对方案进行调整。

14.7.2 工程质量保证体系审查表

工程质量保证体系审查表是工程质量监督部门对建设工程质量保证体系是否健全进行审查的批复文件。

工程质量保证体系审查表由工程总承包单位填写，工程质量监督部门审查。其内容包括：施工单位、监理单位、勘察单位、设计单位的机构人员信息（姓名、职务、专业、职称、证书编号等）、检测单位名称、资质编号，质量责任制度，审查意见等。

14.7.3 建设工程质量整改通知单

建设工程质量整改通知单是工程质量监督部门在监督过程中发现工程质量存在问题，向工程承包单位发出的整改通知。其内容包括：存在的质量问题、处理意见等。

14.7.4 建设工程质量监督记录

建设工程质量监督记录是工程质量监督部门对建设工会曾进行监督抽查的记录资料。其内容包括：工程名称、抽查部位、监督抽查情况及处理意见、处理结果等。

监督抽查主要是抽查各方责任主体和有关机构执行法律法规、工程建设强制性标准情况及质量责任制落实情况；抽查涉及结构安全和使用功能的主要材料、构配件和设备出厂合格证、试验报告，见证取样资料及结构实体检测报告等。

监督抽查情况应如实记录，对存在的质量问题应提出处理意见。

施工单位对提出的质量问题整改完毕后，由技术负责人填写整改情况和整改结果，并由监理工程师签字认可。

14.7.5 建设工程质量监督报告

建设工程质量监督报告是建设工程竣工验收合格后，工程质量监督部门向备案机关提交的工程质量监督文件。

建设工程质量监督报告应根据监督抽查情况，客观反映各责任主体和有关机构履行质量责任的行为及检查的工程实体质量情况。其内容包括：工程概况和监督工作概况；对各责任主体和有关机构履行质量责任行为及执行工程建设强制性标准的检查情况；工程实体质量监督抽查情况；工程质量技术档案和施工管理资料抽查情况；工程质量问题的整改和质量事故的处理情况；各责任主体及相关资格人员的不良记录内容；工程质量竣工验收监督记录；对工程竣工验收备案的建议；等等。

14.7.6 建设工程竣工验收监督记录

建设工程竣工验收监督记录是工程质量监督部门对工程竣工验收进行监督的记录文件。其内容包括：工程概况，对竣工验收文件的检查评价，对遗留问题的处理意见、处理结果等。工程竣工验收应由监督人员对工程竣工验收文件进行审查，对验收组成员组成及验收方案进行监督，对工程实体质量进行抽测，对观感质量进行检查，对遗留问题提出处理意见。

针对遗留问题，施工单位应及时整改，并要求监理（建设）单位填写处理结果，并由监理工程师签字认可。

小 结

建筑工程资料繁多，不仅涵盖一个建设项目要依次经过的项目可行性研究、立项报批、建设用地和城市规划许可、工程勘察、工程设计、工程施工、竣工验收、交付使用等不同阶段，而且也涉及与建设项目相关的建设单位、勘察单位、设计单位、施工单位、监理单位、检测单位、监督单位等不同责任主体和职能部门。因此，建筑工程资料编制是一个十分复杂的系统工程。

本章主要介绍了建设单位、勘察单位、设计单位、施工单位、监理单位、检测单位、监督单位等技术资料的编制。特别要掌握相关表格、报告的填写方法和竣工资料归档要求。

习 题

一、选择题

1. 建设工程档案的特征是（   ）。
   A. 分散性和复杂性　　B. 继承性和时效性　　C. 全面性和真实性
   D. 随机性　　　　　　E. 多专业性和综合性

2. 建设工程档案分为（   ）。
   A. 工程准备阶段文件　B. 监理文件　　　　　C. 施工文件
   D. 竣工图文件　　　　E. 竣工验收文件

3. 施工单位在项目开工前应做好（   ）工作。
   A. 施工组织准备　　　B. 施工技术准备　　　C. 施工物资准备
   D. 施工现场准备　　　E. 施工队伍准备

4. 在施工过程中，对于工程竣工验收备案工作，施工单位应参与（   ）工作。
   A. 接受工程质量监督部门的工作质量抽查
   B. 接受监理单位、建设单位的日常质量监督检查
   C. 参与工程质量验收

D. 对于工程质量达不到合格标准的，认真进行质量整改

二、填空题

1. 施工日志具有_____和_____特性。
2. 凡有防水要求的建设工程（部位），工程（部位）完成后均应有_____、_____、_____试验。
3. 做蓄水试验时，蓄水高度应能覆盖整个防水层，一般为_____，蓄水时间不得小于_____。
4. 竣工图的改绘要求规定，当需要取消内容时，可采用_____或者_____的方法。
5. 进度计划的调整方法一般通过_____或_____、_____来缩短工期。
6. 建设工程档案的载体有_____、_____、_____和_____四种形式。
7. 建设工程档案的保管期限分为_____、_____和_____三种。
8. 建设工程档案的密级程度分为_____、_____和_____三种。
9. 建设工程档案一般不少于两套，一套由_____保管；另一套（原件）移交_____。
10. 建设单位应当自工程竣工验收合格之日起_____内向备案机关报送竣工验收备案文件；工程质量监督部门应当在工程竣工验收合格之日起_____内，向备案机关提交工程质量监督报告。

三、问答题

1. 建设工程"图纸会审"的目的是什么？
2. 建设工程资料归档管理有哪些通用职责？
3. 建设工程资料归档有哪三个方面的含义？
4. 建筑工程质量验收过程中，对于不合格工程应该如何处理？

第15章　常见英语应用文

教学目标

掌握建筑工程类专业学生经常使用的英语求职信、英语个人简历、英语自荐书、英语推荐信、建筑工程英语论文等英语应用文的写法及写作要求。

教学要求

能力目标	知识要点	权重	自测分数
掌握英语应用文的概述	英语应用文的概述	10%	
掌握常见英语应用文的写法及写作要求	英语求职信的写法及写作要求	15%	
	英语个人简历的写法及写作要求	15%	
	英语自荐书的写法及写作要求	20%	
	英语推荐信的写法及写作要求	10%	
	建筑工程英语论文的写法及写作要求	30%	

章节导读

建筑工程类专业学生经常使用的英语应用文有英语求职信、英语个人简历、英语自荐书、英语推荐信、建筑工程英语论文等。

引例

我们先来看一封《英语求职信》的格式，通过此英语求职信来对常见英语应用文写作进行初步的了解。

Dear Sir：

I saw your advertisement in yesterday's Guangzhou Daily and I would like to apply for the post of Marketing Manager.

I enclose a full curriculum vitae. As you can see I have 10 years' experience in marketing. Three of these have been as Marketing Manager of a small company. My work involved expanding our export market activities in Europe and corresponding with our overseas clients and agents.

My experience at this company has enabled me to acquire a good command of the English language and to develop confidence and skill in dealing with foreign buyers on the telephone and in person. I'm sure that my experience and language skills will help me to make a valuable contribution to your firm. You will find that I'm an enthusiastic and resourceful employee. I will be able to undertake the work to your full satisfaction.

I'm available for interview at any time. My daytime phone mumber is 6663666.

Looking forward to hearing form you.

References：Available upon request.

Yours sincerely
Jean Sand

敬启者：

见昨日《广州日报》招聘，今来信应聘营销部经理一职。

随函附寄我的简历一份。我有十年的市场营销经验。其中三年担任一小型企业的营销部经理。我的工作职责包括扩大欧洲市场出口份额，处理与海外客商、代理等的来往函电。

我在该领域的经历令我的英语有相当高的水平，培养了与客户在电话中和面对面的交际能力及自信心。我确信我的经验和语言技能将有助于我对贵公司效力。同时，热情洋溢、足智多谋的我一定能工作出色，令您十分满意。

随时等候面试。联系电话：6663666。

静候佳音。

咨询人：来函即寄。

您的忠诚的
吉恩·桑德

引例小结

这封英语求职信包括了求职信息来源、写信的目的（应聘何种职位）、个人背景资料、个人特长、联络方式及可面试的时间等，并随函附寄个人简历一份。语言简练明了，突出了自己的特长和工作业绩，是一封效果较好的英语求职信。

15.1 英语应用文概述

英语应用文按照其性质、内容、使用范围及写作特点的不同，大体可以分为文秘类英语应用文、商务类英语应用文、法律类英语应用文、学术类英语应用文等。限于篇幅，本章主要介绍建筑工程类专业学生经常使用的英语求职信、英语个人简历、英语自荐书、英语推荐信、建筑工程英语论文等英语应用文。

15.2　英语求职信（Application Letter）

1. 求职信是另类的推销信

它推销的不是产品，而是你自己。写求职信时应做到以下四点。

（1）吸引顾客即你未来老板的注意力（attract the attention of your potential employer）。

（2）引起未来老板对你的兴趣（arouse interest in you）。

（3）激发聘用你的欲望（create a desire for appointing you）。

（4）促使未来老板采取果断的行动（encourage the potential employer to take prompt action）。

2. 在写求职信前不妨思考下列问题

（1）Who is my potential employer?

我申请的是什么公司？

（2）What are my main attactions?

我有何吸引人之处？

（3）What are the unique characteristics that make me special?

我有何独特的销售定位使我脱颖而出？

（4）How can you inform the potential employer about your strengths?

你如何向未来老板展现你的优点特长？

（5）What misconceptions about you should you try to correct? For instance, if he thinks that you are too young and inexperienced, how can you persuade them that they are wrong?

你应纠正未来老板对你可能产生哪些错误的认识？比如说，他认为你太年轻，是否缺乏经验？

3. 一封好的求职信

一封好的求职信通常包括以下几个方面的内容。

（1）求职信息来源（source of information），是看报纸上的招工，还是从人才市场上获取信息。

（2）写信的目的——应聘何种职位。

（3）个人背景资料——年龄（age），性别（sex），受教育程度（educational background），专业（major），工作经历（working experiences）。

（4）个人特长（your strengths）。

（5）辞职前单位之简单理由及陈述应聘现职务之充足理由（reasons for quitting the previous job and for applying for the present job）。

（6）联络方式及可面试的时间（contact number and when you are available to the interview）。

（7）证明人（references）。

Vacancy

Secretary to the Managing Director

Applicants for this position, which offers varied and interesting duties, should have excellent typing and short hand qualifications and should be able to maintain absolute confidentiality.

Previous secretarial experience is essential as well as the ability to work using one's own initiative.

Competitive salary and an outstanding benefit package accompany this rewarding position. Interested applicants should apply in person or forward your resume with complete salary history to Tim Rogers.

FBC Electronics.

362 Zhongshan Road, Guangzhou. Post code 510328.

诚聘

总经理秘书

该职提供富有挑战性的工作机会。

应聘者要求：

有优秀的文字处理技能及干练的办公室处理能力，并能绝对保守公司机密。

有秘书工作经验及工作积极者优先。该职位提供高薪酬及优厚的福利待遇。

有意者请携个人简历（注明以往工资待遇）亲自前往：

广州市中山路362号FBC电子公司（邮编510328）。

Dear Sir:

Having seen your advertisement for a secretary in yesterday's Guangzhou Daily, I hasten to write this letter of application for the post.

I was born in 1976 and graduated from South China Technical College in 1998. I took two years' special training in shorthand, typewriting and secretarial skills and served the Guangzhou office ICI Corporation as private secretary to the manager from 1998 to 2000.

My speeds were: Shorthand 100 words per minute and typewriting 70. I was often entrusted to compose the manager's letters and in most cases they were approved as they were.

I shall be much obliged if you will accord me an opportunity of interview (phone: 8732000).

Yours sincerely
Tina Zhang

亲爱的先生：

昨天看见《广州日报》，获悉贵公司欲聘请一名秘书，本人立即写此信应征此职位。

本人出生于1976年。1998年毕业于华南职业专修学院。受过两年速记、打字等秘书技能专项训练，从1998—2000年供职于ICI公司广州办事处，任经理之专任秘书。

我的速度为每分钟速记100字，打字70字，常受托书写公司来往信函。那些信常不经删改就被同意采用。

如有机会面试，将不胜感激。

联系电话：8732000。

真诚的
蒂娜·张

15.3　英语个人简历、自荐书

1. 英语个人简历范例

Resume

Name：Jack

Sex：Male

Height：180cm

Age：26

Health Condition：good

Occupation：Civil Engineer

Major：Civil Engineer（Graduate）

University Degree：Bachelor Degree of Engineering

Hobbies：Computer, Art, Drawing, history, Geography, sports, stampcollection, literature, photo-taking

Merits：Good at expressing, designing, management
　　　　Ability of teamwork and communication with other fellows
　　　　Initiative, determination, Honesty, self-confidence, creativeness

English Proficiency：CET—Band Four

Computer level：Sichuan Computer Test Band Two
　　　　　　　　Familiar with Windows XP、Office、CAD

Mandarin（pu tong hua）：Fluency in Mandarin

Personal experiences：

2002.9—2006.6.　　a student in Architecture and Civil Engineering Department of ××University

2006.7—2010.10　　an engineer in the ×× company

简　　历

姓名：杰克

性别：男性

身高：180cm
年龄：26
健康条件：良好
职业：建筑工程师
学历：土木工程（本科）
大学程度：本科，工学学士
业余爱好：计算机，艺术，绘画，历史，地理学，体育运动，集邮，文学，摄影
优点：善于表达、设计、管理、团结、主动，有决心，诚实，有自信，有创意
英语程度：大学英语四级
计算机水平：计算机等级考试二级
熟悉 Windows XP、Office、CAD 等操作
母语：普通话流利
个人经验：
2002.9—2006.6　　××大学建筑与土木工程学院学习
2006.7—2010.10　　××公司的一名建筑工程师

2. 英语自荐书范例

Application Letter

Dear Sir：

Thanks for sparing your valuable time to read my application letter. My name is Jack, majoring in Construction Project Management. I graduated from ×× University in the year of 2006. From then on, I have been working in the ×× company as an engineer, in charge of construction management and project budget. In addition, I have been serving as a teacher of architecture and Management of real estate. During the period of time, I have done some study into the field of construction management and project budget. As a result, I have gathered some working experiences.

During the year of 2008, I succeeded in publishing two academic papers on the prestigious journal ×× and acquired the approval of my colleagues and superiors. However, Due to the desire of improving my ability, I decided to further study. Now, I am picking up the post-graduate courses of Management of real estate in ×× University.

From my working experiences, I have successfully mastered the skills of planning, researching, investing, developing the projects. Furthermore, I have successfully completed the construction management of some large-scale projects, inviting public bidding of materials and equipment, which brought about good effect socially and economically. For instance, I have participated in the construction of apartment bocks of my college, students' apartment blocks and stadium. I have benefited a lot from the rich working experiences.

As coins have two sides, I also show two aspects of myself in my work and in my life. I am a hard-working man, showing industriousness, aggressiveness, initiatives in dealing with my work, while in terms of my life, I am an all-round man whose hobbies range from literature to history. Above all, I am a man consistent in my belief, never yielding to any difficulty and setbacks. I am a man willing to devote myself to my course that deserves my pursuit and sacrifice.

I appreciate your providing the good opportunity for me to introduce myself.

Sincerely
Jack

Working Experiences

June, 2006—October, 2007:

in charge of management of construction, and budget of apartment block with elevators of ××company. (22 stories, 21500 square meters)

July, 2006—February, 2007:

in charge of management, budget of construction (15000 square meters, covered by Australian artificial lawn)

June, 2007—July, 2008:

in charge of construction management and budget of National Electromechanical training base. (20000 square meters, concrete structure)

April 2009—at present:

in charge of construction management, layout, budget of ××residence community (300000 square meters)

Prizes:

August 2006:

got an award of Excellent trainee in××University when engineer's training

October 2006:

won the third place of mandarin Competition of ×× company

August 2007:

got an award of Excellent trainee when taking part in the Project Budget Training organized by Qin shan Software Company

February 2008:

My paper was published on the Journal of ×× University

December 2008:

My paper was published on the Journal of ×× University

Ways of contact:

Address: No. 2 ×× street, Chengdu. Postal code: 610031

Tel: (086) (028) ××××

Mobile phone: ××××

E-mail: ××××

My resume

Name：Rose
Sex：female
Age：25
Health Condition：good
Height：160cm
Occupation：college teacher
Major：English teaching
University Degree：Bachelor Degree of Arts
Specialties：Oral English，linguistics and translation
English Level：CET-Band Six
Computer level：Computer Test-Band one，familiar with WindowsXP/ office 2007
Mandarin（pu tong hua）：Fluent
Personal experiences：
September1997—June2001：
study in Sichuan Normal University，majoring in English teaching
July 2006—at present：
work in××University，in charge of teaching and research of public English
Prizes：
August，2008：
My book entitled 'Spoken English for Secretaries' was published by ×× publishing Housing
October 2008：
My paper was published on the Journal of××University

15.4 英语推荐信（Recommendation Letter）

推荐信要求推荐者将被推荐者的优点、长处展示给他人，使被推荐者有一个客观公正的来自他人的评价。当然，推荐信主要是择优而写，通常包括以下几个要点。
（1）推荐者与被推荐者之间的关系。
（2）被推荐者的优点及成就。
（3）对被推荐者作出评价和结论，希望对方作出有利于被推荐者的决定。
推荐信的主体部分通常包括：①简要涉及推荐者与被推荐者的相识或共事经历；②介绍被推荐者的优点（包括学历、性格、经验、成就等）。

Dear Sir:

I'm delighted to have been asked to write a letter of recommendation for Ms Alma Smith. We here in Jinan University are very proud of her teaching work and I'm happy to learn that she is applying for the post of working with overseas students.

I have nothing but good to say about Ms Alma Smith. We studied in the same university. After graduation, we both joined Jinan University in the English Department. We have been im-pressed by her intelligence, aspirations and enthusiasm. She is always hardworking, helpful, kind and considerate of her colleagues and students. Furthermore, her five years' experience in Student Affairs Office enabled her to have a good understanding of the psychology of youths and how to deal with students with different interests and educational background. Being dynamic and sociable, she is heavily involved in student activities and has obtained a lot of experience. I'm sure she is capable of doing the job well and will prove to be an asset to any organization.

I sincerely hope that your decision in her case is a favorable one.

Yours faithfully
David Zhang

敬启者:

我很荣幸地推荐阿尔玛·史密斯女士。我们暨南大学的同事都以她的教学工作而自豪。我很高兴她正在申请负责留学生工作一职。

对阿尔玛·史密斯女士我充满好感。我们曾就读于同一所大学。毕业后,又同在暨南大学英语系任教。她的智慧、抱负和热情我们无不钦佩。她工作勤奋,乐于助人,对同事、学生善良体贴。而且她在学生处的五年工作经验使她对青年的心理及如何与不同的学生打交道有了更好的理解。由于她精力充沛,善于交际,积极参与学生活动而获得了很多经验,我确信她能胜任该工作,对任何单位来说,她都是难得的人才。

真诚地希望您能考虑她的请求。

您的忠诚的
大卫·张

To whom it may concern:

It is with a great pleasure that I recommend David Dickson to your company.

During the five years that we have worked together, I have been impressed by Mr. Dickson's achievements. I can assure you that Mr. Dickson is not only a shrewd businessman but also a trustworthy man. He has a marvelous level of practical English, both written and spoken, and also a strong sense of responsibility, And he is always agreeable and gets along well with other colleagues.

I feel confident that he will prove to be of invaluable help to your company if you would employ him.

Yours sincerely
Amily Chen
Human Resources Director

敬启者：

  我很荣幸向贵公司推荐大卫·狄更生先生。在我们共事的五年中，我对狄更生先生在工作中所取得的成就深感敬佩。我可以向您保证狄更生先生不仅是一个精明的生意人，而且也是一个值得依赖的人。他英语说写水平高，并且有强烈的责任感。他与人为善，与同事相处融洽。

  如果您聘用他，我相信他将会对贵公司作出贡献。

您的忠诚的
人文资源部主任
艾米莉·陈

15.5 建筑工程英语论文

建筑工程英语论文范例如下。

Building Engineering

Types of buildings A building is closely bound up with people, for it provides people with the necessary space to work and live in.

  As classified by their use, buildings are mainly of two types: industrial buildings and civil buildings. Industrial buildings are used by various factories or industrial production while civil buildings are those that are used by people for dwelling, employment, education and other social activities.

  As classified by their structural types, buildings are mainly of four types: frame structures where a frame, or skeleton, holds up the weight and other materials are used to close the building up; mass wall structures, where solid materials such as brick, concrete and other types of masonry are used to build heavy walls that hold up the building; mixed bearing structure is composed of frame structure and bearing wall supporting all the weight together; space structure formed by reinforced concrete and steel support the loads, for example, truss structure, cable structure, shell structure etc.

  As classified by their materials of the load-carrying frame, buildings are mainly of types, wood structure, masonry structure, reinforced concrete structure, steel structure and mixed structure.

Structure of buildings Considering only the engineering essentials, the structure of a building can be defined as the assemblage of those parts which exist for the purpose of maintaining shape and stability. Its primary purpose is to resist any loads applied to the building and to transmit those to the ground.

Load conditions The loads can be classified with respect to their effect on the structure (static or dynamic) or with respect to their variation of intensity. Loads can also be classified with respect to some particular aspect.

(1) Classification of loads with respect to the structural response. A distinction it made between two types of load according to the response of the structure: static loads, which are applied to the structure without accelerations of the structure or of structural elements; dynamic loads, which cause significant accelerations of the structure.

(2) Classification of the loads with respect to the variation time of their intensity: ①Dead loads act on the structure for the whole of its life with negligible variations of intensity; ②Live loads act on the structure with instantaneous values which can be noticeably different from each other; ③Exceptional loads are those loads which are very unlikely to act on the structure, such as those due to: collision, explosions, fires, earthquakes in non-seismic areas.

Structural members Structure of buildings is combined with various structural members, such as beams, columns, floors, walls, trusses.

A bar that is subjected to forces acting vertically its axis is called a beam. A beam is a typically flexural member and frequently encountered in structures. We will consider only a few of the simplest types of beams.

Columns are vertical compression members of a structural frame intended to support the load-carrying beams. They transmit loads from the upper floors to the lower levels and then to the soil through the foundations. We will consider a few of types of columns.

With skeleton-frame construction, exterior walls need carry no load other than their own weight, and therefore their principal function is to keep wind and weather out of the building-hence the name curtain wall. With mass wall structure, exterior walls need carry vertical and horizontal load-hence the name bearing wall.

Plane truss is composed by a group of bars arranged in a triangle on a plane. Under the jointed loads, the internal forces in truss structure only will be the axial stress.

Construction of buildings Construction engineering is a specialized branch of civil engineering concerned with the planning, execution, and control of construction operations for various projects. Planning consists of scheduling the work to be done and selecting the most suitable construction methods and equipment for the project. Execution requires the timely mobilization of all drawings, layouts, and materials on the job to prevent delays to the work. Control consists analyzing progress and cost to ensure that the project will be done on schedule and within the estimated cost.

Construction operations are generally classified according to specialized fields. These include preparation of the project site, earthmoving, foundation treatment, construction of load-carrying frame and electrical and mechanical installations. However, the relative importance of each field is not the same in all cases.

建筑工程概论

建筑物类型。建筑物与人类有着密切的关系，它能为人们的工作和生活提供必要的空间。

根据用途不同，可以将建筑物分为两大类：工业建筑和民用建筑，工业建筑用于各种工厂或工业生产，而民用建筑指的是那些人们用以居住、工作、教育或进行其他社会活动的场所。

根据结构形式的不同，建筑物分为：框架结构，由框架（或称骨架）支承自重，同时用其他材料将建筑物围护起来；墙体承重结构，用砖、砌块、混凝土建造墙体，由墙支承建筑物；混合承重结构，由框架结构和墙体承重结构共同支承自重；空间结构，由钢筋混凝土或钢组成空间结构支承自重，如网架、悬索、壳体等。

根据其主要承重构件所采用的材料不同，建筑物又分为木结构、砌体结构、钢筋混凝土结构、钢结构以及混合结构。

建筑结构。建筑结构可定义为以保持形状和稳定性为目的的各个基本构件的组合体。其基本目的是抵抗作用在建筑物上的各种荷载并把它传到地基上。

荷载。荷载可以根据它们对结构的影响（静态的或动态的）或者根据它们的密度变化进行分类，荷载也可以根据一些特定的方式进行分类。

（1）根据结构响应对荷载进行分类，按照结构的响应可以区别两种类型的荷载：①静荷载，不会使结构和结构构件产生明显的加速度；②动荷载，它会使结构产生明显的加速度。

（2）根据荷载密度随时间的变化对荷载进行分类：①永久荷载（恒荷载），在建筑物的整个使用寿命期间，它始终作用在结构上，而且荷载密度的变化可以忽略不计；②可变荷载（活荷载），它作用在结构上的数值在不同的瞬间可以发生很大的变化；③偶然荷载，指不太可能作用在结构上的那些荷载，如由碰撞、爆炸、火灾、非地震区的地震等事件引起的荷载就是偶然荷载。

结构构件。所有建筑物的结构都是由各种结构构件组合而成的，常见的有梁、板、柱、墙体、桁架等。

当一个杆件所受的力垂直于其轴线时，这样的杆件称为梁。梁是典型的受弯构件，而且常见于各种结构中。

在框架结构中，柱是被用来支承承重梁的竖向受压构件，上层楼板的荷载通过柱传到下层，然后经过基础传到土壤中。

采用框架结构时，外墙除承受自重外，不承受任何别的荷载，因此它们的主要作用是阻挡风雨，幕墙（自承重墙）因而得名。采用墙体承重结构时，墙体承担竖向和水平荷载，称为承重墙。

平面桁架是由排列在一个平面上的一组三角形构成的杆系结构，荷载作用在构件的节点上，构件中只产生轴向应力（拉应力或压应力）。

建筑物的建造。建筑工程是土木工程的一个分支，涉及项目的计划、实施和施工控制。计划包括安排项目工作进程，选择适当的施工方法和设备。实施则要求及时筹备所有的图纸、布置和施工原料以防工作延期。施工控制包括进度和成本分析，以保证项目能按计划进行，并控制成本消耗在预期范围内。

施工程序通常根据工种不同来分类，包括现场准备、挖运土方、地基处理、主体结构施工以及电气和机械安装，但是每个工种的相对重要性在各种情况下并不总是相同。

特别提示

在撰写建筑工程英语论文时，要特别注意以下三个方面。

① 采用的数据一定要真实可靠，一般应是政府或行业相关职能机构正式统计公布的数据，具有较高的权威性。

② 论文中的建筑类专业英语词汇应准确，要符合专业术语表达方式。

③ 论文格式应符合英语论文的写作习惯，建议大家参阅英语学术论文的格式。

小　　结

英语应用文大体可以分为文秘类英语应用文、商务类英语应用文、法律类英语应用文、学术类英语应用文等。

学习英语应用文写作有助于提高英语和专业业务水平，掌握查询英语期刊、学术论文的方法，提高学术能力，增强分析问题能力及语言表达能力。英语应用文写作实践，无疑有助于提高个人专业素质和综合素质。

要写好英语应用文，还需要掌握专业知识和专业英语词汇，熟悉其语言特点，掌握常用的英语用语等。

习　　题

1. ××工程公司海外工程项目部来你学校招聘海外工程技术人员，各写一篇英语求职信、英语个人简历和英语自荐书。

2. 写一篇绿色建筑与碳中和、实现可持续发展等方面的英语论文。

参 考 文 献

陈红美，司爱侠，2016. 文秘英语［M］. 北京：清华大学出版社.
李海凌，王莉，卢立宇，2022. 建设工程招投标与合同管理［M］. 2版. 北京：机械工业出版社.
吕孝侠，2015. 建筑施工企业会计［M］. 北京：机械工业出版社.
邵转吉，常青，2015. 工程招投标与合同管理［M］. 北京：教育科学出版社.
项勇，卢立宇，黄锐，2022. 建设法规［M］. 2版. 北京：机械工业出版社.
杨嘉玲，张宇帆，2020. 施工项目成本管理［M］. 北京：机械工业出版社.
杨树枫，张平，2015. 土木工程应用文写作［M］. 北京：人民交通出版社股份有限公司.